邵自强　王飞俊　编著

# 纤维素醚

## （第二版）

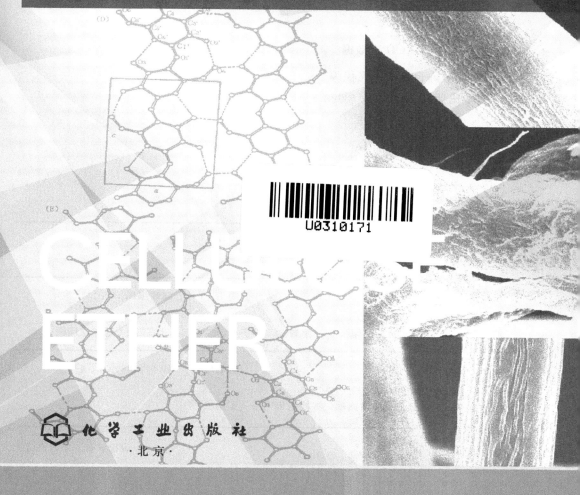

CELLULOSE
ETHER

化学工业出版社
·北京·

本书全面论述了纤维素醚的结构、制备原理、生产工艺、设备发展、应用领域以及分析测试技术。全书共七章，内容包括：纤维素结构与分类，甲基纤维素、羟丙基甲基纤维素、乙基纤维素、羟乙基纤维素、羟丙基纤维素、羧甲基纤维素以及其他纤维素醚的合成原理、结构特点、产品类型、生产工艺和应用领域，还简要介绍了几种重要的纤维素醚的分析测试技术。

　　本书可供从事纤维素醚以及其他天然高分子材料改性的技术人员参考，也可以作为高等院校高分子材料专业的参考教材。

### 图书在版编目（CIP）数据

　　纤维素醚/邵自强，王飞俊编著. —2 版 .—北京：
化学工业出版社，2016.8（2023.8重印）
　　ISBN 978-7-122-27528-8

　　Ⅰ.①纤… Ⅱ.①邵…②王… Ⅲ.①纤维素醚
Ⅳ.①TQ321.23

　　中国版本图书馆 CIP 数据核字（2016）第 151275 号

---

责任编辑：韩霄翠　仇志刚　　　　　　　装帧设计：张　辉
责任校对：边　涛

---

出版发行：化学工业出版社（北京市东城区青年湖南街 13 号　邮政编码 100011）
印　　装：北京天字星印刷厂
710mm×1000mm　1/16　印张 21　字数 381 千字　2023 年 8 月北京第 2 版第 3 次印刷

---

购书咨询：010-64518888　　　　　　　　售后服务：010-64518899
网　　址：http://www.cip.com.cn
凡购买本书，如有缺损质量问题，本社销售中心负责调换。

---

定　　价：88.00 元　　　　　　　　　　　　　　　版权所有　违者必究

# 前 言

　　纤维素是地球上最为丰富的天然可再生资源，来源于植物光合作用和微生物代谢，其中通过光合作用生长的绿色植物是自然界中纤维素的主要来源，可分为棉、木、麻及农作物秸秆等，每年再生量达到数十亿吨，是自然界中可利用量最大的、"取之不尽、用之不竭"的可再生资源。纤维素及其衍生产品与人类的关系日益紧密，已经遍布衣、食、住、行各个方面，在人类活动与生存中起到越来越重要的作用。

　　纤维素醚是纤维素上的羟基被醚基取代后的产物，是用量大、品种多、应用领域广泛的一类纤维素衍生物。世界上最早报道的纤维素醚的合成工作始于 20 世纪初。我国的纤维素醚研究起步较晚，始于 20 世纪 50 年代。但随着技术的发展和应用领域的不断拓展，近十几年我国的纤维素醚发展迅速，目前产量已占世界产量的1/2，跃升为纤维素醚研究、生产制造与应用的大国。

　　虽然人们已经成功制备并应用了纤维素醚，但因为纤维素结构的复杂性和人类认识程度的有限性，对于纤维素醚的反应和结构控制仍然不尽如人意。对于未知的世界，好奇的人类永远不会停止探索的脚步，对于纤维素醚的结构与性能、生产设备、相关技术与应用技术等的研究一直在不间断地进行中。提升产品质量、降低生产成本、提高产品的可控性、提高应用技术与水平、建立有效环保措施、减少污染仍是纤维素醚行业追求的目标。

　　《纤维素醚》（第一版）自 2007 年 9 月出版以来，受到了广大高等院校、科研院所和相关企业科研人员、工程技术人员的广泛关注。本书以第一版为基础，吸纳了国内外最新研究成果，对第一版的相关内容进行了增补和修订。修订的主要内容如下：

第二章增加了羟丙基甲基纤维素醚生产工艺、设备与原料要求等内容，尤其增添了近年来应用技术的内容。

第五章对原内容进行了适当调整和修改，主要增加目前羧甲基纤维素醚国内外的主要分类与近年来的应用新领域等内容，尤其是增加了羧甲基纤维素新型盐类的内容。

第七章在原内容的基础上按照国际上新的规范，对纤维素、羟丙基纤维素、羟乙基纤维素、甲基纤维素以及羟丙基甲基纤维素的化学分析测试、仪器分析方法等内容进行了修订。

本书从多方面对纤维素及其各类醚类材料相关的基础理论和生产工艺进行了较为详尽的叙述，可使读者对代表性的纤维素醚化学结构、性能、生产过程、工艺条件、应用以及上述内容之间的相互关系有深入的了解，从而为从事纤维素醚的学习、研究、生产和应用奠定良好的基础。

全书由邵自强、王飞俊主持编著并定稿，赵明参与了第七章的修订。本书在编写和修改过程中得到了李友琦、田武、姚培源等纤维素醚业界专家的支持。同时，得到了化学工业出版社的大力支持和帮助，在此表示衷心感谢！

由于编者水平和时间所限，疏漏之处在所难免，敬请读者批评指正。

编著者

2016 年 5 月

# 第一版前言

　　拓展以纤维素为主的天然资源的高附加值利用是国家可再生资源发展战略需要，是全球经济、能源和新材料发展的热点领域之一。纤维素醚是一种重要的纤维素衍生物，是以天然纤维素为原料，经碱化、醚化、纯化及干燥得到的一类多种衍生物总称，在国民经济中占有越来越重要的地位。大部分纤维素醚具有以下特点。

　　（1）原料资源丰富、可再生。纤维素醚原料是天然纤维素，是地球上最为丰富的天然有机可再生资源，每年仅通过光合作用再生的植物纤维素就有数万亿吨。

　　（2）可生物降解、低热量、无毒且生物相容性好。大部分纤维素醚具有环境友好性，对人、畜无毒无害，可用于食品、医药、化妆品等行业。

　　（3）产品用途广。作为重要的水溶性高分子，纤维素醚应用领域涉及石油开采、陶瓷、洗涤粉、食品、医药、化妆品、印染、建材、造纸、纺织、涂料、皮革、高分子聚合、航空航天及国防等。

　　（4）产品丰富，性能多样，产量大。纤维素醚种类多，目前能够合成的纤维素醚已有数十种，具备大规模生产条件的有十余种；纤维素醚产量大，在世界范围内，其每年总生产能力有60多万吨，其中非离子型纤维素醚约20万吨，离子型纤维素醚40多万吨，且还在不断增长。

　　最早合成的纤维素醚是Suida在1905年合成的甲基纤维素（MC）。Lilienfeld于1912年用硫酸二乙酯为醚化剂与碱纤维素作用，首先制备了乙基纤维素（EC），E. Jansen于1918年制备了羧甲基纤维素（CMC）。而后人们相继制备了多种纤维素醚，像羟丙基纤维素（HPC）、羟丙基甲基纤维素（HPMC）、羟乙基纤维素（HEC）、羟丙基羧甲基纤维素（HPCMC）等纤维素醚。同时纤维素醚的制备方法、工艺控制、性能研究与产品应用得到了极大发展，一些新型纤维素醚产品、新工艺、新设备、新理论、新应用领域和新应用技术不断涌现。

本书从纤维素的种类、结构入手，系统论述了甲基类纤维素、乙基纤维素、羟烷基纤维素、羧甲基纤维素以及其他纤维素醚的合成原理、结构特点、产品类型、生产工艺、应用领域和测试方法等，基本体现了纤维素醚的生产工艺、生产设备与分析测试现状。本书可供从事纤维素以及其他天然高分子材料改性的生产、科研与教学人员参考。

本书第一至六章由邵自强编写，第七章由王飞俊编写。全书的编写还得到了纤维素醚行业诸位同仁的支持，在此一并表示感谢！

由于编者水平和经验所限，本书在内容与取材上的不妥之处在所难免，诚请读者不吝指正，以臻完善。

邵自强

2007 年 8 月

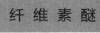
纤 维 素 醚

# 目 录

# 第一章 绪 论

## 第一节 纤 维 素

纤维素醚是以天然纤维素为原料，经过醚化得到的一类多种衍生物的总称。作为主要原材料，纤维素的来源、种类、处理方法和工艺过程对纤维素醚的合成、应用有决定性影响。

纤维素是地球上最古老、最丰富的天然高分子，是取之不尽用之不竭的、人类最宝贵的天然可再生资源。纤维素化学与工业始于 160 多年前，是高分子化学诞生及发展时期的主要研究对象，纤维素及其衍生物的研究成果又为高分子物理及化学学科创立、发展和丰富作出了重大贡献。曾经有一个时期，由于纤维素的水敏感性、难溶及难熔性，以及石油化工合成产品和材料的兴起，而使人们对纤维素研究的兴趣有所减少。但 20 世纪 70 年代后，因为石油危机及合成化工原料的紧缺，其价格不断上涨，并随着人们对环境污染问题的日趋重视，价廉物丰、可生物降解、无毒、生物相容性好的可再生纤维素资源及其衍生物的研究、开发和应用又迎来了第二个春天。

### 一、纤维素的来源与种类

早在 1838 年，法国植物学家 Anselme Payen 用硝酸、氢氧化钠溶液交替处理木材，分离出来一种结构均匀的白色物质，首次将其命名为 cellulose，即纤维素，意指细胞破裂后所得到的物质。直到 1932 年才由 Staudinger 确定纤维素的聚合物形式。

作为地球上最为丰富的天然有机可再生资源，纤维素来源于绿色的陆生、海底植物和动物体内。植物纤维素又根据来源分为棉、木、麻和各种秸秆等种类，是植物纤维细胞壁的主要成分；另外还有一些是来自动物细菌、海底生物和各种动物体内的动物纤维素。对于纤维素醚工业生产来讲，根据各国资源差异，所用的原料纤维素主要是棉、木纤维素两大类。

在我国，纤维素醚制造厂家主要采用棉纤维素，即常讲的精制棉。其主要是除去长绒后残留在棉籽壳上的长度小于 10mm 的棉短绒经过精制后得到的。棉籽上的棉短绒富含纤维素，含量约 65%~80%，其余的成分是脂肪、蜡质、果胶和灰分等。精制的目的就是通过化学处理除去这些成分和杂质，得到纤维素含量 99.5% 的精制棉，精制过程是在精制棉厂完成的。精制首先是将棉短绒原料经过开松、除尘后，浸于稀的烧碱溶液中在压力下加热蒸煮，以除去脂肪、蜡质、残留的籽壳、果胶和灰分等，同时破坏纤维的外层初生细胞壁，使细胞发生扩胀，也能够降低纤维素的结晶度，增大纤维素纤维间隙与其比表面积，有利于提高棉浆的化学反应能力。蒸煮后的浆料再经过洗涤、除砂、打浆、漂白、脱水和干燥等工序，最后得到纤维素含量合格的精制棉产品。纤维素含量主要是指 $\alpha$-纤维素含量，其定义是在 20℃ 时不溶于 17.5% NaOH 水溶液的纤维素含量。

木材中含有 35%~45% 纤维素，其余的为半纤维素（25%~35%）、木质素（20%~30%）、脂肪、蜡质、残留的籽壳、果胶和灰分等，比较复杂。

由于气候和地域的差异，各个国家所拥有的木纤维的种类也有所不同，世界主要天然木纤维来自各种软木和硬木。除了天然林，还有一些人工种植的软木和硬木品种。其他各种非木材纤维原材料，主要是禾本科植物，如谷类（大米、小麦等）稻草秸秆、甘蔗渣和竹子等，也是重要的纤维来源，但还没有得到充分利用。

利用木材制得纤维素浆粕主要有亚硫酸氢盐工艺、亚硫酸钠工艺和预水解 Kraft 工艺，其目的都是先将半纤维素、大量残留的木质素溶解，再漂白后去除残留物，最后得到高 $\alpha$-纤维素含量的高纯度浆粕。各种亚硫酸制浆工艺脱除木质素，实际是以二氧化硫为主，改变阳离子种类、溶液 pH 值和蒸煮温度。酸性亚硫酸氢钙制浆工艺遍及全球，但由于其化学再生时产生不溶性的硫酸钙，使用受到限制。后来，引入所谓的可溶性阳离子，如镁、钠和铵离子，溶液 pH 值从传统的亚硫酸氢钙工艺的 1~2，增加到亚硫酸氢镁工艺的 5，甚至达到亚硫酸氢钠/硫酸氢钠工艺的碱性条件。

酸性亚硫酸氢盐工艺和改进的两步或三步亚硫酸钠工艺，如 Rauma 工艺，在很长时间内曾对溶解制浆业发挥了重要作用，酸性亚硫酸氢盐工艺还一直沿用。多步法工艺的主要特点是亚硫酸氢盐/亚硫酸盐阶段和碱性阶段交替进行，工艺可以碱性阶段开始或结束，后一种需要选择碱性提取以降低残留的半纤维素含量。

Kraft制浆工艺是世界范围内常用的工艺，并作为评定纸板木浆等级的主要工艺。为了得到溶解木浆级产品，在Kraft蒸煮前要进行预水解。预水解是在140～170℃下对木材碎片进行蒸汽处理或用水蒸煮，或者在110～120℃用稀酸处理。蒸汽或水处理可以破坏木材中的乙酰基和甲酸基，形成乙酸和甲酸，使木材的pH值达到3.5，以促使木材成分解聚，随水解时间和温度不同，质量可减少5%～20%。近一半软木半纤维素主要是葡甘露聚糖，水解后就溶解，但木质素几乎不发生变化；而相对来讲，大量硬木木质素溶解了。如果延长水解时间，纤维素发生变化，又会导致α-纤维素产量降低，使更多的木质素缩合；也使得在工艺后期去除木质素较困难，需要更强的碱和更高的温度。在预水解阶段木材损失20%～22%，山毛榉（fagus silvatica）可得到较高的α-纤维素含量（95%～96%）。增加木浆的预水解和Kraft蒸煮温度，可减少处理时间，同时在α-纤维素含量相当的情况下黏度明显降低。所有条件相同的情况下，由松木和桦木得到的α-纤维素含量（稍低于96%）相同，而桉木则稍高于97%，黏度同硬木浆大致相同，但明显高于松木浆。

原料从软木到硬木，工艺从酸性亚硫酸到碱性预水解Kraft法，现代溶解木浆生产工艺得到很大的发展。使用硬木可生产高α-纤维素含量的木浆，且易实现完全无氯漂白（即TCF工艺过程，是指各工艺阶段都没有含氯物加入）过程漂白。然而归根结底，性能优良的再生纤维素要求纤维素活性高，α-纤维素含量高，聚合度分布窄及其溶液黏度容易控制等。

表1-1汇集了几种来源不同的纤维素及其衍生物的重均分子量$M_w$和聚合度$DP$。来源不同，纤维素分子量的大小及其分布会直接影响材料的强度、模量和挠度等力学性能、溶解性能、老化性能与化学反应性能。测定纤维素分子量的常用方法有黏度法、渗透压法、超速离心沉降法和光散射法等。

表1-1　部分纤维素和纤维素衍生物的 $M_w$ 和 $DP$

| 原　料 | $M_w/\times10^4$ | $DP$ | 原　料 | $M_w/\times10^4$ | $DP$ |
| --- | --- | --- | --- | --- | --- |
| 天然纤维素 | 60～150 | 3500～10000 | 人造丝 | 5.7～7.3 | 350～450 |
| 棉短绒 | 8～50 | 500～3000 | 玻璃纸 | 4.5～5.7 | 280～350 |
| 木浆 | 8～34 | 500～2100 | 商业硝酸纤维素 | 1.6～87.5 | 100～3500 |
| 细菌纤维素 | 30～120 | 2000～8000 | 商业醋酸纤维素 | 2.8～5.8 | 175～360 |

## 二、纤维素结构

物质的用途取决于组成它的材料的性质，而材料的性质又是由其结构决定的，因此结构研究一直是纤维素科学领域研究的热点、难点和重点。由于纤维素在形成过程中的复杂性，以及在衍生、改性、再生过程中结构变化的多样性，使得纤维素及其衍生物的结构带有较大的复杂性、模糊性和不可知性。

对由分子组成的物质来说，结构包括两个方面的内容：一方面是在平衡状态下分子中原子的几何排列，也即分子结构（或化学结构）；另一方面是分子间的几何排列，即超分子结构（或聚集态结构）。通过对分子运动规律的研究，掌握结构与性能之间的内在联系和相互关系，才能更好地做到物尽其用。

自从纤维素被发现以来，各国科学家对其组成和结构进行了大量的研究，其研究成果也为现代高分子物理学与高分子化学奠定了基础。正如 Antole Sarko 所说，纤维素常常是被新技术研究的对象，各个时代为了研究纤维素的结构都动用了各自时代最先进的研究手段。1858 年，V. Nageli 首次报道了用偏光显微镜来测定纤维素的结晶度；X 射线衍射技术首先用于测定晶体结构的高分子材料就是纤维素；同样，近年来发展的一种新技术 CP/MAS（cross-polarization/magic angle spinning）$^{13}$C-NMR 刚一问世就被用来测定纤维素链 $\beta$-1,4-葡萄糖苷键中 C(1)—O 和 O—C(4) 键的张力角 $\Phi$ 和 $\Psi$、C(5)—C(6) 键的张力角 $\chi$，以及由于 C(6) 上的羟基（CH$_2$OH）的旁式构象（g）、反式构象（t）的不同而引起的化学位移及由此而引起的链构象的差异等结构参数。

对纤维素结构、改性及衍生研究之所以如此关注，其原因还在于纤维素结构的研究涉及生物科学和生命起源的探索。由于纤维素是天然生物合成的聚合物，其结构必定带有生物和生命的特征。弄清纤维素的结构、以最终能人工合成纤维素，这是科学家梦寐以求的事情，迄今为止，人工合成纤维素还没有成功。由于纤维素结构很复杂，又受到很多条件的影响，为此仍然有许多不清楚的地方。一旦弄清了纤维素的结构及构象，必将对整个高分子科学及生物、生命科学产生深远影响。

**1. 化学组成**

现在认为，纤维素大分子的基环是脱水葡萄糖，其分子式为：$(C_6H_{10}O_5)_n$，其中含碳 44.44%、氢 6.17%、氧 49.39%。由于来源的不同，纤维素分子中葡萄糖残基的数目，即聚合度（DP）在 100～14000 很宽的范围。

**2. 分子链的构型**

经过长期的研究，如今对纤维素链的化学结构了解得比较透彻。纤维素分子是 D-吡喃式葡萄糖酐（1-5）彼此以 $\beta$-1,4-苷键连接而成的线型同质多聚物，属半刚性高聚物。其重复单元是纤维二糖（cellobiose），纤维二糖的 C(1) 位上保持着半缩醛的形式，有还原性。葡萄糖残基的构象为椅式，相邻残基在连接时要翻转 180°。

纤维素的化学结构特征可归纳为如下几点。

（1）纤维素分子是由 $n$ 个 D-吡喃式葡萄糖残基连接而成的长链状大分子，其化学结构通常有 Haworth 结构式和椅式构象结构式两种表示方法（见图 1-1）。

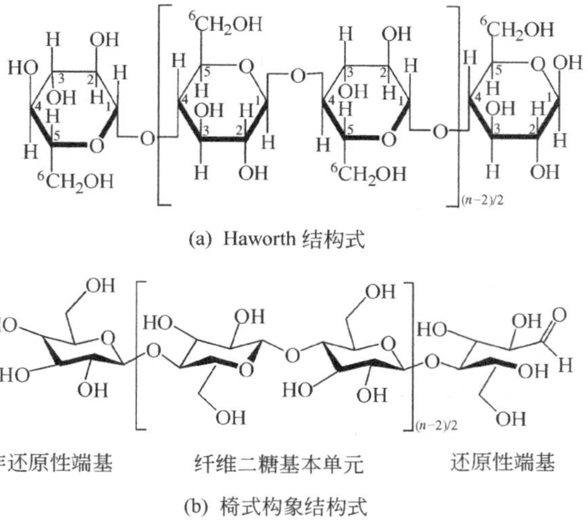

(a) Haworth 结构式

非还原性端基　　　　纤维二糖基本单元　　　　还原性端基

(b) 椅式构象结构式

图 1-1　纤维素的化学结构

（2）纤维素大分子中的每个葡萄糖残基环均含三个醇羟基，即 C(2)、C(3) 位仲醇羟基和 C(6) 位上的伯醇羟基，它们对纤维素的性质起着决定性影响。纤维素可以发生氧化、酯化、醚化等反应，分子间能形成氢键，纤维素可吸水、溶胀以及接枝共聚等，这些都与分子中存在着大量羟基有关，且不同位置羟基的反应能力也有所不同。

（3）纤维素分子的两个末端具有不同的性质，一端的葡萄糖残基中的 C(4) 位上多一个仲醇羟基，另一端的葡萄糖残基中的 C(1) 位上多一个伯醇羟基。伯醇羟基上的氢原子极易转位与氧环的氧结合，使环式结构变为开链式结构，这时 C(1) 位碳原子变成醛基，表现出还原性，由于纤维素的每一条链只有一端具有隐性醛基，故整个大分子具有极性和方向性。

（4）纤维素分子无支链，葡萄糖残基间彼此均为 $\beta$-1,4-糖苷键连接。在单糖的糖苷中，$\beta$ 型糖苷较 $\alpha$ 型糖苷易于水解。但在高分子聚合物中，这种 $\beta$ 型糖苷键的聚合物在酸中的水解速率仅为 $\alpha$ 型糖苷键的 1/3。在直链淀粉中，$\alpha$-1,4-糖苷键连接的葡萄糖单元线型链非常柔顺；而纤维素分子中 $\beta$-1,4-糖苷键连接的长链却是硬而直的，这是由于葡萄糖残基在链中是一上一下交互排列的，因此纤维素链很容易并排起来，并因分子链内、链间氢键的存在而倍加稳定，形成结晶度较高的典型的两相体系。这种牢固的键合使得纤维素分子不溶于水，甚至不溶于较强的氢氧化钠

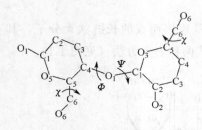

图 1-2　纤维二糖构型

溶液，通常只能通过络合的形式溶于铜氨等溶液中。也正是由于这种坚韧性，纤维素在植物组织中才能充当基本骨架，既耐受着很高的渗透压，又支撑着植物的机体；也使得它既有强度又耐老化，堪称是大自然给人类的理想复合材料。

在图 1-2 中，除了葡萄糖基环的键长及键角变化不大外，基环之间的夹角 $\Phi$ 及 $\Psi$，以及侧链与基环之间的夹角 $\chi$ 都是可变的，尤其是 $\Phi$ 和 $\Psi$ 有较大的变化。由于这些角度的旋转变化，使纤维素的构型有差异，主要体现在影响分子内、分子间氢键的形成上。

**3. 纤维素分子链的模型**

目前，纤维素的超分子结构及其在溶液中的分子状态仍然是研究的重点。采用 X 射线衍射、扫描电子显微镜 （SEM）、核磁共振 （NMR） 以及红外光谱等多种手段，提出了各种纤维素结构模型，如 Hess 模型、Gerngrass 模型、Frey-Wyssling 模型、Dolmetsch 模型、Ellefsen 模型及 Nissan 模型等。事实证明，超分子结构是影响纤维素性能的直接因素。

纤维素并非完全的结晶体，天然纤维素 （如棉花） 也只有 70％ 的结晶度。目前普遍为人们所接受的纤维素超分子结构理论是二相体系理论。X 射线研究表明，纤维素是由结晶区与无定形区交错连接而成的二相体系，其中还存在相当多的空隙系统。在结晶区内，纤维素分子的排列具有规则性，呈现较清晰的 X 射线图谱，但与低分子的晶体不同，是不可见的隐晶，不具有以特殊角度相交的镜界面。结晶区与结晶区之间有无定形区，结晶区与无定形区之间没有明显的界限，而是逐渐过渡的，这一过渡区又称为次结晶区。每一结晶区称为微晶体，按胶束结构学说则称为胶束，也有称微胞、晶胞或小粒的。在无定形区中，纤维素分子排列的规则性较差，但也不是完全缺乏秩序如同液体状态一样，而是有一定规则性，一般取向大致与纤维轴平行，只是排列不其整齐，结合得较为松弛而已。由于纤维素分子很长，所以一个纤维素分子可以贯穿几个结晶区、无定形区。至于结晶区与无定形区的比例、结晶的完善程度，均随纤维素的种类而异，且在纤维的不同区域，多少也会有所不同。

Meyer 和 Misch 最先对纤维素提出了一个分子链模型，称为伸直链模型，认为 $\beta$-D-失水纤维素二糖的单元属直构象，即配糖键的平面与两个吡喃葡萄糖环成直角的关系，重复距离为 1.03～1.04nm。这种模型从立体化学角度讲是不可接受的，因为在 O(6′) 和相邻的 O(2) 间有不良的接触，而且 C(4) 和 C(1′) 间有阻碍，O(2) 与 C(6′) 间距离靠得太近，O(5) 与 O(3′) 距离太张开，因此目前这种模型已被基本放弃。

Hermann 提出了纤维素的变曲链模型。该模型通过 $\Phi$ 和 $\Psi$ 旋转到适当的非零角度，解决了 Meyer-Misch 模型中不符合立体化学和纤维素有关物理数据的问题。Ramadandran、Ress 和 Skerreth 等使用各种现代模拟技术研究了纤维素的链现象，证明纤维素 I 和纤维素 II 都符合弯曲链模型。

Hayashi 等研究者提出了纤维素的弯扭链模型，它是弯曲链模型的一种改进，并指出，纤维素 I 族（ I 、 III$_1$ 、 IV$_1$ ）的构象符合 Hermann 的弯曲链模型，而纤维素 II 族（ II 、 III$_2$ 、 IV$_2$ ）符合弯扭链模型。

### 4. 纤维素的聚集态结构

纤维素的聚集态结构是研究纤维素分子间的相互排列情况（晶区和非晶区、晶胞大小及形式、分子链在晶胞内的堆砌形式、微晶的大小）、取向结构（分子链和微晶的取向）等。天然纤维素和再生纤维素纤维都存在结晶的原纤结构，由原纤结构及其特性可部分地推知纤维的性质，所以为了解释以纤维素为基质的材料的结构与性能关系，寻找制备纤维素衍生物的更有效方法，研究纤维素合成的机理、了解纤维素的聚集态结构，在理论研究和实际应用方面都有重要的意义。

为了深入研究纤维素的聚集态结构，必须了解纤维素的各种结晶变体，这些结晶变体都以纤维素为基础，有相同的化学成分和不同的聚集态结构。纤维素有五类多种结晶变体（同质异晶体，polymorph），即纤维素 I 、纤维素 II 、纤维素 III$_1$ 、纤维素 III$_2$ 、纤维素 IV$_1$ 、纤维素 IV$_2$ 、纤维素 X ，它们之间可以互相转化。

纤维素 I 是纤维素天然存在形式，又叫原生纤维素，包括细菌纤维素、海藻和高等植物（如棉花、麻、木材等）细胞中存在的纤维素。由于 X 射线衍射设备和研究方法的改进，特别是计算机模拟技术的应用，从 20 世纪 70 年代起，应用模型堆砌分析方法已能够定量地确定纤维素及其衍生物链构象中的键长、键角、配糖扭转角（ $\Phi$ 和 $\Psi$ ）、配糖角（ $\tau$ ）、侧基—$CH_2OH$ 的旋转角（ $\chi$ ）、链的极性、旋转和相对位移及分子内和分子间的氢键，这使纤维素晶胞结构的研究建立在全新的近代科学基础上，并取得了重大进展。关于纤维素 I 晶胞的结构，主要的突破是解决了链极性（即方向）的问题。这方面研究以美国的 Blackwell 和 Sarko 为代表。

纤维素 II 是原生纤维素经由溶液中再生或丝光化处理得到的结晶变体，是工业上使用最多的纤维素形式。除了在 Halicystis 海藻中天然存在外，纤维素 II 可用以下四种方法制得：以浓碱液（较合适的浓度是 11%～15%）作用于纤维素而生成碱纤维素，再用水将其分解为纤维素；将纤维素溶解后再从溶液中沉淀出来；将纤维素酯化后，再皂化成纤维素；将纤维素磨碎后，用热水处理。这种结晶变体与原生纤维素有很大的不同。

纤维素Ⅲ是用液态氨润胀纤维素所生成的氨纤维素分解后形成的一种变体，是纤维素的第三种结晶变体，也称氨纤维素。也可将原生纤维素或纤维素Ⅱ用液氨或胺类处理，再将其蒸发得到，是纤维素的一种低温变体。从纤维素Ⅱ中得到的纤维素Ⅲ与从原生纤维素得到的纤维素Ⅲ不同，分别称为纤维素Ⅲ$_2$和纤维素Ⅲ$_1$。纤维素Ⅲ的出现有一定的消晶作用，当氨或胺除去后，结晶度和分子排列的有序度都明显下降，可及度增加。

纤维素Ⅳ是由纤维素Ⅱ或Ⅲ在极性液体中以高温处理而生成的，故有高温纤维素之称，是纤维素的第四种结晶变体。一般它是通过将纤维素Ⅰ、Ⅱ、Ⅲ高温处理而得到的，因此以母体原料的不同，纤维素Ⅳ也分为纤维素Ⅳ$_1$和Ⅳ$_2$，纤维素Ⅳ$_1$的红外光谱与纤维素Ⅰ相似，纤维素Ⅳ$_2$的红外光谱与纤维素Ⅱ相似。纤维素Ⅳ$_1$与纤维素Ⅳ$_2$氢键网形成情况还有待进一步研究。

纤维素Ⅹ是纤维素经过浓盐酸（38.0%～40.3%）处理而得到的纤维素结晶变体。其Ⅹ衍射图类似纤维素Ⅱ，而晶胞大小又与纤维素Ⅳ相近，实用性不大，研究报道较少。

将纤维素分为五类，是理想的五种形式，其实由于处理方法和技术差异，不同的纤维素晶型会存在于同一纤维素样品中。

**5. 序态结构及形态**

如上所述，纤维素大分子是由 $\beta$-1,4-苷键连接的 D-葡萄糖酐构成的线型链。高等植物的细胞壁一般都含有纤维素（棉纤维素中含量为88%～96%，木材、甘蔗渣则为50%左右），与其他高聚物相比，纤维素分子的重复单元是简单而均一的，分子表面较平整，使其易于长向伸展，加上吡喃葡萄糖环上有反应性强的侧基，十分有利于形成分子内和分子间的氢键，使这种带状、刚性的分子链易于聚集在一起，成为结晶的原纤结构。植物细胞壁中的纤维素原纤结构就成为其骨架，原纤埋在半纤维素、果胶和某些蛋白质构成的基质中，成熟了的细胞壁再与固结物质——木纤维结合。例如，一条成熟的棉纤维，其横截面就有几百条结晶的基元纤维，基元纤维再聚集成为几百条束状原纤，这些原纤束以同心层的形式螺旋状盘绕而成为一条棉纤维。木材和管胞也有这种相似层状结构。

对纤维素基元原纤的这一最小结构单元的存在，提出了各种模型。至今纤维素的序态结构理论还存在着许多争议。Lenzi 和 Schurz 在 1990 年报道了基元原纤在纤维素中的排列情况，认为：草类纤维素和木材纤维素的晶粒具有大约3.5～4.0nm 的宽度，而亚麻纤维素和棉短绒纤维素的晶粒宽度约为 5.0～7.0nm，并由电镜观察到了微原纤表面的条纹，这些条纹说明微原纤起源于更小的单元即基元原纤。Tsekos 等通过电镜观察指出，在许多种海藻中，微原纤可能由两种、三种或四种亚组分即基元原纤组成。Fujino 和 Itoh 进一步的电镜研究表明，微原纤存在有许多层无定形原纤（8～10nm）和结晶性微原纤（15～17nm）及直径大约 2～4nm 的交叉桥（cross-bridges）。所以微原纤的大小和本质仍在争论之中。

采用扫描电镜（SEM）对纯棉、剑麻、硬木及软木纤维素纤维进行了表征（见图 1-3），发现因为生长过程的不同，这几种天然纤维表观形态有明显差异。从 SEM 结果可以看出，天然软木原纤表面不规则并多孔，原纤束不规则排列；天然硬木原纤有极小微孔，表面也有纹坑，原纤束规则排列，几乎平行于纤维轴；天然剑麻纤和棉原纤则没有微孔，棉绒却具有网结构，表面光滑，无纹坑，原纤密度高；肥皂处理后麻纤维有纹坑，但不明显。

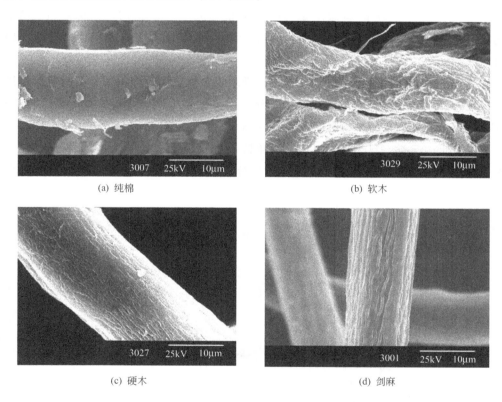

(a) 纯棉

(b) 软木

(c) 硬木

(d) 剑麻

图 1-3　原生纯棉、软木、硬木及剑麻纤维素的 SEM

原纤空隙度下降顺序：软木浆、硬木浆、剑麻纤、棉绒。其原因是棉纤维几乎为纯的纤维素，而树木除纤维素外还有 40% 的木质素、戊聚糖和树脂杂质等，提取杂质后的软木浆具有较高的空隙度。

### 6. 分子内、分子间氢键

纤维素分子链中含有大量的—OH，这些—OH 能够形成分子内及分子间氢键，使纤维素具有独特的性能。深入了解纤维素中氢键作用，对纤维素的结构、性能、衍生及转化具有重要的意义。

O' Sullivan 等认为，纤维素分子链内的氢键作用可能是决定纤维素分子链伸直性的关键作用，而分子间的氢键作用则是在体系中引入有序或无序，这说明纤维素中的氢键作用具有相当的复杂性、不稳定性和不确定性。

当考虑氢键作用时，首先弄清 C(6) 上羟甲基基团的构象。对吡喃环来讲，羟甲基有 tg 构象、gt 构象和 gg 构象三种可能的最低能量排列。这三种交错的构象的稳定性差异与 O 和 C 间相对距离有关。Sundaralingarn 研究表明，在晶体结构中没有观察到 tg 构象，因为这个构象具有比 gt 构象或 gg 构象更高的能量。在 gt 构象和 gg 构象中，发现 gt 构象比 gg 构象更可能形成。尽管 gt 构象在单糖和二糖中优先存在，但这种构象并不妨碍 tg 构象的存在，因为 tg 构象有可能通过氢键作用而加强其稳定性。

从羟甲基的构象出发，对纤维素 I 和纤维素 II 提出了分子内和分子间氢键作用的模式。纤维素 I （见图 1-4）有两个分子内氢键，分别是：O(5′)—OH(3) 和 OH(2′)—O(6)；有一个分子间氢键，是 OH(6)—O(3′)。纤维素 II （见图 1-5）有一个分子内氢键 OH(2′)—O(6)；在角链上有一个 OH(6)—O(3′) 的分子间氢键，在中间链上还有一个 OH(6)—O(2) 分子间氢键。纤维素 II 内比纤维素 I 多

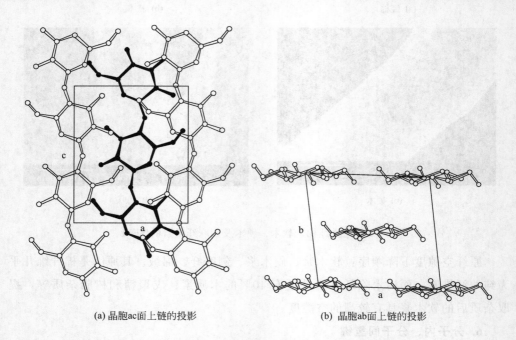

(a) 晶胞 ac 面上链的投影　　　　　　(b) 晶胞 ab 面上链的投影

图 1-4　Gardner 和 Blackwell 纤维素 I 平行链模型投影图

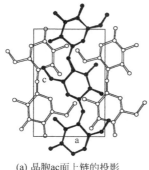

(a) 晶胞ac面上链的投影

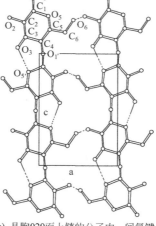

(c) 晶胞020面上链的分子内、间氢键

(b) 晶胞ab面上链的投影

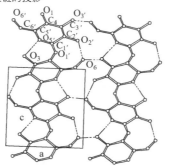

(d) 向下的链沿020面分子内、间氢键

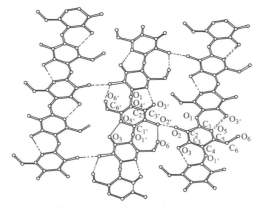

(e) 向上的(角)链和向下的角链沿110面分子内、间氢键

图 1-5　纤维素Ⅱ反平行链模型投影图

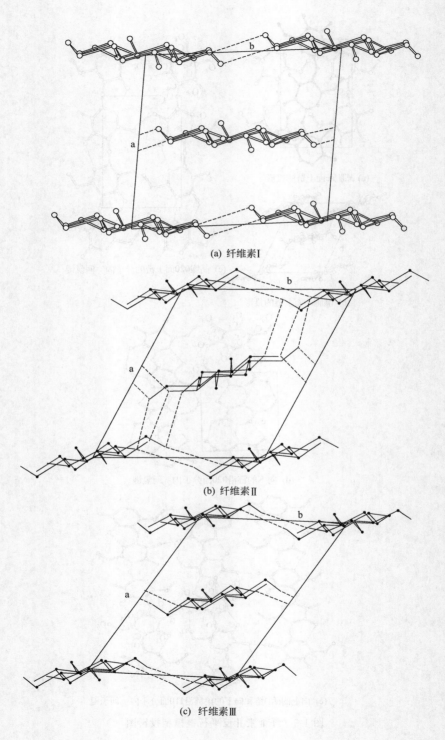

(a) 纤维素Ⅰ

(b) 纤维素Ⅱ

(c) 纤维素Ⅲ

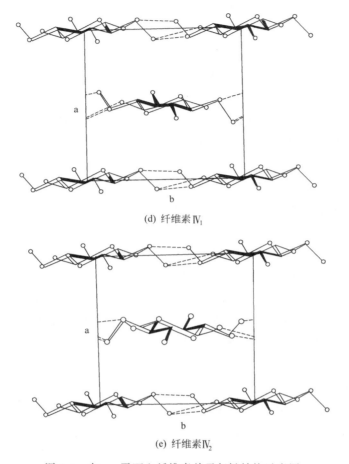

(d) 纤维素IV₁

(e) 纤维素IV₂

图 1-6　在 $xy$ 平面上纤维素单元氢键结构示意图

了一个氢键作用，这就是 OH(2)（角链）—O(2′)（中心链）的板间相互作用形式，这在原生纤维素中是没有的。纤维素Ⅱ中氢键的长度为 0.275nm。Fengel 等认为，从纤维素Ⅰ到纤维素Ⅱ的转换是分子间和分子内氢键的断裂与重新形成的过程，这是一个非常复杂的过程，在这一过程中有可能引入结构上的无序与混乱，从而导致一些性能的变化。

　　纤维素Ⅲ中，有 OH(3)—O(5′) 和 OH(2′)—O(6) 两个分子间氢键和一个 O(3)—OH(6) 分子间氢键。纤维素Ⅳ₁ 和Ⅳ₂ 除了通常在多数结晶纤维素中存在的两种分子内氢键以外，似乎沿（020）面还有一个分子间氢键。$xy$ 平面上纤维素Ⅰ、Ⅱ、Ⅲ、Ⅳ 单元氢键的结构见图 1-6。

　　Tetsuo Kondo 等对纤维素氢键作用及其表征进行了较为系统的研究。他们利用 FTIR 及 CP/MAS¹³C-NMR 等手段，对纤维素中氢键的形成进行了分析与表征，并利用计算机人工模拟技术分析实验获得的 FTIR 曲线，从而对氢键的振动区域进行了辨别和归属，并对分子间氢键和物理性能间的关系进行了研究。最近，Tetsuo Kondo 等人又对纤维素中自由—OH 的作用进行了研究，自由—OH 是指不参与形成分子内或分子间氢键的—OH。通过这一系列的研究得到了在—OH 伸缩振动区域谱带的归属。

总之，纤维素中氢键作用对纤维素的结构、性能、化学性质起着重要的作用，通过研究其作用及其特征对进一步揭示纤维素的结构以及开发新型优质的纤维素醚、酯产品奠定了基础。

由于纤维素醚的生产都是在碱/水非均相体系中进行，产品存在着取代低、不均匀等不足，人们一直梦寐以求的、从理论上又是完全可能的就是天然纤维素在稀碱溶液中全部溶解。

通过 X 射线衍射方法，对不同浓度的碱处理的纤维素在 25℃下进行分析，结果见图 1-7。可见，由 0～9％的稀碱溶液处理的试样，在 $\theta=20.5°$ 的衍射峰并不存在，而在 002 面纤维素 I 晶型对应的 $\theta=22.5°$ 的衍射峰随着碱浓度的增大而降低，当碱浓度达到 11％时碱纤维素对应的 $\theta=20.5°$ 衍射峰突然变得明显，当碱浓度达到 15％时，纤维素完全转变成碱纤维素，这一简单的实验结果对于纤维素醚生产是有一定意义的。

当溶液碱分子闯入时，是先进入纤维素无定形区，再是分子链相互推开，使其间结合副价键松散，结构变得更无序。由 X 射线衍射图研究表明：纤维素在水中溶胀是在微晶之间，不能进入晶胞内部。当碱溶液浓度低于 8％时，单元纤维素链间的空间距无变化，在此条件下，碱纤维素渗透与膨润是在其晶胞间；当碱溶液浓度在 8％～12％时，X 射线衍射图出现部分转变混合图像，碱纤维素渗透与膨润部分是在其晶胞间，部分是在其晶胞内；随着碱溶液浓度增大，逐渐向其晶胞内膨润过渡，当碱溶液浓度超过 12％时，晶格发生较大变化，称为晶胞内溶胀，出现新的 X 射线衍射图，此时纤维素与碱结合形成络合物；用 13％～19％浓度碱液处理纤维素，晶胞内溶胀又分两种：一种是溶剂进入晶胞内部，增大纤维素大分子链间距，又称单独溶胀；另一种是与纤维素形成化合物，进而改变了纤维素晶胞结构，原生纤维素晶胞结构转变成碱纤维素的结晶结构。

早在 1929 年，Andress 就测定了纤维素晶体晶胞结构的多形态，单斜晶系细胞 a 轴长 0.84nm，b 轴（原来的纵轴）长 1.03nm，c 轴长 0.924nm，β 角为 62°。纤维素 II 细胞包含了在双重螺旋结构中两交错纤维素分子绕轴旋转 180°的纤维素二糖的片段的反平行排列。纤维素 I 和纤维素 II 的晶格结构见图 1-8。

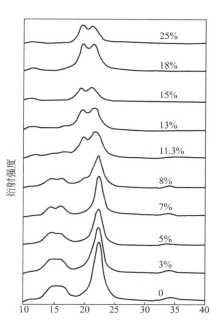

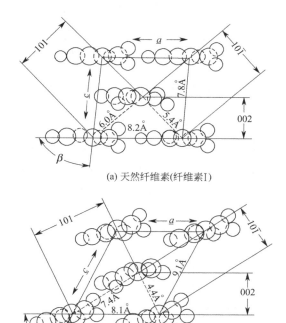

(a) 天然纤维素(纤维素I)

(b) 丝光化纤维素(纤维素II)

图 1-7　不同浓度 NaOH 水溶液处理的
纤维素的 X 射线衍射图

图 1-8　天然纤维素（纤维素Ⅰ）与丝光化纤维素
（纤维素Ⅱ）的晶格沿长轴的结构

经丝光处理的纤维素Ⅱ晶格或再生纤维素晶胞的分子内、分子间以及晶面内和晶面间作用力更牢固，也更复杂。纤维素Ⅱ分子内氢键本质与纤维素Ⅰ相似，但在纤维素Ⅱ晶格结构中所有 OH 所在位置有利于形成分子内和分子间氢键。研究表明：纤维素Ⅰ在 NaOH 溶液中的溶解度高于纤维素Ⅱ，纤维素Ⅱ的晶格堆积密度比纤维素Ⅰ更高，分子间更强烈地结合在一起，表现出更低的反应活性，特别是在水洗涤干燥后再进行反应。与纤维素Ⅰ结构中所观察的薄层结构不同，纤维素Ⅱ中的分子间氢键使其内部形成三维立体结构，对于纤维素Ⅱ，分子内氢键的大量破坏需要增溶。

# 第二节　纤　维　素　醚

纤维素醚是碱纤维素与醚化剂在一定条件下反应生成的一系列纤维素衍生物的总称，是纤维素大分子上羟基被醚基团部分或全部取代的产品。目前世界范围的纤维素醚每年总生产能力为 60 多万吨，其中非离子型纤维素醚约 20 万吨，离子型纤维素醚40多万吨，其生产主要分布在发达国家，是种类繁多、应用领域宽广、生产量大、研究价值高的一种纤维素衍生物，其用途涉及工业、农业、日用化工、环境保护、航空航天及国防等诸多领域。

## 一、纤维素醚的结构与种类

### 1. 纤维素醚结构与制备原理

图1-9给出了纤维素醚的典型结构。每一个 $\beta$-D-脱水葡萄糖单元（纤维素的重复单元）上 C(2)、C(3) 及 C(6) 位上各取代一个基团，即最多可有三个醚基团。由于纤维素大分子存在链内、链间氢键，其很难溶解在水和几乎所有的有机溶剂中。经过醚化引入醚基团，破坏了分子内、分子间氢键，改善了其亲水性，使其在水介质中的溶解性能大大提高。

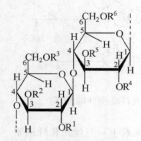

(a) 纤维素醚分子链的两个脱水葡萄糖　　　　　(b) 一种羧甲基羟乙基纤维素分子链的片段，
　　单元的一般结构，$R^1 \sim R^6 = H$　　　　　　　羧甲基的取代度是 0.5，羟乙基的取代度
　　或有机取代基　　　　　　　　　　　　　　　　是 2.0，摩尔取代度是 3.0

图1-9　纤维素醚的典型结构

一般醚化取代基是低分子量烷基基团（1～4个碳原子）或羟烷基基团，还可能接着被其他功能基团取代，如羧基或氨基取代。取代基可能是一种、两种或多个不同种类。沿着纤维素大分子链，每个葡萄糖单元的 C(2)、C(3) 和 C(6) 位上的羟基按照比例不同而被取代。严格来讲，纤维素醚一般没有确定的化学结构，除了那些完全被一种类型基团取代（三个羟基全被取代）的产品。而这些产品只能够作为实验室分析研究用，并没有商业价值。

对每个取代基，醚化的总量用取代度（$DS$）表示。$DS$ 的范围是0～3，相当于每个脱水葡萄糖单元上羟基被醚化基团取代的数目的平均值。

对于羟烷基纤维素，取代反应会从新的自由羟基上再开始醚化，其取代程度可由 $MS$ 值进行量化，即摩尔取代度。它表示加在每个脱水葡萄糖单元上的醚化剂反应物的平均物质的量。一种典型的反应物是环氧乙烷，产物具有羟乙基取代基。

理论上讲，$MS$ 值没有上限，如果已知每个葡萄糖环基上的取代度（$DS$），醚侧链的平均链长可由 $MS/DS$ 得到。

一些生产商也常采用不同醚化基团（如—$OCH_3$ 或—$OC_2H_4OH$）的质量分数表示取代水平和程度，而不是通过 $DS$ 值和 $MS$ 值。各个基团质量分数与其 $DS$ 或 $MS$ 值可通过简单计算换算。

纤维素醚根据取代基的化学结构进行分类，可分为阴离子型、阳离子型以及非离子型。非离子型醚又可分为水溶性和油溶性两种。

已工业化的产品列在表 1-2 的 1～5。表 1-2 的 6～14 列出了一些已知的醚化基团，这些醚目前还没有成为重要的商业化产品。

表 1-2　纤维素醚的取代基团

| 序号 | 缩写 | 基　团 | 结　　构 | 离子活性 | 工业化产品缩写 |
|---|---|---|---|---|---|
| 1 | CM 或 SCM | 羧甲基钠盐 | —$CH_2$—$COO^-$ $Na^+$ | 阴离子型 | CMC、CMHEC、（CMMC） |
| 2 | M | 甲基 | —$CH_3$ | 非离子型 | MC、 HEMC、 HPMC、（HBMC、CMMC、EMC） |
| 3 | E | 乙基 | —$CH_2$—$CH_3$ | 非离子型 | EC、EHEC、（EMC） |
| 4 | HE | 2-羟乙基 | $\left(CH_2-CH_2-O\right)_n H$ | 非离子型 | HEC、HEMC、CMHEC、EHEC、（HEHPC） |
| 5 | HP | 2-羟丙基 | $\left(CH_2-CH-O\right)_n H$<br>　　　　$\quad\ CH_3$ | 非离子型 | HPC、HPMC、（HEHPC） |
| 6 | HB | 2-羟丁基 | $\left(CH_2-CH-O\right)_n H$<br>　　　　$\quad\ CH_2CH_3$ | 非离子型 | HBMC |
| 7 | TMAHP | 2-羟基-3-($N,N,$ $N$-三甲季铵)丙基 | —$CH_2$—CH—$CH_2$<br>　　　　OH　$N(CH_3)_3^+Cl^-$ | 阳离子型 | TMAHPC |
| 8 | AE | 2-氨乙基 | —$CH_2$—$CH_2$—$NH_2$ | 非离子型 | AEC |
| 9 | DEAE | 2-($N,N,$-二乙叔胺)乙基 | —$CH_2$—$CH_2$—$N(C_2H_5)_2$ | 非离子型 | DEAEC |
| 10 | B | 苯甲基 | —$CH_2$—$C_6H_5$ | 非离子型 | BC |
| 11 | CNE | 2-氰乙基 | —$CH_2$—$CH_2$—CN | 非离子型 | CNEC |
| 12 | CE | 2-羧乙基钠 | —$CH_2$—$CH_2$—$COO^-$ $Na^+$ | 阴离子型 | CEC |
| 13 | SE | 2-磺乙基钠 | —$CH_2$—$CH_2$—$SO_3^-$ $Na^+$ | 阴离子型 | SEC |
| 14 | PM | 膦酰甲基单钠 | —$CH_2$—$PO_3H^-$ $Na^+$ | 阴离子型 | PMC |

混合醚取代基的缩写顺序可根据字母顺序或各自 $DS$（$MS$）的水平来命名，如对于 2-羟乙基甲基纤维素，缩写为 HEMC，也可写为 MHEC 来突出甲基取代基。

纤维素上的羟基不易为醚化剂所接近，其醚化过程通常是在碱性条件下进行，一般使用一定浓度的 NaOH 水溶液。纤维素首先用 NaOH 水溶液形成溶胀的碱纤维素，接着与醚化剂进行醚化反应。在混合醚的生产制备过程中，要同时使用不同种类的醚化剂，或是通过间歇加料的方式进行分步醚化（如果有必要）。纤维素的醚化共有四种反应类型，由反应式归纳（纤维素用 Cell—OH 代替）如下。

① Cell—OH + R—X + NaOH $\longrightarrow$ Cell—OR + H$_2$O + NaX

② Cell—OH + R—CH—CH$_2$ $\xrightarrow{OH^-}$ Cell—O—CH$_2$—CH—R
　　　　　　　　　 $\diagdown$O$\diagup$　　　　　　　　　　　　　　 $|$
　　　　　　　　　　　　　　　　　　　　　　　　　　 OH

③ Cell—OH + CH$_2$=CH—Y $\xrightarrow{OH^-}$ Cell—O—CH$_2$—CH$_2$—Y

④ Cell—OH + R—CHN$_2$ $\xrightarrow{OH^-}$ Cell—O—CH$_2$—R + N$_2$

反应式①描述了 Williamson 醚化反应。R—X 是一种无机酸酯，X 是卤素 Br、Cl 或硫酸酯。工业上一般运用氯化物 R—Cl，例如氯甲烷、氯乙烷或氯乙酸等。在这类反应中需要消耗化学计量的碱。已工业化的纤维素醚产品中甲基纤维素、乙基纤维素和羧甲基纤维素属于 Williamson 醚化反应的产物。

反应式②是碱催化的环氧化物（如 R＝H、CH$_3$ 或 C$_2$H$_5$）与纤维素分子上羟基的加成反应，不消耗碱。这种反应可能会持续进行，因为在反应中会产生新的羟基，导致形成低聚烷基乙烯氧侧链：Cell$\left(\begin{smallmatrix}O\\|\\R\end{smallmatrix}\right)_n$OH。与 1-氮杂环丙烷（氮丙啶）发生类似反应会形成氨乙基醚：Cell—O—CH$_2$—CH$_2$—NH$_2$。羟乙基纤维素、羟丙基纤维素和羟丁基纤维素等产品都属于碱催化的环氧化产物。

反应式③是在碱介质中 Cell—OH 与含活性双键有机物之间的反应，Y 是吸电子基团，如 CN、CONH$_2$ 或 SO$_3^-$Na$^+$。现在这种反应类型很少用于工业化。

反应式④是用重氮烷进行醚化，目前也还没有工业化。

**2. 纤维素醚的种类**

纤维素醚可以是单醚，也可以是混合醚，其性能有一定的差异。在纤维素大分子上有低取代的亲水性基团，如羟乙基基团，就可赋予产物一定的水溶性，而对于憎水性基团，如甲基、乙基等，只有中等取代度才能赋予产物一定的水溶性，低取代的产物在水中仅发生溶胀或能够溶解在稀碱溶液中。随着人们对纤维素醚性能研究的深入，新型的纤维素醚及其应用领域将不断得到开发和生产，其最大的牵动力就是宽广而又不断细化的应用市场。

根据纤维素醚的取代基种类、电离性和溶解性差异，可以将纤维素醚进行分类，表 1-3 列举了常见纤维素醚的分类情况。

表 1-3　纤维素醚的分类

| 分　类 | | 纤维素醚 | 取　代　基 | 缩　写 |
|---|---|---|---|---|
| 取代基种类 | 单一醚 烷基醚 | 甲基纤维素 | —CH₃ | MC |
| | | 乙基纤维素 | —CH₂—CH₃ | EC |
| | | 丁基纤维素 | —CH₂—CH₂—CH₂—CH₃ | BC |
| | 羟烷基醚 | 羟乙基纤维素 | —CH₂—CH₂—OH | HEC |
| | | 羟丙基纤维素 | —CH₂—CHOH—CH₃ | HPC |
| | | 二羟丙基纤维素 | —CH₂CHOH—CH₂OH | DHPC |
| | 其他 | 羧甲基纤维素 | —CH₂—COONa | CMC |
| | | 氰乙基纤维素 | —CH₂—CH₂—CN | CNEC |
| | 混合醚 | 乙基羟乙基纤维素 | —CH₂—CH₃，—CH₂—CH₂—OH | EHEC |
| | | 甲基羟乙基纤维素 | —CH₂—CH₂—OH，—CH₃ | MHEC |
| | | 羟丙基甲基纤维素 | —CH₂—CHOH—CH₃，—CH₃ | HPMC |
| | | 羟乙基羧甲基纤维素 | —CH₂—CH₂—OH，—CH₂—COONa | HECMC |
| | | 羟丙基羧甲基纤维素 | —CH₂—CHOH—CH₃，—CH₂—COONa | HPCMC |
| 电离性 | 离子型 | CMC、SEC、CEC | | |
| | 非离子型 | MC、EC、HEC、HPC、DHPC 等 | | |
| | 混合型 | HECMC、HPCMC 等 | | |
| 溶解性 | 水溶性 | MC、HEC、HPC、DHPC、HPMC、HECMC、HPCMC 等 | | |
| | 非水溶性 | EC、CNEC 等 | | |

混合醚中基团对溶解性能的影响的通常规律如下。

① 提高产品中憎水性基团的含量，使醚的憎水性加剧，凝胶点降低。

② 增加亲水性基团（如羟乙基基团）的含量，提高其凝胶点。

③ 羟丙基基团特殊，适当的羟丙基化能够降低产物的凝胶温度，中等羟丙基化产物的凝胶温度又有所上升，但高水平的取代又会降低其凝胶点。其是由羟丙基基团特殊的碳链长度结构所致，低水平的羟丙基化则纤维素大分子内、分子间氢键削弱，支链上又有亲水羟基，其亲水性占优势；而高取代则会有侧基上聚合发生，羟基的相对含量降低，疏水性提高，反而降低其溶解性能。

对纤维素醚的生产与研究已有悠久的历史。1905 年 Suida 首次报道了纤维素醚化，是用硫酸二甲酯进行甲基化。非离子型烷基醚由 Lilienfeld（1912 年）获得专利，Dreyfus（1914 年）和 Leuchs（1920 年）分别得到水溶性或油溶性纤维素醚。Buchler 和 Gomberg 于 1921 年制得苄基纤维素，羧甲基纤维素由 Jansen 于 1918 年首次制得，Hubert 于 1920 年制得羟乙基纤维素。在 20 世纪 20 年代早期，羧甲基纤维素在德国实现商业化。1937～1938 年在美国实现了 MC 和 HEC 的工业化生产。瑞典在 1945 年开始了水溶性 EHEC 的生产。1945 年以后，纤维素醚的生产在西欧、美国以及日本迅速扩展。中国于 1957 年年底首先在上海赛璐珞厂投入生产 CMC。到 2004 年我国生产能力为 3 万吨离子型纤维素醚，1 万吨非离子型纤维素醚，到 2007 年将达到约 10 万吨离子型纤维素醚和 4 万多吨非离子型纤维素醚。国内外联合技术企业不断涌现，中国的纤维素醚生产能力与技术水平都在不断提高。

近年来，许多具有不同 DS 值、黏度、纯度以及流变性的纤维素单醚、混合醚不断得到研发，目前纤维素醚领域的发展重点是新的制备技术、新型设备、新产品及优质产品、系统的产品应用技术研究。

## 二、纤维素醚工业生产与均相制备进展

### 1. 纤维素醚的工业化生产

在整个纤维素醚的生产过程中，不论木纤维素、棉纤维素，还是已经形成的纤维素醚同样处于混合的多相状态下。由于搅拌方式、物料配比以及原料形态（结晶与非结晶比例）的差异，通过多相反应得到的纤维素醚从理论上讲都是不均匀的，醚基团的位置、多少以及产物纯度都是有差异的，即得到的纤维素醚在不同的纤维素大分子链上、同一条纤维素大分子上不同的葡萄糖环基上以及每个纤维素环基上 C(2)、C(3) 和 C(6) 上取代的数量和分布都有差异。解决不均匀性问题，是纤维素醚生产过程的关键所在。图 1-10 给出了纤维素醚生产的常规流程，其各步骤将在以下的章节针对不同种类的纤维素醚进行详细论述。

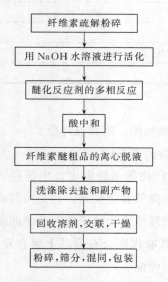

图 1-10　纤维素醚制备的常规流程

纤维素疏解粉碎

用 NaOH 水溶液进行活化

醚化反应剂的多相反应

酸中和

纤维素醚粗品的离心脱液

洗涤除去盐和副产物

回收溶剂，交联，干燥

粉碎，筛分，混同，包装

（1）原材料准备　生产高黏度的纤维素醚通常使用棉纤维，因为棉纤维的聚合度高。对于高黏度纤维素醚的生产，必要时还需通过具体措施排除反应体系的氧（空气）、补充惰性气体，防止氧化降解，使得生产过程中原料和产品的降解尽可能的小。如有必要，在生产过程中还需加入抗氧剂。

对于黏度低于 50000mPa·s（2%水溶液，室温）的纤维素醚的生产，亚硫酸盐法的木浆作为原材料更经济。这种木浆类似于人造丝纤维素或醋酸纤维素薄膜生产用的"溶解纤维"。它几乎没有木素，纯度高，较好漂白，且 $\alpha$-纤维素含量高（超过 86%）。硫酸盐法木浆在纤维素醚的生产中很少采用。

在有些应用领域，黏度低和溶解不完全的、溶液浑浊的纤维素醚也可接受。对

这种类型纤维素醚，原材料可选择山羊榉纸浆甚至是木屑。

（2）碱化　传统工艺是将纤维素板浸泡在 NaOH 水溶液中（浓度至少为 18%），引起纤维素溶胀。这些薄板再经过卷轴挤压得到所要求的碱/水含量。接着，湿态碱纤维素薄板进行粉碎。

现代工艺是将 30%～70% 的 NaOH 溶液喷到快速搅动、干混的纤维素粉末上。纤维素粉末也可用惰性有机溶剂进行浸渍，在加 NaOH 之前或之后，纤维素粉末在带搅拌的反应釜中由有机溶剂体系分散搅拌成浆实现纤维素的碱化。

在浸泡工艺中，持续碱化要求卷轴送料系统提供均匀连续的纤维素薄板。纤维素粉末需用一定的容器通过均匀喷洒实现尽可能均匀的碱化。粉碎、混合或搅拌方法是碱化工艺的关键，须仔细调节，以保证润胀和碱化均匀一致，这对完全醚化非常重要。非均匀碱化会引起纤维素醚产品溶解性能变差，其是由最终产品中存在未醚化的纤维丝所造成的。

为了得到较均匀取代的纤维素醚，用于醚化的碱纤维素体系的碱含量是 1mol 脱水葡萄糖至少要 0.8mol 的 NaOH，即便是采用反应式②或反应式③的醚化反应类型也同样。对于 Williamson 反应（反应式①），原则上讲需更多的碱，这取决于反应物的量和产物的 DS 要求值；但每摩尔脱水葡萄糖单元对应的未消耗的 NaOH 超过 1.5mol 是不利的，会增大反应试剂的水解，降低醚化效率。

体系的水也要适量，每摩尔脱水葡萄糖单元大概需要 5～20mol 水以使得活化的碱纤维素充分溶胀，并具有高的可及度；同样，过多的水也会加速反应试剂水解，促进副反应，因而要适量。

碱化工艺中的碱纤维素暴露在空气中，会导致最终产品黏度降低，有利于得到低黏度产品。为此，很好地控制工艺条件是必要的，主要是时间、温度、NaOH浓度以及铁、钴或锰盐催化剂量的控制，它们对纤维素的氧化降解有较大影响。

（3）醚化和中和　以低碳氯代烷或环氧化物作为醚化剂，反应是在加有护套的、带搅动的不锈钢或镍包覆的高压釜中进行，最好采用 316L 钢质、密封耐压性好的反应容器，因为在温度为 50～120℃时，压力要升高至大约 3MPa。在惰性有机溶剂中进行反应时，由于醚化试剂部分溶解，体系的压力会有所降低，同时更便于反应物在反应介质中的流动和分散，这样的工艺称为淤浆工艺，压力低于 0.3MPa。反应时间随醚化剂的化学反应活性变化，在 0.5～16h 范围。所有工艺，包括采用两种不同醚化剂生产混合醚的反应，可经一步或多个连续步骤完成。有时，为了提高产品质量，单取代醚也可以由多步、多阶段反应工艺制得，使部分醚化产物进一步深度醚化，有利于得到取代更均匀、取代度更高的产品。

醚化反应结束，淤浆冷却后，必要时体系多余的碱要用酸中和。如果使用了过量的醚化剂，耗费碱的 Williamson 反应几乎不留或只留下很少量的碱。中和酸一般用盐酸、草酸、硝酸或醋酸，硫酸和磷酸只适合一些工业级产品，因为这些酸的钠盐很难从水溶性物料中除去。当采用强酸或稍大量时，强无机酸中加醋酸以形成醋酸酯缓冲液，可避免产品的局部或过度酸化，防止纤维素分子链的酸水解或是交联。

（4）后处理　油溶性或热凝胶水溶性纤维素醚是通过热水洗涤、提纯。少量的半纤维素醚水溶物或降解短链低聚物会随着废水而除去；但对于水溶性纤维素醚，比如羟烷基化或羧烷基化产物，它完全溶解在热水中，无法进行水洗涤，尤其是对低黏度产品，要用醇（酮）水混合有机溶剂进行分级萃取，盐要从这些粗品中一步步除去，或者连续逆流洗涤进行纯化。部分萃取洗涤或完全不经过洗涤萃取可得到纯度不同的系列产品。

通过离心或过滤分离，产物在水或溶剂中进行分离提纯。通常液固分离后物料中含有不可忽视的剩余溶剂，必须在干燥前通过蒸汽处理以回收利用，这对降低成本是关键的、必须的。通过蒸馏处理，溶剂、低沸点副产品及过量的易挥发反应物从水相或有机溶液中得到回收提纯；气态反应物在高压下进行蒸馏。对多种溶剂体系进行回收时，混合溶剂的共沸点数据必须准确了解。在提纯后于湿态纤维素醚干燥前施加少量的交联剂，例如乙二醛，可得到溶解速度可控的或速溶性产品。

产物在鼓式干燥器、气流式干燥器或其他普通干燥器中进行干燥。要避免过热或持续干燥，因为这样同样会引起产品的溶解性降低或发生热降解。因此，纤维素醚不应干燥太彻底，根据用户需求，产物中应保留 1％～10％的水分。

随后，产物在适当的条件下粉碎、筛分，得到粒状或粉状产品，在包装前产品要进行混批，或可与添加剂直接进行混合。

纤维素醚包装用袋、桶，通过集装箱装运。在运输和储存中，必须通风排湿以免形成胶体硬壳，保持流动好的产品状态。

市场水溶性纤维素醚种类很多，有时快速鉴定其种类十分必要（见表 1-4）。非离子纤维素醚可用单宁絮凝；CMC 可加入铜或铀酰离子形成不溶金属盐。另外甲氧基和二苯胺、羟丙氧基和水合茚三酮、羟烷基和硝普钠的显色反应是多糖醚取代基的特效鉴定方法。

表 1-4　纤维素醚的鉴定测试

| 检 测 方 法 | MC | HEMC | HPMC | HEC | CMMC |
|---|---|---|---|---|---|
| 单宁 | + | + | + | + | + |
| 热凝胶 | + | + | + | − | + |

续表

| 检测方法 | MC | HEMC | HPMC | HEC | CMMC |
|---|---|---|---|---|---|
| 二苯胺 | + | + | + | — | + |
| 硝普钠 | — | — | + | + | — |
| 水合茚三酮 | — | — | + | — | — |

注：+代表可以检测；—代表不能够分析。

**2. 纤维素醚的均相制备研究进展**

（1）纤维素的溶剂与溶解　天然纤维素链上的羟基含量高，很易排列与碓砌，形成较强的链内、链间氢键，这种牢固的键合使得纤维素分子不溶于水和几乎所有的有机溶剂，甚至不溶于较强的氢氧化钠溶液，通常只能通过络合的形式溶于铜氨等溶液中。多年来，人们对纤维素的溶解性的研究、对新溶剂的探索也大大促进了纤维素醚的生产和应用。

目前纤维素及其衍生化领域的研究热点是开发纤维素新型溶剂，以实现纤维素均相衍生。纤维素的溶剂可分为衍生化体系、非衍生化水相体系和非水相体系三大类（见图 1-11）。

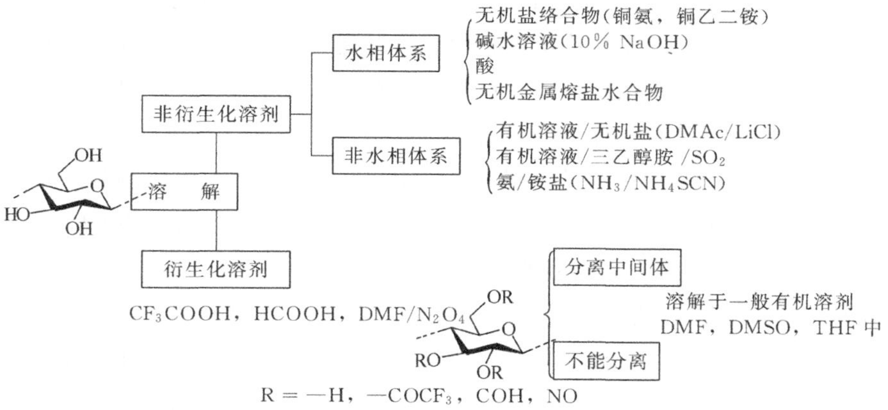


图 1-11　天然纤维素溶剂的分类

目前关注的纤维素溶剂有 NaOH 水溶液、NMMO（*N*-甲基-吗啉-*N*-氧化物）、DMAO（*N*,*N*′-二甲基乙醇胺-*N*-氧化物）、DMCAO（*N*,*N*′-二甲基环己胺-*N*-氧化物）以及 DMF/$N_2O_4$（二甲基甲酰胺/四氧化二氮）、DMSO/$(CH_2O)_x$（二甲基亚砜/多聚甲醛）、$NH_3$/$NH_4SCN$/$H_2O$（硫氰酸铵/液氨）、DMAc/LiCl（二甲基乙酰胺/氯化锂）等体系。

（2）纤维素醚均相制备进展　纤维素醚工业化生产都是在非均相体系中进行的，为了得到性能更优越的产品，探索纤维素醚合成、制备的内在规律，在纤维素溶剂体系中进行醚化是近年来的研究热点。

如前所述，研究和开发有效的纤维素溶剂在纤维素的发展史上是一个长期存在且非常重要的目标。到目前为止，在实验室条件下，许多溶剂已经成为纤维素均相反应的溶剂，如 $N,N$-二甲基乙酰胺/氯化锂（DMAc/LiCl）、二甲基亚砜/多聚甲醛（DMSO/PF）、$N$-甲基氧化吗啉/二甲基亚砜（NMMO/DMSO）、离子液体等。纤维素酯类的均相反应已经有了大量的报道，而关于纤维素醚类的研究还很少。以下列举了在均相体系下制备的纤维素醚。

① 羧甲基纤维素

a. DMAc/LiCl 体系　首先使经过预处理的纤维素溶解在 DMAc/LiCl 体系中，加入无水 NaOH 颗粒，在固体颗粒与溶液的界面处形成诱导相隔离，加入氯乙酸钠为醚化剂，70℃下反应 48h。调节 pH 值，经过沉析和洗涤得到最终产品，然后在 60℃ 真空烘干。

与传统的 CMC 制备方法相比，葡萄糖单元上 C(6) 位和 C(3) 位的取代效率明显提高。随着 NaOH 颗粒的减小，取代度逐渐提高，但分布情况不会改变。

b. 离子液体体系（1-$N$-丁基-3-甲基咪唑镓盐）　首先将纤维素溶解在离子液体中，然后将 NaOH 粉末悬浮在 DMSO 中加入体系，再将氯乙酸钠溶解在DMSO 中加入。反应的混合物在甲醇中沉淀析出，将沉淀物溶解在水中，用乙酸中和，然后再将混合物在乙醇中沉淀析出。将所得沉淀物再次溶解在水中，然后再在乙醇中沉淀析出，得到最终产物，在 60℃ 真空烘干。

c. $N$-甲基氧化吗啉/二甲基亚砜（NMMO/DMSO）体系　将预处理后的纤维素加入 60% NMMO 水溶液中，加热到 85～90℃，形成 NMMO-$H_2O$，加入DMSO 搅拌 1h，使纤维素完全溶解。

将 NaOH 和氯乙酸钠分别溶解于 DMSO 中，加入上述体系，80℃下反应 2h。将最后的混合物在甲醇中沉淀析出，将沉淀物溶解在水中，用乙酸中和至中性，然后再将混合物在乙醇中沉淀析出。用无水乙醇洗涤，在 50℃ 真空烘干得到产物。

与传统的 CMC 制备方法相比，C(6) 位和 C(2) 位的取代效率明显提高。与传统方法制备的 CMC 取代基分布 C(6)＞C(2)＞C(3) 相比，这种方法制备的CMC 取代基的分布无规则性。

② 羟乙基纤维素　值得一提的是张俐娜等人采用水体系代替有机溶剂相合成纤维素醚。其先制备特殊的纤维素溶液，将 1～4 份的聚合度在 200 左右的木纤维素粉分散在 96～99 份的 6%（质量分数）NaOH/4%（质量分数）尿素水溶液中，搅拌均匀后，在 -10～4℃ 冷冻 8～12h，然后在 0～4℃ 搅拌并解冻溶解得到 1%～4% 的纤维素溶液。将一定量的 2-氯乙醇滴加到 0～4℃ 该溶液中，待黏度明显增加后，逐渐升

高温度到 30～55℃，搅拌一定的时间后进行中和洗涤得到摩尔取代度（$MS$）在 0.9～1.6、分子量在 $5.4\times10^4$～$8.7\times10^4$ 的羟乙基纤维素产品。

其技术关键是小分子量的木纤维素用一定的碱液处理后，其氢键消除，结晶结构不再存在，在低温以及尿素、硫脲等化学试剂的作用下，其大分子链被碱水溶液改变了聚集态，导致溶解，促使了其醚化进行。纤维素在该反应过程中没有发生明显的降解。这是一种制备羟乙基纤维素的新工艺，它成本低、无污染，而且产品的纯度高、均匀性好。

还可以采用 DMSO/PF、肼或 DMF/$SO_2$/$NH_3$ 等体系进行均相化生产。

③ 羟丙基纤维素　羟丙基纤维素的均相制备方法具体如下。将纤维素溶解在 DMSO/PF、肼或 DMF/$SO_2$/$NH_3$ 体系中，加入 NaOH 溶液（非水溶液），在 30℃碱化 1h。抽真空后加入环氧丙烷，搅拌均匀。然后升温到 60℃左右，反应 3h。降温到 30℃，再加入环氧丙烷，升温到 85℃左右反应 4h。之后冷却到 60℃，调节 pH 值。沉析、洗涤、干燥后得到最终产品。

另外，周金平、张俐娜等人发明了一种合成羟丙基纤维素的制备方法。其是在纤维素的 NaOH/尿素均相水溶液中加入环氧丙烷，于 -6～60℃搅拌反应 10min～80h，然后加入醋酸中和反应液至中性停止反应；反应液经反复丙酮沉淀、水溶和丙酮沉淀后真空干燥或透析一周后经冷冻干燥得到高纯度、高均匀性的羟丙基纤维素。该方法所用纤维素溶剂无毒、无污染，价格低廉；整个合成方法操作简便，反应条件温和，速度快，产率高，而且不需要加入有机溶剂作稀释剂；所得产品纯度高，取代基在纤维素葡萄糖单元上分布均匀，而且纤维素基本上未降解。由此开辟了一条低成本、无污染、水溶液体系制备羟丙基纤维素的新途径。

④ 氰乙基纤维素　均相法制备氰乙基纤维素（CNEC）是将纤维素和多聚甲醛分散于 DMSO 中，加热时纤维素先与多聚甲醛热分解产物甲醛反应得到羟甲基纤维素，进而溶于 DMSO 而呈均相，在金属钠存在下再与丙烯腈反应得到最终产物。具体制备过程为：将纤维素、多聚甲醛和 DMSO 混合，搅拌加热至 120℃，待该体系呈半透明状的黏胶溶液时，冷却至室温；加入 Na/DMSO 溶液和丙烯腈，室温下搅拌 24h；将所得反应液用过量甲醇沉析，得到大量淡黄色黏胶状物质，用甲醇洗涤，经干燥得到产品。

均相法制备的 CNEC 与非均相相比，含氮量较低，这与 Na/DMSO 中的钠含量有关。

⑤ 甲基纤维素　纤维素溶解在 DMAc/LiCl 中很稳定，但是对于纤维素和卤代烷均相醚化反应时的强碱条件，加热 DMAc 容易皂化。因此，使用 1,3-二甲基-2-咪唑啉酮（DMI）/LiCl 体系制备甲基纤维素（MC）。

具体制备过程为：纤维素在 DMI/LiCl 体系中于 150℃下加热 30min，冷却至室温继续搅拌至完全溶解；将 NaOH 分散在 DMI 中加入上述体系，在氮气下搅拌 1h；之后升温至 70℃，在 1h 之内加入碘甲烷，搅拌下持续加热 5h 以上；用过量的甲醇沉析，洗涤。

葡萄糖单元上羟基基团的相对活性顺序为 C(6)＞C(2)＞C(3)。与其他均相溶剂体系相比，此溶剂体系的显著特征是醚化反应效率很高。

⑥ 二苯甲基系列纤维素醚的制备　二苯甲基系列纤维素醚的制备是将纤维素溶解在 DMAc/LiCl 体系中，加入指定的醚化剂反应，具体见表 1-5。

表 1-5　二苯甲基系列纤维素醚的制备

| 醚 化 剂 | 用量 /[mol/mol(AGU)] | 反应温度/℃ | 反应时间/h | DS |
|---|---|---|---|---|
| Cl—CH(C6H5)2（二苯甲基氯） | 3 | 70 | 24 | 0.02 |
| Cl—CH(C6H5)(C6H4—OCH3)（对甲氧基二苯甲基氯） | 3 | 70 | 24 | 0.33 |
| Cl—CH(C6H5)(C6H4—Cl)（对氯二苯甲基氯） | 3 | 70 | 24 | 0.01 |
| Cl—CH(C6H4—OCH3)2（二对甲氧基二苯甲基氯） | 3 | 70 | 24 | 1.00 |
| Cl—CH(C6H5)(C6H4—N(CH3)2)（对二甲氨基二苯甲基氯） | 2 | 50 | 24 | 0.54 |
| | 4 | 50 | 24 | 1.05 |

⑦ 二甲基亚砜/二氧化硫/三乙胺（DMSO/SO₂/TEA）体系　使用 DMSO/SO₂/TEA 体系可以通过一步反应实现多种纤维素醚的制备。用固体 NaOH 和烷

基或芳烷基卤化物在 $60 \sim 70$ ℃下醚化 $3 \sim 4h$，可充分反应。表 1-6 列举了在 DMSO/SO$_2$/TEA 中制备的纤维素醚所用的醚化剂及产物的取代度。

表 1-6　在 DMSO/SO$_2$/TEA 中制备的纤维素醚所用的醚化剂及产物的 DS

| 醚　化　剂 | DS | 醚　化　剂 | DS |
|---|---|---|---|
| CH$_3$I | 3.0 | CH$_3$(CH$_2$)$_x$CH$_2$Br($x = 5 \sim 8$) | 3.0 |
| CH$_3$CH$_2$I | 3.0 | C$_6$H$_5$OCH$_2$CH$_2$CH$_2$Br | 3.0 |
| CH$_3$CH$_2$CH$_2$I | 2.9 | BrCH$_2$COOH | 0.8 |
| (CH$_3$)$_2$CHCH$_2$I | 0.5 | BrCH$_2$CH$_2$COOH | 0.4 |
| CH$_3$CH$_2$CH(CH$_3$)I | 0.5 | BrCH$_2$CH$_2$SO$_3$Na | 1.8 |
| CH$_3$(CH$_2$)$_x$CH$_2$I($x = 3 \sim 6$) | 3.0 | BrCH$_2$CH$_2$NH$_2$·HBr | 0.1 |
| ICH$_2$COONa | 0.6 | BrC$_6$H$_{11}$ | 0.5 |
| CH$_3$CH$_2$CH$_2$Br | 3.0 | BrCH$_2$CH$_2$C$_6$H$_5$ | 0.5 |
| CH$_3$(CH$_2$)$_x$CH$_2$Br($x = 2,3$) | 3.0 | BrCH$_2$CH(OC$_2$H$_5$)$_2$ | 0.5 |

⑧ 三甲基硅纤维素　将纤维素溶解在 DMAc/LiCl 体系中，与六甲基二硅烷基胺反应，可以较完全地甲硅烷基化。而纤维素在液氨中以六甲基二硅烷基胺为醚化剂，必须在高压反应釜中进行高温反应。这一反应的主要优点在于：使用六甲基二硅烷基胺为醚化剂生成的副产物只有 NH$_3$，并且硅烷化的取代度可以通过对反应试剂的控制来实现。

三甲基硅纤维素作为反应中间物用于纤维素的溴代反应和纤维素与硝基苯甲酰氯的酯化反应。

纤维素均相反应的研究在国内外已经取得很多成果，为纤维素改性提供了有效的途径。在今后的工作中寻找更加适合的新溶剂体系将是研究的重点。

## 三、纤维素醚的通性与应用

### 1. 纤维素醚的通性

作为纤维素重要的一类衍生物，纤维素醚具有以下通性。

（1）溶解性　纤维素醚在碱水溶液、水或有机溶剂中的溶解性，取决于醚化基团的性质及其取代度（DS）的大小。DS 值低于 0.1 的物质一般是不溶的，仅在一些物理和技术参数上与纤维素不同，如拉伸强度、表面势能、水吸收容量或染色性。在这个幅度对纤维素的改性主要用于纺织和造纸工业纤维素的再处理，并不作为纤维素醚产品在市场上销售。

产品的 DS 范围达到 $0.2 \sim 0.5$ 时，开始溶于碱水溶液，例如 $5\% \sim 8\%$ NaOH，溶解的性能取决于醚化基团。随着取代度的提高，纤维素醚逐渐在水中充分溶解。对于阴离子型和有很强亲水性的非离子型，在很高的 DS 水平也保持良好的溶解性，但是如果疏水性取代基占有优势，则在较高的 DS 水平上溶解能力反而消失。

许多工业化生产的纤维素醚可溶在水和/或有机溶剂中。对于阴离子型，要得到水溶解性，DS 值要在 0.4 以上，对于非离子型则 DS 值要在 1 以上。如果疏水性醚化基团占有优势，则在 DS 值高于 2 时水溶解性消失，溶于质子或极性非质子溶剂，例如低脂肪族醇、酮或醚。更多的疏水性纤维素醚也可溶在氯化了的碳氢化合物中，但是很少溶在纯的碳氢化合物中。只含阴离子型基团的纤维素醚在所有 DS 范围内几乎不溶于有机溶剂，除了在很强的极性非质子溶剂中，如二甲基亚砜。在所有情况下，分子量低的纤维素醚其溶解性都要更强些。疏水性醚在水中的溶解性在高温时会受到影响，溶解了的产物受热会发生凝胶化或团聚作用，变冷时又再次溶解，这是疏水性纤维素醚特有的热致凝胶性能和现象，对生产与应用有着重要影响。

大多数应用场合需要纤维素醚溶液是清亮甚至透明的，但是一些纤维素醚产品却只能形成浑浊溶液，其中可能含有不溶性颗粒或纤维游离丝。主要原因是在反应过程中反应物搅拌混合不充分、不均匀，或纤维素分子链很不规则（分子量分布太宽、原料来源差异大）、聚集态结构不均匀（高结晶区域很难进行取代）所造成的不均匀取代。纤维素原料中的杂质，如木质素、灰分等，或醚化反应物中交联剂的出现都可能导致不溶残渣产生。

（2）溶液的黏稠性　纤维素醚溶液黏度范围很宽，2％中性纤维素醚水溶液在室温下的黏度范围可达到 $5 \sim 10^5 \, mPa \cdot s$ 甚至更宽，其大小与浓度、温度、大分子的平均链长（或聚合度）及盐或其他添加物的存在有关。原纤维素大分子的链长在纤维素醚生产过程中可通过化学方法处理变短，而得到所需要的黏度较低的最终产物。

在规定的浓度和温度条件下，溶液的流变特性可能是牛顿性、假塑性、触变性，或者甚至为凝胶性，这取决于链长、取代基分配以及醚化基团的性质。

（3）物理性质　纤维素醚是白色或淡黄色的固体，通常是颗粒形式或粉状（湿度高达 10％）。粉状的表观密度范围是 $0.3 \sim 0.5 g/cm^3$。一些（未经过粉碎的）纤维状产品的表观密度低于 $0.2 g/cm^3$。根据用途不同，厂家可调整不同的纯度等级。纯度高的产品是没有气味和味道的。未处理的产品可能含有高达 40％（质量分数）的钠盐，如 NaCl、醋酸钠等。产品根据需要可混入添加剂以保证其稳定性、溶解可控性以及易加工性等。

另外，大部分纤维素醚工业产品可与其他水溶性聚合物混合，如淀粉产品、天然树脂、天然胶体或聚丙烯酰胺等，以得到所要求的流变性能和其他物理特性的复配产品。

（4）稳定性　纤维素醚容易受到纤维素酶、微生物的影响。酶优先进攻未取代的脱水葡萄糖单元，这将导致大分子链水解断链，致使产品黏度降低。醚取代基可对纤维素主链起到保护作用，因此，纤维素醚随着 DS 升高或取代均匀性的提高而稳定性提高，只有很少的未取代的脱水葡萄糖单元被水解酶进攻。

纤维素醚是不易被空气、潮湿、阳光、适度加热以及一般污染物所影响，其相对稳定。强氧化剂会产生过氧化和羰基基团，导致纤维素醚在碱性条件下进一步降解。当纤维素碱性溶液受热时，黏度下降明显。强酸通过对纤维素缩醛键直接水解也会使得分子链降解。和其他有机聚合物一样，在高能辐射作用下，纤维素醚的链结构也会受到破坏而发生降解。工业纤维素醚产品可以根据应用场合，在允许的情况下，添加生物杀伤剂、缓冲剂或还原剂以达到长期储存稳定以及在合适的储存条件下黏度不变的目的。

固体纤维素醚在温度高达 80～100℃时都是稳定的，更高温度或延长加热，在某些情况下会引起交联而形成不溶网状物。固态产品在 130～150℃ 范围内有轻微降解，当加热至 160～200℃ 会发生强烈降解，变成褐色，这既与醚的类型有关也和加热条件有关。中性水相溶液长时间加热再冷却至室温时不会引起黏度下降，适度的加热凝胶化作用或团聚对黏度也没有影响。

（5）加工、毒性、生态

**加工**　纤维素醚的细小粉末在空气中会形成爆炸性的粉尘，如同多糖或木屑。干燥的非离子型醚会释放静电，这与其他有机聚合物类似。当储存和加工纤维素醚时，必须遵守粉末状有机聚合物的一般预防措施。纤维素醚的易燃性与纤维素类似。若产品散在工房地面见水很快会形成一层很滑的薄膜，使得车间操作人员行动不便。

**毒性**　纤维素醚一般是无毒无害的。产品引起身体过敏，这在研究中可能会发生，但在工业化生产过程中通常不会发生。许多高纯度的纤维素醚产品可用作食品添加剂和化妆品的增稠保湿，有毒杂质或添加剂（如含汞生物杀活剂）不允许添加到这些纤维素醚产品中。

**生态**　通过纤维素酶产生的微生物会使得纤维素醚发生生物降解，在生产的废水中也会发生，因此要防止纤维素醚的堆积。在缓慢的生物反应中，由酶水解的葡萄糖、葡萄糖醚和醚低聚物进一步降解为 $CO_2$ 和 $H_2O$，并没有发现有毒物产生。

纤维素醚没有鱼毒性，对许多微生物是没有营养的。不过，在经过一段时间的暴露后，废水细菌能增强纤维素醚的降解。在测试条件（短期内）下，高 DS 值的纤维素醚产品具有很低的生化需氧量。通过使用铁盐或铝盐水处理，残留的阴离子型纤维素醚会絮凝出来，而得到不溶和可过滤残渣，方便驱除。可通过超滤处理以清除废水中的纤维素醚和其他可溶物。

## 2. 纤维素醚的应用

不溶、不熔的纤维素经醚化得到的产品——纤维素醚具有许多重要的性质，包括：溶液增稠性；良好水溶性；悬浮或乳胶稳定性；保护胶体作用；成膜性；保水性；黏合性能；无毒、无味、生物相容性；触变性等。除此之外，纤维素醚还有很多独特性能：热致凝胶性、表面活性、泡沫稳定性、触变性、离子活性及添加凝胶作用。由于具备这些特性，纤维素醚在石油开采、纺织、合成洗涤剂、采矿、造纸、食品、医药、化妆品、涂料、建材、聚合反应及航天航空等诸多领域得以广泛应用，有"工业味精"之美誉。

**建筑工业** 纤维素醚在建材工业具有极其广泛的用途，用量很大，可以作为缓凝剂、保水剂、增稠剂和黏结剂。在普通干混砂浆、高效外墙保温砂浆、自流平砂浆、干粉抹面黏结剂、瓷砖黏结干粉砂浆、高性能建筑腻子、抗裂内外墙腻子、防水干混砂浆、石膏灰泥、刮涂补白剂、薄层接缝等材料中，纤维素醚起到重要的作用，它们对灰泥体系的保水性、水需求量、坚固性、缓凝性和施工性有重要的影响。建材领域常用的纤维素醚包括 HEC、HPMC、CMC、PAC、MHEC 等。

非离子型水溶性纤维素醚具有黏结性、分散稳定性和保水能力，是建筑材料有用的添加剂。HPMC、MC 或 EHEC 用于大多数水泥基或石膏基建材中，如砌筑砂浆、水泥砂浆、水泥涂层、石膏、胶结混合物以及乳状腻子等，可增强水泥或砂子的分散性，大大提高了黏结性，而这对于石膏、瓷砖水泥和腻子是非常重要的。HEC 用于水泥，不仅是缓凝剂，还是保水剂，HEHPC 也有这方面的用途。纤维素醚通常和葡萄糖酸盐联合用于砂浆，作为有价值的缓凝剂添加物。MC 或 HEC 常和 CMC、淀粉衍生物及聚乙酸乙烯酯结合作为增稠剂和黏结剂用于壁纸胶中。在南欧，CMC 被用作壁纸胶的坚固部分。壁纸胶和建筑材料中常用中黏度或高黏度纤维素醚。

**涂料** MC、EHEC、HEC 和非触变、纯的 CMC 常用于乳胶涂料和水浆涂料，主要起增稠和分散颜料粒子的作用。当流变性从假塑性流体调整到近似牛顿流体，触变性涂料和半光涂料的施工性能会提高。通过选择分散性好的经乙二醛交联的产品，提高溶解速度，在颜料粒子中直接加入增稠剂是可能的。

有机可溶性的 MC、EHEC 和 HPC 用于溶剂型涂料，可阻止溶剂（如二氯甲烷-乙醇混合物）的挥发。

**陶瓷** 所有水溶性纤维素醚都可作为绿色黏结剂用于陶瓷生产。纯的非离子型纤维素醚无灰分残留，CMC 有少量。MHPC 和丙二醇结合可作为陶瓷电容器和铁矾土瓷器的基础成型黏结剂。CMC还可用作电瓷器和釉瓷的增塑剂。

**纺织工业** 纤维素醚是有用的上浆剂，最常用的是CMC和HEC，粗品CMC可用于此。CMC在浆洗工序用于织物上浆，其具有易退浆的特点。CMC也常和淀粉联合使用，退浆后只产生少量的废水，因此BOD低。它可能用作织物生产中相对持久的处理，织物预先在醚中浸泡，然后用酸和热处理。羟乙基纤维素也发现有在纺织品中的应用。

大部分纤维素醚（如羧甲基纤维素、羟乙基纤维素、甲基纤维素等），都是纺织品印花粘贴中有效的增稠剂。羟乙基纤维素还可进一步应用于地毯染色和非纺织品的黏合。羧甲基纤维素还适合于纺织品的涂层增稠。

**造纸工业** 低取代度的羧甲基纤维素作为添加剂或者是搅拌上浆，可促进纤维的化学水合，较好的水合能提高干基强度。高取代度的羧甲基纤维素或非离子型水溶性纤维素醚可以利用常见设备，如纸浆压滤机、亚光机、非机械涂层应用于纸张上浆。由于蜡版渗透减少，涂层时降低了蜡消耗，另外印花墨的消耗也减少了，表面光泽度提高了，纸张光滑，提高了抗油能力。

**石油工业** 多种纤维素醚用作石油开采钻井液和固井液的降滤失剂和控黏剂。在压裂液中，纤维素醚可作为凝胶聚合物、防止流体损失剂和减摩擦剂，还可以作为驱油剂，抵抗各种可溶性盐污染，提高石油开采量，可用品种包括CMC、PAC、HEC、HPCMC、CMHEC等。钻井液或者钻井泥浆是黏土、斑脱土和其他物质（如重晶石）的水分散体系。粗或纯羧甲基纤维素可作为增稠剂在输送钻井物过程中防止其下沉。用于钻井泥浆的羧甲基纤维素的型号必须满足一定的规格，包括盐相容性、黏度和降滤失性能。当钻过多孔渗水物层时，滤失量随着添加的羧甲基纤维素的量及其取代度（$DS$）增大而降低。羟乙基纤维素还可用于盐（氯化钙、溴化钙或氯化锌）浓度高的油田水泥中作为添加剂和增稠剂，用于油井维修和完善流体。

石油钻井技术中使用的一种添加剂是羧甲基羟乙基纤维素，因其含有阴离子基团，可将羟乙基纤维素对盐的相容性和羧甲基纤维素对黏土的亲和力二者的优势结合在一起。

**洗涤剂** 洗涤剂工业是羧甲基纤维素最大的用户，工业级CMC大量用于洗涤剂生产，其是作为棉纺织品污物沉积的抑制剂。棉纺织品经合成洗涤剂洗涤后污垢物会疏松，易洗涤清洗。洗涤剂的成分通常包含0.3%～1% CMC。2%～5%的羧甲基纤维素（以大量的助洗剂为基础）能进一步提高固形皂污物的悬浮能力。

羟乙基纤维素可用作液体洗涤剂和无水除锈剂中的稠化剂和保护胶体。MC在洗涤剂配方中也很常用。这两种纤维素醚类在合成纤维基织物中有污物悬浮作用，而 CMC 效力很弱。

**农业**　纤维素醚用作水基喷雾固体杀虫剂的悬浮剂。HEC 的稠化作用用于喷雾乳状液可减少漂浮弥漫。纤维素醚可先用于黏结植物叶子上的杀虫剂或杀真菌剂，再用作涂布黏结剂。以 MC 和 HEC 处理种子以增加种子包覆，减少暴露时杀虫剂粉尘造成的危险，低黏 MC 的使用量是干杀虫剂质量的 25%～50%。中黏 HEMC 在农业粉中的加入量是 6%～12%（以农业干粉为基），在下雨或有露时有良好的黏结性。加入 0.5%～2% 的低黏 MC，使得可湿性粉剂也有很好的分散性。CMC 是有效的土壤集合剂，其 DS 应大于 0.7，以避免微生物的侵袭。

**高分子聚合**　黏度低、纯度高、能完全溶解的 MC、HPC、HPMC 和 HEC 在氯乙烯聚合中用作分散稳定剂和保护胶体，使得聚合产品颗粒均匀；还可作为乳化剂和悬浮剂，用于氯乙烯聚合、苯乙烯和醋酸乙烯的聚合以及二者的共聚。

**黏结剂**　众多黏结剂中都加有纤维素醚。HPC 是有机溶剂基黏结剂的稠化剂，CMC 和 HEC 则分别用于水溶性树脂黏结剂和乳液型树脂黏结剂。MC 在皮革工业中使用尤为方便，皮革用含有 MC、HEMC 或 HPMC 的黏结剂粘贴在框架上，然后烘干，整个过程不会稀流，仅形成了纤维素凝胶，鞣革上几乎没有滴落痕迹。其典型的配方是中黏或高黏 MC 或 HPMC 水溶液，含有 0.2% 增塑剂 N-乙酰基乙醇胺和 0.3% 酪蛋白。

**化妆品行业**　羧甲基纤维素可作为压模材料用于牙科，也可作为黏结剂添加到牙膏中。所有水溶性纤维素醚可作为增稠剂、赋形剂、悬浮剂以添加到面膜、洗液和洗发水中。阳离子改性的羟乙基纤维素混合醚适用于护发产品中。甲基纤维素或羟丙基甲基纤维素可以屏蔽油溶性的物质，因此可用于防护霜中抵制催泪瓦斯和油漆的刺激。羟丙基纤维素可以用于含有机溶剂的发胶和古龙香水。

**制药工业**　纯度高的低黏度纤维素醚可用于药片的包覆。羧甲基纤维素在胃中的酸性环境下是不能溶解的，而在肠道内的碱性环境中可溶，因此可以用于制作肠溶性药物的包衣。羟丙基纤维素可以屏蔽空气和水汽。甲基纤维素、羧甲基纤维素或者乙基羟乙基纤维素可用于药物载体、片剂崩解剂以及悬浮液和乳化剂的稳定剂。它们还用于大量人体泻药，服用前需要用足量的水预先分散好，其本身不参与代谢。甲基纤维素或羧甲基纤维素的悬浮特性使其还可以用于 X 射线诊断用硫酸钡的良好分散剂。

**食品行业**　甲基纤维素、羟丙基甲基纤维素、羟丙基纤维素以及羧甲基纤维素允许在美国国内、欧盟以及其他很多国家作为食品添加剂。在欧盟强调指出，低摩尔取代度的乙基甲基纤维素和羟乙基纤维素可作为许可的增稠剂和凝胶剂。MC、HEMC、HPC、HPMC、EMC 和 CMC 等完全通过了 FAO/WHO 食品添加剂联合专家委员会的鉴定，可接受的日摄入量确定为 25mg/kg。美国食品化学药典列举了羧甲基纤维素、甲基纤维素以及羟丙基纤维素作为食品添加剂的标准，我国也制定了食品级羧甲基纤维素的质量标准。食品级的羧甲基纤维素作为理想的食品添加剂也通过了犹太教权威人士的许可。

所有典型的纤维素醚的特性都被用于食品中。纤维素醚还可用于搅拌食品（如冰激凌中的甲基纤维素或羟丙基纤维素）作为凝胶剂，饼馅和调味剂的增稠剂，水果汁和奶制品的悬浮剂。非离子型醚在冰点时表现出缺乏渗水收缩特性，因此可用于稳定冷冻食品（肉、鱼或者蔬菜的混合物）。当这些食物要油炸时，纤维素凝胶可将这些东西保持在一起，并提供所需的水分以防蔬菜成分的损失。

羧甲基纤维素有抑制结晶的能力，因此可用于冰激凌、果汁、糖衣或冻胶层中。面包食品含有 1% 的羟丙基甲基纤维素，接触热油时会发生凝胶作用，这样在油炸物品边缘形成了一层保护层，极大地降低了脂肪吸收。

纤维素醚在食品行业中有多种应用方式，一般总量少于 0.5%。

**其他行业**　乙基纤维素作为有机可溶物质和广泛应用的优良的成膜物质，用在涂料和包衣中。其适用于电缆和电线的绝缘漆，有固定的绝缘常数 3.0～3.8，在 1kHz 下其介电损耗在 0.002～0.02 范围内。

塑料制品可用乙基纤维素和羟丙基纤维素制作，以吹塑加工工艺得到制品。乙基纤维素可进一步应用于热熔性的黏结剂。甲基纤维素、乙基羟乙基纤维素或羧甲基甲基纤维素是烟草卷纸有效的黏结剂。纤维素醚，主要是羧甲基纤维素，还用于铅笔模型挤出、铸模核心、包覆电焊电极的黏结剂。纤维素醚的低黏度水溶液比水具有较小的阻力，这样在灭火时同样水压下可获得提高的水流。

在航空航天和军工领域，纤维素醚及其衍生物也具有重要的应用前景。作为黏合剂，纤维素醚在炸药上的应用已经有多年历史；作为固体火箭推进剂的包覆层主要基材，乙基纤维素（EC）具有许多优点；俄罗斯 Г. А. Алиева 利用热塑性纤维素醚为基研制了系列无烟、均质火药；С. Н. данилов 等人利用甲基纤维素甘油醚制备了性能优良的火药；А. И. мочалова 对 3,3-双叠氮甲基环氧丁烷纤维素进行硝化，制备了火药用黏合剂；А. А. Лопотенок 制备了氯代甘油羟乙基纤维素的硝化物，可以作为新型高能纤维素基黏合剂及高能、高性能改性双基推进剂，装备在地对空、地对舰导弹中。

#### 参 考 文 献

[1] Heuser E. The Chemistry of Cellulose. New York：John Wiley & Sons Inc，1994.

[2] Calvin Woodings. Regenerated Cellulose Fibres. Cambridge：Woodhead Publishing Limited，2001.

[3] 高洁，汤烈贵. 纤维素科学. 北京：科学出版社，1996：29-62.

[4] O'Sullivan A. Cellulose：the Structure Slowly Unravels. Cellulose，1997，4：174-207.

[5] 陈家楠. 纤维素结构研究进展. 纤维素科学与技术，1993，1（4）：1-11.

[6] Yamamoto H，Horri F. CP/MAS $^{13}$C-NMR Analysis of the Crystal Transformation Induced for Valonia Cellulose by Annealing at High Temp. Macromolecules，1993，26：1313-1317.

[7] Lenz J，Schurz I. Fibrillar Structure and Deformation Behavior of Regenerated Cellulose Fibers. Cellulose Chem and Technol，1990，24：679-692.

[8] Tsekos，Reiss H D，Schnepf E. Cell-wall Structure and Supramolecular Organization of the Plasma Membrane of Marine Red Algae Visualized by Freezefracture. Acta Botanica Neeriandica，1993，42：119-132.

[9] Fengel D. Characteristics of Cellulose by Deconvoluting the OH Valency Range in FTIR Spectra. Holzforschung，1992，46：283-288.

[10] Fengel D，Jacob F，Stroble C. Influence of the Alkali Concentration on the Formation of Cellulose Ⅱ——by X-ray Diffraction and FTIR Spectroscopy. Wood Sci Technol，1995，49：505-511.

[11] Heiner A P，Sugiyama J，Felenan O. Crystallin Cellulose Iα and Iβ Studied by Molecular Dynamics Simulation. Carbohydrate Res，1995，273：207-223.

[12] Kondo T，Sawatari C. A Fourier Transform Infra-red Spectroscopic Analysis of the Character of Hydrogen Bonds in Amorphous Cellulose. Polymeer，1996，37：393-399.

[13] 许正宏，孙微，史劲松等. 制浆生物技术的研究与工业应用. 林产化学与工业，1998，18（3）：89-94.

[14] 王黎明. 纤维素纤维降温溶胀特性的研究——用降温的收缩值表征织态结构. 人造纤维，1992，（5）：1-6.

[15] 华坚. 纤维素与尿素的酯化反应研究——纤维素Ⅰ-液氨对纤维素结构的影响. 人造纤维，1990，（3）：1-6.

[16] 苏茂尧，由利丽. 纤维素经液氨预处理对其结构和晶型的影响. 纤维素科学与技术，1997，5（3）：7-12.

[17] 熊犍. 微波、超声波辐射下纤维素超分子结构及反应性能的变化［D］. 广州：华南理工大学，1998.

[18] 邵自强. 天然纤维素蒸汽闪爆及应用研究［D］. 北京：北京理工大学，2000.

[19] Heinze T，Liebert T. Unconventional Methods in Cellulose Functionlization. Prog Polym Sci，2001，26：1689-1762.

[20] Furuhata K，Koganei K，ChangHu-Sheng，et al. Dissolution of Cellulose in Lithium Bromide-organic Solvent Systems and Homogeneous Bromination of Cellulose with $N$-Bromosuccinimide-Triphenylphosphine in Lithium Chloride-$N$,$N$-dimethylacetamide. CarbohydroRes，1992，230：165-177.

[21] Rahn K，Diamantoglou M，Heinze T. Homogeneous Synthesis of Cellulose p-Toluene Sulfonates in $N$,$N$-Dimethylacetamide/LiCl Solvent System. Angew Makromol Chem，1996，238：143-163.

[22] Frazier C E，Glasser W G. Attemots at the Synthesis of Fluorine Containing Cellulose Derivative. Polymer Preprints，1990，31：634-635.

[23] Heinze T，Camacho Gomez J A，Haucke G. Synthesis and Characterization of the Novel Cellulose Derivative Dansylcellulose. Polym Bull，1996，37：743-749.

[24] Sealey J E，Frazier C E，Samaranayake G，et al. Novel Cellulose Derivatives—Ⅳ：Preparation and

纤维素醚

34

Thermal Analysis of Waxy Esters of Cellulose. J Ploym Sci Part B：Polym Phys，1996，34：1613-1620.

[25] Heinze T，Erler U，et al. Synthesis and Characterization of Photosensitive 4,4′-Bis（dimethylamino）Diphenyl-Methyl Ethers of Cellulose. Macromol Chem Phys，1995，196：1937-1944.

[26] Heinze T，Liebert T. Unconventional Methods in Cellulose Functionlization. Prog Polym Sci，2001，26：1689-1762.

[27] Rahn K，Diamantoglou M，Heinze T. Homogeneous Synthesis of Cellulose $p$-Toluenesulfonates in $N$，$N$-Dimethylacetamide/LiCl Solvent System. Angew Makromol Chem，1996，238：143-163.

[28] Frazier C E，Glasser W G. Attemots at the Synthesis of Fluorine Containing Cellulose Derivative. Polymer Preprints，1990，31：634-635.

[29] Heinze T，Camacho Gomez J A，Haucke G. Synthesis and Characterization of the Novel Cellulose Derivative Dansylcellulose. Polym Bull，1996，37：743-749.

[30] Wagenknecht W，Nehls I，Philipp B. Studies on the Regioselectivity of Cellulose Sulfation in an $N_2O_4$-$N$，$N$-Dimethylformamide-Cellulose System. Carbohydr Res，1993，240：245-252.

[31] 周琪，张俐娜. 羟乙基纤维素的制备方法：CN，1377895. 2002.

[32] 周金平，张俐娜，邓清海. 羟丙基纤维素的制备方法：CN，1482143. 2003.

[33] 闫东广，余万能，彭长征. 羟丙基纤维素合成及应用. 河南化工，2005，1（1）：6-8.

[34] 董绮功，金小铃. 用荞麦皮制备氰乙基纤维素的研究. 西北大学学报：自然科学版，2000，6（3）：214-216.

[35] Akira Takaragi，Masahiko Minoda，Takeaki Miyamoto. Reaction Characteristics of Cellulose in the LiCl/1,3-Dimethyl-2-Imidazolidinone Solvent System. Cellulose，1999，6：93-102.

[36] Thomas Heinze，Katrin Schwikal，Susann Barthel. Ionic Liquids as Reaction Medium in Cellulose Functionalization. Macromolecular Bioscience，2005，5：520-527.

[37] Thomas Heinze. Carboxymethylation of Cellulose in Unconventional Media. Cellulose，1999，6：153-165.

# 第二章　甲基类纤维素

甲基类纤维素是对主要取代基为甲基的一类纤维素醚的统称，包含单一醚甲基纤维素（MC），也包括羟乙基甲基纤维素（HEMC）、羟丙基甲基纤维素（HPMC）、羟丁基甲基纤维素（HBMC）、乙基甲基纤维素（EMC）及羧甲基甲基纤维素（CMMC）等纤维素混合醚，它们都具有与 MC 类似的性质，即在 100℃ 以下水中会发生热凝胶化。

水溶性 MC 的凝胶温度随着 DS 增加而降低。一种典型的 MC（DS=1.8）在 54～56℃ 形成凝胶。由于不均匀取代，MC 溶液通常会含有不溶性胶粒或纤维丝。要得到 DS 值较高、高凝胶化温度且溶解完全清亮的产品，可通过使用 NaOH-Cu(II) 络合物或氢氧化三甲基苄基铵作碱化试剂，进行特殊的碱化。这些反应剂使得碱纤维素充分溶胀，极大增强了醚化时纤维素大分子的可及度。然而，由于技术和成本原因，该技术并没有实现工业化。

为了提高产品溶解性能和凝胶温度，通过采用混合基团取代是最有效的方法。通过调整甲基和第二种取代基的比例可得到许多性质不同的产品。在这些混合醚中，最重要、最常见的是羟丙基甲基纤维素（HPMC）和羟乙基甲基纤维素（HEMC）。它们是通过环氧丙烷或环氧乙烷在碱纤维素上引入羟烷基基团而制得的混合醚。以 HPMC 为例，其有多种类型，基团取代有较宽的范围：甲基的 DS 值为 1.3～2.2，羟丙基的 MS 值为 0.1～0.8。HEMC 主要在欧洲生产，甲基的 DS 值为 1.5～2.0，羟乙基的 MS 值为 0.02～0.3。用环氧丁烷进行羟丁基化作用得到羟丁基甲基纤维素（HBMC），羟丁基的 DS 为 0.04～0.1，对于一般的甲基化作用（DS=1.8～2.2），HBMC 是一种油溶性醚。英国还有一种产品是水溶性乙基甲基纤维素（EMC），其甲基的 $DS$ 为 0.9，乙基的 $DS$ 为 0.4。另外，低 $DS$（大概 0.05）羧甲基化产物——羧甲基甲基纤维素（CMMC），则具有微弱的阴离子聚电解质性质。

经过二次取代，即使取代水平很低，得到的甲基类纤维素混合醚溶液都比 MC 溶液更清亮透明；凝胶化温度升高，尤其是引入了亲水的羧甲基或羟乙基基团。通常并不希望凝胶化温度高于 95℃，因为太高使得体系残余的盐很难通过热水洗涤的方式除净。

甲基纤维素及其混合醚的生产需要大量的碱。为得到水溶性醚，NaOH 与脱水葡萄糖单元的物质的量比应为 3～4，得到甲基的 $DS$ 为 1.4～2.0。产物的黏度通过在碱化（熟化）过程中控制氧的浓度来调整。使用过量的甲基氯化物（取决于碱的量），会使所有的 NaOH 转变为 NaCl。产物几乎是中性的，不需要或需要很少量的酸中和。甲醇和二甲基醚副产物是由甲基氯化物与水反应所产生的。主要的工艺如下。

① 气态法甲基化工艺　在一个耐腐蚀并配有高效混合的压力容器中，将碱纤维素和部分甲基氯化物加热到 50℃，开始甲基化。通过适度的热量补充（加热或冷却），使放热的醚化反应温度维持在 60～100℃数小时。

生产过程中，一些反应物随易挥发的副产物挥发。这些物质根据需要应该分离、冷凝和回收，回收的甲基氯化物接着随新的反应物循环利用，以保证反应容器中气态甲基氯化物的浓度恒定。一些生产厂家采用的搅拌器的叶片和轴是中空有孔，反应物回收后直接进入反应体系。

② 液态法甲基化工艺　采用液态甲基氯化物的连续工艺，需要的反应时间不到 1h。该工艺是在大量的反应试剂中进行的。将碱纤维素在压力条件下搅成浆，再用一个可加热的管式反应器将料浆抽走，蒸发掉易挥发副产物和过量反应物。

其他液相工艺和技术则是在大量惰性有机液体存在下进行，这种方式可以降低反应压力，促进热交换，反应时需要少量的碱，有利于抑制副产物的形成。

所有这些工艺都适合于混合醚的生产。第二种反应剂可以在甲基化作用开始前或之后加入，最佳工艺通常是逐步加入醚化剂，并对反应体系温度进行阶梯控制。

NaCl 和不易挥发的副产物（如丙二醇、缩丙二醇）用热水洗涤除去，而后产品在普通干燥设备中干燥。通常 MC 产品的 NaCl 含量少于 1%，高纯度产品的 NaCl 含量少于 0.1%。通过酸处理产物可得到黏度很低的产品，溶解性可控的产品可通过与乙二醛等交联剂进行交联反应加以调整。

# 第一节 概　述

## 一、甲基类纤维素的分类

本章主要参照美国 Dow 化学公司的甲基类纤维素产品系列进行分类，分为优质级和标准级两种。所有优质级的甲基类纤维素产品，可作为食品和药物的添加剂，符合食品化学药典和国际营养药典要求。

（1）Methocel A 优质产品为 MC，符合美国药典要求；

（2）Methocel E、F、J、K 优质产品为 HPMC 系列，符合 N.F（national formulary）要求；

（3）Methocel HB 为羟丁基甲基纤维素。

不同产品的取代度见表 2-1。Methocel A 含有 27.5%～31.5% 甲氧基，$DS$ 为 1.6～1.9，在这一取代度范围可获得最好的水溶性，而取代度较低的产品具有较低的水溶性，取代度太高的产品仅能溶解于有机溶剂中；在 Methocel E、F、K 纤维素醚中，以甲基取代为主，占 80%～95%。Methocel J 的羟丙基取代约为甲基取代的一半；Methocel HB 与 Methocel A 产品相类似，但含有 2%～5% 羟丁氧基，该含量足以改善其在有机溶剂中的溶解性。

表 2-1　甲基类纤维素产品的取代度和相应的取代质量百分比

| 产品 | 甲氧基 | | 羟丙氧基 | | 羟丁氧基 | |
|---|---|---|---|---|---|---|
| | $DS$ | 质量百分比/% | $MS$ | 质量百分比/% | $MS$ | 质量百分比/% |
| Methocel A(优质级和标准级) | 1.6～1.9 | 27.5～31.5 | | | | |
| Methocel E(优质级) | 1.8～2.0 | 28.0～30.0 | 0.20～0.31 | 7.5～12 | | |
| Methocel F(优质级和标准级) | 1.7～1.9 | 27.0～30.0 | 0.10～0.20 | 4.0～7.5 | | |
| Methocel J(标准级) | 1.1～1.6 | 16.5～20.0 | 0.70～1.00 | 23.0～32.0 | | |
| Methocel K(优质级和标准级) | 1.1～1.6 | 19.0～24.0 | 0.10～0.30 | 4.0～12.0 | | |
| Methocel HB(标准级) | 1.8～2.2 | 29.5～33.5 | | | 0.04～0.11 | 2.0～5.0 |

在 20℃ 下，乌氏毛细管测定浓度为 2% 的甲基类纤维素水溶液黏度，范围为 5～75000mPa·s，结果见表 2-2。

甲基类纤维素根据产品外观形态又分为粉末（包括未表面处理的）、表面处理的粉末和粒状产品。

表 2-2　甲基类纤维素各种产品的黏度

| 产　品 | 黏度/mPa·s | 产　品 | 黏度/mPa·s |
|---|---|---|---|
| Methocel A | 15,25,400,1500,4000 | Methocel HB | 12000 |
| Methocel E | 5,15,50,4000 | Methocel 228 | 4000 |
| Methocel F | 50,4000,40000 | Methocel 240 | 40000 |
| Methocel J | 5000,12000,20000,40000,75000 | Methocel 856 | 75000 |
| Methocel K | 35,100,4000,15000 | | |

　　未处理粉末的溶解采用热/冷技术或交替法；经表面处理的粉末可分散在冷水中，它的溶解以改变 pH 值来控制。各种物理形状产品类别见表 2-3。

## 二、甲基类纤维素的性能

　　甲基类纤维素的一般物理性能列于表 2-4。

表 2-3　各种物理形状产品类别

| 物　理　形　状 | 产　品　类　别 |
|---|---|
| 粉末 | 各种类型、等级和黏度的产品 |
| 经表面处理的粉末 | Methocel　288 |
| | Methocel　240S |
| | Methocel　J5MS |
| | Methocel　J12MS |
| | Methocel　J20MS |
| | Methocel　J40MS |
| | Methocel　J75MS |
| | Methocel　K15MS |
| 粒状 | Methocel　K4MDGS |
| | Methocel　K15MDGS |

表 2-4　甲基类纤维素的一般物理性能

| 性　　能 | 指　　标 | | |
|---|---|---|---|
| | MC | HPMC | HBMC |
| **聚合物** | | | |
| 外观 | 白色至灰白色，无臭无味，粉末 | | |
| 表观密度/(g/cm³) | 0.25～0.70 | | |
| 变色温度/℃ | 190～200 | | |
| 炭化温度/℃ | 225～230 | | |
| 密度/(g/cm³) | 1.39 | | |
| 相对可燃性(700℃) | >90 | | |

| 性　能 | | 指　标 | | |
|---|---|---|---|---|
| | | MC | HPMC | HBMC |
| **水溶液** | | | | |
| 密度/(g/cm³) | 溶液浓度为1% | | 1.0012 | |
| | 溶液浓度为5% | | 1.0117 | |
| | 溶液浓度为10% | | 1.0245 | |
| 折射率 $N_D^{20}$(溶液浓度为2%,所有产品) | | | 1.336 | |
| 定浓比容/(mL/g) | | 0.925 | 0.717~0.767 | 0.774 |
| 表面张力(25℃)/(mN/m) | | 47~53 | 44~55 | 49~55 |
| 界面张力(石蜡油,25℃)/(mN/m) | | 19~23 | 18~30 | 20~22 |
| 凝胶温度/℃ | | 48 | 54~70 | 49 |
| **薄膜**(MC,δ=0.0050mm) | | | | |
| 相对密度 | | 1.39 | 1.29 | |
| 面积系数(0.0025mm)/(m²/kg) | | 34.0 | 36.7 | |
| 透气性 /[nmol/(m²·s)] | 水蒸气,31℃,90%~100%RH | 540 | 520 | |
| | 氧气,24℃ | 200 | 560 | |
| 拉伸强度(24℃,50%RH)/MPa | | 58.5~78.6 | 38.6~61 | |
| 断裂伸长率(24℃,50%RH)/% | | 10~15 | 5~10 | |
| 紫外线稳定性(500h) | | 优良 | 优良 | |
| 耐油性 | | 优良 | 优良 | |
| 紫外线透过率/% | 400nm | 55 | 82 | |
| | 290nm | 49 | 34 | |
| | 210nm | 26 | 6 | |
| 折射率 | | 1.49 | | |
| 软化点/℃ | | — | 240 | |
| 熔点/℃ | | 290~305 | 260 | |
| 炭化温度/℃ | | 290~305 | 270 | |

### 1. 甲基类纤维素溶液黏度

甲基类纤维素重要的应用指标和性能是其溶液的黏度,产品结构基本相同的情况下,它依赖于产品的分子量和溶液的浓度。

不同品种的 MC 和 HPMC 商品通常所标出的黏度是其 2% 水溶液的黏度值。如 Dow 化学公司的 Methocel A25、E50 分别是 2% 水溶液 20℃时黏度为 25mPa·s 的 MC 和 50mPa·s 的 HPMC,日本 Shin-Etsu 株式会社的产品则标为 Metolose SM25 和 Metolose 60SH50。不同分子量产品配制成 2% 水溶液,在 20℃时黏度值各不相同,图 2-1 和图 2-2 是不同分子量的 MC 水溶液黏度与浓度的关系。

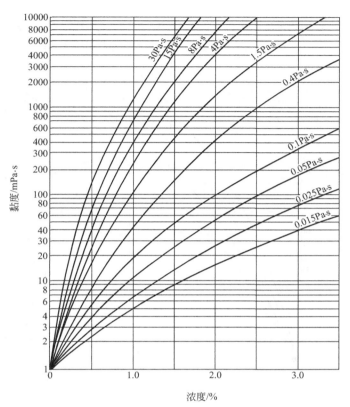

图 2-1　Metolose 溶液黏度-浓度关系

根据 Staudinger-Mark-Houwink 方程，特性黏度 $[\eta]$ 与分子量 $M$ 有关：

$$[\eta]=K\times(\overline{M}_n)^\alpha$$

式中，$\overline{M}_n$ 是数均分子量；$K$ 和 $\alpha$ 是聚合物特定参数。

研究结果表明，对于 MC，特性黏度 $[\eta]$ 与聚合度 $DP_n$ 分子量 $\overline{M}_n$ 之间关系可表示为：

$$[\eta]=2.92\times10^{-2}(DP_n)^{0.905}\ \text{或者}\ [\eta]=2.8\times10^{-3}(\overline{M}_n)^{0.63}$$

特性黏度 $[\eta]$ 被定义为增比黏度 $\eta_{sp}$ 外推至浓度为 0 时的外推值。

增比黏度 $\eta_{sp}$ 可由 $\eta_{sp}=(\eta/\eta_0-1)/c$ 计算，在浓度 $c$ 时测量表观黏度 $\eta$，$\eta_0$ 是纯溶剂的表观黏度。Philipoff 方程把特性黏度与表观黏度关联性表示为：

$$\eta/\eta_0=(1+[\eta]c/8)^8$$

对于分子量大、链长的纤维素醚形成的高黏度溶液，这个关系式要加以修正，描述为：

$$\eta/\eta_0=(1+[\eta]c/9)^9$$

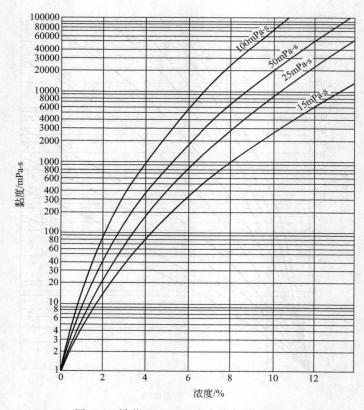

图 2-2  低黏 Metolose 溶液黏度-浓度关系

　　这些计算式可通过一次测量法计算 $[\eta]$ 值，通常在这些情况下，纤维素醚浓度应控制在 0.2% 左右。

　　因各种纤维素醚的 $K$ 和 $\alpha$ 未知，由 Staudinger 方程通常很难计算 $DP_n$ 和 $\overline{M}_n$。因此，需要采用渗透压法或光散射法测量数均分子量和聚合度，部分结果见表 2-5。

表 2-5  甲基纤维素的黏度、数均分子量和平均聚合度

| 表观黏度(2%,20℃)/mPa·s | 特性黏度$[\eta]$/(dL/g) | 数均分子量 $\overline{M}_n$[①] | 平均聚合度 $DP$[①] |
| --- | --- | --- | --- |
| 5 | 1.20 | 10000 | 53 |
| 10 | 1.40 | 13000 | 70 |
| 40 | 2.05 | 20000 | 110 |
| 100 | 2.65 | 26000 | 140 |
| 400 | 3.90 | 41000 | 220 |
| 1500 | 5.70 | 63000 | 340 |
| 4000 | 7.50 | 86000 | 460 |

| 表观黏度(2%,20℃)/mPa·s | 特性黏度[η]/(dL/g) | 数均分子量 $\bar{M}_n$[①] | 平均聚合度 $DP$[①] |
|---|---|---|---|
| 8000 | 9.30 | 110000 | 580 |
| 15000 | 11.00 | 120000 | 650 |
| 19000 | 12.00 | 140000 | 750 |
| 40000 | 15.00 | 180000 | 950 |
| 75000 | 18.40 | 220000 | 750 |

① 渗透压法。

表 2-5 中 Methocel A 纤维素醚的数均分子量是由渗透压法获得，平均聚合度（$DP$）是由 $\bar{M}_n$ 除以 186 而得。美国 Dow 化学公司甲基类纤维素醚产品的重复单元的分子量 $\bar{M}_n$ 如下：Methocel E 为 201；Methocel F 为 195；Methocel J 为 222；Methocel K 为 192；Methocel HB 为 195。

不同的黏度测定方法可能得到不同的表观黏度数据，这与所使用的仪器（乌氏或奥氏毛细管黏度计，Hoeppler 落球方法等）剪切力形式有关，其是由 MC 溶液的非牛顿流动特性或假塑性引起的。当采用旋转黏度计（例如 Haake，Brookfield，Contraves，Epprecht，Fann 黏度计）测量黏度时，假塑性变得很明显。旋转速度增加会导致表观黏度下降（见图 2-3）。

pH 值在 2～12 范围内，甲基类纤维素的黏度是恒定的。图 2-4 是甲基纤维素溶液的黏度-温度关系。当温度升高时，黏度下降。但在发生凝胶之前，黏度在很短的时间内升高又突然下降，这是由于甲基纤维素产生絮凝所致。

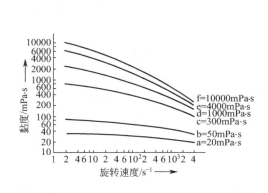

图 2-3　2%羟乙基甲基纤维素溶液的黏度-旋
转速度关系

a～f 上所标的黏度是 2%溶液在低剪切力
下使用 Hoeppler 黏度计测得的

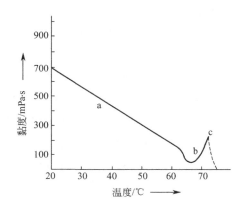

图 2-4　甲基纤维素溶液的黏度-温度关系

a—正常降低；b—凝胶间隔；c—凝结

甲基类纤维素水溶液的黏度与产品型号、浓度、温度和添加剂等有直接的关系。一些特殊的添加剂对体系的黏度影响应引起注意。

**2. 水溶液的凝胶性能**

将甲基类纤维素水溶液加热至一定温度时会产生凝胶，所生成的凝胶在冷却后又重新变成溶液，是其独特性能之一，这与蛋白质增稠剂形成的凝胶不同。

当水溶液加热时，甲基类纤维素会形成三维网状结构，变成凝胶而析出，冷却时，达到凝胶温度以下，凝胶又消失，恢复原来溶液状态。这种凝胶转变是可逆的。普遍认为是在较低的温度下，聚合物大分子被水化分散而形成溶液，当温度升高，水合（水化）作用减弱，链间水被逐渐逐出，溶液的黏度随温度的提高而降低，当去水化作用足够时，出现大分子聚集体，最终导致体系黏度急剧增大。

当然，甲基类纤维素凝胶性能机理远远不这么简单，尚存在争议。有人认为，是甲基纤维素在水中首先形成水化或形成所谓的𫟼化合物（见图 2-5），它是醚氧原子上孤对电子接受质子形成的，温度升高时迅速分解为原来的醚，形成凝胶析出。

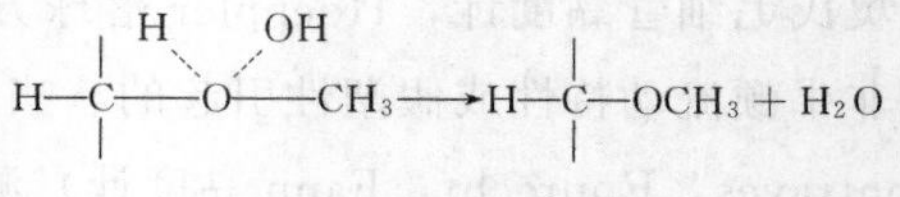

$$H-C-O-CH_3 \longrightarrow H-C-OCH_3 + H_2O$$

图 2-5　甲基纤维素在水中形成的𫟼化合物

也有人认为，加热时，甲基纤维素形成凝胶是三甲基吡喃葡萄糖单元形成一种晶态网状结构所引起的。

通过钠铜纤维素均相反应得到的甲基纤维素水溶性产品的临界取代度比常用的非均相法得到的甲基类纤维素低得多，但是水溶液即使在加热到沸腾的条件下也不发生凝胶。所以有人认为，凝胶性能机理不排除是因为甲基纤维素中存在未取代的纤维素葡萄糖单元所引起的，或者认为是甲基纤维素中存在高度取代的纤维素葡萄糖单元所引起的，至少与取代的均匀性有关。

对于羟烷基改性衍生物，凝胶化特性与总取代度及羟烷基改性程度有关。

溶液凝胶化特性是甲基纤维素及其衍生物的特性之一，其他水溶性纤维素醚如 HEC、CMC 及磺乙基纤维素等都是非凝胶型的。因此，烷基取代是导致烷基纤维素醚产生热凝胶作用的根源，而且取代度愈高凝胶温度愈低，取代基分布愈均匀凝胶温度愈高。引入少量亲水性取代基（如羟丙基）不但可改善其溶解性能（有机溶剂兼溶性），而且还可提高其凝胶温度。如美国 Dow 化学公司商品牌号 Methocel F 的 HPMC，其甲基 $DS$ 为 1.6～1.8，羟丙基 $MS$ 为 0.1～0.2，与取代度大致相同的 MC（Methocel A）比较，凝胶温度前者为 62～68℃，后者为 50～55℃。表 2-6 为甲基类纤维素系列 MC 及其羟烷基改性衍生物的凝胶温度、强度与 $DS$ 和 $MS$ 的关系。

表 2-6　MC 及其羟烷基改性衍生物水溶液（2%）的凝胶温度、凝胶强度与 DS 和 MS 的关系

| 牌　号 | 甲基取代度 DS | 羟丙基取代度 MS | 凝胶温度/℃ | 凝胶强度 |
|---|---|---|---|---|
| Methocel A | 1.6～1.9 | 0 | 50～55 | 坚韧 |
| Methocel E | 1.8～2.0 | 0.2～0.3 | 58～64 | 半坚韧 |
| Methocel F | 1.7～1.9 | 0.1～0.2 | 62～68 | 半坚韧 |
| Methocel J | 1.1～1.6 | 0.7～1.0 | 60～70 | 松软 |
| Methocel K | 1.1～1.6 | 0.1～0.3 | 70～90 | 松软 |

可见，甲基取代度（DS）愈低凝胶温度愈高，羟丙基取代度（MS）增加、总取代度降低时，凝胶温度提高。凝胶强度则与之相反。羟丙基取代度（MS）对凝胶温度的影响在 MS 为 0.1～0.2 达到极大值，MS 继续增加凝胶温度反而会逐渐降低。如 Methocel E、J，都具有较高的羟丙基取代度 MS，其主要作用在于改善产品的溶解性能。HBMC 也是这样，它们除可溶于水外，还可以在较高温度下溶于多种高沸点的有机溶剂如乙醇、丙二醇、乙酸乙酯和乙醇胺等。这种与水和有机溶剂的兼溶性有很高的实用价值，特别是在涂料、漆膜脱除和制药等方面的应用有不可替代的作用。

对于甲基类纤维素来说，溶液凝胶温度还取决于溶液黏度、添加剂量和种类。凝胶化特性与溶液黏度（在室温下测得）有直接关系，黏度增大，凝胶化温度略有降低。

表 2-7 是甲基纤维素分子量与凝胶温度之间的关系，表中初期沉淀温度（incipient precipitation temperature，IPT）和浊点分别为溶液透光率由 100% 下降到 97.5% 和 50% 时的温度。

由表 2-7 可见，在较宽的分子量范围内，凝胶温度、初期沉淀温度和浊点没有较大变化。这是因为凝胶化过程是由分子量分级特性决定的。平均分子量以上高分子量级分易发生"去水合作用"而首先聚集析出，温度进一步增高时，不同分子量级分相继"去水合"而逐渐析出。虽然 MC 分子量分布很宽，但其分布和所含的高分子量级分大体上相近，因此对溶液凝胶化特性基本上不产生影响。但凝胶的强度主要取决于分子量，其原因可能是凝胶形成过程依时性等动力学因素，导致

表2-7　甲基纤维素分子量与凝胶温度关系

| MC 分子量 | 2%溶液黏度(20℃)/mPa·s | 凝胶温度/℃ | 初期沉淀温度(IPT)/℃ | 浊点/℃ |
|---|---|---|---|---|
| 约 20000 | 5.1 | 49.0 | — | — |
| 约 38000 | 15 | — | 43 | 63 |
| 约 50000 | 27.0 | 48.5 | 47 | 62 |
| 约 90000 | 98 | 48.5 | — | — |
| 约 140000 | 400 | 49.0 | 47 | 62 |
| 约 400000 | 4000 | 48.5 | 48 | 61 |

高分子量的产品形成的凝胶具有较高的机械强度。

凝胶的结构和强度会受加热甲基类纤维素醚的产品型号、黏度级别、浓度的影响。在应用中，建议 Methocel A 产品用于高浓的、具有弹性的凝胶；Methocel F 和 E 产品用于无弹性的凝胶；建议 Methocel K 和 J 产品用于更柔软的凝胶。通常，凝胶强度随着分子量的增加迅速增大，但当黏度等于或大于 400mPa·s 时强度会逐渐趋于稳定。凝胶强度也会随着溶液浓度增加而增大。

添加电解质盐类会导致凝胶温度降低，降低程度取决于所添加的盐的种类。有些盐甚至会妨碍甲基纤维素在室温下的溶解，或者当加入足够的量时会直接导致出现絮凝现象。

表 2-8 列出了 HEMC 的盐容性。通过加热升温和电解质的存在都会导致水和聚合物间氢键减弱，从而破坏二者溶解的基础——水合作用，这就产生了聚集或絮凝。在像乙醇、乙二醇等强极性水溶性有机溶剂中，甲基纤维素溶液表现得很稳定，同时凝胶温度也因溶剂与大分子间形成了较强的氢键和更稳定可溶性复合体而提高。

表 2-8　2% 的 HEMC 水溶液在 20℃ 时的盐容性（黏度为 300mPa·s）

| 盐 | 产生絮凝的盐浓度（质量分数）/% | 盐 | 产生絮凝的盐浓度（质量分数）/% |
|---|---|---|---|
| $MgSO_4$ | 4 | $CH_3CO_2Na$ | 8 |
| $Na_2CO_3$ | 4 | NaCl | 13 |
| $Na_2SO_4$ | 5 | KCl | 20 |
| $Al_2(SO_4)_3$ | 5 | $NH_4Cl$ | 25 |
| $Na_3PO_4$ | 5 | $CaCl_2$ | 30 |
| $(NH_4)_2SO_4$ | 6 | $NaNO_3$ | 30 |
| $FeSO_4$ | 7 | 在 $MgCl_2$/$FeCl_3$/$CaSO_4$ 的饱和溶液中无絮凝 | |

甲基纤维素与某些添加物，比如鞣酸是不相容的，因为这些添加物即使在很低的浓度下也会与聚合物形成不溶性复合体。大多数水溶性胶体与甲基纤维素相容，但有时也会出现轻微凝胶。

水溶性无机盐等电解质存在时，由于其较强的亲水性，要与纤维素醚竞争而减弱聚合物水化作用，一般会降低甲基类纤维素溶液的凝胶温度。高浓度的盐可使水溶液在室温下凝胶化。盐的容许浓度即电解质的容许量还取决于存在的离子种类。溶液中存在可溶性硫代氰酸盐和碘盐会使凝胶温度增高，这是例外。其他电解质存在都会降低凝胶温度，其顺序为：磷酸盐＞硫酸盐＞酒石酸盐＞乙酸盐＞氯化物＞亚硝酸盐＞硝酸盐。

添加剂的存在可以改变甲基类纤维素的凝胶温度。添加剂对凝胶点的提高程度与添加剂性质、纤维素醚牌号都有关。例如，一种特定的添加剂可提高 Methocel A 或 Methocel HB 产品溶液的热凝胶温度 4℃，Methocel F 溶液为 10℃，Methocel K 溶液大于 20℃。

甲基类纤维素溶液凝胶点提高程度与添加剂浓度成正比例。在 2% Methocel A 的水溶液中含有 10%（体积分数）的乙醇，其凝胶温度比纯的 Methocel A 水溶液高 10℃，若为 15%（体积分数）的乙醇，其凝胶温度可增高 15℃以上。

Methocel F 溶液中含有 10%（体积分数）的丙二醇，其凝胶温度比 Methocel F 水溶液提高 6℃，若含 15% 丙二醇，则其凝胶温度可提高 11℃。

其他化合物如蔗糖、聚乙二醇、硫氰酸碱金属盐和尿素等存在于溶液中也能使凝胶温度提高，表 2-9 列出了一些添加物对甲基类纤维素溶液凝胶温度的影响。

表 2-9 添加物对甲基类纤维素系列产品 2% 溶液凝胶温度的影响

| 添加物 | 添加物含量/% ≤ | Methocel A15C | Methocel 515C | Methocel K4M | Methocel J5M |
|---|---|---|---|---|---|
| | | 凝胶温度/℃ | | | |
| 空白样 | | 50 | 63 | 85 | 62 |
| NaCl | 5 | 33 | 41 | 59 | 42 |
| $MgCl_2$ | 5 | 42 | 52 | 67 | 50 |
| $FeCl_3$ | 3 | 42 | 53 | 76 | 53 |
| $Na_2SO_4$ | 5 | 盐析 | 盐析 | 盐析 | 盐析 |
| $Al_2(SO_4)_3$ | 2.5 | 盐析 | 45 | 48 | 41 |
| $Na_2CO_3$ | 5 | 盐析 | 盐析 | 盐析 | 盐析 |
| $Na_3PO_4$ | 2 | 32 | 42 | 52 | 43 |
| 蔗糖 | 5 | 51 | 66 | 84 | 60 |
| 蔗糖 | 20 | 44 | 59 | 61 | 53 |
| 山梨糖醇 | 20 | 30 | 46 | 48 | 39 |
| 甘油 | 20 | 34 | 60 | 65～70 | 55 |
| 乙醇 | 20 | >75 | >75 | >75 | >78 |
| 聚乙二醇 | 20 | 52 | >80 | >80 | >78 |
| 丙二醇 | 20 | 59 | >80 | >80 | >78 |

当等黏度的离子型纤维素醚（如羧甲基纤维素）溶液与非离子型甲基纤维素溶液混合时，其总黏度会增大，原因是二者的协同效应。

甲基类纤维素溶液浓度低于 0.5％时，温度升高会形成由凝胶微粒和水组成的流体混合物，而不是稳固的凝胶。如果浓度足够高，溶液将会变成柔软稳固的凝胶。通常随甲基类纤维素的浓度增大，凝胶温度降低。浓度增大 2％将会使 Methocel A 产品的凝胶温度降低 10℃。Methocel F 类纤维素醚的浓度增加 2％，凝胶温度只降低 4℃。

除了本体凝胶化，甲基类纤维素由于具有表面活性剂性质，还会表现出界面或者表面凝胶化现象。界面凝胶在保护胶体、乳化作用、表面活性剂等应用中起到很重要的作用，例如氯乙烯悬浮聚合、洗发香波中的泡沫稳定剂、沐浴液以及非奶制品的稳定剂。

为了达到本体热凝胶，1.5％（质量分数）的浓度是必要的。然而，即使浓度降到 0.001％（质量分数），由于高聚物分子与空气或者水之间的界面转移，许多甲基类纤维素还会表现出表面热凝胶。凝胶性质最明显的为 Methocel A、E 和 F。

甲基类纤维素在指定界面的平衡浓度取决于界面性质、溶液中其他溶剂的存在、温度、与其他表面活性剂结交的潜在的组织结构。然而，甲基类纤维素在界面的浓度会比在本体状态下的浓度高几个数量级，结果表面形成一层膜。

Dow 化学公司的 Methocel A15LV 型 0.01％（质量分数）浓度溶液在 20℃表现出表面凝胶，而同种产品的本体凝胶在这个温度要求浓度至少达到 12％（质量分数）。

不管溶液浓度低还是高，表面凝胶在甲基类纤维素的溶液中都能迅速形成。总的来讲，增大分子量、浓度或者升高温度，都能够提高界面凝胶临界点。这点跟本体凝胶是一样的。

### 3. 甲基类纤维素的溶解性

甲基类纤维素具有优良的水溶性，能以任何比例溶解于水。

当甲基纤维素的 $DS$ 大于 2.1 时，可溶于乙醇；如果 $DS$ 超过 2.4，可溶解在丙酮、乙酸乙酯等溶剂中；当 $DS$ 大于 2.7 时，甲基纤维素可溶解在某些烃（如苯、甲苯）中。

在有机溶剂中形成溶液的黏度与溶剂种类、混合物的组成有关（见图 2-6）。

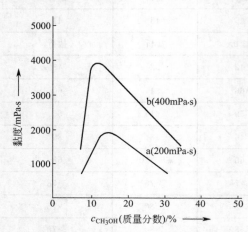

图 2-6　高取代度 HEMC 在水和甲醇混合
溶剂中的黏度与溶剂组成间关系
2％水溶液，20℃，Hoeppler 黏度计

对于工业化生产的混合醚（如 HEMC、HPMC），当其甲基取代度在 $1.9\sim$ $2.0$、羟烷基的 $MS$ 在 $0.3$ 左右时可溶于有机溶剂，HPMC 尤其如此。以上类型的混合醚同样可溶于水。几乎所有水溶性的混合醚在氯代烃与乙醇或甲醇的混合溶剂中都有较好的溶解性。羟丁基甲基纤维素在甲基取代度为 $0.8\sim1.0$、羟丁基化程度很低（$MS$ 为 $0.05$）时可溶于有机溶剂。

对于细粉状甲基纤维素，在水中溶解的最好方法是：先将甲基纤维素在凝胶温度以上的热水中分散形成淤浆，再边添加冷水边搅拌使之冷却直至完全溶解。采用这种方法可避免团聚。粒状产品可直接加入水中，同时搅拌，溶解过程是持续进行的但较慢。甲基纤维素在水性体系中起表面活性剂的作用，能够降低表面张力，增强两相界面的乳化作用。

**4. 延迟溶解性**

大多数应用场合都要求纤维素醚不结块、不团聚，能快速彻底溶解。有时希望延迟溶解。这样就可将纤维素醚加到含水的多组分体系中，而不至于使体系初始黏度太大，同时诸如水泥、涂料或者黏结剂等其他组分都可加入并充分混合均匀。待溶解之后体系黏度再急剧增大，达到所期望的水平。

醛在酸性催化剂（如盐酸）的作用下，很容易和两分子醇反应，并失水，变为缩醛或缩酮。反应过程如下：首先是羰基和催化剂氢离子形成锌盐（ⅰ），增加羰基碳原子的亲电性，然后和一分子醇发生加成，失去氢离子后，产生不稳定的半缩醛（酮）（ⅱ）；（ⅱ）再与氢离子结合形成锌盐，如失去醇就变成原来的醛（酮）（ⅰ）；但如失水，就变为（ⅲ），（ⅲ）再和一分子醇反应，失去氢离子，最后得到缩醛（酮）（ⅳ）。反应式如下。

$$
\text{C=O} \xrightarrow{H^+} \overset{+}{\text{C}}\text{—OH} \xrightarrow{ROH} \underset{\underset{H}{\overset{|}{OR}}}{\overset{\overset{|}{OH}}{\text{C}}}{}^{+} \xrightarrow{-H^+} \underset{OR}{\overset{OH}{\text{C}}} \xrightarrow{H^+} \underset{OR}{\overset{\overset{+}{OH_2}}{\text{C}}} \xrightarrow{-H_2O}
$$

（ⅰ）　　　　　　　　　　　（ⅱ）半缩醛(酮),不稳定

$$
\overset{+}{\text{C}}\text{—OR} \xrightleftharpoons{ROH} \underset{\underset{H}{\overset{+}{OR}}}{\overset{\overset{|}{OR}}{\text{C}}} \xrightleftharpoons{-H^+} \underset{OR}{\overset{OR}{\text{C}}}
$$

（ⅲ）　　　　　　　　　　　（ⅳ）缩醛(酮),稳定

利用这一反应，控制反应条件，使一分子二醛与纤维素醚上的两个自由羟基反应形成半缩醛，从而使纤维素醚适度交联。

这种交联产物不溶于水，但在水中具有较好的分散能力。在水合阶段，即在水

中分散的过程中，仅有很少量的润胀。与此同时，半缩醛结构开始以一个稳定的速率水解直到交联键破坏，分子链解交联，纤维素醚快速溶解，黏度急剧增大。pH＝4～5时，半缩醛结构最稳定。水解的速率随着温度和pH偏离4～5程度的增加而增加，在pH值小于2的强酸和大于9的强碱中，延迟溶解作用几乎完全消失。图2-7和图2-8是室温下交联产品在不同pH下的溶解性质。

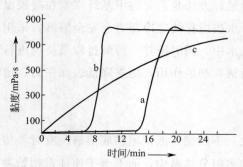 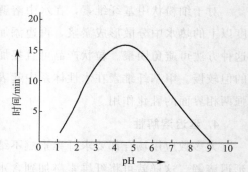

图 2-7　pH＝5、20℃下 2％浓度羟乙基
甲基纤维素溶液的黏度-时间关系
a—高度交联粉状 HEMC；b—弱交联粉状
HEMC；c—未交联颗粒状 HEMC

图 2-8　乙二醛交联羟丙基甲基纤维素
水合时间与 pH 值的关系

二醛交联不仅适合甲基类纤维素，也用于其他纤维素醚或含有羟基的其他聚合物（如淀粉、天然树胶等）。延迟时间长短取决于二醛的用量、pH 值、反应时间和温度。温度过高或过低的 pH 值都会由于半缩醛变为缩醛而产生不可逆交联，纤维素醚就会成为彻底的不溶物了。

常用的二醛是乙二醛，虽然除乙二醛之外的其他二醛，如戊二醛，也有相似的作用，但效果较差，没有在工业上得到应用。通常所说的延迟时间是指在室温和pH 值为 6～7 的条件下的溶解延长时间。利用硼砂取代乙二醛或者利用硼砂与乙二醛的混合物在碱性条件下也可使溶解略微延迟。

利用二醛交联的产品不适合用于任何食品行业。

### 5. 抗微生物

纤维素用不同的取代基团如烷基、羟烷基改性，抗微生物能力增加。研究发现水溶性纤维素衍生物的取代度（DS）是影响抗酶性的一个主要因素，DS 高于 1，产品具有抗微生物侵蚀能力。DS 越高、取代均匀性越好，抗微生物能力越强。

甲基纤维素和羟丙基甲基纤维素都具有较高的抗微生物侵入性，较高取代的产品特别抗酶。其经肠道后几乎没有改变，证明它们对于广泛的生化和酶体系是稳定的。

### 6. 吸湿性

甲基类纤维素产品初装入容器，如果密封好，只会吸收少量或不吸收大气中的湿气，一旦启开容器的盖，就会从空气中吸湿。因此，当称取已"暴露"的甲基类纤维素时，总重量的一部分则为水。含湿量必须计算，以确保正确计量。

为了尽量减少吸湿，打开的容器还必须再予以密封。HPMC 的吸湿速度稍大于 MC 和 HBMC。

对同类型的产品，吸湿速度几乎是相同的，典型的吸湿见图 2-9。

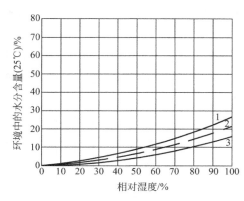

图 2-9　甲基类纤维素 25℃时的
不同湿含量下的水平衡图
1—HPMC；2—HBMC；3—MC

### 7. 溶液的流变性

甲基类纤维素的流变性在许多实际应用中扮演着一个十分重要的角色。在涂料、化妆品、食品工业和建材产品中应用时必然要影响它们的流动行为。牛顿流体的黏度不依赖于剪切速率（或者是流体的速度梯度）。在实际应用中，很多体系表现出非牛顿流体行为，表观黏度可能会随着剪切速率的增加而减小（假塑性流体）或者增加（膨胀型流体）。

甲基类纤维素水溶液的流变性受其分子量、浓度、温度以及其他溶质存在的影响。一般而言，甲基类纤维素水溶液表现出假塑性流体的流变学行为。假塑性会随着分子量和浓度的增加而增加。然而，在低剪切速率下，所有甲基类纤维素水溶液表现为牛顿流体，并且在此剪切速率下，随分子量和浓度的减少，越易成为牛顿流体。图 2-10 和图 2-11 说明了此行为（曲线上的数字表示黏度类型）。

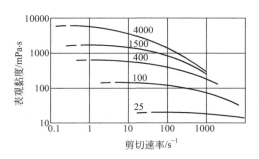

图 2-10　不同黏度产品表观黏度和剪切速率的关系（2%水溶液，20℃）

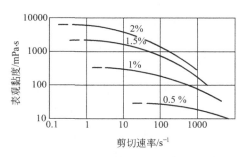

图 2-11　不同浓度下表观黏度与剪切速率的关系（黏度为 4000mPa·s）

在低于起始凝胶温度下（如在 20℃），甲基类纤维素水溶液的流变性不受其类型或取代度大小影响。所以，相同黏度等级的甲基类纤维素，只要浓度和温度保持恒定，总表现出相同的黏度-剪切速率曲线。当甲基类纤维素溶液加热生成体型凝胶结构时，则呈现高触变流动；在高浓度时，低黏型的甲基类纤维素即使在凝胶温度以下，亦呈现明显触变性。

**8. 冷冻对溶液的影响**

甲基类纤维素溶液在过度冷冻时也不会发生相的分离，不会分离出水层（脱水收缩）或生成不溶沉淀物。这种在过度冷冻时不发生相分离的特点在冷冻食品行业是很重要的。

如将甲基类纤维素溶液冷却，可溶性便增加，这可由增加黏度和改善溶液的透明度作为证明。当溶液冷冻时，部分水保持过冷状态而不会冷冻。水溶液浓度与在冷冻时所释放的标准热（熔化热）关系见图 2-12。

**9. 水溶液的表面活性**

甲基类纤维素产品溶液是非离子型的表面活性剂，呈现出适度的表面张力与界面张力值，在两相体系中乳化作用很强。

甲基类纤维素产品的表面活性可使之成为有效的稳定剂和胶体保护剂。由于保胶剂对种类、黏度都有要求，所以必须对甲基类纤维素产品的黏度范围和类型进行筛选。甲基类纤维素在凝胶化前表面活性降低，所以使用时要考

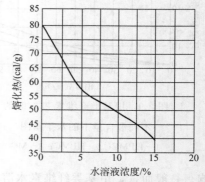

图 2-12　水溶液浓度与熔化热关系

（1cal＝4.18J）

虑产品的凝胶温度，选择凝胶温度较高的甲基类纤维素产品，以免在操作温度范围内表面活性降低。

**10. 水溶液的消泡**

甲基类纤维素溶液的泡沫可使用泡沫稳定剂和消泡剂予以控制。

甲基类纤维素水溶液中所用的消泡剂包括 $N$-磷酸三丁酯、聚乙二醇等。通常，每 $1m^3$ 涂料加入 1kg 聚乙二醇即可达到良好效果。其他消泡剂亦有效，但必须予以试验。这些消泡剂在溶液中的质量分数为 $(25\sim1000)\times10^{-6}$。消泡剂的浓度必须保持所需的最低量，因为这类物质在水中的溶解度低。

**11. 水溶液的防腐**

甲基类纤维素产品不会助长微生物的繁殖，在通常情况下并不需要防腐剂。但它本身不是抗菌剂，如果发生污染，也难免微生物的繁殖。储藏甲基类纤维素的溶

液，可加入 0.05%～0.1%抗菌剂，也可根据产品用途要求予以调节。

### 12. 水溶液的配伍

甲基类纤维素属于非离子型，不会由于存在多价金属离子而沉淀出来。但是当电解质的浓度或其他溶解物超过一定限度时，甲基类纤维素产品溶液可发生盐析，这是由于电解质对水的竞争导致纤维素醚的水合作用降低，类似凝胶化。羟丙基甲基纤维素溶液的容盐量一般比甲基纤维素高。由于取代数量的不同，不同羟丙基甲基纤维素的容盐量稍有不同。

水不溶物如颜料、填料等不会引起甲基类纤维素溶液的盐析，而且甲基类纤维素溶液是常作为这些物质的优良分散介质。其他的水溶性物质，如淀粉、动物胶和树脂，甲基类纤维素产品能否与其混溶，需试验确定其配伍性。通常，甲基类纤维素与某物不相混溶时，只要维持混合液中低浓度亦可与之配伍。甲基类纤维素溶液的容盐量见表 2-10。

表 2-10　2%的 100mL 甲基类纤维素溶液中所能容纳的添加剂量　　单位：g

| 添加剂 | Methocel | | | | | | |
|---|---|---|---|---|---|---|---|
| | A15 | A4M | F50 | F4M | K100 | K4M | J15M |
| 氯化钠 | 11 | 7 | 17 | 11 | 19 | 12 | 10 |
| 氯化镁 | 11 | 8 | 35 | 25 | 40 | 39 | 22 |
| 硫酸钠 | 6 | 4 | 6 | 4 | 6 | 4 | 3 |
| 硫酸铝 | 3.1 | 2.5 | 4.1 | 3.6 | 4.1 | 3.6 | 2.7 |
| 碳酸钠 | 4 | 3 | 5 | 4 | 4 | 4 | 3 |
| 磷酸钠 | 2.9 | 2.6 | 3.9 | 3.5 | 4.7 | 4.3 | 2.5 |
| 蔗糖 | 100 | 65 | 120 | 80 | 160 | 115 | 100 |

### 13. 保水性和黏结性

甲基类纤维素具有优异的保水性能，被广泛应用于水泥、石膏的固化，以及一些对黏结性有一定要求的水性涂料和墙纸黏结剂上。甲基类纤维素的保水性能随亲水基团含量和黏度的增大而增大。图 2-13 是羟乙基甲基纤维素保水性与浓度间的关系。

甲基羟烷基纤维素在建材上还用于新型瓷砖黏结干粉砂浆的开发，针对瓷砖黏结干粉砂浆施工和易性差、黏结力低、耐久性差等不足，通过在普通的水泥砂浆中添加甲基羟乙基纤维素，与再分散乳胶粉、木质纤维和较大掺量粉

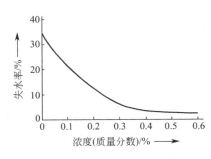

图 2-13　羟乙基甲基纤维素
保水性与浓度间的关系

煤灰配制出施工和易性好、黏结强度高和耐久性优良的新型瓷砖黏结干粉砂浆。

**14. 其他性能**

**代谢惰性**　作为食品和药物添加剂，甲基类纤维素产品不会在饮食中增加热量。

**低口味和气味**　甲基类纤维素具有良好的口味和香味，这个性质在食品和药品应用上是很重要的。

**pH 稳定性**　甲基类纤维素在 pH 为 2.0～13.0 的范围内是稳定的。

**增稠性**　甲基类纤维素在水溶液和非水溶液体系中都有增稠作用。增稠性与黏度、分子量、化学结构及甲基类纤维素的浓度相关。

**黏结剂**　甲基类纤维素可用作涂料、造纸、烟草、食品、医药产品及陶瓷等的黏结剂。

**润滑性**　甲基类纤维素产品可在橡胶、黏结剂、陶瓷挤出过程中减少摩擦。也用于建筑，提高混凝土和喷淋灰泥的可泵抽性。

**成膜性**　甲基类纤维素能够形成透明、坚韧、柔顺的薄膜，能够很好地阻挡油类和脂肪。在食品应用方面，这种性质经常被用来保持水分，阻止蒸煮时对油类的吸收。暴露在潮湿的空气中时，膜可逆性地吸收水分，吸水量与空气的相对湿度有关。

甲基类纤维素材料耐油，可被普通的增塑剂增塑而塑化加工。通过与甲醛、酚及其他试剂交联，可提高这些醚对水的稳定性。羟丙基甲基及羟丁基甲基纤维素在有机溶剂中表现出热塑性。在某些特定的溶剂中，于 120～190℃，这些醚可通过挤出成型为片材管材，制成耐油的水溶性袋子和信封。低黏甲基纤维素在氯乙烯乳液聚合过程中还可起到护胶作用。

# 三、甲基类纤维素溶液

甲基类纤维素可溶解于水和一些有机溶剂中，它的溶液浓度要根据用途和所选产品类型进行确定。低黏度产品（15～100mPa·s）可配制成 10%～15% 的浓度，高黏度产品（400～75000mPa·s）的标准限度为 2%～3% 的浓度。

无论是经表面处理还是未经表面处理的甲基类纤维素粉末产品，对配制溶液的制备工艺有不同的要求。制备无凝胶甲基类纤维素溶液通常需要三个基本步骤：分散，是甲基类纤维素的每一颗粒必须湿润；搅动，是保持分散；溶解，是水合过程（构成黏度）。在溶解前，重要的是使固体颗粒或粉末很好分散，良好的分散可有效防止形成凝胶团。不同物理形态的产品需用不同的工艺。

**1. 经表面处理的粉末**

经表面处理的粉末产品可直接加入水体系中。这种粉末产品在一般搅动下就能很好分散，并在碱性时溶解。它给用户提供了柔性的操作空间和可控的溶解速率，易被冷水浸润，并稍加搅拌就能均匀分散而无凝块。

经表面处理的粉末，使用普通自来水在略加搅动下即可制备浓度高达10%的水溶液浆料，超过此浓度，保持时间会减少，同时体系很快变得太黏以致不能倾倒、不易泵送。

水溶液浆料陈放45min仍可使用。浆料在碱性环境下可迅速完全溶解，可选择的方法如下。

（1）加入足够的氢氧化铵于溶液体系中，以获得pH为8.5～9.0的环境，促使黏度迅速增加而形成一种流畅而无凝胶的溶液。经表面处理的产品只有将pH调节至一定碱性（pH为8.5～9.0）才能充分迅速溶解。如欲调节高浓度浆料的pH会导致过高的黏度，以致浆料不能用泵抽送或倾倒。pH调节只能在浆料用水稀释浓度之后才可使用。

（2）可在浆料中加入干碱性研碎色料或填料分散液；或加入碱性色料乳胶组分，使其迅速溶解形成均匀黏度。

（3）可在浆料中加入干的碱性色料或填料，用高速或变速混合搅拌设备使浆料迅速溶解并形成一定黏度的溶液。

经表面处理的产品用于乳胶涂料，可在制备过程的不同时段加入。既可直接加入粉末，也可配成储备液再加入。例如：

（1）作为一种可分散的粉末，可在颜料加入前直接加到研碎色料中。不必在高固体组成配制最后加入，也不必在原有中性或酸性的组成未调至碱性时加。

（2）作为储备溶液，乙二醇浆料或水浆料在研碎色料加入后加入。

（3）作为储备溶液，乙二醇浆料或水浆料在形成乳胶后加入到涂料中。

**2. 未经处理的粉末**

未经处理的粉末的分散一般可使用三种不同工艺，如下。

（1）在热水中分散 甲基类纤维素未经处理的产品具有热水不溶、冷水可溶的特性。由于甲基类纤维素能很好分散在80℃以上的水中，在加入冷水之前，粉末状颗粒要预先用热水使其更好地润湿；如果直接用冷水与粉末混合，则在颗粒的外面会产生一种胶膜而团聚，从而阻止水向颗粒内部扩散，尽量用热水润湿后再予以适当冷却以保证甲基类纤维素完全溶解。

通常用所需水总体积的1/5～1/3的热水（80～90℃）混合分散，搅动使所有颗粒全部湿透。然后加入剩余部分的水，它可是冷水甚至冰水，在连续搅拌条件下使颗粒混合溶解。

为了使混合液极度透明、黏度稳定，甲基纤维素产品的溶液须冷却到0～5℃，处理 20～40min。通常羟丙基甲基纤维素产品的溶液需要冷却到 20～25℃，甚至更低。

图 2-14 表示 Methocel K15C 与 Methocel A15C 热浆冷却溶解的过程。

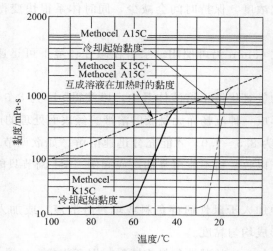

图 2-14　2%浓度的 Methocel K15C 和
Methocel A15C 热浆的冷溶过程黏度变化

（2）在非水溶剂中分散　未经处理粉状甲基类纤维素可分散于水可混溶的有机溶剂中，如 1 份甲基类纤维素粉末，用 5～8 份溶剂比例的乙醇或乙二醇分散，再加入冷水。典型的甲基类纤维素的非水溶剂有糠醇、二甲基甲酰胺、二甲基亚砜、甲基水杨酸、碳酸丙烯酯、甲酸、冰醋酸、吡啶等。

（3）干式掺合分散　可在加水之前，通过干式掺拌，使产品与干粉中其他组分均匀混合，干粉中其他组分要能保持甲基类纤维素颗粒被分散。

**3. 非水溶剂中溶解**

甲基类纤维素在非水溶剂中的溶解性与取代基团的性质及数量有关。由于甲基类纤维素产品可溶于水，所以它们在非水溶液或溶剂中的溶解性表现了独特的双重性。在非水溶液形成涂层体系，作为片剂药物的水溶包衣具有重要意义。甲基类纤维素的这种能力，还可应用于其他方面。

一般来说，二元溶剂体系比单一溶剂效果更好。如若用低分子量醇，则可提高溶剂能力，故甲醇表现有很好的溶解能力。

Methocel E、J 和 HB 产品具有独特的溶解性能，当温度升高到一定值时可溶在某些非水溶液中，并适用于挤压、热熔浇铸、注塑和压模的技术加工。高温下 Methocel E、J 和 HB 产品的典型溶剂列于表 2-11。

表 2-11　高温下 Methocel E、J 和 HB 产品的典型溶剂

| 溶　剂 | | 沸点/℃ | 溶解点/℃ | 溶解度 |
|---|---|---|---|---|
| 多醇类 | 乙二醇 | 197.3 | 158 | C |
| | 二甘醇 | 244.8 | 135 | C |
| | 丙二醇 | 188.2 | 140 | C |
| | 1,3-丙二醇 | 214 | 120 | C |
| | 丙三醇 | 290 | 260 | P |
| | 聚丙烯二醇 | 242 | 160 | P |
| 酯类 | 乙醇酸乙酯 | 160 | 110 | C |
| | 甘油一醋酸酯 | 127 | 100 | C |
| | 甘油二醋酸酯 | 123～133 | 100 | C |
| 胺类 | 乙醇胺 | 170～172 | 120 | C |
| | 二乙醇胺 | 268～269 | 180 | C |

注：C 代表完全可溶；P 代表部分可溶。

## 四、甲基类纤维素薄膜

甲基类纤维素产品可通过挤压、浇铸得到高强度水溶性薄膜。这些透明而光滑的薄膜或涂层能抗油、油脂及多种溶剂。

甲基类纤维素产品可在不增塑情况下得到薄膜，如 Methocel E 产品薄膜：软化点为 240℃，熔点为 260℃，炭化温度为 270℃。

甲基类纤维素在涂料和薄膜中又可与许多材料相混，如淀粉、动物胶、皂、糊精、水溶性树脂、树胶。在甲基类纤维素薄膜中，可加入最高 40% 的经氧化和氯化的淀粉和糊精。

为了提高甲基类纤维素薄膜的韧性和断裂伸长率，也可使用各种增塑剂，包括二缩三乙二醇、三缩四乙二醇、聚乙二醇（E6000）、三乙醇胺和 N-乙酰乙二醇胺。在含甲基类纤维素的食品中，可采用的增塑剂为甘油、丙二醇和山梨糖醇。经适度增塑的甲基类纤维素薄膜，在其凝胶温度下可溶于水中，温度越低，薄膜越易溶解。

为减少水不溶性，在制薄膜时，越来越多使用乙基纤维素来提高抗水溶性。将乙基纤维素在无水有机溶剂中加到 Methocel E 的组成中，可使得到的薄膜获得一定的水不溶性。

甲基类纤维素可通过分子链葡萄糖环基上剩余羟基的缩合反应来制备不溶于水和其他溶剂的涂层和薄膜。只要通过链间的微交联就足以获得不溶性甲基类纤维素

涂层和薄膜。可用于这种缩合反应的包括脲醛、三聚氰胺甲醛树脂、多元酸、无水二醛化物和多酚化合物，如丹宁酸。将甲基类纤维素薄膜于 95℃浸泡在丹宁酸中1min 可获 85％的不溶性，若是 95℃浸泡 30min 可变为 100％的不溶。

甲基类纤维素产品的薄膜和涂层，不受动物油、植物油、油脂和石油烃的影响。

Methocel E、丙二醇及其他增塑剂干混料，可通过挤压成型、注塑和膜压工艺，得到热塑性膜。该混合物可在室温下于螺旋式混拌器中混合，也可在 120～190℃下直接压制或模压成水溶性板。经适当增塑的甲基类纤维素板和管可在130℃左右焊接。

# 第二节　甲基纤维素

甲基纤维素（methyl cellulose，MC）是纤维素醚类工业化生产较早的一个品种，1905 年试制成功，当时是采用硫酸二甲酯制备。根据 MC 所具有的各种特性，其很早已应用于各工业部门。英国、德国分别于 1923～1924 年间研制成功并投产，美国于 1938 年在 Dow 化学公司投产，我国于 1977 年开始在湘潭市化学助剂厂生产。MC 可配制高黏度的溶液，由于其表面张力小于水以及它的优良润湿性和分散性，因而可作为增稠剂、悬浮剂、分散剂和润湿剂，在高分子聚合（如聚氯乙烯）、涂料、纺织、印染、医药、食品等方面都得到广泛应用。MC 有良好的成膜性，所成膜具有优良的韧性、柔性和透明度，因此可作为成膜剂和黏结剂；MC 对动物油脂、植物油脂和矿物油脂有防渗性，故可作为理想的耐油脂材料表面处理剂；MC还是美国农业部批准的可食用纤维素衍生物。由于它具有多方面的用途，至今在许多相关部门都有应用，而且应用领域还在不断扩大。

与大多数醚类一样，MC 受微生物和氧化影响会发生降级，取代基分布越均匀，$DS$ 越高，MC 越不易受霉破坏。

作为一种非离子型的水溶性聚合物，在工业上，MC 与乙基纤维素、羟丙基甲基纤维素同属最普遍、最重要的非离子型醚。MC 最重要的一个性质是在水溶液中可形成凝胶。MC 加热时在水中不溶解形成凝胶，冷却时凝胶溶化，这一现象是完全可逆的，MC 的很多使用性质都依赖于这种凝胶能力。其他应用取决于 MC 在水溶液中的增稠能力。

## 一、甲基纤维素的分子结构与合成原理

甲基纤维素（MC）是纤维素部分甲基化的醚类产品，是纤维素经过碱化后再

与醚化剂氯甲烷反应而得，其化学结构式见图 2-15。

不同取代度的 MC，其甲氧基含量为：一甲基纤维素含 17.61%，二甲基纤维素含 32.63%，三甲基纤维素含 45.59%。理论上甲基纤维素的取代度可达到 3，实际上十分困难，例如，碱纤维素与硫酸二甲酯反应，其至经过 28 次的反复醚化，也未能得到取代度为 3 的产物，其甲氧基含量为 43.9%～44.6%。用二醋酸纤维素的丙酮溶液在 NaOH 和硫酸二甲酯存在时，于 55℃下醚化，可得到 $DS=3$ 的 MC。

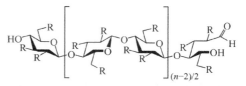

图 2-15　甲基纤维素的化学结构式

（R＝—OH、—OCH$_3$）

工业化生产的甲基纤维素取代度（$DS$）范围通常为 1.5～2.0，随着取代度增加，MC 可依次溶解于碱水稀溶液、水、醇，最后溶于芳香烃溶剂中，甲基纤维素的溶解性能见表 2-12。

表 2-12　甲基纤维素的溶解性能

| 取代度 | 溶解行为 | 取代度 | 溶解行为 |
| --- | --- | --- | --- |
| 0.1～0.4 | 溶于 4%～8%NaOH 溶液（冷却） | 2.1～2.6 | 溶于醇类 |
| 0.4～0.6 | 溶于 4%～8%NaOH 溶液（室温） | 2.4～2.7 | 溶于极性有机溶剂 |
| 1.3～2.6 | 溶于冷水 | 2.6～2.8 | 溶于烃类 |

MC 由碱纤维素与氯甲烷或硫酸二甲酯在 70～120℃下反应制得，由于硫酸二甲酯有毒，因而只用于 MC 的实验室制备。合成方程式如下。

$$Cell—(OH)_3 + xNaOH + xCH_3Cl \longrightarrow Cell—(OH)_{3-x}(OCH_3)_x + xNaCl + xH_2O$$

或 $Cell—(OH)_3 + x/2(CH_3)_2SO_4 + xNaOH \longrightarrow$

$$Cell—(OH)_{3-x}(OCH_3)_x + x/2Na_2SO_4 + xH_2O$$

制备甲基纤维素过程中会发生下面的副反应，消耗碱和氯甲烷：

$$NaOH + CH_3Cl \longrightarrow CH_3OH + NaCl$$

$$CH_3OH + NaOH \longrightarrow CH_3ONa + H_2O$$

$$CH_3ONa + CH_3Cl \longrightarrow CH_3OCH_3 + NaCl$$

由于上面的副反应，反应效率（以 CH$_3$Cl 已甲基化量计）很低，只有 30%～60%，所以控制副反应十分重要。

在多相醚化制取低 $DS$ 的 MC 时（$DS<0.5$，甲氧基含量为 5%～9%），取代首先在 C(2) 位上的羟基进行，然后再在 C(6) 位的伯醇羟基上反应。在均相介质中，通常伯醇羟基反应速率大于仲醇羟基。Lee 和 Perlin 用核磁共振波谱法测定认

为，C(2) 和 C(6) 位上的取代反应速率相近，但都大于 C(3) 位。当C(2) 上羟基被取代后，C(3) 位的反应能够提高几倍。

除了取代度指标外，甲基纤维素的黏度指标也是十分重要的质量指标。控制黏度的方法有：选择不同牌号的纤维素原料（聚合度不同）；选择合理的碱化、醚化工艺；采用抽真空和充氮提高黏度，采用添加氧化剂或辐射降低黏度。

取代度、黏度的差异会或多或少影响产品的凝胶性能。MC 的凝胶点和黏度范围见表 2-13。

表 2-13　甲基纤维素的凝胶点和黏度范围

| 甲氧基含量/% | 凝胶点/℃ | 黏度范围(2%溶液,20℃)/mPa·s | 商品名称 |
|---|---|---|---|
| 26~33 | 50~55 | 15~4000 | Methocel A |
| 26~33 | 50~55 | 5~8000 | Metolose SM |
| 26~33 | 50~55 | 20~100000 | Celacol M & MM |
| 26~33 | 50~55 | 25~4000 | Cuminal |
| 26~33 | 约 65 | 30~15000 | Tylosel |

MC 在水中的溶解度取决于取代度、分子量和溶解温度等，相同 $DS$ 的 MC，其分子量越高，溶解度越低；温度升高，溶解度下降，MC 呈现出特有的热凝胶化性质。甲基纤维素水溶液随温度升高溶解度下降的原因，有研究者认为是 MC 在水溶液中形成所谓锌化合物，它是醚氧原子上的孤对电子接受质子形成的，温度升高时其迅速分解为原来的醚，生成凝胶，以致絮凝、沉淀析出。Roots 等则认为加热时形成的胶体结构是三甲基吡喃葡萄糖单元构成的一种晶态网状结构。

利用 MC 的热凝胶化进行纯化的研究很多，美国 Dow 化学公司先将含水 95%~98% 的粗 MC 物料加到 70℃ 以上的热水中，通过絮凝纯化多次洗去水溶性物质，然后在搅拌下冷却（冷至 15~20℃），使 MC 溶解成透明胶体，这时已看不到纤维状醚，并再次将溶液加热到胶体的脱水收缩温度（大约在凝胶点以上 10~20℃），使胶体溶液脱水，经离心去水，干燥、粉碎后得到纯化的 MC。

MC 的红外光谱图见图 2-16。谱图上的主要特征峰为：3463cm$^{-1}$ 是—OH 的伸缩振动峰；2906~2934cm$^{-1}$ 为—CH$_2$ 的伸缩吸收峰；2837cm$^{-1}$ 是—CH$_3$ 的伸缩吸收峰；甲基对称变形振动在 1374cm$^{-1}$ 处，这是甲基的重要特征吸收峰，948cm$^{-1}$ 代表—CH$_3$ 的摇摆吸收峰；1067~1136cm$^{-1}$ 为伯、仲羟基上的—C—O—和—C—O—C—的吸收峰。

## 二、甲基纤维素的制备工艺

MC 的制备是将纤维素与碱液作用生成碱纤维素，然后在一定压力、温度下与

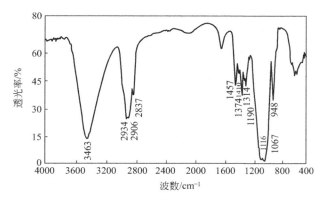

图 2-16  甲基纤维素的红外光谱图

氯甲烷反应得到粗品，经分离、洗涤、干燥、粉碎、包装而得到产品。制备方法有气相法、液相法和均相法。

**1. 气相法**

经粉碎、碱化与熟化，碱纤维素与循环的氯甲烷气体反应，反应压力为 $4.9 \times 10^5$ Pa 左右，由于是气-固相反应，反应不均匀，取代度和醚效低。

**2. 液相法**

以醚化剂氯甲烷为分散介质，将碱纤维素悬浮于液态氯甲烷中反应，由于氯甲烷沸点低（常压下为 23.6℃），为使其在反应中保持液态，70℃下反应压力为 $1.7 \times 10^6$ Pa 左右，使醚化过程处于液-固相反应状态，反应较均匀，取代度和醚效都较高。

另外的液相法是在惰性有机溶剂存在的情况下，使纤维素发生碱化、醚化，有机溶剂的存在降低了反应体系的压力〔通常在 $(4 \sim 6) \times 10^5$ Pa〕，便于传热、传质，降低了副反应发生的程度。

**3. 均相法**

甲基纤维素的均相制法有多种，如下。

（1）将纤维素溶于 DMSO/PF 溶剂体系中，以 NaOH 和碘仿（$CH_3I$）作醚化剂。

（2）纤维素在 DMAc/LiCl 体系中溶解，用丁基锂-碘甲烷对纤维素甲基化。

（3）通过醋酸纤维素的均相脱乙酰和甲基化作用制备，反应式如下。

$$CA\text{—}OH \xrightarrow[\text{DMSO}]{\text{萘钠}} CA\text{—}ONa \xrightarrow[\text{DMSO}]{CH_3I} CA\text{—}OCH_3 \xrightarrow{\text{液氨脱乙酰}} MC$$

由于溶剂回收存在困难，目前 MC 的均相法生产还没有工业化。

在甲基纤维素的生产过程中，配方与工艺条件根据所需产品性能要求不同而有所不同。

甲基化反应一般都是在具有夹套、搅拌桨和衬镍的高压釜中进行，釜中的工作压力可达表压 $1.2\sim1.5MPa$，而大多数制备工艺的压力在 $0.4\sim0.5MPa$。

甲基化反应的终点 NaOH 浓度取决于甲基纤维素所需达到的取代度。一部分醚化剂与 NaOH 反应，最后的碱浓度取决于开始时的浓度、生成水量和 NaOH 消耗量。当 NaOH 浓度跌至 30%、取代度增至 $DS=2.0$ 以上时有效反应就几乎停止。

水作为 NaOH 的一种溶剂和载体，作为醚化剂的稀释剂有利于碱渗透和促进醚化反应，是不可缺少的。换句话说，在无水的情况下几乎不能进行醚化。但在水的存在下，搅拌方式、搅拌程度及反应温度对取代度均有影响，且醚化效率是随着水的浓度增加而降低。这是因为一部分醚化剂会因水的存在水解为副产物。水作为溶胀剂，当碱浓度高时能够有效推动整个纤维素醚化，而水的增加致使碱浓度降低，就减弱了醚化反应的推动力，促使醚化效率降低。

甲基化反应的效率是指醚化剂氯甲烷的利用率，对碱溶性甲基纤维素约为 $70\%\sim80\%$，而对水溶性甲基纤维素则为 $40\%\sim50\%$。

（1）碱溶性甲基纤维素的生产工艺　低取代度 MC（$DS=0.1\sim0.9$，即甲氧基含量为 $2\%\sim16\%$）可溶于 $2\%\sim10\%$NaOH 水溶液中，其制备过程如下：先将落球时间（代表聚合度，指用落球黏度计测定不同聚合度的精制棉短绒时测得的相应落球时间）为 6s、15s、600s 的棉短绒在 $15\sim35℃$ 下，用 $27.5\%\sim45.0\%$ NaOH 水溶液处理来制备含有 NaOH 对纤维素的质量比为 $0.35\sim0.60$ 的碱纤维素，然后将碱纤维素于 $35\sim75℃$ 下与氯甲烷（对纤维素的质量比为 $0.15\sim0.5$）反应 $4\sim10h$，直至压力降为 0，然后用酸性热水中和、洗涤，干燥得成品。产品含有甲氧基 $0.9\%\sim13.5\%$，在 4% 碱溶液中能完全溶解，可用于织物上浆和印染浆料，也可用于服装永久性上胶或加工成类似赛璐珞的薄膜。

（2）水溶性甲基纤维素的生产工艺　采用常规设备制备 MC，氯甲烷用量少，质量不大于 $1.5\sim3$ 倍的干基纤维素。例如将 8 份精制棉于 $22\sim24℃$ 下浸渍于 210 份 33%NaOH 水溶液中，而后再压榨至约 20 份后投入高压釜，抽真空后加入 248 份液体氯甲烷，继续升温至 50℃，在此温度下保持 1h，然后缓慢升温至 70℃ 进一步醚化，蒸馏除去过量的氯甲烷，以热水洗涤除去 NaCl 或生成的甲醇，干燥后得甲氧基含量为 33% 的产品。

中等取代度的、水溶性二甲基纤维素也可采用二段法来生产高黏度产品。先将碱纤维素以常规方法与过量氯甲烷反应而得甲氧基含量为 $14\%\sim21\%$ 的产品，然后添加碱液和加入一定量的氯甲烷进行二次醚化，最终得到含有甲氧基 $29\%\sim34\%$ 的甲基纤维素。

（3）有机溶剂可溶性甲基纤维素的生产工艺 有机溶剂可溶的、取代度 $DS=$ 2.1 以上的 MC 采用二段醚化制备。所采用的碱纤维素中，含 NaOH 的质量为纤维素的 0.8～1.1 倍，含水为纤维素的 0.28～0.38 倍，在醚化过程中所用氯甲烷是纤维素的 1～4 倍，第一段反应得到甲基取代度为 1.5～1.9 的甲基纤维素，在第二段醚化反应过程中加入足量的固体 NaOH，使其含量（包括原来的含量）增至纤维素质量的 1.1～3 倍，继续醚化至 NaOH 浓度至少降至约 55％（但不要低于 30％），反应结束，分离所得到的取代均匀的甲基纤维素，并进行后处理即得产品。

德国 Kalle 公司曾采用的液相二步法为：将 100 份粉碎的纤维素在 135.5 份 25％NaOH 溶液中碱化 1h，再加入 600 份液态氯甲烷于 85℃下醚化，至甲氧基含量为 14％～21％时，回收未反应的氯甲烷得到甲基纤维素中间产物，然后再用 133.5 份 42％NaOH 溶液作用 15min，在高压釜中再加入 600 份氯甲烷，在 85℃下再次醚化 1h，醚化产物经回收氯甲烷后放入 80～90℃热水中絮凝纯化，用 2 份冰醋酸中和，离心后在 105℃下干燥，得到含甲氧基 30.5％的甲基纤维素。美国 Dow 化学公司曾报道的工艺配方为：将 568 份木浆和 1136 份 50％NaOH 溶液放在捏合机中，于 60℃下碱化 20min，边捏合边粉碎，碱纤维素组成为 NaOH/纤维素＝0.9～1.5，水/纤维素＝0.9～1.5。然后将粉碎的碱纤维素（1.6kg 左右）放入高压釜内，加入液态氯甲烷，于 $5.7\times10^5$Pa 和 75℃下醚化 12.5h，回收氯甲烷后的产物用 80～90℃热水进行絮凝纯化，经二次热水洗涤纯化，离心、烘干（140℃），得到甲氧基含量为 29％（$DS$ 为 1.8）的 MC。

## 三、甲基纤维素的应用

甲基纤维素的常规物理性能在第一节已有介绍，其他的性能指标还有甲氧基含量、黏度、水分、灰分（以硫酸盐计）、氯化物（以 NaCl 计）、碱度（以 NaOH 计）、铁含量、重金属（以铅计）酸酯和相对密度等。

MC 的应用首先是依靠其水溶性，碱溶性 MC（$DS=0.1～0.9$）的甲氧基含量在 2％～16％范围内；水溶性 MC（$DS=1.3～2.0$）的甲氧基含量为 26％～32％；有机溶剂可溶性 MC（$DS=2.1$ 以上）的甲氧基含量在 36％以上。

另外，MC 水溶液在加热时生成凝胶，冷却后又液化，转变成透明的溶液，MC 的许多用途都基于这种能力。MC 可作为成膜剂、胶黏剂、分散剂、润湿剂、增稠剂、乳化剂和稳定剂等，广泛应用于建材、化妆品与医药、洗涤剂、高分子聚合及其他领域。

### 1. 建材行业

甲基纤维素在建材、陶瓷行业可作为黏结剂，它赋予泥浆黏结性，降低其絮凝作用以改善黏度和收缩率；在陶瓷釉彩中 MC 作为悬浮剂和黏结剂，使釉中颜料均匀分散，其凝胶特性使釉可厚涂；在耐火材料中添加 MC，可降低其需水量，使制品均匀、尺寸稳定，减少废品率；MC 用于砖瓦的灰浆中作为熟化剂，可加强黏结力，还可控制结构水泥的凝结时间和起始强度。

MC 在水泥浆中，与 HPMC 一样，有保持水分作用，可大大减少混凝土表面水分的损失。例如，用 MC 配制干燥墙壁结构黏结用的水泥，可避免边缘发生裂缝，并改善黏附性、黏结性和施工性能。粗糙表面上贴砖瓦，可增加灰浆黏结性，砖瓦不需预先浸湿。也可配制耐水和耐温度变化（−15～60℃）的粘贴砖瓦的灰泥浆；耐高温（1500℃）黏结硅火砖的泥浆；将 4000mPa·s 的 MC 和少量尿素或硫氰酸钠加入水泥浆中，可于高温下施工，并可配制黏附耐载重的瓷砖地面用水泥浆。胶黏砖瓦的水泥灰浆中加入 MC 和醋酸乙烯-马来酐共聚物，砖瓦在水泥表面上的黏附强度可从 0.277MPa（不加添加剂）提高到 0.78MPa。

在建筑物内外墙壁用的水泥、砂和石灰等的水泥灰浆中，加入 0.15% 的 MC 和 0.2% 的水泥凝结促进剂（如甲酸钙），可改善其凝结性能和施工性能，如将 MC 和聚醋酸乙烯配入水泥灰浆中，可在砖瓦上薄层施工。在可水稀释的喷涂粉刷料中加入 MC，其黏附力强，并可减少裂缝和用水量，改善耐磨性且易于施工。

在水泥和石英砂的灰浆中加入 MC、分散剂和合成纤维，可作为绝热或保温的粉刷料，并可作修补和代替石膏灰泥。在白色水泥浆中加入 MC，可作为耐磨、耐酸强和黏附良好的混凝土表面涂层和防水层。

如将玻璃纤维、钢丝或尼龙纤维等浸涂 MC（分子量为 18000～200000）溶液，配入粉刷料或混凝土中，可成为纤维增强水泥建筑材料。由 MC（0.1%～2%）、纤维以及起泡剂等配制的可挤出施工的轻质灰泥浆，可作为高强度、多孔建筑材料用。MC 与表面活性剂（如烷基苯磺酸钠）和碳酸氢钠混合物配制的轻质水泥料，能使水泥快速凝结，且能防裂。由于配比不同，密度在 573.4～1103.4kg/m³ 范围可调。

在建筑元件的水泥浆中，可加入 MC 和其他聚合物来增加黏结强度，例如，将高黏度的 MC（10000～15000mPa·s）加入水泥、砂或石灰的浆料中，则其具有良好黏结性、易和，所制得的水泥制品坚硬而不过度收缩。MC 也可用于保护模制水泥元件结构表面。

加入 MC 可控制水泥浆料的凝结时间，提高弯曲强度和压缩强度，减少收缩率。如在水泥浆中加入 0.1%MC 和延迟剂酒石酸钠的混合物，可将原来水泥浆的凝结时间 2h22min（起始）和 3h18min（最后）延迟至 4h11min（起始）和 5h21min（最后），它的弯曲强度和压缩强度则自原来的（未加添加剂）6.64MPa

和 39.2MPa 增加至 7.24MPa 和 42.4MPa；又如在水泥浆中加入黏结剂 MC、膨胀剂（如硫酸铝酸钙）、成孔剂［硅化钙（CaSi）或氮化铝（AlN）］、分散剂（如木质素硫酸酯）、促进剂（如 $ZnCl_2$、$AlCl_3$、$CaCl_2$ 或其他卤化物）可防止风化，并提高早期强度，特别用于固定桥梁架座基础，它在 7 天后的弯曲强度和膨胀系数分别为 3333.15MPa 和 ＋0.32％，而不加这些添加剂的则分别为 309.46MPa 和 －0.47％；又如在水泥浆中加入 0.1％～0.5％ 的 MC 和少量五氯苯酚钠（为 MC 加入量的 5％～30％），可保持水分和提高可塑性，并改善对表面的黏附力，降低凝胶收缩和水需要量，减少收缩作用和不发生裂缝，并提高弯曲强度，在 28 天后与不加添加物的比较，弯曲强度增加了 276％。

**2. 涂料方面的应用**

甲基纤维素很早是用于乳胶和水溶性树脂等涂料组分中，是作为成膜剂、增稠剂、乳化剂和稳定剂等，使涂料具有良好的耐磨性、流动性、均涂性、储存稳定性、pH 稳定性和对重金属颜料的耐容性。

特别在纸张处理方面，MC 用于蜡纸有光底涂料组分，可大大减少上蜡时石蜡的渗透和防止墨水或清漆的渗透，改善了印刷纸产品的光彩和亮度；并可改善白色薄纸的印刷性能和加强牛皮纸的强度；亦可用于黑底白色涂层的记录纸和光敏拷贝纸，它在压敏传递复写纸的涂布乳剂中，起微粒包覆作用。它在纸张涂布的组分中，对颜料有良好的黏结力，可作彩色纸涂料用颜料的分散剂。

在 20 世纪 50 年代，MC 已用于涂料脱漆剂中，它和石蜡可混于水/醇/二氯甲烷的混合溶液中，能够阻滞溶剂挥发，使脱漆剂适用于表面除漆。它与低级脂肪醇（如乙二醇、乙二醇单乙醚或丁醚等）混合，可赋予脱漆剂触变性。在脱漆剂组分中，MC 大都与石蜡、二氯甲烷、低级脂肪醇、铵盐、苏打及水等配料，可清除气干漆或烘干合成磁漆（如脲醛、三聚氰胺甲醛树脂等）涂膜，它将老漆软化或溶化后，易于刮除或用水冲；也有将脱漆剂处理青铜物件上的老漆后，再用溶剂洗去。代表性的快速脱漆剂由 MC、二氯甲烷、甲醇、甲基苄醇、乙苯、硫脲、石蜡和水等配制而成，对于环氧底漆上涂覆有一厚层的醇酸/三聚氰胺树脂涂膜，刷上脱漆剂 7min 后可溶解，再用强力水流冲洗即可除尽。

**3. 纺织和印染方面的应用**

甲基纤维素具有的韧性、柔性、透明度和胶黏等特性，以及它可与常用纺织上浆剂和改性剂的混用性，使它可用于经线上浆和为织物上光的材料中。例如用 2.5％ 的水不溶性 MC 溶于 5％NaOH 水溶液中处理织物，经除去过量的水后，将织物用 10％ 的醋酸水溶液凝结 MC，然后进行干燥；也可将 MC 和表面活性剂的混合液作为棉织物的上浆液，进行经线上浆，如将含有 25％～90％ 的 MC 和 10％～

75％的 N-乙酰乙醇胺的 5％～15％混合液作为合成纱线或天然纱线的上浆液，它对线表面有强的黏附力，并可在其中加入 0.05％的润湿剂，如烷基芳基聚醚醇和消泡剂如磷酸三丁酯；为了提高对尼龙型纱线的附着力，可加入 0.5％～2％的葡萄糖酸；MC 还可溶于聚乙烯粉末的分散剂中，可用于织物的热塑定型；用 MC 的淡碱水溶液处理聚酯纤维，经短时间的热处理（>120℃和<聚酯熔点），能够赋予织物丝般手感。

在 1940 年后，发现 MC 对增稠纺织印染浆很有效果。高黏度 MC 可配制油-水乳化的印染浆，具有良好的印染性。多年来，MC 的印染浆已用于合成纤维或与棉混纺的织物，可连续印染聚酯和棉的混纺织物；在印染合成纤维的酸性染料中加入 3％～4％MC 作为增稠剂，可达到所需黏度，使这种印染浆具有良好的覆盖力；如将 MC（DS＝0.7～2.6）加到阳离子染料或分散性染料中处理丙烯酸类纤维产品，可保持尺寸稳定性；将 MC 作为增稠剂印染聚酰胺纤维或织物，较一般采用树脂增稠的印染效果好。

MC 溶于丙二醇中，经冷却后，所得固体凝胶可用于胶黏或浸渍处理毛毡。将 MC 和脲醛缩聚物喷涂于羊毛毯表面上，手感柔软。

在天然橡胶中加入 MC 等所配制的分散浆液，浸渍或涂布棉布，可得不发黏、不结聚和表面不相互黏附的胶布。

**4. 药物和食品行业**

由于甲基纤维素无毒无害，且具有黏结性、成膜性等特征及在液体中具有增稠和分散性等特点，可作为药物和食品的黏结剂、成膜剂、乳化和悬浮剂等，它无营养价值，不发生代谢。美国自 1958 年起在食品添加剂的各种法规中认为 MC 是安全的，可作为食用添加剂；在英国的一些法规中允许食用，但规定如下规格：砷<$1×10^{-6}$，铜<$15×10^{-6}$，铅<$5×10^{-6}$，锌<$50×10^{-6}$和无硫酸二甲酯；在加拿大的食品和药物的管理规则中，也允许食用；在德国虽有 MC 用于冰激凌的报道，但并不推荐，因这种胶体可能会促使产生溶血性贫血。

MC 在药物方面，如片剂、丸剂、散剂、注射剂、悬浮剂和乳剂等，可作为黏结剂、缓释剂、稳定剂、分散剂或乳化剂等。在 1940 年后，已有将 MC 作为药物黏结剂的报道。1960 年后更有新的发展，例如在药物制片方面，可将 MC 作为磺胺二甲嘧啶的黏结剂，片剂的崩解和溶解时间与山芋粉和动物胶所压制的有所不同。如将异丁基-丙烯基巴比妥酸与 MC（50mPa·s）等先配成浆液后，经喷雾干燥成为细粉末，然后可压制成片剂；同样维生素 C、乳糖和 MC 经喷雾干燥所成的粉末，也易于压制片剂；也可将 MC 和玉米腙作为内核，果胶和藻朊酸钠作为外壳，使药物布于二者中间，可成为有缓释作用的药片。

利用 MC 的成膜性，在药物方面有许多用途，如将磺胺嘧啶配制于 MC 膜中，用于处理烧伤和创伤，使渗出的血清减少，在一段时间内药物陆续渗入，愈后无伤痕。

在药物涂膜方面，可将 MC（10mPa·s）作为成膜剂与聚乙二醇-1000 或少量染料等溶于挥发性溶剂中，在气流悬浮机中，喷涂于药片表面，成为厚度适当的涂膜；或将 MC 和无砷虫胶溶于乙醇中，配制药物表面涂料；也可将 MC（700mPa·s）、阿拉伯树胶与精制糖和有机溶剂配制糖浆在涂布盘中涂布药片；将 MC 溶于乙醇和三氯甲烷中，经喷雾喷涂于药片，既迅速又经济，且涂布均匀。

MC 还可用于药膏中，如将 MC 作为四环素和氢化可得松的冻干外用凝胶的基料；也可用于各种水-油乳化的油膏中。

另外，MC 可作为蓖麻油的乳化剂来保存蓖麻油乳剂，它的稳定性极好；MC 配制于普鲁卡因水溶液中，有耐水解作用；MC 配入维生素 $B_{12}$ 注射液中，有缓释作用，使药效持久，有延长 $B_{12}$ 作用的效果；MC 加入眼药水中，可调节稠度代替泪液，以治疗眼干病症；眼炎用的洗眼液中含有 MC，在调节其黏度，接触时间和延长作用等方面有一定的效果。

油溶性维生素类与 MC、干蛋白等配伍，可得到水溶性药用粉末，或用于食品中，有防腐和抗氧化作用。

粉状的经乙二醛处理过的 MC 所制备的垫、布或巾等卫生用品，可吸收 8～10.6 倍的水，而在受压时能不溢漏。

MC 较早就用于饮料稳定、冷冻食物防脱水等，可用于黏结肉类面饼，使其保持水分，防止烧焦；很多营养食品涂布 MC 和低甲氧基果胶酯溶液后，可提高脆性食品的强度和耐油性，使食品中油分不渗出，且可防止食品相互黏附；它可与香料、色素配制成人造水果浆作为面包和糖果的夹心；在含有蛋白质（如鱼蛋白）的食品中，加入 MC、藻朊酸钠和水配制成浆液后，以少量氯化钙或乳酸钙使其成为凝胶，可制成酸辣或不甜的食品，它对热稳定，也可冷冻。MC 还可用于冰激凌、冰牛奶或冰冻酸牛奶等冷饮料中以增稠。

### 5. 日用化工领域

甲基纤维素溶液具有良好的分散性，在造纸工业中可作为纸纤维的分散剂，能够改善纸张的机械强度等各种性能。

MC 具有良好黏结性，可作为填料和颜料的黏结剂，用于制造铅笔和粉笔。

MC 具有优良的分散性和黏结性，可用于鞋油和去污剂的组分中；由于 MC 无毒和所具有的其他特性，很早就用于牙膏牙粉、润肤油脂、皂液、脱发剂等组分中，在 0～37℃下，皂液凝胶不分离也不失光泽；不论在硬皂或软皂中都可用 MC

作为填料，脂肪含量可减少 30％～32％。将硬脂酸三乙醇胺、磺酸高级醇钠盐、淀粉和 MC 水溶液捏合、干燥后，可压制得到硬脂酸三乙醇胺肥皂，又如将硬脂酸钠和 MC 可制成一次使用的空心和脆性的锥形皂制品。典型的洗涤剂配方见表2-14。

表 2-14　洗涤剂典型配方

| 组　　分 | 质量分数/％ | 组　　分 | 质量分数/％ |
|---|---|---|---|
| Methocel A4C 优质产品（2％溶液） | 20 | 芝麻油 | 1.1 |
| 丙二醇 | 20 | 玉米油 | 1.1 |
| 凡士林（重质） | 8.8 | 单硬脂酸甘油酯 | 2.0 |
| 羊毛脂（无水） | 6.4 | 水 | 40.6 |

由于 MC 可形成坚韧而牢固的黏膜，在皮革制造业上可作为糊状胶黏剂，也可用于裱糊皮革。在皮革染色前，以 MC、淀粉和藻朊酸盐类处理，可防止色泽变深发暗。

在烟草工业方面，可利用 MC 的成膜性，将粉碎的烟草末加到 MC、添加剂、水或二氯甲烷等组成的溶液中，制成薄膜后切成烟丝或作为卷制纸、卷制香烟或雪茄烟，这种薄膜具有较高的湿强度，与纸所制卷相比较，其烟雾中的尼古丁和烟膏含量较少。MC 也可用于制备黏附活性炭的香烟过滤嘴。

**6. 合成树脂和塑料**

由于甲基纤维素具有优良的分散性，20 世纪 50 年代后期开始用于氯乙烯的悬浮聚合，可得小而均匀的颗粒状聚氯乙烯。例如将黏度为 500mPa·s 的水溶性 MC 用于氯乙烯聚合，可得松密度为 714kg/m³ 的聚氯乙烯产品；如用黏度为 100mPa·s 的 MC 则可得 600kg/m³ 的产品；若添加阴离子表面活性剂和选择适当的过氧化物催化剂，效果更好。在氯乙烯的悬浮聚合液中，加入由 1％～99.9％的水溶性 MC 和 99％～1％的羟乙基纤维素组合的混合悬浮剂 0.04％～0.25％，所得均匀的粒状产物无"鱼眼"。也可将 MC（15mPa·s）和聚乙烯醇混合使用，所得聚氯乙烯粒度分布均匀，有 46.8％通过 50～100 目筛，表观松密度为 10kg/m³。

在氯乙烯的悬浮聚合液中采用 MC，可使所得的聚氯乙烯对增塑剂吸收性好，例如将≤100 mPa·s 和≥400mPa·s 黏度的 MC 以 1∶1 比例混合用于氯乙烯的悬浮聚合液中，所得聚氯乙烯的增塑剂吸收量为 30％，吸收时间为 10min，100％通过 0.25mm 的筛网，而仅使用较高黏度的 MC 则吸收量在 42.3％以下；将≤100mPa·s 和≥400mPa·s 黏度的 MC 以 75∶25 比例混合用于氯乙烯的悬浮聚合液中，得率为 100％（＞60 目），增塑剂吸收量为 31.9％，凝胶时间为 16min，如仅用 15mPa·s 的 MC，得率为 56.5%，增塑剂吸收量为 18.5%。

在氯乙烯悬浮聚合液中，如以 MC 和马来酐与 $\alpha$-烯烃（$C_6 \sim C_{20}$）的共聚物作为混合悬浮剂，所制得的聚氯乙烯的干燥时间仅为 144s，能通过 0.177mm 和 0.105mm 筛孔分别为 99% 和 31%，而仅用聚乙烯醇作为悬浮剂的干燥时间则为 234s。

在合成聚偏二氟乙烯时，加入 0.0001%~1% 的 MC，可改善它的热稳定性，在模型浇铸或配制涂料所形成的涂膜经焙烘后，都不会变色。

MC 也可用于其他树脂的聚合或共聚。例如在聚丙烯醛聚合液中加入少量的 MC 和哌啶（氮杂环己烷），可得无色均匀的球状聚丙烯醛；在氯乙烯与醋酸乙烯的悬浮共聚液中，含有少量 MC 作为悬浮剂，所得共聚物具有良好的耐光性和透明度；在醋酸乙烯与巴豆酸的悬浮共聚液中，含有少量 MC（<500mPa·s），可得稳定的 0.5~1mm 粒状共聚物。

MC 也可与其他单体进行接枝，例如在含有过硫酸铵的水溶液中，可将 MC 与醋酸乙烯进行接枝，然后用丙酮或二甲基甲酰胺萃取后，在水中沉析而得接枝产物。

MC 具有良好成膜性，可将碱溶性 MC（$DS=0.2 \sim 0.7$）与树脂增塑剂一同溶于碱溶液中，来制备片基或薄膜，如将 100 份 MC 碱溶液与分子量为 4000 和 200 的聚乙二醇各 7.5 份，经过滤后，得到 20℃时黏度为 5140mPa·s 的浆液，经挤出后，通过 11.4% 的硫酸浴，然后以 7%NaHCO₃ 水溶液于 60℃淋洗，卷绕于转鼓，于 150℃经 40min 干燥，得强而柔韧的薄膜。

MC 可配入各种合成树脂泡沫材料的组分中。例如将 MC 加入聚乙烯醇水溶液中，然后在酸性催化剂存在下，加入甲醛固化可得到多孔、优良物理力学性能的发泡材料。将少量 MC 和偶氮甲酰胺配制于聚乙烯发泡组分中，在挤塑机中挤出后成为泡沫材料，可包封铜线，各组分均匀沉积于挤塑机壁，所成膜的厚度无明显差异。

### 7. 其他方面的应用

（1）甲基纤维素在农业方面的应用也很广泛，可与杀虫剂混合后处理小麦种子，也可作为肥料的黏结剂，例如 MC 可将磷酸水溶液集结干燥在废水泥浆与鸟粪土上；也可将磷酸水溶液集结在 Ca(CN)₂、(NH₄)₂HPO₄、粉状硅酸钠和尿素等上。

MC 在林业方面曾用于受伤的红枫和黄桦木进行保护处理，这是将 MC 水溶液与防腐剂、杀菌剂和棉短绒等所配制的组分填充或涂布于受伤树木，能使树木的创伤迅速治愈。

（2）在各种金属表面的处理液，如除锈剂、脱锅垢剂、封闭剂、钝化剂、磷酸化剂及各种浸渍剂等中，都可加入 MC 和表面活性剂等，以改善对金属表面的黏附力作用。

在经热处理的钢材表面上作标示符用的涂层组分中，含有硫酸铜、硫酸、盐酸或三氯磺酸等，可加入对酸稳定的 MC，以生成耐氧化的含铜标示涂层。

以 MC 作增稠剂和糊精等作退黏剂，所配制的低摩擦液体可用于钻孔和破碎。

（3）在 20 世纪 60 年代前后，MC 开始用于蓄电池和干电池，这是将 MC 和藻朊酸钠、钾或铵等的水溶液，在玻璃板上浇铸成薄膜，可作为电池用的半透性分离膜，特别适用于银-锌电池，也适用于银-镉电池，这种膜除具柔韧性外，还可提高电介导电性能。它与一氧化铅和甲基丙烯酸钠配制成的浆液，适用于铅-酸蓄电池的极板。

将含有甲氧基 18.6% 和黏度为 250mPa·s 的 MC 浇铸的 $5.08 \times 10^{-4}$ m 厚薄膜用于干电池，不论在高温或低温（-65℃）下，都可延长其寿命；将 MC、聚乙烯醇和甲基乙烯醚与马来酸共聚物的水溶液进行配制，可得到半透膜，能耐氧化和提高电介导电性能，使用寿命长。

（4）在涂布片基的明胶溶液中，可配入 MC 作为其增稠剂；MC 也可用于感光乳剂或无光乳剂中，涂布于感光片基或纸上。

（5）MC 可配入亚硫酸废液和重铬酸盐木质素以及硝酸铵的浆状炸药组分中作为增塑剂，所制成的炸药具有良好的爆炸性能和物理稳定性。

# 第三节　羟丙基甲基纤维素

羟丙基甲基纤维素（hydroxypropyl methyl cellulose，HPMC）是纤维素经碱化、醚化、中和及洗涤等工艺过程得到的非离子型纤维素烷基羟烷基混合醚。

作为一种性能优良的非离子型纤维素混合醚，HPMC 与 CMC、MC、HEC、CMHEC、HEMC、HBMC 等其他纤维素醚一样，具有良好的分散、乳化、增稠、黏结、保水和保胶性能，溶于水，也能溶于 70% 以下的乙醇、丙酮中。HPMC 可广泛用作医药制剂的薄膜包衣、缓释剂和黏结剂，也可利用其增稠、分散、乳化成膜性能广泛用于石油化工、建筑材料、陶瓷、纺织、食品、日化、合成树脂、医药、涂料和电子等工业领域中。

HPMC 在 20 世纪 20 年代就有文献报道，但直至 40 年代才开始规模化生产。HPMC 有美国 Dow 化学公司的 Methocel 系列产品 E、F、J、K 和 228 五种产品，日本 Shin-Etsu 株式会社 Metolose SH 牌号系列产品，日本 Matsumoto 公司的

Marpolose 牌号，ICI 公司的 Methofas PM 产品，德国 Henkel 公司的 Culmina 产品和英国 Celanese 公司的 Celacol 系列产品等。

HPMC 在我国发展较晚，无锡化工研究院首先在 20 世纪 70 年代进行了生产工艺研究，开发了适合聚氯乙烯悬浮聚合的 HPMC 分散剂，1978 年晋州市化工一厂开始从事了甲基类纤维素制备与生产。1981 年原泸州化工厂（现泸州北方化学工业有限公司）开始研制羟丙基甲基纤维素，1982 年制备成功并进行了技术鉴定，1987 年建立了第一条生产线。1993 年山东瑞泰精细化工有限公司在无锡化工研究院技术支持下，成功生产出适合氯乙烯聚合的 HPMC，通过锦西化工研究院应用分析测试，其产品 60RT50 达到日本 Shin-Etsu 株式会社的 Metolose SH 同类产品（60SH50 牌号）的水平。

近年来，我国 HPMC 等非离子型醚市场不断扩大，HPMC 生产工艺与技术自主研发投入力度也在加大。国内现有厂家有山东瑞泰化工有限公司、四川泸州北方化学工业有限公司、苏州天普化学有限公司、山东赫达股份有限公司、西安惠安北方化学工业有限公司、山东一滕化工有限公司、上海惠广精细化工有限公司、湖北祥泰纤维素有限公司、湖州展望天明药业有限公司、上虞市创峰化工厂、河北志诚化工有限公司、石家庄金华纤维素化工有限公司、钟祥市金汉江纤维素有限公司等。随着我国 HPMC 等非离子型醚工业的发展以及市场的健全，行业正在不断地规范，产品品种与质量日臻完善。

在设备和工艺上，我国企业积极与国外专业制造厂家联合，甚至直接从国外引进技术和设备，如苏州天普化学有限公司、上海惠广精细化工有限公司采用了德国大型的卧式反应设备。这都加速了我国非离子型醚生产和科学研究的发展与进步。

## 一、羟丙基甲基纤维素分子结构及合成原理

HPMC 是纤维素的部分甲基和部分聚羟丙基醚，是纤维素经过碱化后，再与两种醚化剂氯甲烷、环氧丙烷反应而得。商业化 HPMC 的甲基取代度范围为 $1.0\sim2.0$，羟丙基平均取代度范围为 $0.1\sim1.0$，其化学结构式见图2-17。

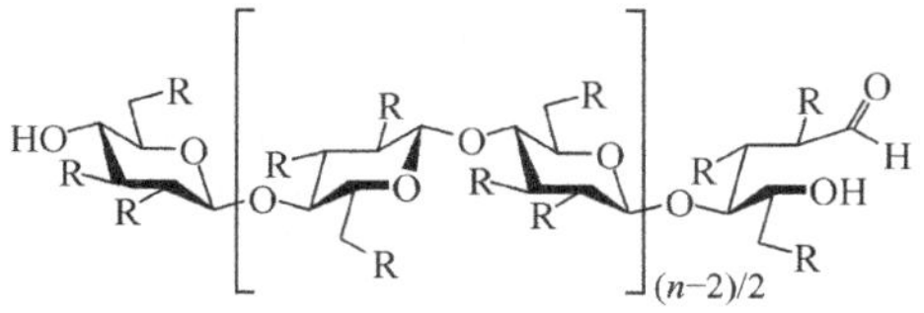

从图 2-18 可以看出 HPMC 与 MC 的红外谱图很相似，只是随着取代度不同，在不同吸收谱带上有一定移动。

$R=-OH$、$-OCH_3$、$-[OCH_2CH(CH_3)O]_nH$
或$-[OCH_2CH(CH_3)O]_nCH_3$

图 2-17  羟丙基甲基纤维素化学结构式

在醚化反应中，纤维素上的羟基（—OH）被羟丙氧基（—OCH$_2$CHOHCH$_3$）取代后，羟丙氧基还会与环氧丙烷

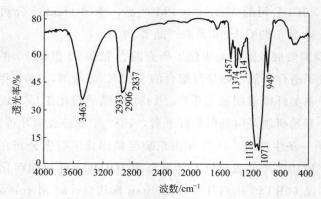

图 2-18　羟丙基甲基纤维素红外光谱图

连续发生链聚合作用。从理论上来说，支链上的羟丙氧基上的羟基可以连续不断地与环氧丙烷发生反应。但氯甲烷除与纤维素葡萄糖环基上的羟基反应外，还可与接上去的羟丙氧基上的羟基反应。使支链封端，羟丙基化终止，因而反应是复杂的。其反应过程可简单地用 1mol 纤维素与 1mol 氯甲烷、1mol 环氧丙烷的反应式来表示，如下。

$$C_6H_7O_2(OH)_3 \xrightarrow[\substack{+CH_3Cl \\ +CH_3CHCH_2 \\ O}]{NaOH} C_6H_7O_2{\substack{OCH_3 \\ OCH_2CHOH \\ OH \\ CH_3}}$$

在过量环氧丙烷存在下，上述已醚化的纤维素还可能进一步发生下列反应：

$$C_6H_7O_2{\substack{OCH_3 \\ OCH_2CHOH \\ OH \\ CH_3}} \xrightarrow[\substack{CH_3CHCH_2 \\ O}]{NaOH} C_6H_7O_2{\substack{OCH_3 \\ OCH_2CHOCH_2CHOH \\ OH \\ CH_3 \quad CH_3}}$$

或 $C_6H_7O_2{\substack{OCH_3 \\ (OCH_2CHOH)_2 \\ CH_3}}$

同时，如在过量的氯甲烷存在下，也能发生下列反应：

$$C_6H_7O_2{\substack{OCH_3 \\ OCH_2CHOH \\ OH \\ CH_3}} \xrightarrow[CH_3Cl]{NaOH} C_6H_7O_2{\substack{OCH_3 \\ OCH_2CHOCH_3 \\ OH \\ CH_3}}$$

或 $C_6H_7O_2{\substack{(OCH_3)_2 \\ OCH_2CHOH \\ CH_3}}$

根据反应基团的活性和反应条件，如纤维素对醚化剂比例、环氧丙烷与氯甲烷比例、反应温度、压力和时间等不同，产品的结构有一定的差异。

同时，氯甲烷与碱还会发生如下副反应：

$$CH_3Cl + NaOH \longrightarrow CH_3OH + NaCl$$

当副产物甲醇浓度在反应釜中较高时，还会继续反应，进一步生成副产物二甲醚：

$$CH_3OH \Longrightarrow CH_3O^- + \boxed{H^+}$$

$$CH_3O^- + CH_3Cl \xrightarrow{\text{快速}} CH_3OCH_3 + \boxed{Cl^-}$$

$$\Big\downarrow NaOH$$

$$NaCl + H_2O$$

同时，在碱存在条件下，环氧丙烷与水能够反应生成 $\alpha$-丙二醇与缩丙二醇：

$$CH_3CHCH_2 + H_2O \xrightarrow{NaOH} HOCH\overset{\displaystyle CH_3}{|}CH_2OH$$

$$\overset{\displaystyle\diagdown O\diagup}{}$$

α-丙二醇

$$HOCH\overset{\displaystyle CH_3}{|}CH_2OH + CH_3CHCH_2 \xrightarrow{NaOH} HOCH\overset{\displaystyle CH_3}{|}CH_2OCH\overset{\displaystyle CH_3}{|}CH_2OH$$

一缩二（α-丙二醇）

以上这些副反应不仅消耗了醚化剂，降低了醚效，且给后处理带来麻烦。

根据基团取代度种类与多少、各基团比例不同，HPMC 具有不同性能与应用领域。通常，HPMC 也主要分为 ME、MF、MJ 及 MK 四种，或者根据凝胶温度范围差异，对应 60、65、70 与 75 几种主要牌号（见表 2-15）。

表 2-15　HPMC 主要型号分类与主要指标

| 指　　标 | HPMC | | | |
| --- | --- | --- | --- | --- |
| | ME(60HPMC) | MF(65HPMC) | MJ(70HPMC) | MK(75HPMC) |
| 甲氧基含量/% | 28.0～30.0 | 27.0～30.0 | 16.5～20.0 | 19.0～24.0 |
| 羟丙氧基含量/% | 7.5～12.0 | 4.0～7.5 | 23.0～32.0 | 4.0～12.0 |
| 凝胶温度/℃ | 58～64 | 62～68 | 68.0～75.0 | 70～90 |
| 灰分/% | ≤1.0 | | | |
| 水分/% | ≤5.0 | | | |
| pH 值 | 4.0～8.5 | | | |
| 黏度(2%水溶液,20℃)/mPa·s | 5～200000 | | | |
| 外观 | 白色粉状 | | | |
| 表面张力(CCl₄)/(×10⁻³N/m²) | 10 | | | |

不同牌号产品取代度（DS）、摩尔取代度（MS）有一定差异，会导致密度差异，部分产品会发"虚"，呈"毛茸"状，需要造粒。通过专用的造粒设备、捏合机或锥形混合器（双轴）实现产品的造粒，然后进行干燥（热风、平台），再经粉碎进一步细化，可得到有一定粒度的白色粉末状产品。

**1. 羟丙基甲基纤维素的甲氧基、羟丙氧基含量的控制**

HPMC 的甲氧基、羟丙氧基含量与比值，对产品的水溶性、保水能力、表面活性和凝胶温度有一定的影响。

通常甲氧基含量高、羟丙氧基含量低的 HPMC 的水溶性、表面活性好，凝胶温度低；适当提高羟丙氧基含量、降低甲氧基含量，可以提高凝胶温度，但羟丙氧基含量过高，又会使凝胶温度降低，水溶性和表面活性变差，但在有机溶剂中的溶解性能提高。

控制和调节甲氧基含量和羟丙氧基含量的主要途径如下。

① 改变反应体系用碱量　纤维素碱化过程用碱量会直接影响产品的醚化效率和基团的含量比例，通常的规律是：碱液浓度高或加入的固碱量增大，会增加产品的甲氧基含量；碱液浓度低或加入的固碱量少，在同样的工艺条件下，可适当提高产品的羟丙氧基含量。也就是说，羟丙氧基含量与碱液浓度成反比，甲氧基含量与碱液浓度成正比。

② 调节生产工艺的温度变化　在 HPMC 生产过程的醚化阶段，主要是甲基化和羟丙基化的反应。这两种反应所要求的反应条件是不同的，二者的正负反应速率也有较大的差异，正是这种反应条件的差异和不易协调使得 HPMC 生产过程控制和产品结构有较大的复杂性和不可预知性。结合产品指标要求，充分考虑所用设备的结构特点，结合定量分析与测试，在大量的实践基础上才能够合理控制工艺、调整好配方，达到理想的效果。

一般来说：羟丙基化的反应在 30℃ 左右即能进行，50℃ 时反应速率大大加快；甲基化反应在 60℃ 下较慢，在 50℃ 以下就更微弱。根据二者的反应温度的不同，通常控制一定的温度，使某一反应为主要反应，比如 50～60℃ 条件下，恒温保持一段时间，主要进行羟丙基化的反应。然后控制升温速度，在一定的时间段内，上升到以甲基化反应为主的第二醚化反应阶段，并控制反应时间，以达到甲氧基和羟丙氧基平衡，得到结构合理的产品。这种多阶段控制的技术也利于降低副反应和后处理。

③ 醚化剂的加入量　在工艺条件确定的条件下，醚化剂氯甲烷和环氧丙烷的用量与二者的比例对产品的甲氧基和羟丙氧基值有直接和明显的影响。恒定反应条件，比例不变，提高醚化剂含量，取代基团含量增加，甲氧基和羟丙氧基值恒定在

一定范围内；比例改变，提高一种醚化剂的含量，相应的取代基团含量增加，另一取代基团含量下降。

实践证明，当氯甲烷加入量占醚化剂总量的 70%～85%、环氧丙烷加入量占醚化剂总量的 15%～30% 时，产品的甲氧基和羟丙氧基含量能够控制在 4%～12% 的范围内。

**2. 羟丙基甲基纤维素的黏度、纯度的控制**

根据产品的应用需要，通常对 HPMC 的黏度、纯度有极其宽泛的需求。

在同样取代程度下，黏度对凝胶温度有一定的影响：黏度低，凝胶温度高；黏度高，凝胶温度低。其他指标相同时，产品的纯度对凝胶温度也有一定的影响，盐含量高，产品的凝胶温度会有所下降。

提高黏度可以采用高聚合度的纤维素原料，加入抗氧剂，抽真空排空气，充氮气保护，也有通过最终产品进行微交联提高产品的黏度；降低产品的黏度，可以采用低聚合度的纤维素原料，在碱化过程或醚化过程加入氧化剂，也可以通过辐射降黏。

改变纯度可以从洗涤工艺来加以调节。

## 二、羟丙基甲基纤维素的生产工艺

HPMC 的生产工艺有多种，主要包括以下四种。

**1. HPMC 的浸碱法（分步法）生产工艺**

在我国，甲基纤维素及其衍生物的分步法工艺起源于 20 世纪 80 年代。

将没有经过粉碎的片状纤维素，加入专用浸渍机中，在 6 倍以上的碱液中进行碱化反应，然后除去多余的碱液，将碱纤维素投入带有强烈搅拌装置的立式或卧式反应器内，分散在约 8 倍的一氯甲烷中，加定量的环氧丙烷进行反应。反应结束后，回收未反应的一氯甲烷、环氧丙烷和副产物二甲醚。热水洗涤，干燥、粉碎、过筛得到成品。其工艺流程如图 2-19 所示。

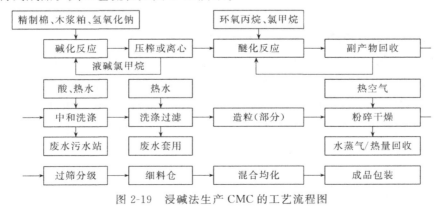

图 2-19　浸碱法生产 CMC 的工艺流程图

该生产过程的主要设备见表 2-16 与表 2-17。

表 2-16 浸碱法生产技术装置

| 设 备 名 称 | 备 注 | 设 备 名 称 | 备 注 |
|---|---|---|---|
| 纤维素浸碱机 | | 气流干燥机 | |
| 立式反应釜 | 可以用卧式反应釜 | 超细粉碎机 | |
| 立式洗涤釜 | | 分水槽 | |
| 真空带式过滤机或沉降式离心机 | 旋转式洗涤过滤机 | 计量槽 | |

表 2-17 浸碱法生产技术的主要（参考）经济技术指标

| 项 目 | | 参考消耗定额 | 项 目 | | 参考消耗定额 |
|---|---|---|---|---|---|
| 原材料 | 纤维素/t | 0.94～1.00 | 动力 | 水/t | 50.00～60.00 |
| | 40%液碱/t | 2.00～2.20 | | 电/kW·h | 2000～2500 |
| | 一氯甲烷/t | 1.20～1.50 | | 蒸汽/t | 9.00～10.00 |
| | 环氧丙烷/t | 0.20～0.23 | | | |

该工艺需要采用大量的一氯甲烷作为分散剂，反应过程压力高达 3.0MPa，反应结束后，有大量的一氯甲烷和二甲醚需要回收，原料消耗高，生产高黏度产品难度大，且污水 COD 含量高，因此，这种生产技术已被淘汰，很少再用。

HPMC 的气固法生产工艺例如，称取 100 份精制棉，用 36%～44% 的碱水溶液 3000～4000 份进行浸渍，控制温度在 25～32℃，时间 45～90min，然后压榨除去多余的碱液，压榨比约 3.0～3.5，再经过粉碎机粉碎熟化 1～5h 后，投入 2m³ 高压醚化釜，抽真空，加入环氧丙烷 100～300 份，一氯甲烷 700～1000 份，缓慢升温，在 30～60℃反应 1～3h，再于 68～87℃反应 1～2h，结束后对多余的醚化剂进行回收、中和、洗涤后离心脱水，再于 80～110℃条件下进行干燥，最终得到产品。该技术的缺点是间歇操作，产品质量不太稳定，改进的方法是采用连续碱化、醚化、纯化技术。

**2. HPMC 的液相法（淤浆法）生产工艺**

HPMC 液相法生产工艺又称淤浆法工艺，其特点是以丙酮、异丙醇、叔丁醇、甲苯、1,2-甲氧基乙烷或低级烃与少量低级醇混合体系作为溶剂（或者称为分散剂），使纤维素与碱、氯甲烷、环氧丙烷等在类似于淤浆状态的液浆体系中进行充分接触，完成纤维素的碱化与醚化反应，该工艺要求木、棉纤维素原料要预先进行粉碎。

HPMC 液相法生产工艺具体操作过程可以根据产品性能与指标要求，采用碱化→醚化方式，也可以采用依次碱化→醚化→二次碱化→二次醚化多阶段工艺，得到更均匀的、更高取代度的产品。

具体过程：将经过粉碎的纤维素细粉置于带有强烈搅拌装置的立式或卧式反应器内，分散在约 10 倍的溶剂中，然后加入定量的碱液、环氧丙烷和氯甲烷醚化剂进行反应。反应结束后，用热水进行洗涤，再经过干燥、粉碎、过筛得到成品。

该工艺流程如图 2-20 所示。

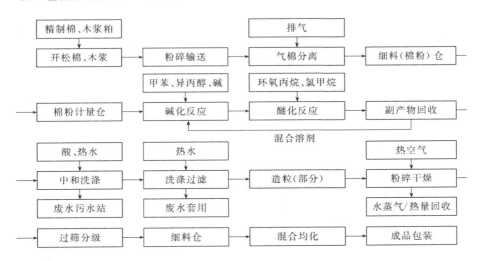

图 2-20　淤浆法生产 HPMC 的工艺流程图

在我国，该工艺形成于 20 世纪 90 年代末，甲基纤维素及其衍生物的生产技术当时已经有了显著进步，更多采用甲苯和异丙醇混合溶剂做分散剂，生产过程的主反应的压力低于 1MPa，反应结束后，甲苯和异丙醇混合溶剂被回收。这种生产技术可以生产 PVC 级和建筑级 HPMC 产品，也可以生产医药级、食品级的产品。

该工艺的缺点：制备过程中使用的溶剂属于发达国家严格控制的食用和药用有毒溶剂，且溶剂沸点高，回收时间长，少量未反应的一氯甲烷和副产的二甲醚被排放，污水量大。目前该工艺已成为我国 HPMC 生产的主流工艺技术。

淤浆法生产主要设备与经济指标见表 2-18 与表 2-19。

表 2-18　淤浆法生产技术装置的主要设备

| 设 备 名 称 | 备 注 | 设 备 名 称 | 备 注 |
|---|---|---|---|
| 纤维素粉碎机 | | 粗碎机(湿碎机) | |
| 立式反应釜 | 也可用卧式反应釜 | 气流干燥机或流化床干燥机 | 也可用闪蒸式干燥机 |
| 立式脱溶釜 | | 超细粉碎机 | |
| 真空带式过滤机或沉降式离心机 | 也可用旋转式洗涤过滤机 | 分水槽 | |
| 螺杆挤压造粒机或卧式犁刀式造粒机 | | 混合溶剂槽 | |

表 2-19　淤浆法生产技术的主要（参考）经济技术指标

| 项　目 | | 消耗定额 | 项　目 | | 消耗定额 |
|---|---|---|---|---|---|
| 原材料 | 纤维素/t | 0.84～0.88 | 原材料 | 甲苯和异丙醇混合溶剂/t | 0.07～0.10 |
| | 50%液碱/t | 0.86～1.00 | | 水/t | 50.00～60.00 |
| | 一氯甲烷/t | 0.57～0.70 | 动力 | 电/kW·h | 3000～3500 |
| | 环氧丙烷/t | 0.19～0.21 | | 蒸汽/t | 8.00～9.00 |

HPMC 淤浆法生产工艺流程简图见图 2-21。

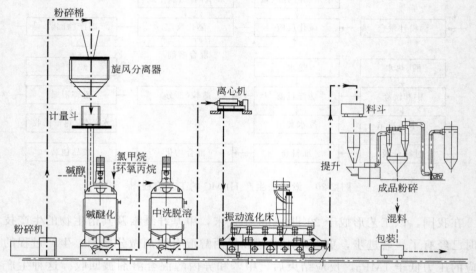

图 2-21　羟丙基甲基纤维素的立式釜淤浆法生产流程

针对不同性能指标要求，HPMC 的制备工艺与配方有许多报道，如下。

① 粉碎后的纤维素 80 份、NaOH 26 份、甲醇 16 份与 950 份甲苯组成淤浆体系，另加入 50%NaOH 106 份，加热 30min 后，甲醇和水被蒸馏出来。加入 120 份 $CH_3X$ 和 10 份环氧丙烷，60～120℃下反应 1.5h。产品的甲基取代度为 2.0，羟丙基取代度为 0.1，可溶于水。

② 在隔氧条件下，将 20 份粉碎纤维素、40 份浓度 50% 的碱液、90 份的环氧丙烷与 200 份的氯甲烷送到浆料罐中，浆料在连续搅拌下泵送到反应器中，每次约需 30min，反应压力为 1.7～1.9MPa，反应温度为 80℃，然后在该压力下将物料输送到洗涤纯化阶段，得到产品甲氧基为 27.5%（质量含量）、羟丙氧基含量为 6.5%，可溶于水，黏度为 14000mPa·s。在相似的工艺条件下，将 20 份的粉碎纤维素、36 份浓度 50% 的碱液、90 份的环氧丙烷与 130 份的氯甲烷送到浆料罐中，浆料在连续搅拌下泵送到反应器中，约需每 30min 一次，反应压力为 1.7～

1.9MPa，反应温度为 60～100℃，得到产品的甲氧基为 20.5%（质量含量）、羟丙氧基含量为 0.5%，可溶于甲醇。

③ 对于一些特殊的行业，例如在油漆的增稠中，需要醇水共溶的 HPMC 产品，可避免使用甲醇与二氯乙烷。醇水共溶 HPMC 还可以用在药片或各种水溶性包衣中，也可用在无水的醇溶液中，是一种高羟丙氧基含量的 HPMC。这种 HPMC 既有热塑性，又有水溶性。其结构特征是甲基 DS 为 0.4～0.8，羟丙基 MS 为 1.5～1.8，二者的和大于 1.8。这种 HPMC 的合成为，每份纤维素要有 1.54 份的环氧丙烷与 0.4～0.8 份的氯甲烷混合进行醚化，每份纤维素对应 0.35～0.4 份的碱。

④ 一种可溶解在无水乙醇中的 HPMC 制造工艺：20 份的粉碎精制棉、14 份的 50% 浓度 NaOH 水溶液喷散碱化，再将 80 份的环氧丙烷与 16 份的氯甲烷加入并进行充分地搅拌混合逐渐加热，时间是 90min，使其温度达到 60℃ 后恒温反应 5.5h，然后进行出料与后处理，得到的产品取代度甲基为 0.58、羟丙基为 1.58。该产品可迅速溶解于无水乙醇，形成透明无色黏稠的溶液，也可溶解在水中，在水中的凝胶温度是 43℃，该材料可用作水溶性包衣或透明的、水溶性膜包裹的医药片剂。

为适应各领域对产品的特殊要求，一些新的技术与工艺在不断开发，例如对 HPMC 连续生产过程的探索：将一系列带压反应器与垂直的螺旋输送管道连接在一起，在螺旋输送管道中完成反应和纯化过程。在反应体系中采用原位交联可制备高黏 HPMC，黏度可以升高 7 倍，在表面活性剂中迅速溶解。这种纤维素醚表面活性剂体系是高效乳化剂。最后一次洗涤时在一定酸条件下用乙二醛或氯甲酸酯可得到交联产品。也可加入硼酸或硼酸盐混合溶液对其进行预处理，可用于制备在水中不结块且分散良好的产品。如果没有用双官能团的醛如乙二醛交联，纤维素混合醚易聚结且在水中很难分散。乙二醛溶液处理后的 HPMC 溶解时不需连续搅拌。

除羟烷基甲基纤维素外，为适应特殊用途，还开发出许多其他的混合醚，包括三基团水溶性混合醚，含有烷基、羧甲基和羟烷基三种取代基，如羟丙基甲基羧甲基纤维素（HPMCMC），其甲氧基、羟烷氧基的分析可采用修正的蔡泽尔法或色谱技术。

### 3. HPMC 的气相法（气固法）生产工艺

将经过粉碎的纤维素细粉，加入到带有强烈搅拌装置的卧式反应器内，直接加入定量的碱液、醚化剂和少量的回收低沸点副产物，无需外加有机溶剂，在半干状态下完成醚化反应。反应结束后，用热水进行洗涤，再经过干燥、粉碎、过筛得到成品。

其工艺流程如图 2-22 所示。

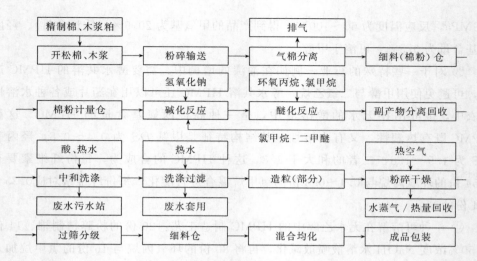

图 2-22　气相法生产 CMC 的工艺流程图

该工艺于 20 世纪末引入我国，但一直未得到应用，直到 21 世纪初，国内有两家公司通过引进，建立了气固相法生产系统。

该工艺的生产过程中不需要添加其他溶剂，合成反应结束后，未反应的醚化剂可全部回收，因而技术具有明显的成本、环保优势。但是由于投资大、自动化程度高，在设备不满足要求的情况下，易导致环氧丙烷、氯甲烷消耗高，产品的均匀性差等，因此还未被大多数生产厂商接受。

随着行业的发展和整治，气固法工艺将是 HPMC 生产工艺发展的趋势。

淤浆法生产主要设备与经济指标见表 2-20 与表 2-21。

表 2-20　气相法生产技术装置的主要设备

| 设 备 名 称 | 备 注 | 设 备 名 称 | 备 注 |
|---|---|---|---|
| 纤维素粉碎机 | | 造粒机 | |
| 卧式反应釜 | 德国进口、国产 | 干燥机 | |
| 压缩机 | | 超细粉碎机或干燥粉碎一体机 | 德国进口、国产 |
| 洗涤过滤机 | 德国进口 | | |

表 2-21　气相法生产技术的主要（参考）经济技术指标

| 项　　目 | | 参考消耗定额 | 项　　目 | | 参考消耗定额 |
|---|---|---|---|---|---|
| 原材料 | 纤维素/t | 0.80～0.85 | 动力 | 水/t | 5.00～8.00 |
| | 50%液碱/t | 0.96～1.00 | | 电/kW·h | 3300～3800 |
| | 一氯甲烷/t | 0.63～0.75 | | 蒸汽/t | 4.00～6.00 |
| | 环氧丙烷/t | 0.18～0.23 | | | |

#### 4. HPMC 的均相法（溶解法）生产工艺

浸碱法、淤浆法和气固法工艺中，反应体系处于多相状态，加剧了产物结构的不确定性。结构决定性质，性质决定应用，因此取代基团种类、位置与数量的随机性与不均匀性对产品的结构与应用性能有潜在影响。将纤维素溶解，在均相状态下与试剂反应，有助于这一问题的解决。

纤维素的溶剂分为衍生化溶剂与非衍生化溶剂。前者是通过共价键与纤维素大分子形成酯、醚或缩醛等易溶的纤维素中间体，进一步在均相反应条件下进行改性，如 $CF_3COOH/CF_3(CO)_2O$、$DMF/N_2O_4$、HCOOH、DMSO/多聚甲醛、$NaOH/CS_2$、$H_3PO_4$ 水溶液、$Me_3SiCl$/吡啶等；而非衍生化溶剂仅仅通过分子间作用力使纤维素结构发生变化，导致纤维素溶解，如 DMSO/甲胺、NMMO、DMAc/LiCl、DMAc/LiBr、DMF/LiCl、DMP/LiBr、DMSO/LiCl、HMOT/LiCl、$DMSO/TBAF \cdot 3H_2O$、液氨/$NH_4SCN$ 体系以及多种结构的离子液体等。

多年来，人们在纤维素溶剂体系展开纤维素的醚化、酯化等化学改性尝试，Heinze 发表了大量的纤维素在离子液中的酰化、酯化等研究成果，研究表明，可以获得相应的纤维素衍生物，其化学结构可以通过反应过程进行控制，且反应过程条件温和、周期短，其溶剂还可以实现回收与再利用，在此基础上，Heinze 还将点击化学应用于纤维素化学改性，引入羧酸酯、噻吩与叠氮化合物以及苯胺等基团，反应过程副反应少、实用性强、选择性高，具有潜在的应用前景；张军、吕玉霞等也采用离子液在不使用催化剂的前提下合成了不同取代度的纤维素苯甲酸酯、纤维素醋酸酯等。

在纤维素醚均相制备研究方面，张俐娜等以 $NaOH/CS_2$ 等体系制备了羟丙基纤维素、甲基纤维素以及氰乙基纤维素等，取得一定进展。其过程是将粉碎后的纤维素，直接加入带有强烈搅拌装置的卧式反应器内，分散在 5～8 倍的 NaOH/硫脲或尿素体系中来溶解纤维素，然后添加定量的碱液和醚化剂进行反应，反应结束后，用大量丙酮析出反应好的纤维素醚，然后进行热水洗涤、干燥、粉碎、过筛，得到成品。该工艺是目前生产工艺的前沿探索，它可以用很少量的醚化剂反应出取代十分均匀的高品质产品，由于溶解纤维素的溶剂用量大，成本高，以及其他一些因素，目前该工艺尚处于研究阶段，还未实现工业化。

## 三、羟丙基甲基纤维素的生产过程控制与产品质量标准

尽管羟丙基甲基纤维素的合成原理并不复杂，但化碱、原料粉碎、碱化、醚化、溶剂回收、离心分离、洗涤和干燥各个环节却涉及大量的技术关键和丰富的知识内涵。对不同品种产品，各个环节都有最佳的控制条件，如温度、时间、压力以

及料流控制。辅助设备和控制仪表是产品质量稳定、生产系统可靠的有利保证。在HPMC的生产中，应该借鉴和采用当今光、电、机、材料各领域的新技术、新设备和新概念，生产的控制系统实现自动化，以实现柔性化生产。

**1. 纤维素**

通常生产HPMC的原料纤维素可以是精制棉、也可以是木浆粕，在碱化前或碱化过程中对其进行粉碎是十分必要的，粉碎是通过机械能破坏纤维素原料的聚集态结构，以降低结晶度和聚合度，增加其表面积，从而提高对纤维素大分子葡萄糖环基上三个羟基的可及度。

在我国，研究人员对精制棉的粉碎设备进行了大量的研究，目前已经可以设计加工产量大、粉碎效果好的粉碎设备。

**2. 精确计量与原料质量控制**

在设备一定的前提下，任何主副原材料的加入量包括溶剂的浓度比例都能直接影响产品的各项指标，所以精确计量对生产十分关键。

主要原材料对产品质量的影响显而易见，比如精制棉的质与量、各项性能指标，碱的量与纯度，环氧丙烷、氯甲烷的量与杂质含量都是关键的控制指标。

体系中溶剂与水的含量也是十分关键的影响因素。HPMC淤浆法连续式生产采用有机溶剂，如苯、甲苯、醇类物质等作为反应介质，体系中含有一定量的水。因为水与有机溶剂并非完全互溶，这样碱在体系中的分布就与其在溶剂-水的分散度有直接关系。上层液（ULS）与下层液（LLS）的组成有差异，通常上层液中含有大量有机溶剂、水与相对少量的碱，下层液含有碱、水和相对少量的有机溶剂，若没有充分搅拌，则对纤维素均匀碱化与醚化不利。

**3. 搅拌与传质传热**

纤维素碱化、醚化都是在非均相条件下进行的，水、碱、纤维素及醚化剂在溶剂体系中的分散与相互接触是否充分均匀，都会直接影响碱化、醚化效果。

碱化过程搅拌不当，会在设备底部产生碱结晶而沉积，上层浓度低，碱化不够充分，结果是醚化结束后体系还存在大量自由碱，但是纤维素本身碱化不够充分，产品取代不均匀，从而导致透明度差、游离纤维多、保水性能差、凝胶点也低。

无论卧式犁刀搅拌釜还是立式反应釜，在设备上下、侧角、凹陷等处，物料要得到充分地搅拌，不形成死角，这是得到性能优良产品的基础。

**4. 生产工艺**

淤浆法生产过程中通常是向反应釜内加入规定量的固体碱、甲苯、异丙醇等有机溶剂，液固比在（6～20）∶1范围。升温搅拌溶解，10～20min后降温至10～25℃，或采用直接加入液碱的方法。待体系温度适合，固体碱充分溶解、分散后，将粉碎后的精制棉在规定的时间内加入反应釜。纤维素的加入时间很重要，纤维素一旦与碱溶液接触，碱化反应就开始了，加料时间太长，会因为纤维素进入反应体系的时间不同而使碱化程度有差异，导致碱化不均匀，产品均匀性降低。同时会引起纤维素在与空气长时间接触下发生氧化降解，导致产品黏度低；加料时间太短会引起操作困难，体系搅拌不畅，纤维素物料黏附到设备壁或搅拌轴上而不能够反应或反应不完全。

为了得到不同黏度级别的产品，可在碱化过程中抽真空、充氮，或加入一定量的酸、抗氧剂或氧化剂。碱化时间最好控制在 40～90min；温度保持低温或常温（＜28℃）；根据产品指标要求，NaOH 含量为 35％～65％，纤维素/NaOH/$H_2O$＝1/(0.9～1.2)/(0.9～1.2)。

碱化结束，加入规定量的氯甲烷和环氧丙烷，升温至规定温度，并在规定的时间内进行醚化反应。醚化条件为：温度 30～100℃；压力 1～5MPa；反应时间 3～6h；氯甲烷加入量 70％～97％（占醚化剂总量）；环氧丙烷加入量 3％～30％（占醚化剂总量，通常 15％～30％）。

加入醚化剂——氯甲烷和环氧丙烷的量、比例和时机以及醚化过程的升温控制，直接影响产品结构，合成原理部分已有论述。由于甲苯、异丙醇和水都有一定的挥发性，氯甲烷和环氧丙烷气化程度更大，因此，浆料液面上方的空间有多种成分，是个混合体系。液浆上方既与气相接触，又与液浆内部物料交换，产品的性能会因空间大小不同而有差异。

粉碎与混料也是纤维素醚生产质量控制的重要环节，不容忽视。

对于密度较小的产品（常见的 K 牌号的 HPMC），物料常常表现为形态蓬松、发"毛"，不利于包装、运输与使用，需要在生产线上加装相关设备，进行湿粉碎与造粒后再进入市场。

混料是工业生产过程必不可少的环节，由于纤维素原料结构与性能的复杂性和多样性，并且生产过程诸多环节难免受到人工与环境的影响，在同样的生产工艺与配方下，黏度等指标有一定的分散性，因此想要在出厂时保持一定范围产品性能的一致性，进行混料是十分必要的。

原则上讲，通过两种不同黏度羟丙基甲基纤维素醚混合得到中间黏度的物料是可行的，但从技术的角度来看，这种方法在生产和产品安全方面也存在重大风险。最好是两种羟丙基甲基纤维素醚的黏度差别不大，分子链长接近，且取代度也接近，这样混合后物料的黏度与性能可靠性比较高。除非与纯品物料（未混合）相比，一般混合后物料的性能有功能性提升。

因为黏度和浓度之间的关系不是线性的，而呈现指数关系，故不能简单地通过算术加权法计算最终混合物的黏度。

基于阿仑尼乌斯方程，混合后物料的黏度可由以下数学关系系来表达：

$$\eta_s^{1/8} = w_1 \eta_{s1}^{1/8} + w_2 \eta_{s2}^{1/8}$$

式中，$\eta_s$ 是混合后物料黏度，$\eta_{s1}$ 和 $\eta_{s2}$ 分别是混合前物料 1 和物料 2 的黏度；$w_1$ 和 $w_2$ 分别是物料 1 和物料 2 的质量分数。

通常更方便的是按照"混合黏度计算图"直接量取。

例如：混合前物料 1、物料 2 的黏度分别是 400mPa·s、15000mPa·s，在以40:60 的比例混合时，其最终的物料黏度量取 4000mPa·s 左右（见图 2-23）。

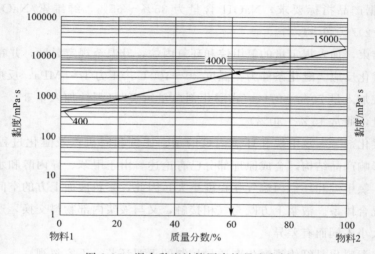

图 2-23　混合黏度计算图直接量取实例

如果没有混合黏度计算图，有时候可以直接利用以下公式进行近似计算：

$$\lg\eta_s \approx w_1 \lg\eta_{s1} + w_2 \lg\eta_{s2}$$

以上方法适合几乎所有的水溶性纤维素醚，例如 HPMC、HPC、MC、HEC、HEMC、CMC 等产品，而对于在水中不溶解、仅溶胀的产品，如微晶纤维素、EC、CEC（氰乙基纤维素）等，不适合采用混合黏度计算图估算混料黏度。

**5. 产品改性与溶剂回收**

为了改善产品的溶解性能，要对 HPMC 进行表面交联。交联剂常采用乙二醛、甲醛、已二醛等。

为了减少降解，脱溶回收选择在中和后进行。回收虽然对产品理化指标无直接的影响，但它是关键工序，因为回收过程的长短及效果都会对产品的成本、产量大小有直接影响。在高温下，甲苯、异丙醇与未反应的氯甲烷和环氧丙烷、水和一些副产物都会顺着回收管线进入回收设备，不断添加高温水，使体系的溶剂充分回收。回收的溶剂进入沉降槽，静置沉降后分层，上层是甲苯/异丙醇相，下层是水/异丙醇相，上层回收重复利用，下层打入蒸馏系统进行精馏，得到的异丙醇循环利用。

**6. 生产设备**

HPMC 生产用设备是产品质量的关键保障。

结构合理的设备是保证物料在反应过程有一个充分地混合、接触、传热传质的基础，否则再好的工艺、再好的配方也无法保证得到性能优良的产品。目前，HPMC 的生产设备有立式和卧式两种，卧式反应釜既可适应气固反应，也适用于液浆或淤浆反应过程；而立式反应釜更多适合于淤浆法纤维素醚生产。

卧式反应釜以德国罗地格制造公司的卧式犁铲式混合机为代表。

近年来，我国的 HPMC 行业，工艺和设备都有长足的进步，从纤维素原料的粉碎、碱化、醚化、洗涤、溶剂回收、干燥以及混同等环节，新型设备、新的工艺及技术都不断得到研发与应用。我国一些设备厂家很早就开始自行设计犁铲式纤维素醚混合反应器，经过不断完善，其内部结构、搅拌方式与密封方式都得到很大改善，取得了很好的效果。

为了得到速溶性产品，除了化学交联，还可以采用造粒的方法。国外采用汽提工艺的连续造粒干燥器也受到关注（见图 2-24）。

图 2-24　罗地格连续造粒干燥器

纤维素醚的洗涤、分离和纯化技术也是确保产品质量和性状的关键环节，这方面的研究报道也很多。典型的有两种：一种是带有细目滤布的压力过滤器，在压力作用下将 HPMC、MC、HPC、HEC、CMC 等纤维素醚中的残液分离滤出，达到分离纯化的目的。首先悬浮状态的纤维素醚产品通过压差在过滤器中形成滤饼，滤液从侧面通过导管导出。再输送清洗液，引进气体施压将洗液排出，根据纤维素醚种类与性能，清洗液可选择 90～100℃水，或 15～60℃醇/水。另一种是逆向过滤离心机。物料经多次洗涤离心，NaCl 含量在 0.7％以下。

**7. 环保处理**

随着我国各项环保政策的出台和人们环保意识的提高，纤维素醚生产中废气、废液、废弃固体物的处理成了项目的必要环节。

（1）废气　CH₃Cl、PO 等低沸物。回收后达标可排入大气。

（2）废水　HPMC 生产过程排出的水不含有毒物质，冷却水、清洗用水可循环使用。洗涤废水经处理可排放。

HPMC 生产废水中含有氯化钠和低分子量的纤维素醚。因为 NaCl 含量较高，生化物种难以生存，通常无法直接采用生化处理方法，所以 HPMC 的废水一般采用物理法和生物法结合的综合处理方法。

① 加强纤维素醚生产线上回收环节的回收能力　充分回收有用物质，尽量使流失至废水中的原料和成品就地回收。这样做既可减少生产成本，增加经济效益，又可大大降低废水浓度，减轻污水处理负担。

② 多效蒸发和加热浓缩技术　多效蒸发（MED）技术也用来处理纤维素醚生产废水。图 2-25 为 MED 法的处理示意图。

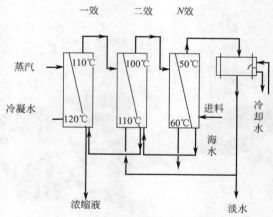

图 2-25　HPMC 生产废水的多效蒸发
（MED）处理示意图

MED 的传热效率高，加热蒸汽仅 72℃左右，结垢少，腐蚀小，运营成本低。MED 的性能优于多级闪蒸（MSF）。MED 和 MSF 采用同样的逐级减压蒸馏原理，有一系列蒸发室，废水预热后进入一级蒸发室加热至沸腾，亦可使废水喷流到蒸发管上，加快蒸发速度。蒸发管由锅炉提供的蒸汽加热。经多效蒸发和加热浓缩技术处理后，固体物装袋掩埋，剩余液体进行生化处理，达到标准后排放。

③ 间接生化处理技术　该技术为加入新鲜水或生活污水，使氯化钠含量低于3％，然后进行生化处理，达到标准后排放。间接生化处理技术过程见图2-26。

本方法在靠河、海地方或有污水处理厂的地方可行。此方法投资少、运行可靠、运行费用低，缺点是废水中的氯化钠仍然存在，无法除去。

④ 电化学处理法　在高盐度条件下，由于水溶液中阴离子和阳离子的存在，废水一般具有较高的导电性，这一特点为电化学法在含盐有机废水处理方面的应用提供了良好的发展空间。废水的导电性与盐度密切相关。含盐废水中的 $Cl^-$ 在阳极将被转化成为 $Cl_2$，用水吸收后转化成为次氯酸：

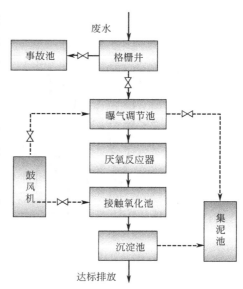

图 2-26　HPMC 生产废水的间接生化处理技术过程

$$2Cl^- \longrightarrow Cl_2 + 2e$$

$$Cl_2 + H_2O \longrightarrow HCl + HClO$$

次氯酸本身就是一种强氧化剂，可以氧化水中的有机物，即一些有机物可在电极表面附近被直接氧化，因此有机物在含盐废水中的氧化包括直接氧化和间接氧化。适当的盐度有利于提高有机污染物的去除速率。

膜法与电化学处理法结合技术处理纤维素醚高浓度含盐废水也有报道，但是成本高，目前还处于探索阶段，在此不多叙述。

⑤ 焚烧技术　纤维素醚生产废水中所含有机物为低分子量纤维素醚，有可燃性。锅炉所用烟煤需要添加少量水提高煤的燃烧效率，采用纤维素醚洗涤水不仅可以解决化工生产中污水处理问题，且可变废为宝，降低热电厂的蒸汽耗煤量。HPMC 废水中有机物均由 C、H、O 组成，燃烧废气不会对大气造成污染。

⑥ 作为熄焦用水　也可以作为锅炉的水力排渣用水或作为炼焦炉的熄焦用水等（过程见图2-27）。

更为可行的是利用锅炉尾气的余热，并利用锅炉湿法脱硫装置蒸发浓缩含盐废水，必要时可取消省煤器，加大浓缩含盐废水的能力。

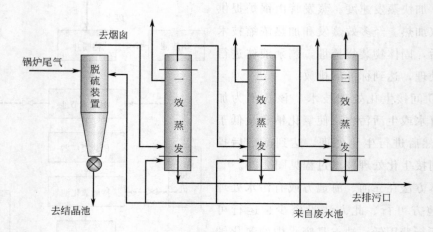

图 2-27　HPMC 生产废水焚烧技术示意图

将锅炉去掉省煤器后，尽管锅炉损失约 10% 的效率，使锅炉费有一定提高，但从废水处理的角度是较为经济的方法之一。

**8. 原料及羟丙基甲基纤维素的产品质量规范**

生产 HPMC 的主要原料标准号见表 2-22。

表 2-22　纤维素醚主要原料标准号

| 原料名称 | GB 标准 | 备注 | 原料名称 | GB 标准 | 备注 |
|---|---|---|---|---|---|
| 精制棉 | GB/T 9107—1999 | | 盐酸 | GB 320—2006 | |
| 木浆粕 | FZ/T 51001—2009 | 黏胶纤维用浆粕 | 冰乙酸 | GB/T 1628—2008 | 原标准 HG 1—88—1981 氨水作废 |
| 工业用回收一氯甲烷 | GB/T 26608—2011 | | 草酸 | GB/T 1628—2008 | |
| 氯甲烷 | HG/T 3674—2000 | | 工业用丙酮 | GB/T 6026—2013 | |
| 环氧丙烷 | GB/T 14491—2001 | | 甲苯 | GB/T 684—1999 | 化学试剂甲苯 |
| 环氧乙烷 | GB/T 13098—2006 | | 异丙醇 | GB/T 7814—2008 | |
| 氯乙烷 | GB/T 15895—1995 | 化学试剂 | 二甲醚 | GB 25035—2010 | 城镇燃气用二甲醚 |
| 氢氧化钠 | GB 209—2006 | | | HG/T 3934—2007 | 二甲醚 |
| 48% 液碱 | GB 209—2006 | | 过氧化氢 | GB/T 1616—2014 | |

HPMC 的产品质量标准主要有医药级、食品级和工业级三个主要类别的基本标准，它规定了产品最基本的质量要求。国内外主要生产商都有自己的企业内控标准，对指标加以细分和增加，以适应市场的不同需求。

（1）医药级标准　迄今为止，将 HPMC 产品收入药典的有中国、美国、英国、日本和欧洲，具体指标要求见表 2-23。

表 2-23  现行各国与地区药典规定指标要求

| 项目 | 中国 2010 | 美国 USP36 | 欧洲 EP7.4 | 英国 BP2012 | 日本 JP16 |
|---|---|---|---|---|---|
| 外观 | 白色或类白色纤维状或颗粒状粉末 | — | 为白色或淡黄色或灰白色粉末与颗粒 | 为白色或淡黄色或灰白色粉末与颗粒 | 白色或淡黄色的粉末和颗粒 |
| 溶解性 | 在无水乙醇、乙醚或丙酮中几乎不溶,在冷水中溶胀 | — | 在热水、丙酮、无水乙醇、甲苯中几乎不溶、在冷水中溶胀 | 在热水、丙酮、无水乙醇、甲苯中几乎不溶、在冷水中溶胀 | 乙醇中完全不溶、在冷水中溶胀 |
| 水中不溶物 | ≤0.5% | — | | | |
| Y6 黄度 | — | — | 不得深于标准 | 不得深于标准 | — |
| pH 值 | 5.0~8.0 | 5.0~8.0 | 5.0~8.0 | 5.0~8.0 | 5.0~8.0 |
| 干燥失重/% ≤ | 5 | 5 | 5 | 5 | 5 |
| 炽灼残渣/% ≤ | 1.5 | 1.5 | 1.5 | 1.5 | 1.5 |
| 重金属/(mg/kg) ≤ | 20 | 20 | 20 | 20 | 20 |
| 砷盐/% ≤ | 0.0002 | | | | |
| **黏度测定范围** | | | | | |
| 2%水溶液,20℃ /mPa·s | 3~100000 | 3~100000 | 3~100000 | 3~100000 | 3~100000 |
| 允许偏差 (<600mPa·s)/% | 80~120 | 80~120 | 80~120 | 80~120 | 80~120 |
| 允许偏差 (≥600mPa·s)/% | 75~140 | 75~140 | 75~140 | 75~140 | 75~140 |
| **四种不同取代基型** | | | | | |
| 18 甲氧基 | 16.5~20.0 | 16.5~20.0 | 16.5~20.0 | 16.5~20.0 | 16.5~20.0 |
| 28 羟丙氧基 | 23.0~32.0 | 23.0~32.0 | 23.0~32.0 | 23.0~32.0 | 23.0~32.0 |
| 22 甲氧基 | 19.0~24.0 | 19.0~24.0 | 19.0~24.0 | 19.0~24.0 | 19.0~24.0 |
| 08 羟丙氧基 | 4.0~12.0 | 4.0~12.0 | 4.0~12.0 | 4.0~12.0 | 4.0~12.0 |
| 29 甲氧基 | 27.0~30.0 | 27.0~30.0 | 27.0~30.0 | 27.0~30.0 | 27.0~30.0 |
| 06 羟丙氧基 | 4.0~7.5 | 4.0~7.5 | 4.0~7.5 | 4.0~7.5 | 4.0~7.5 |
| 29 甲氧基 | 28.0~30.0 | 28.0~30.0 | 28.0~30.0 | 28.0~30.0 | 28.0~30.0 |
| 10 羟丙氧基 | 7.0~12.0 | 7.0~12.0 | 7.0~12.0 | 7.0~12.0 | 7.0~12.0 |

（2）食品添加剂标准  我国卫生部制定的食品添加剂（卫生部公告 2011 年第 8 号指定标准-02）羟丙基甲基纤维素（HPMC）和美国食品化学法典 7 Food Chemicals Codex FCC7 的标准基本相同，具体见表 2-24。

表 2-24　我国卫生部制定的食品添加剂羟丙基甲基纤维素标准

| 项　目 | | 指标 |
|---|---|---|
| 产品为白色至灰白色纤维状粉末或颗粒 | | 符合要求 |
| 甲氧基(—OCH$_3$)含量(质量分数)/% | | 19.0～30.0 |
| 羟丙氧基(—OCH$_2$CHOOHCH$_3$)含量(质量分数)/% | | 3.0～12.0 |
| 干燥减量(质量分数)/% | ≤ | 5.0 |
| 灼烧残渣(质量分数)/% | 黏度≥50cP(0.05Pa·s)产品　≤ | 1.5 |
| | 黏度<50cP(0.05Pa·s)产品　≤ | 3.0 |
| 黏度(质量分数)/% | 黏度≤100cP(0.1Pa·s)的产品 | 80.0～120.0 |
| | 黏度>100cP(0.1Pa·s)的产品 | 75.0～140.0 |
| 铅(Pb)/(mg/kg) | ≤ | 3 |

（3）工业级标准　工业级主要是指建筑级，目前我国建筑级 HPMC、HEMC 已建立了标准与规范，即中华人民共和国建材行业标准 JC/T 2190—2013《建筑干混砂浆用纤维素醚》。指标见表 2-25 与表 2-26。

表 2-25　羟丙基甲基纤维素基团含量、凝胶温度和代号

| 基团含量 | | 凝胶温度/℃ | 代号 |
|---|---|---|---|
| 甲氧基含量/% | 羟丙氧基含量/% | | |
| 28.0～30.0 | 7.5～12.0 | 58.0～64.0 | E |
| 27.0～30.0 | 4.0～7.5 | 62.0～68.0 | F |
| 16.5～20.0 | 23.0～32.0 | 68.0～75.0 | J |
| 19.0～24.0 | 4.0～12.0 | 70.0～90.0 | K |

表 2-26　羟丙基甲基纤维素技术要求

| 项　目 | | 技术要求 | | | |
|---|---|---|---|---|---|
| | | E | F | J | K |
| 外观 | | 白色或黄白色粉末,无明显粗颗粒和杂质 | | | |
| 细度/% | ≤ | 8(通过孔径 0.212μm 的筛子) | | | |
| 干燥失重率/% | ≤ | 6 | | | |
| 硫酸盐灰分/% | ≤ | 2.5 | | | |
| 黏度/mPa·s | | 标注黏度值(−10,+20) | | | |
| pH 值 | | 5.0～9.0 | | | |
| 透光率/% | ≥ | 80 | | | |
| 凝胶温度/℃ | | 58.0～64.0 | 62.0～68.0 | 68.0～75.0 | 70.0～90.0 |
| 保水率/% | ≥ | 90.0 | | | |
| 滑移值/mm | ≤ | 0.5 | | | |
| 终凝时间差/min | ≤ | 360 | | | |
| 拉伸黏结强度比/% | ≥ | 100 | | | |

注：本标准规定黏度值适用于黏度范围在 1000～200000/mPa·s 之间的纤维素醚

## 四、羟丙基甲基纤维素的应用

羟丙基甲基纤维素是白色、无臭无味粉末，在冷水、热水中的溶解性能不同，高甲氧基含量产品不溶于85℃以上热水，中甲氧基含量产品不溶于65℃以上热水，低甲氧基含量产品不溶于60℃以上热水。普通型HPMC不溶于乙醇、乙醚、氯仿等有机溶剂，但溶于10％～80％乙醇水溶液或甲醇与二氯甲烷的混合液。HPMC有一定的吸湿性，25℃，80％RH时，平衡吸湿量为13％，在干燥环境及pH为3.0～11.0环境中均很稳定。

HPMC的其他性能还包括以下几点。

（1）HPMC具有热凝胶特性，即具有优异的冷水可溶、而热水不溶的特性，只要把它放在冷水中，搅拌便能完全溶解成透明的溶液。一些牌号产品在60℃以上热水中基本不溶解，仅能溶胀，该性能可用于其洗涤与纯化，可降低成本，减少污染，增加生产安全。

（2）HPMC是一种非离子型的混合纤维素醚，其溶液无离子电荷，不与金属盐或离子化合物作用，这一性能可充分在制药领域发挥作用，而不影响其药效。

（3）HPMC有较强的抗酶性，并随取代度增加抗酶性也增强，对制成的药品存放比其他糖类、淀粉类制品有很大好处，可以减少发霉变质的可能。在涂料与食品行业可广泛应用。

（4）HPMC具有代谢惰性，作为药用辅料，不被代谢，不被吸收，故在食品中也不提供热量，对糖尿病人适用的低热值、无盐、无变原性食品具有独特适用性。

（5）HPMC水溶液具有优良的成膜性能，可为片剂、丸剂、包衣提供良好条件。它形成的膜具有无色、透明、坚韧的特点，若加入甘油，还可增加它的柔韧性。

此外，HPMC具有良好的分散、乳化、增稠、黏结、保水和保胶性能，因而广泛应用于医药、石油化工、建筑、陶瓷、纺织、食品、日化、合成树脂、涂料和电子等工业中。

### 1. 合成树脂聚合方面的应用

在20世纪70年代前后，HPMC开始单独或与其他分散剂配合作为合成树脂聚合用保护胶体，所得聚合物的粒形更为均匀，松密度小，流动性和热稳定性以及加工性能更为良好。氯乙烯聚合，丁二烯、丙烯腈和苯乙烯共聚，氯乙烯与醋酸乙烯共聚以及丙烯腈和苯乙烯共聚均可采用HPMC或复合体系作为分散剂、保胶剂、悬浮剂，可取得良好的效果。

悬浮法聚氯乙烯树脂的颗粒特性包括：平均粒径、粒径分布、颗粒形态、颗粒内部结构等，这些参数直接影响小分子增塑剂、稳定剂的吸收速度，以及产品的加工速度和加工特性。为了防止反应早期液滴间和反应中后期聚合物颗粒之间的聚并，体系常常要加分散剂和稳定剂。分散剂、稳定剂和搅拌速度是影响悬浮聚合物平均粒径、粒径分布、颗粒形态及颗粒内部结构等的重要因素。

悬浮聚合分散剂可分为：水溶性有机高分子，如明胶、聚乙烯醇（PVA）、HPMC；非水溶性无机粉末，如磷酸钙等。目前发展方向是采用复合分散体系，即两种或两种以上有机分散剂复合，或有机与无机分散剂复合，有时还添加阴离子表面活性剂。使用 HPMC 作分散剂，得到的产品颗粒规整、疏松、视密度适宜、加工性能优良，基本取代了 PVA。但是单独使用 HPMC 虽然树脂稳定性好，但树脂的综合性能差，与几种不同醇解度的 PVA 复合使用，产品性能较好，质量容易控制，同时可降低成本。

PVC 悬浮聚合用纤维素醚类型分散剂主要品种有 MC、HPMC 两种，Dow 化学公司有 Methocel A15、Methocel E15、Methocel E50、Methocel F50、Methocel K35 和 Methocel K100 等作为分散剂用。

各国对作为分散剂的 HPMC 都有一定的指标要求，基本一致。Dow 化学公司与 Shin-Etsu 株式会社甲基类纤维素产品的化学分散剂性能见表 2-27 与表 2-28。

PVC 悬浮聚合使用的主要材料如下。

主要聚合用水：地下水，经过软化处理；氯乙烯单体：纯度大于 99.9%，$C_2H_2$ 含量小于 0.002%，高沸物含量小于 0.002%；分散剂：HPMC 采用 60 牌号，PVA1 由日本合成化学工业株式会社生产，牌号 KH20，PVA2 由日本合成化学工业株式会社生产，牌号 LL-02；引发剂：过氧化二碳酸-2-乙基己酯（EHP）；终止剂：丙酮缩氨基硫脲（ATSC）。

PVC 聚合实施过程举例如下。

（1）溶解定量的分散剂→清理聚合釜→向釜中加入定量的去离子水→向釜中加入分散剂、引发剂及其他助剂→封釜上人孔并试压→抽真空→加氯乙烯单体→冷搅10min 后升温至反应温度→恒温控制→釜压降到 0.65MPa 后加入终止剂→出料→离心、干燥→取样分析。

（2）往聚合釜中加入定量的水后，开动搅拌器依次通过釜孔往釜内加入分散剂、助剂、引发剂后，盖上人孔大盖。用氮气试密封，待试压不漏后，往釜内部压入氯乙烯单体，压完后关闭阀门。冷搅拌半小时后，用蒸汽升温到反应温度后停止升温。反应压力达到 0.2~0.5MPa，往釜内部加入终止剂，终止聚合反应后往沉析槽出料。聚合釜温度控制在 50~56℃，压力降到 0.5MPa 出料。

采用 30m³、6L 釜进行 PVC 聚合的配方和工艺条件见表 2-29 和表 2-30。表 2-31 则列举了低黏国产 60 牌号 HPMC 生产的 PVC-SG5 树脂性能对照。

表 2-27　美国 Dow 化学公司甲基类纤维素产品的化学分散剂性能

| 名称 | 品种牌号 | 甲氧基 | | 羟丙氧基 | | 黏度(2%,20℃)/(×10Pa·s) | 凝胶点(2%)/℃ | 表面张力(0.1%)/(×10⁻³N/m) | 溶解冷却温度/℃ | 凝胶强度 |
| --- | --- | --- | --- | --- | --- | --- | --- | --- | --- | --- |
| | | DS | 质量分数/% | MS | 质量分数/% | | | | | |
| MC | Methocel A15 | 1.6~1.9 | 27.5~31 | — | — | 13~18 | 50~55 | 47~53 | 5~10 | 坚韧 |
| HPMC | Methocel E50 | 1.8~2.0 | 28~30 | 0.2~0.31 | 7.5~12.0 | 40~60 | 58~64 | 44~50 | 20 | 半坚韧 |
| HPMC | Methocel F50 | 1.7~1.9 | 27~30 | 0.1~0.2 | 4.0~7.5 | 40~60 | 62~68 | 44~50 | 25 | 半坚韧 |
| HPMC | Methocel K100 | 1.1~1.6 | 19~24 | 0.1~0.3 | 4.0~12.0 | 80~120 | 70~90 | 50~56 | 25 | 松软 |

表 2-28　日本 Shin-Etsu 株式会社甲基类纤维素产品的化学分散剂性能

| 名称 | 品种牌号 | 甲氧基含量/% | 羟丙氧基含量/% | DS | 黏度(2%,20℃)/(×10Pa·s) | 凝胶点(2%)/℃ | 溶解冷却温度/℃ | 表面张力(0.05%)/(×10⁻³N/m) |
| --- | --- | --- | --- | --- | --- | --- | --- | --- |
| MC | Metolose SM-15 | 27.5~31.5 | — | 1.79~1.83 | 13~18 | 约52 | <10 | 61.8 |
| MC | Metolose SM-25 | 27.5~31.5 | — | 1.79~1.83 | 20~30 | 约52 | <10 | 56 |
| MC | Metolose SM-100 | 27.5~31.5 | — | 1.79~1.83 | 40~60 | 约52 | <10 | 56.6 |
| HPMC | Metolose60 SH-50 | 28~30 | 7~12 | 1.86~1.90 | 40~60 | 约60 | <20 | 49 |
| HPMC | Metolose65 SH-50 | 27~29 | 4~7.5 | 1.75~1.81 | 40~60 | 约65 | <20 | 52 |
| HPMC | Metolose65 SH-400 | 27~29 | 4~7.5 | 1.71~1.81 | 350~450 | 约65 | <20 | 52 |
| HPMC | Metolose90 SH-100 | 19~24 | 4~12 | 1.36~1.42 | 80~120 | 约85 | <20 | 55 |

表 2-29　采用 30m³ 釜进行 PVC 聚合的配方和条件

| 生产原料 | 用量/% | | | | |
|---|---|---|---|---|---|
| | SG2 | SG3 | SG4 | SG5 | TH2500 |
| 氯乙烯 | 100 | 100 | 100 | 100 | 100 |
| 去离子水 | 176 | 176 | 176 | 176 | 176 |
| PVA | 0.033 | 0.033 | 0.033 | 0.033 | 0.082 |
| HPMC | 0.049 | 0.049 | 0.044 | 0.033 | 0.055 |
| LL-02 | 0.02 | 0.02 | 0.02 | 0.02 | — |
| EHP | 0.125 | 0.125 | 0.105 | 0.046 | 0.264 |
| ABVN | — | — | 0.044 | 0.044 | — |
| NaHCO$_3$ | 0.03 | 0.03 | 0.03 | 0.03 | 0.033 |
| R | | | | | 0.165 |
| 其他 | 0.013 | 0.013 | 0.013 | 0.013 | 0.022 |
| 反应温度/℃ | 45.5±0.5 | 49.0±0.5 | 52.5±0.5 | 55.0±0.5 | 42.0±0.5 |

表 2-30　采用 6L 釜进行 PVC 聚合的配方和条件

| 原料 \ 型号 | 6L 釜 | | | | | | 75L 釜 |
|---|---|---|---|---|---|---|---|
| | SG01 | SG4 | SG5 | SG6 | SG7 | SG8 | SG4 |
| H$_2$O/mL | 2500 | | | | | | 25000 |
| VC/g | 1250 | | | | | | 14000 |
| KH-20/g | 0.60 | — | 0.30 | 0.20 | 0.20 | 0.20 | 5.0 |
| 低黏国产 60 牌号/g | 0.40 | 0.88 | 0.45 | 0.30 | 0.030 | 0.030 | 3.4 |
| EHP/mL | 5.0 | 4.0 | 2.5 | — | — | — | 30 |
| ABVN/g | — | — | 0.9 | 1.2 | 0.9 | 0.8 | — |
| NG/g | — | — | — | 0.15 | 0.5 | 0.7 | — |
| Na$_2$CO$_3$/g | 0.5 | | | | | | 10 |
| 其他 | 若干 | — | — | — | — | — | |
| 聚合温度/℃ | 47.0 | 52.0 | 55.0 | 58.0 | 60.0 | 62.0 | |
| 出料压降/MPa | 0.15 | 0.15 | 0.15 | 0.15 | 0.15 | 0.15 | |

表 2-31　低黏国产 60 牌号 HPMC 生产的 PVC-SG5 树脂性能对照

| 指标 \ 国家标准 \ 序号 | 黏数 /(mL/g) | 表观密度 /(g/mL) | 吸油率 /g | 挥发物 /% | 过筛率/% | | 黑黄点/个 | | 白度 /% | 鱼眼 /个 |
|---|---|---|---|---|---|---|---|---|---|---|
| | | | | | 0.25mm | 0.063mm | 总数 | 黑点数 | | |
| | 117~107 | >0.45 | >19 | <0.4 | >98.0 | <10 | <30 | <10 | >90 | <10 |
| 1 | 115 | 0.50 | 20.38 | 0.24 | 99.60 | 2.8 | 10 | 4 | 92 | 2 |
| 2 | 111 | 0.51 | 19.22 | 0.26 | 99.60 | 2.0 | 14 | 6 | 92 | 1 |

| 国家标准<br>指标<br>序号 | 黏数<br>/(mL/g)<br>117~107 | 表观密度<br>/(g/mL)<br>>0.45 | 吸油率<br>/g<br>>19 | 挥发物<br>/%<br><0.4 | 过筛率/%<br>0.25mm<br>>98.0 | 0.063mm<br><10 | 黑黄点/个<br>总数<br><30 | 黑点数<br><10 | 白度<br>/%<br>>90 | 鱼眼<br>/个<br><10 |
|---|---|---|---|---|---|---|---|---|---|---|
| 3 | 116 | 0.50 | 19.23 | 0.16 | 99.60 | 2.4 | 16 | 8 | 92 | 0 |
| 4 | 117 | 0.50 | 23.46 | 0.19 | 99.60 | 2.4 | 14 | 6 | 93 | 1 |
| 5 | 116 | 0.50 | 23.88 | 0.08 | 99.60 | 2.8 | 6 | 4 | 93 | 0 |
| 6 | 110 | 0.52 | 20.49 | 0.40 | 98.80 | 1.6 | 14 | 4 | 91 | 2 |
| 7 | 109 | 0.53 | 21.10 | 0.36 | 99.80 | 2.4 | 16 | 6 | 91 | 0 |
| 8 | 108 | 0.51 | 21.10 | 0.28 | 99.60 | 2.8 | 18 | 4 | 90 | 1 |
| 9 | 113 | 0.51 | 23.14 | 0.28 | 99.60 | 2.0 | 6 | 2 | 91 | 0 |

HPMC 在合成树脂聚合方面的应用举例如下。

（1）将 3.45 份 HPMC（甲氧基含量 1.0%～1.3%，羟丙氧基含量 0.75%～1.0%）和 2.5 份过碳酸异丙酯（在 20%二甲苯中）加入 3540 份水中，在氮气及负压下使 1770 份氯乙烯于 5min 内加入釜中，并加热至 54℃，当压力下降（从最高压力）至 0.554MPa 时，将混合物冷却然后出料，得松密度为 0.44g/cm³、苯甲酸二酯吸收率为 99%的产品，而采用羟乙基纤维素则分别为 0.57g/cm³ 和 64%。

（2）氯乙烯与醋酸乙烯（85：15）共聚采用乳化剂聚醋酸乙烯、HPMC 或 HPMC 与离子型乳化剂的混合液，这些共聚物都于 60℃以过氧化二月桂酰为引发剂来制备，具有不同的松密度和粒形分布。

（3）将丁二烯、丙烯腈、苯乙烯和过氧化二月桂酰于 100℃在 400r/min 的速度搅拌下聚合 6h，并在聚合开始 2h 后添加叔十二烷硫醇得预聚体。然后将少量的 HPMC、聚醋酸乙烯、过氧化月桂酰、二丁基磺基琥珀酸钠、硫酸钠（10 份结晶水）与水、预聚体的混合液于 76℃在 620r/min 的搅拌速度下共聚 3h，而得接枝丙烯腈-丁二烯-苯乙烯聚合物，它的粒子较细且均匀，分子量分布较窄，耐冲击强度高。

（4）丙烯腈和苯乙烯采用 HPMC 作悬浮稳定剂进行悬浮聚合，残余悬浮液含有 HPMC 和少量的丙烯腈，经调整配比后，仍可重复使用。

**2. 医药与食品行业**

HPMC 具有黏结、分散、增稠与成膜性能，作为食品添加剂，HPMC 由于来源于天然纤维素，同样具有既不被人体吸收也不被人体代谢的特点，大量试验研究已验证 HPMC 等甲基纤维素系列产品对人体是安全的，鼠口服剂量试验结果表明，未发现胃肠道有明显的吸收。但与其他甲基纤维素一样，HPMC 会在消化道系统内锁住水分，大量摄入会导致大便中水量偏高，出现腹泻的症状。

羟丙基甲基纤维素的营养成分见表 2-32。

表 2-32   通常食品级羟丙基甲基纤维素的营养成分

| 成分 | 含量(100g) | 成分 | 含量(100g) |
|---|---|---|---|
| 能量含量/J | 0 | 维生素(总)/g | 0 |
| 脂肪/g | 0 | 钠/g | 390 |
| 饱和脂肪/g | 0 | 氯/g | 610 |
| 反式脂肪/g | 0 | 铁/g | 15 |
| 蛋白质(氨基酸)/g | 0 | 钙/g | 0 |
| 碳水化合物(糖)/g | 0 | 磷/g | 0 |
| 膳食纤维/g | 93.5 | 全盐含量最高/g < | 0.5 |
| 可溶性纤维/g | 93.5 | 水/g < | 5.0 |
| 蛋白/g | 0 | 灰分(包括盐与铁) | 1.5 |

HPMC 的 ADI 没有明确的限定，剂量高于 12～15g，可能具有通便效果，但在通常营养与食品中，HPMC 等甲基纤维素用量很低（0.05％～0.5％），所以不必担心；相反，高黏度的产品可用于治疗肠道疾病，因为它可结合大量水将有害物锁住形成而方便排出体外，对身体是有益的。

**3. 涂料行业**

由于 HPMC 的性能同其他水溶性醚相似，可用于乳胶涂料和水溶性树脂涂料组分中作为成膜剂、增稠剂、乳化剂和稳定剂等，使涂膜具有良好的耐磨性、均涂性和黏附性，并改善了表面张力、对酸碱的稳定性以及对金属颜料的相容性。由于 HPMC 的凝胶点较 MC 高，它对细菌侵蚀的抵抗力也较其他纤维素醚类强，因而可作为水乳涂料的增稠剂。HPMC 有良好的黏度储存稳定性，且其具有优良的分散性，因而特别适于在乳化涂料中作为分散剂。

HPMC 在涂料行业的应用举例如下。

（1）各种黏度 HPMC 配制的涂料的耐磨性、耐高温性、抗细菌降解、耐洗涤和对酸碱稳定性等方面均较良好；它也可作为含有甲醇、乙醇、丙醇、异丙醇、乙二醇、丙酮、甲乙酮或双酮醇的脱漆剂的增稠剂；HPMC 配制的乳化涂料有极好的湿磨性；HPMC 比 HEC、EHEC 及 CMC 作为涂料增稠剂的效果好。

（2）高取代度的 HPMC（DS 为 1.76～2.15）比低取代度的抗细菌侵蚀性好，在聚醋酸乙烯增稠剂中使用黏度稳定。其他纤维素醚则在储存中由于链降解而使涂料黏度降低。

（3）脱漆剂（典型组分见表 2-33）可由水溶性 HPMC（其中甲氧基为 28％～

**表 2-33　典型脱漆剂的组分**

| 组　分 | 加入量/份 |
| --- | --- |
| 二氯甲烷(工业品) | 340 |
| 甲苯 | 14 |
| 石蜡(熔点范围 50～51℃) | 7.5 |
| Methocel F4M① | 5.4 |
| 甲醇 | 55 |
| 乙醇 | 55 |

① 或用 4kg Methocel HB 产品代替。

32%，羟丙氧基为 7%～12%)、二氯甲烷、甲苯、石蜡、乙醇、甲醇配制，将其施涂于直立表面上，具有所需的黏度和挥发性。

这种脱漆剂可去除大多数常规喷漆、清漆、瓷漆，以及某些环氧酯、环氧酰胺、催化了的环氧胺化物、丙烯酸酯等。许多涂料在几秒钟内就可以剥落，有些涂料则需要 10～15min 或更长时间，这种脱漆剂特别适用于木器表面。

(4) 水乳涂料可由无机或有机颜料 100 份、水溶性烷基纤维素或羟烷基纤维素 0.5～20 份和聚氧化乙烯醚或醚酯 0.01～5 份组成。例如将 HPMC1.5 份、聚乙二醇烷基苯醚 0.05 份、二氧化钛 99.7 和炭黑 0.3 份混合而得着色剂。再将混合物与 100 份 50%固体的聚醋酸乙烯搅拌得到涂料，涂在厚纸上和用刷子轻擦所形成干涂膜无差别。

**4. 建材领域**

HPMC、MC、HEMC 等甲基类纤维素醚在建筑产品中用量最大，约占总产量的 80%。MC 及其衍生物在建筑行业有很重要的用途，具体如下。

(1) 砌筑砂浆、抹灰砂浆　对于灰泥(抹灰膏)，施工性、塑性和初始黏度是几个重要的性能。即使加入很少量（千分之几）的甲基类纤维素醚，也会使这些性能有很大的改进。水泥和石膏基灰泥中，水对于最终硬化是不可缺少的，和水泥砂浆一样，保水作用将使灰泥固化后有较高的黏结强度和硬度。

目前发达国家，绝大多数灰泥(抹灰)都掺加纤维素醚。高保水性可使水泥充分水化，明显增加黏结强度，也可适当提高硬化砂浆的拉伸黏结强度和剪切黏结强度，同时还能明显提高和易性与润滑性，极大改善施工效果，提高工作效率。水泥砂浆在使用时，由于砖和墙面的吸水性很强，加之砂浆的含砂量较高，所以保证良好的保水性很重要。否则，砖等很容易把砂浆中的水分吸附出来，使砂浆部分失水，水泥难于充分水化。砂-石灰-水泥组成的砂浆的黏结强度很低，而加纤维素醚后，黏结强度明显增加，即使有明显的偏心荷载或水平荷载发生，拉伸黏结强度和剪切黏结强度也会比较高。

(2) 耐水腻子　在耐水腻子中，纤维素醚的主要作用是保水，提高黏结性以及润滑性，避免因失水过快导致的裂纹或脱粉现象，同时增强腻子的附着力，降低施工中流挂现象，使施工比较顺畅、省力，增强可控性。

(3) 粉刷石膏系列　在石膏系列产品中，纤维素醚主要起保水、增稠、润滑等作用，也具有一定的缓凝效果，可解决施工过程中空鼓开裂、初始强度达不到的问题，延长工作时间。水泥或石膏基产品只有通过水化反应才能形成凝胶，水把水泥中的硅酸盐转化为络合水化物，把工业石膏中的无水和半水硫酸钙转变成二水硫酸钙，没有水，反应就不能发生，也就不会有强度。特别是水泥砂浆与灰泥，黏结剂相接触的界面如果失水，这部分就没有强度，也几乎没有黏结力。一般来说，与这些材料相接触的表面都是吸附体，或多或少要从表面吸附一些水分，造成这部分水化不完全，使灰泥、砂浆和砖瓷砖基材和瓷砖或灰泥和墙面之间黏结强度下降。纤维素醚的一个主要作用，就是增加建筑材料的保水性，大大提高其黏结强度和剪切强度，甲基纤维素醚的保水性能随黏度的增大越来越好。

（4）界面剂　主要作为增稠剂使用，能提高拉伸黏结强度和剪切黏结强度，改善表面涂层，增强附着力以及黏结强度。

（5）外墙外保温砂浆　纤维素醚在此材料中重点起黏结、增加强度的作用，使砂浆更易涂布，提高工作效率。同时具有抗垂流能力，较高的保水性能可延长砂浆的工作时间，提高抗收缩和抗龟裂性，改善表面品质，提高黏结强度。

另外，旧楼保温改造常常采用泡沫聚苯板隔热，为了增加泡沫聚苯板与砂浆间黏结强度，砂浆中加入一定量的非离子型纤维素醚，不仅可以提高二者间结合力，且可以提高砂浆和易性与保水性。

（6）瓷砖黏结剂　纤维素醚较高的保水性使得施工时不必预先浸泡或润湿瓷砖和基底，显著提高了其黏结强度，浆料细腻、均匀、可施工周期长、施工方便，同时具有良好的抗滑移性。

由于瓷砖黏结剂必须在基层和瓷砖之间都要有很高的黏结强度，因此黏结剂受到两个方面吸附水的影响：基层（墙体）表面和瓷砖。特别是瓷砖，质量差别很大，有些瓷砖的孔隙很大，瓷砖吸水率高使黏结性能遭到破坏，保水剂就显得特别重要，而加入纤维素醚能很好满足这一要求。例如在 10kg 水泥中加入 3kg 1.0%～1.5% 的 HPMC 溶液，可大大改进黏结剂的施工性能，允许有更长的晾置时间，具有更强的黏结力，避免了瓷砖的脱落。掺入纤维素醚后，水泥砂浆、灰泥、黏结剂等的黏结性能明显提高，特别是初始黏结力增加，这可保证粘贴砖瓷砖不会下滑，灰泥和墙面、砖和砂浆之间黏结牢固。

纤维素醚的添加量不能太多，因为太多一方面可使物料黏附在施工工具上，造成施工不便，另一方面对灰泥和嵌缝材料还会产生凹陷。

（7）填缝剂　纤维素醚的添加使其具有良好的边缘黏合性，低收缩率和高耐磨损性，保护了基层材料免受机械损坏，避免了水渗透给整个建筑带来的负面影响。

（8）自流平材料　低黏度的纤维素醚广泛应用于自流平地面水泥砂浆体系。自流平是先进的地面硬化施工技术，在不需要人工干涉的条件下整个地面靠砂浆的自然重力流动找平，与手工抹平工艺相比，平整度与施工速度均得到较大提高。自流平砂浆利用纤维素醚自身优良保水性与砂浆良好流动性，可实现泵送，提高施工效率，且能够明显防止浇灌后泌水，干燥后表面强度高，收缩率小，控制保水率使其能够快速凝固，减少龟裂和收缩。

（9）乳胶漆　在涂料行业中纤维素醚可作为成膜剂、增稠剂、乳化剂和稳定剂使用，使漆膜具有较好的耐磨性、均匀性、黏附性，改善表面张力的 pH 值稳定性，与有机溶剂的混用效果也比较好，高保水性能使其具有良好的涂刷性和流平性。

（10）黏结石膏、曲缝石膏和石膏基饰面材料　由于石膏制品具有轻质、隔热保温、耐火和可调节室内湿度等优点，使用越来越普及，与之相配套的黏结石膏和嵌缝石膏用量已很大。制备这些材料都需加入适量纤维素醚作保水剂和黏结剂，使石膏水化完全，保证有足够的黏结力，防止产生裂纹。目前石膏基饰面材料（饰面石膏、粉刷石膏）已逐渐取代其他饰面材料。

工业建筑石膏通常是 $CaSO_4$，$CaSO_4 \cdot 1/2 H_2O$，$CaSO_4 \cdot 2H_2O$ 组成的混合物，各个国家和不同地区组成都不一样，所以使用时要根据具体情况进行试验以确定使用型号和添加量。一般这些材料里都掺加 0.2% 的纤维素醚，大大改进了施工性能，防止了裂纹的产生，使做出的墙面平整光滑。

（11）蜂窝陶瓷　在新型蜂窝陶瓷中添加纤维素醚能提高坯品制造时脱模的润滑性和坯品保水性，使其不易变形，并起到提高强度的作用。

（12）其他建筑材料　纤维素醚已广泛用于多彩涂料，挤出成型混凝土管材与板材以及水下抗离散混凝土等，还可制备成粉状壁纸胶，不但黏结效果好，而且干后为无色透明薄膜，不会污染壁纸。加入 HPMC 后，可以增强挤压混凝土产品的可施工性，提高黏结强度、润滑性以及施工效率，改善制品的湿强度和挤出后板材管材的质量；另外，当需要在水下施工，纤维素醚的加入使得水下浇筑混凝土不会因为水浸泡而产生分散与流失，甚至可以保障在水流动状态下混凝土的成型与固化。

羟丙基甲基纤维素在建材上的具体应用举例如下。

（1）由轻质集料、少量表面活性黏结剂、HPMC 与 $CaSO_4 \cdot 5H_2O$（或无水 $CaSO_4$）作为黏结剂组分的轻质灰泥，配比为含有 0.2%（质量分数）硬化延迟剂的水 0.5 份、$CaSO_4$ 102 份、水合石灰 6 份、珍珠岩（$\rho = 0.09g/mL$）12 份、甲基萘磺酸钠 0.1012 份和 HPMC（2% 水溶液于 15℃ 下黏度为 400mPa·s）0.006 份相混合，将 73 份以上混合物与干浆混合后而得轻质灰泥。在平滑的混凝土上的黏附强度为 0.67MPa，在轻质集料混凝土上为 0.7MPa，在膨胀混凝土上则为 0.56MPa。

（2）气孔均匀分布的多孔建筑材料是由含有 0.005～0.12 份膨胀剂（皂角甙，硬脂酸钙，胶水）和 0.35～0.6 份泡沫稳定剂（HPMC，聚丙烯酸钠）的水泥浆料经混合来制备，例如含有波特兰水泥 100 份、砂 40 份和水 50 份的浆料中加入含有皂角甙 0.012 份、HPMC0.6 份和 150 份的膨胀混合物而得多孔建筑材料。其凝结时间为 5.5h，耐压强度为 4MPa。

（3）高强度水泥制品具有良好的耐用性、耐火性和耐候性，其由含有水泥、无机纤维材料、水和经表面处理的水溶性纤维素醚经模塑和硬化而得。例如 10 份普特兰水泥和 25 份石棉以 30r/min 的速度在混合器中搅拌 30min，然后与用乙二醛处理的 HPMC6.25 份在 3 份水中的浆料混合。该混合物经挤塑和固化，28 天后弯曲和抗压强度分别为 13MPa 和 39MPa。

**5. 印刷方面的应用**

HPMC 应用于光敏印刷版组分中，主要是利用它的成膜性和光降解性能，这种光致聚合印刷版由纤维素醚、能光致聚合的不饱和化合物和光敏剂等组成。羟丙基或羟丁基取代度≥0.1 的水溶或有机溶剂溶解的纤维素醚类都可使用。在制备光致聚合的印刷版中采用易于溶解的纤维素醚类，使它在显影时可用水来快速显影。例如，将羟丙基取代度为 1.88、甲基取代度为 0.27 和黏度于 20℃下为 5mPa·s 的 2%HPMC 水溶液 5mL、三甲二醇二甲基丙烯酸酯 2mL、苯偶姻甲醚（光敏剂）0.1mL 溶于甲醇/氯甲烷（1:1）25mL 中，在玻璃板上将这溶液涂成 0.5mm 厚度的膜，通过底片曝光于相距 30cm 的 400V 高压汞灯下 2min，并用水显影 10min，而得凸版印刷版。

**6. 其他方面的应用**

HPMC 的增稠、分散、悬浮、黏结和保持水分等性能还广泛应用于其他方面。例如在采油和天然气工业方面，其可作为压裂液中的增稠、悬浮和分散作用组分以及在堵塞堵闭油井的混凝土组分中的水分调节剂。在合成纤维织物去污剂组分中，加入 HPMC 可以提高抗污能力等。

# 五、羟丙基甲基纤维素的酯化产物及应用

纤维素经羟丙基甲基醚化反应后，还可用一元羧酸或二元羧酸酯化，得到纤维素混合醚酯，这类材料具有重要医用价值。羧甲基纤维素乙酸酯和羟丙基甲基邻苯二甲酸酯就是典型代表。纤维素醚酯常在制药业中用作药片黏结剂、药片崩解剂或药片包衣材料。醚酯中含有自由羧基，使得药物在较强酸性的水介质中不溶，仅在较弱酸性溶液中形成可溶的盐结构而溶解。因此，药物只在肠中释放。这些自由羧

基可以是醚基团，如羧甲基酸，也可以是酯基团（如果纤维素是用二元酸酯化），如邻苯二甲酸、磷酸和偏苯三甲酸等。作为药物辅料，纤维素醚酯具有重要的开发和应用意义。

　　我国已有一定的药物辅料开发能力，除传统辅料外，能批量生产微晶纤维素，乙基纤维素，羧甲基纤维素，低取代羟丙基纤维素，羟丙基甲基纤维素，丙烯酸树脂Ⅰ、Ⅱ、Ⅲ、Ⅳ，羧甲基淀粉钠，聚乙二醇，蔗糖脂肪酸酯，$\beta$-环糊精等 20 多种医用辅料，一些新型的纤维素醚酯产品也在不断研发与应用之中。目前纤维素醚酯药用辅料有羟丙基甲基纤维素酞酸酯（hydroxypropyl methyl cellulose phthalate，HPMCP）、醋酸羟丙基甲基纤维素酞酸酯（hydroxypropyl methyl cellulose acetate phthalate，HPMCAP）、醋酸羟丙基甲基纤维素琥珀酸酯（hydroxypropyl methyl cellulose acetate succinate，HPMCAS）以及羟丙基甲基纤维素偏苯三甲酸酯（hydroxypropyl methyl cellulose trimellitate，HPMCT）等。其中，HPMCP、HPMCAP、HPMCAS、HPMCT 属于羟丙基甲基纤维素混合醚酯。

**1. 羟丙基甲基纤维素酞酸酯**

HPMCP 的合成反应方程式如下。

$n$ 为聚合度；R＝—H，—CH$_3$，—[CH$_2$CH(CH$_3$)O]$_n$H，

　　HPMCP 的反应机理为利用酸酐与醇羟基在催化剂条件下反应制备酯，反应过程中催化剂先进攻酸酐，酸酐与催化剂形成镓离子，然后镓离子与羟丙基甲基纤维素中的羟基起反应，生成了纤维素醚酯，反应所需的溶剂为脂肪族一元羧酸，催化剂为碱金属脂肪族羧酸盐如醋酸钠、醋酸钾等。

　　HPMCAP、HPMCAS、HPMCP 的制备过程见图 2-28。

　　HPMCP 在几种常规有机溶剂中的溶解情况见表 2-34。

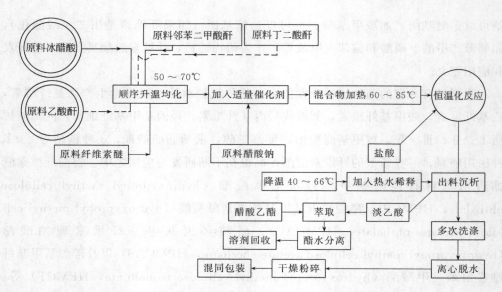

图 2-28 HPMCAP、HPMCAS、HPMCP 的制备工艺图

表 2-34 HPMCP 在有机溶剂中的溶解性能

| 溶　剂 | 溶解性 | 溶　剂 | 溶　解　性 |
|---|---|---|---|
| 甲醇 | 不溶解 | 丙酮/乙醇/水(2:2:1) | 溶解 |
| 无水乙醇 | 不溶解 | 乙醇/水(8:2) | 溶解 |
| 二氯甲烷/乙醇(1:1) | 溶解 | 丙酮/乙醇(8:2) | 溶解 |

研究表明，HPMC 溶液在 pH 为 3.0～11.0 时很稳定，但当与邻苯二甲酸酐反应、大分子中引入羧基官能团后，使其有了 pH 敏感性。原因是羧基可在溶液中电离，并且产物中羧基含量越高，则酸值越高，能在更高的 pH 值下溶解。改变原料投料比，可调节产物中羧基的含量，从而得到具有 pH 敏感性的 HPMCP。表 2-35 是 HPMCP 的酯化率与 pH 敏感值之间的关系。

表 2-35 HPMCP 的 pH 敏感值与酯化率的关系

| 酯化率/% | 28.04 | 29.36 | 29.42 | 29.50 | 29.54 |
|---|---|---|---|---|---|
| pH 敏感值 | 5.1 | 5.2 | 5.2 | 5.3 | 5.4 |

HPMCP 的 pH 敏感值范围在 5.1～5.4，此 pH 范围能满足其不溶于胃液（pH 为 1.5～3.5）而溶于肠液（pH 为 4.7～6.7）的要求，因此，HPMCP 可作为肠溶包衣材料，有较高的生物利用度。

肠溶膜在肠液中的溶解性是决定药物生物利用度高低的关键因素之一，因此，HPMCP 游离膜在人工肠液中的溶解速度就显得尤为重要。HPMCP 溶解量随时间

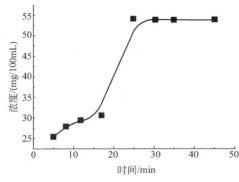

图 2-29　HPMCP 在人工肠液中的溶解情况

变化的情况如图 2-29 所示。在最初的 25min 内 HPMCP 即可达到溶解极限，溶解迅速。

释放度是指口服药物从缓释制剂、控释制剂或肠溶制剂在规定溶剂中释放的速度和程度。测定固体制剂释放度的过程称为溶出度试验，是一种模拟口服固体制剂在胃肠道中的崩解和溶出的体外试验法。试验对以 HPMCP 为原料、普伐他汀钠为药芯的包衣片进行了释放度的测定，溶出情况如表 2-36 所示。HPMCP 在 30min 之内释放度就达到了 90%，释放情况良好。

表 2-36　HPMCP 的释放度

| 时间/min | 10 | 20 | 30 | 40 | 50 |
| --- | --- | --- | --- | --- | --- |
| HPMCP 的释放度/% | 33.51 | 85.68 | 93.62 | 95.34 | 95.63 |

#### 2. 醋酸羟丙基甲基纤维素琥珀酸酯

HPMCAS 的合成反应方程式如下。

$$\text{HPMC} + \begin{array}{c} CH_2-C \\ | \quad \quad \\ CH_2-C \end{array} \begin{array}{c} O \\ \\ O \end{array} + \begin{array}{c} CH_3-C \\ \\ CH_3-C \end{array} \begin{array}{c} O \\ \\ O \end{array} \xrightarrow[\text{催化剂}]{\text{溶剂}}$$

$$R=\!-H,\ -CH_3,\ -COCH_3,\ -CH_2CHCH_3,\ -CH_2CHCH_3,\ -CH_2CHCH_3,$$
$$\underset{OCOCH_3}{\overset{OH}{|}} \quad \underset{OCOCH_2CH_2COOH}{|}$$
$$-COCH_2CH_2COOH$$

作为一种医用肠溶包衣材料，对醋酸羟丙基甲基纤维素琥珀酸酯（HPMCAS）的性能有一定的要求：在 pH＝5.5～7.0 缓冲溶液中能溶解；成膜性良好，膜的强度为 30～60MPa，断裂伸长率为 7%～10%；在混合溶剂（丙酮∶无水乙醇∶水＝2∶2∶1）中配成 2% 溶液，20℃时的黏度为 7～10mPa·s。

HPMCAS 中含有甲氧基、羟丙氧基、乙酰基和丁二酰基。其中甲氧基

（$CH_3O—$）是疏水基团，若甲氧基含量偏小，HPMCAS 将很难溶于有机溶剂，这就使得制备包衣液存在困难。羟丙氧基（$CH_3CHOHCH_2O—$）是亲水基团，羟丙氧基含量太高，则吸水性强防潮性差，水分会主要与丁二酰基（更多的是葡萄糖环基上的羟基被丁二酰基取代）结合，所得到 HPMCAS 中的丁二酰基基团易于水解。适量乙酰基（$CH_3CO—$）的存在会使得 HPMCAS 包衣材料游离膜柔韧性能提高，耐酸性提高，物料不团聚黏结，但溶解性差，制作包衣液和药品加工困难，添加的醋酸酐比例应使得到的乙酰基含量不要太高。丁二酰基的存在会使得 HPM-CAS 包衣材料游离膜溶解性能有所改善，添加丁二酸酐若得到的丁二酰基含量太高，就会使得膜性能有一定的降低，耐水性差，耐酸性差，溶解的 pH 值降低。

HPMCAS 的制备过程与 HPMCP 类似。在反应釜中加入一定量的羟丙基甲基纤维素（羟丙氧基、甲氧基在规定范围内）、无水乙酸钠和冰醋酸，反应物搅拌均匀后，加入适量的丁二酸酐和乙酸酐。整个反应体系升温至 60～95℃，2～5h 后反应体系开始冷却到 50～70℃，在其中加入一定量的水。停止反应，把产物倒入大量的水中使产物完全沉析，多次洗涤，抽滤，直至洗出液是中性为止。产物在 60～80℃真空烘箱中烘干，得到纯净的 HPMCAS，防潮保存。

**3. 醋酸羟丙基甲基纤维素酞酸酯与醋酸羟丙基甲基纤维素偏苯甲酸酯**

醋酸羟丙基甲基纤维素酞酸酯（HPMCAP）是一种新型的纤维素基药用辅料，目前国内外无相关的报道，醋酸羟丙基甲基纤维素酞酸酯合成反应方程式如下。

羟丙基甲基纤维素偏苯三甲酸酯（HPMCT）是另一种新型的纤维素基药用辅料，其合成反应方程式如下。

$R=—H, —CH_3, —CH_2CHCH_3$ ,

由于电位效应的影响，HPMCT 电离常数比 HPMCP 大，即具有较低的 $pK_a$。因此它具有较低的 pH 敏感点（3.5～4.5），较高的溶解速率，包衣膜的释放情况更优良。

## 参 考 文 献

[1] 许冬生. 纤维素衍生物. 北京：化学工业出版社，2001：101.

[2] Tobey，Stephen W. Hydroxypropyl Methocellulose Ether Compositions for Reduction of Serum Lipid Levels：US，5766638. 1998.

[3] Omiya，Takeo. Acid-type Carboxymethyl Cellulose and Process for Preparing the Same：US，4508894. 1985.

[4] Schlesiger，et al. Process of Preparing Delayed-dissolution Cellulose Ethers：US，7012139. 2006.

[5] Cho，et al. Preparation Method of Solvent-free Water-dispersible Hydroxypropyl Methyl Cellulose Phthalate Nanoparticle：US，6893493. 2005.

[6] 苏茂尧，王双一. 两种微交联羧甲基纤维素的结构和性能研究. 油田化学，1999，1：5-9.

[7] 杨之礼，苏茂尧，高洸. 纤维素醚基础及应用. 广州：华南理工大学出版社，1989.

[8] 曹亚，李惠林. 羧甲基纤维素系列高分子表面活性剂在盐溶液中的胶束形态研究. 高分子材料科学与工程，1999，3：71-73.

[9] 范闽光，李斌. 可食性甲基纤维素复合膜的制备及性能研究. 广西大学学报，2006，4：306-308.

[10] 林佩凤，陈日耀. 改性羧甲基纤维素膜的制备及其在氨氮废水处理中的应用. 福建师范大学学报，2006，4：63-66.

[11] 阚建全，王光慈. 提高甲基纤维素复合膜机械强度和热封强度的研究. 中国食品学报，1999，2：7-10.

[12] 曹健. 羧甲基纤维素在陶瓷釉浆中的应用. 江苏陶瓷，2006，2：30-35.

[13] 李峰. 我国羟丙基甲基纤维素的生产及应用前景. 精细与专用化学品，1999，19：14-16.

[14] Partan Ⅲ. Dual Function Cellulosic Additives for Latex Compositions：US，5583124. 1996.

[15] Partan Ⅲ，Emmett M. Dual Function Cellulosic Additives for Latex Compositions：US，5504123. 1996.

[16] 徐立新，刘东友. 羟丙基甲纤维素 60RT50 聚合评价. 聚氯乙烯，1994，8（4）：15-18.

[17] Raehse，et al. Process for the Separation and Purification of Cellulose Ethers and Cellulose Derivatives：US，4963271. 1990.

[18] Wuest，et al. Process and Means for the Purification of Cellulose Ethers：US，4968789. 1990.

[19] Kaneko，et al. Method for Polymerizing Vinyl Chloride with Controlled Water Addition：US，5235012. 1993.

[20] Kevin J E，Charles M B，John S D，et al. Advances in Cellulose Ester Performance and Application.

Progress in Polymer Science，2001，26：1626-1628.

[21] 王振国，王忠等. 纤维素类药用薄膜包衣材料研究. 化工新型材料，1994，1：34-36.

[22] 上海医药工业研究院药物制剂研究中心，药物制剂国家工程研究中心编著. 药用辅料应用技术. 北京：中国医药科技出版社，2001.

[23] 邵自强，郑一平等. 醋酸羟丙基甲基纤维素酞酸酯的性能表征. 华西药学杂志，2005，20（2）：142-144.

[24] 邵自强，郑一平等. 醋酸羟丙基甲基纤维素琥珀酸酯的性能表征. 中国药学杂志，2005，40（11）：846-849.

[25] 中国纤维素行业协会编写工作组，2014 年中国纤维素行业发展报告，2015 年 3 月.

[26] J. Wu, J. Zhang, H. Zhang, J. He, Q. Ren，M. Guo. Homogeneous acetylation of cellulose in a new ionic liquid. Biomacromolecules，2004，5：266-268.

[27] 吕玉霞，结构可控纤维素乙酸酯的制备、结构与性能研究，北京理工大学博士后报告，2015 年 9 月.

[28] Yuxia Lv, Yaliang Chen, Ziqiang Shao*，Renxu Zhang, Libin Zhao. Homogeneous tritylaiton of cellulose in 1-allyl-3-methylimidazolium chloride and subsequent acetylation：the influence of base. Carbohydrate Polymer，2015，117，818-824.

# 第三章 乙基纤维素

乙基纤维素（ethyl cellulose，简称 EC）是纤维素碱化后进一步与氯乙烷反应得到的一种性能特殊的非离子型纤维素醚。EC 虽然在实验室研制开发比纤维素醚的鼻祖 MC 要晚几年，但它却是世界上第一个开始工业化生产的非离子型纤维素醚，无论在国外或国内都比 MC 早出现在市场上若干年。虽然继 MC、EC 之后又出现了许许多多其他不同种类的纤维素醚，且产量也远远超过 EC，但由于 EC 及其衍生物具有其他纤维素醚不具备的特性，使得它独占一块市场，且仍然有稳定增长的势头。

乙基纤维素是 Lilienfeld 于 1912 年用硫酸二乙酯作为醚化剂与碱纤维素作用首先制备的，当时的取代度较低，产品溶于冷水而不溶于热水及乙醇，随后他又制备出了取代度较高的醇溶性 EC。EC 工业化生产是 1936 年美国 Dow 化学公司实现的，醚化剂采用的是氯乙烷；紧接着美国 Hercules 公司也开始工业化生产 EC。目前这两家公司并驾齐驱，占有世界 EC 市场的绝大部分份额。前苏联于第二次世界大战后也开始生产 EC。EC 在我国是 1957 年由原泸州化工厂开始研发的，1958 年进行中试，至 1958 年年底完成工艺改造与完善，1965 年该厂对 EC 生产线进行了几次扩建，现已建成年产 400 吨的 EC 生产线。

部分 EC 产品虽然也有冷水溶解性，但作为商品而言，EC 常被列为有机溶性纤维素醚，是为数不多的油溶性纤维素醚（乙基纤维素、乙基羟乙基纤维素、氰乙基纤维素和苄基纤维素）中一种非常重要的纤维素醚。在美国商业化生产的有机溶性的纤维素醚实质上主要就是 EC 系列产品（包括 EHEC）。因此在有机溶性非离子型纤维素醚类中，乙基纤维素独占鳌头，虽然在欧洲苄基纤维素

（BC）在第二次世界大战前特别是在德国曾占去了 EC 一定的市场比例，但由于对光、热的稳定性差，逐步被 EC 所取代，现在 BC 生产量远不及 EC。

其他烷基醚如丙基纤维素、丁基纤维素、戊基纤维素等都还未工业化生产，因为它们具有比 EC 低的软化点，其薄膜拉伸强度也比 EC 低，而且制备这些醚的卤代烷烃的反应活性不如氯乙烷，生产又比 EC 困难，反应副产物的回收花费更大，很不经济。基于以上这些原因，EC 及其改性产品 EHEC 在美国仍然是主要的规模化生产的有机溶性纤维素醚。

商业制备的 EC（DS 为 2.2～2.6）溶于有机溶剂，制备方法类似于甲基纤维素。EC 制备过程中，$C_2H_5X$ 与碱纤维素反应需要高温（100℃），而 MC 生产只需要 70℃，一般在高固相高压反应器中制备。大量实验表明，EC 是热塑性的，制品又有足够的强度和弹性。其他纤维素衍生物的化学稳定性无法与 EC 相比，EC 还有抗碱、抗盐性，其吸湿性不强，在乙醇、正丁醇、醋酸乙酯、甲基乙基酮、甲苯以及混合溶剂中具有可溶性。图 3-1 是 EC 乙氧基含量对软化温度及溶解性的影响。

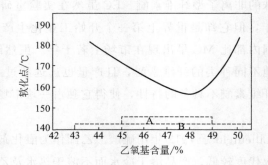

图 3-1　EC 乙氧基含量对软化温度及溶解性的影响

A—乙醇溶解范围；B—甲苯/乙醇混合溶剂溶解范围

# 第一节　乙基纤维素的结构、合成与分类

乙基纤维素及其混合醚中的乙基基团比甲基类纤维素中的甲基基团的疏水性更强。因此，乙基纤维素是工业上典型的有机溶剂可溶而不溶于水的纤维素醚。

EC 是纤维素部分乙基化的醚类产品，通常是纤维素经过碱化后，再与醚化剂氯乙烷反应而得，其化学结构式见图 3-2。

图 3-3 是乙基纤维素的红外光谱图。图中 3480cm$^{-1}$ 是—OH 的振动吸收峰；与甲基纤维素相比，多了—$CH_2$ 在 884cm$^{-1}$ 的摇摆振动峰。

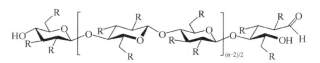

图 3-2　乙基纤维素的化学结构式（R＝—OH、—OCH$_2$CH$_3$）

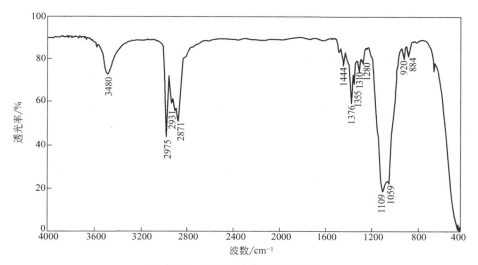

图 3-3　乙基纤维素的红外光谱

当乙基取代度在 0.7～1.7 范围时，EC 在水中是可溶的，其 $DS$ 高于 1.5 时可溶于有机溶剂。美国生产 EC 的 $DS$ 值范围在 2.2～2.6，该产品在烃和低级醇的混合溶剂、酮、低分子量醚中是可溶的。

EC 通常是白色或微黄色的。为防止乙氧基在受到强光辐照时发生自氧化反应生成过氧化物，常常添加抗氧剂作为稳定剂。由于 EC 具有高的取代度，因此其抗生物降解作用较强。市售产品有多种黏度级别，黏度一般按标准的说法是指 5%（质量分数）的 EC 在甲苯/乙醇（80/20，体积比）溶剂中的黏度。

EC 的制备原理如下。

$$Cell—(OH)_3 + xNaOH + xC_2H_5Cl \longrightarrow Cell—(OH)_{3-x}(OC_2H_5)_x + xNaCl + xH_2O$$

或 $Cell—(OH)_3 + x/2(C_2H_5)_2SO_4 + xNaOH \longrightarrow$

$$Cell—(OH)_{3-x}(OC_2H_5)_x + x/2Na_2SO_4 + xH_2O$$

在 EC 制备过程中，会发生下面的水解副反应，消耗碱和氯乙烷：

$$NaOH + C_2H_5Cl \longrightarrow C_2H_5OH + NaCl$$

$$C_2H_5OH + NaOH \longrightarrow C_2H_5ONa + H_2O$$

$$C_2H_5ONa + C_2H_5Cl \longrightarrow C_2H_5OC_2H_5 + NaCl$$

EC 的制备过程中选用氯乙烷为醚化剂与 MC 有些类似，但 EC 制备需要更高的温度，在 100℃ 以上，同时需要反应时间更长，8h 以上。黏度通过醚化前碱纤维素的老化与熟成来控制与调整，或者在生产过程中控制与空气接触时间来调节。大约一半的氯乙烷消耗在副反应中，生成乙醇和二乙基醚。这些副产物可在高温及催化剂（如 $ZnCl_2$）存在下，通过发生液态或气态氢氯化反应重新转化为氯乙烷。

醚化效率（消耗的氯乙烷转化为纤维素上乙氧基的比例）随碱液浓度的增大而增大，通常所采用的碱溶液浓度为 55%～76%。通过两步法即第一步加入的 NaOH 消耗完之后再加入固体碱可使醚化率进一步提高，在后续工序中通过水洗即可除去粗产品中的盐。

美国 Dow 化学公司的 EC 商品名称为 "Ethocel"，按取代度不同分为标准型（STD-type）和中型（MED-type）两大类：标准型产品取代度为 2.44～2.58，乙氧基含量为 48%～49.5%；中型产品取代度为 2.24～2.34，乙氧基含量为 45%～46.5%。两种类型又分为工业级和高级（或优质级）两种等级，"优质级" EC 对灰分、砷、铅、重金属等杂质有一定极限要求，可用于医药食品。此外，根据不同黏度，各类 EC 又可分为若干牌号。

美国 Hercules 公司的 EC 商品分为 K、N、T 三种（见表 3-1），每种牌号的 EC 也按不同黏度共形成 30 多种产品。各型号根据特殊用途（如医药、食品、化妆品等）又有特殊的等级和质量要求。

表 3-1　美国 Hercules 公司的 EC 分类与指标

| 型　　号 | 取代度 | 乙氧基含量/% |
|---|---|---|
| K 牌号 | 2.28～2.38 | 45.5%～46.8% |
| N 牌号 | 2.42～2.53 | 47.5%～49.0% |
| T 牌号 | ＞2.53 | ＞49.0% |

# 第二节　乙基纤维素的生产工艺

乙基纤维素的制备方法与甲基纤维素相似，由于硫酸二乙酯有毒，工业上只使用氯乙烷作醚化剂来制备 EC。纤维素用 NaOH 溶液处理生成碱纤维素，压去过量的碱液，然后与氯乙烷在高温高压下反应。由于氯乙烷的沸点低（常压下 13℃），因而高温下反应压力很高。物料配比、反应温度、压力、时间等因素对 EC 中乙氧基的含量和产物性质有直接的影响。纤维素的粉碎（粒度为 $40～60\mu m$）、加入有机稀释剂（如甲苯、乙醇、异丙醇）、隔氧措施等都有利于提高醚效、产品均一性和产品的黏度。

EC 的生产过程流程图见图 3-4。来自（1）的撕碎精制棉或浆粕与来自（5）的碱液、来自（9）的醚化剂氯乙烷在反应釜（3）中进行碱化和醚化。反应完成后，乙醚和乙醇（作为碱和氯乙烷反应副产物）经闪蒸、冷凝、蒸馏（20～23），分别回收为乙醇（24～26）和乙醚（27、28）。反应釜中生成的 EC 在含过量碱和盐（NaCl）的液体中沉淀，由沥滤罐（12）将 EC 分离出来，经洗涤、离心、干燥、漂白、分级包装得到 EC 产品（13～19）。由沥滤罐（12）和离心机（14）分离出来含盐的碱液经碱回收系统（29～33）进行处理，回收的稀碱液返回碱液调配罐（5），NaCl（34）与浓硫酸（36）反应，生成的 $Na_2SO_4$ 经蒸发、干燥回收（37～44），生成的 HCl 气体经净化、吸收（45～49），并与来自乙醇罐（26）和乙醚罐（28）的乙醇和乙醚分别在乙醇转换器（50）和乙醚转换器（51）

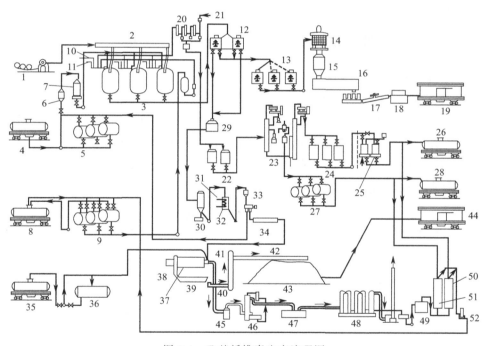

图 3-4　乙基纤维素生产流程图

1—精制棉撕碎机；2，17，42—输送带；3—反应釜；4—烧碱罐车；5—碱液调配罐；6，33—过滤器；
7—计量器；8—氯乙烷罐车；9—氯乙烷储罐；10，31—水；11—空气；12—沥滤罐；13—洗涤罐；
14—离心机；15—中间罐；16，52—干燥器；18—包装；19—乙基纤维素；20—蒸汽回收；21—放空；
22—低度乙醇；23—溶剂回收；24—储液罐；25—变性乙醇计量罐；26—乙醇罐车；27—乙醚罐；
28—乙醚罐车；29—废碱液；30—烧碱回收；32—冷凝器；34—盐干燥器；35—硫酸罐车；
36—酸调配罐；37—盐酸炉；38—油燃烧室；39—冷却器；40—螺旋推进器；
41—蒸汽冷凝；43—盐饼储存；44—盐饼；45—粉尘分离器；46—蒸汽冷凝器；
47—焦炭箱；48—吸收系统；49—HCl 制备；50—乙醇转换器；51—乙醚转换器

中转换为氯乙烷，回收到氯乙烷储槽（9）中作醚化剂循环使用。

# 第三节　乙基纤维素的性能与用途

乙基纤维素及其改性醚具有多功能性，是纤维素醚中的佼佼者。其质地坚韧，能溶于许多有机溶剂。在极宽的温度范围内，特别是在相当低的温度下，也能保持机械强度和柔韧性。它与多数树脂、增塑剂等具有良好的配伍性，可制成许多塑料、清漆、墨汁、薄膜、胶黏剂等。

EC 还以其可燃性低、阳光照射不变色、耐热性强、抗寒性好，在复合材料中有提高韧性和强度的作用。并且 EC 能够有效消除表面黏着，有利于硬塑料和软塑料的成型。

## 一、乙基纤维素的性能

### 1. 乙基纤维素的物理性能

EC 是白色、无臭、无味、无毒、粒状热塑性固体，相对密度为（铸膜）1.14，它是纤维素基塑料中密度最小的一个。EC 的性质随乙基取代程度的不同而有差异，工业上生产的 EC 的乙基取代值通常在 2.0～2.6（含量为 42.0%～49.0%）范围内，其有两个级别：一是 DS 约在 2.0～2.3，另一是 DS 约在 2.4～2.6。EC 典型的物理性能指标见表 3-2。

表 3-2　EC 典型的物理性能

| | 性　　质 | 数　　值 |
|---|---|---|
| 粉末 | 在溶液中的质量体积/($cm^3$/g) | 0.826～0.868 |
| 薄膜 | 拉伸强度(0.076mm 干膜)/MPa | 46.8～72.4 |
| | 拉伸强度/MPa | 37～62 |
| | 断裂伸长率(0.076mm 膜,25℃,50%相对湿度)/% | 7～30 |
| | 吸湿度(在 80%相对湿度下 24h)/% | 2 |
| | 硬度指数(Sward,0.076mm 薄膜) | 52～61 |
| | 软化点/℃ | 152～162 |
| 透气性<br>(0.076mm 薄膜)<br>/[g/($m^2$·d)] | 水蒸气(按 ASTM E-96-53T 操作法规定) | 890 |
| | 氧气(按 ASTM D 1434 测定) | 2000 |
| | 氮气(按 ASTM D 1434 测定) | 600 |
| | 二氧化碳(按 ASTM D 1434 测定) | 5000 |
| | 氢气(按 ASTM D 1434 测定) | 7500 |

| 性　　质 | | 数　　值 |
|---|---|---|
| 电性能 | 介电常数(25℃,1MHz) | 2.8～3.9 |
| | 介电常数(25℃,1kHz) | 3.0～4.1 |
| | 介电常数(25℃,60Hz) | 2.5～4.0 |
| | 功率因数(25℃,1kHz) | 0.002～0.02 |
| | 功率因数(25℃,60Hz) | 0.005～0.02 |
| | 比体积电阻/Ω·cm | $10^{12}$～$10^{14}$ |
| | 介电强度(按 ASTM 逐步法)/(V/0.0254mm) | 1500 |

### 2. 乙基纤维素的溶解性能

除了脂肪族碳氢化合物、多元醇（如甘油）及少数醚类外，取代度为 2.4～2.6 的 EC 几乎溶于其他所有的有机溶剂中，如乙醇、正丁醇、乙酸乙酯、甲基乙基酮、甲苯及这些溶剂的混合物。取代度较低（$DS$ 为 2.0～2.3）的 EC 则相对较少溶解于单一的溶剂，它可形成清澈透明溶液，这类溶剂包括环己烯、醋酸甲酯、二噁烷、醋酸丁酯及多数氯化脂族烃。

EC 易溶于芳烃、乙醇或丁醇的混合溶剂中，最常用的混合溶剂为 60％～80％ 芳烃和 20％～40％醇所组成。单独用甲苯做溶剂形成的 EC 溶液黏度是非常高的，加入少量的醇，黏度下降得非常快，当醇含量在约 30％时，黏度降到最低点。醇含量超过 30％时，加入所有醇类（甲醇除外）都将增加溶液的黏度。EC 溶液的黏度主要取决于所使用醇的种类，以及醇在溶剂中的含量。

高乙氧基含量 EC 可使用含醇量很低的混合溶剂溶解，但是较低乙氧基含量的 EC 使用低醇含量溶剂难以形成透明膜，除非混合溶剂中醇含量达到 20％～30％。低乙氧基含量的 EC 溶液的最低黏度值出现在使用 60％～65％的芳烃和 35％～45％的醇的混合溶剂。

平均取代度为 2.5 的 EC 黏度测定所用混合溶剂为甲苯/乙醇（80/20），而对平均取代度为 2.2～2.4 的 EC 的黏度测定所用混合溶剂为苯/甲醇（70/30）或甲苯/乙醇（60/40），如此配备的 5％溶液的黏度范围一般为 6～250mPa·s。

工业上生产的 EC，$DS$＝2.2～2.6。表 3-3 是不同取代度的 EC 的溶解性。

表 3-3　不同取代度 EC 的溶解性

| 取　代　度 | 溶　解　性　质 |
|---|---|
| 0.4～0.7 | 溶于 4％～8％NaOH 溶液 |
| 1.0～1.5 | 溶于冷水 |

| 取 代 度 | 溶 解 性 质 |
|---|---|
| 1.6～1.8 | 不溶于水，在非极性溶剂中润胀 |
| 2.0～2.4 | 溶于乙醇和非极性溶剂 |
| 2.2～2.5 | 溶于各种有机溶剂 |
| 2.5～3.0 | 不溶于乙醇，只溶于非极性溶剂 |

**3. 乙基纤维素的光学、力学性能**

EC 对光、热具有优良的稳定性，阳光和紫外线照射不会使之变色。EC 基薄膜和塑料在很宽广的温度范围内都具有优越的机械强度和柔韧性，特别突出的是其耐寒性，在−70℃下还能保持其相当高的机械强度和柔韧性，这是一般塑料所不及的。

**4. 乙基纤维素的燃烧、电学性能**

EC 可燃性低，吸湿性小，电学性能好，具有高的介电强度。

**5. 乙基纤维素的化学稳定性**

从化学稳定性来看，EC 是所有纤维素衍生物中最好的。EC 能耐各种浓度的碱、盐溶液和稀酸。例如用 25％碱液能破坏分解醋酸纤维素，而对 EC 却完全没有影响。硝酸纤维素受热会着火燃烧，而 EC 受热不会燃烧，仅会软化熔成一团。EC虽说可燃性低，但仍然可以燃烧，其粉尘（含水 1.5％）着火温度在 330～360℃范围内。硝酸纤维素长期储存安定性会下降，而 EC 长期储存不变质。

**6. 乙基纤维素的配伍性能**

EC 与许多树脂都能配伍，可以任何比例与硝酸纤维素配伍，与甲基纤维素、大多数酚醛树脂、改性酚醛树脂、苯并呋喃-茚树脂、天然树脂、松香以及长油醇酸树脂都有配伍性；EC 差不多与所有的增塑剂（如邻苯二甲酸二丁酯、邻苯二甲酸二辛酯、硬脂酸丁酯、磷酸三苯酯、磷酸三甲苯酯、矿物油、改性蓖麻油等）都有良好的相容性。

**7. 乙基纤维素的液晶特性**

EC 最特殊的性能是其溶液的液晶性能。在高浓度下，EC 体系在冰醋酸中有不寻常的光学性质，这些光学性质与其螺旋胆甾结构的螺距较短相关。如图 3-5 所示，在三乙基纤维素（TEC）上发现一个三倍（3/2）左旋，纤维重复单元 $c=15.0$Å。

EC（$DS=2.5$）溶解在冰醋酸中的相图中胆甾区，在所有的测量浓度和温度条件下，都削弱了左旋循环偏振光（见图 3-6），这说明对于 EC/溶剂体系，存在一个左旋螺旋胆甾结构。

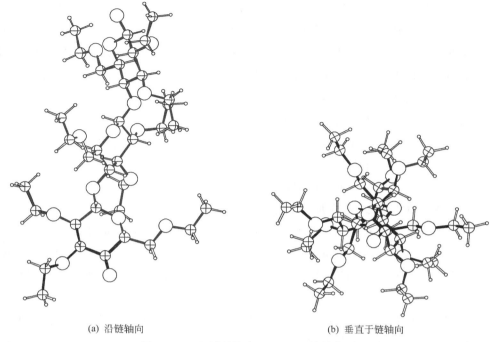

| (a) 沿链轴向 | (b) 垂直于链轴向 |
|---|---|

图 3-5　三乙基纤维素（3/2）左旋结构图

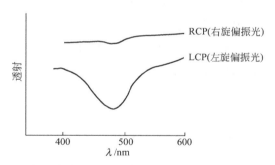

图 3-6　EC 溶于冰醋酸在 −8.3℃下溶液的左、右偏振光透射光谱

## 二、乙基纤维素的用途

由于 EC 具有独特而优良的性质，因而具有极其广泛的用途。其主要用途是作热塑性模压和挤压成型的树脂，而且还继续向更广泛、用途更特殊的方向发展，它已成为重要的精细化学品之一。

### 1. 作为塑料基材用于注射或挤压成型

取代度为 2.24～2.34（乙氧基含量为 45%～47%）的 EC 是热塑性的，可以配成容易成型的模塑粉。作为塑料，特别是作为耐寒塑料，在北极圈以及极冷的严寒下（零下几十摄氏度的温度下）它仍可保持机械强度和柔韧性。EC 可不需使用溶剂，靠挤混配料即能将 EC 塑料薄片制成易于成型的模塑粉。EC 模塑粉可采用任何标准的挤压法、注射模塑法、压缩模塑法、挤塑吹模法制成所需要的塑料物件。该塑料的优点还包括边角料可反复重用，成型可采用最经济的注射或挤压法，并且易于手工或机具加工。典型的注塑配方如下。

| | |
|---|---|
| EC（DS 为 2.3，黏度为 70mPa·s） | 84 份 |
| 双（对-1,1,3,3-四甲基丁基）苯基醚 | 16 份 |
| 二氧化钛 | 1 份 |
| 铅铬黄与铁蓝的混合颜料 | 0.1 份 |

**2. 薄片、薄膜和火箭推进剂包覆层材料**

取代度为 2.3 左右的热塑性 EC 可以溶剂铸塑法或挤压吹塑成型法做成透明的薄片或薄膜。铸塑法所用溶剂通常是芳烃苯或甲苯与甲醇或乙醇的混合溶剂。虽说纯粹的 EC 薄片或薄膜比醋酸纤维素的柔软坚实得多，但使用时还要加入增塑剂以改善其性能。

EC 薄膜可用黏结剂粘封，也可用电热焊封，可迅速拉制或用真空袋模法形成需要的膜片。此种薄膜可作电绝缘包装材料，或无线电工业的薄膜电容器的绝缘材料。未加增塑剂的 EC 薄膜本身就具有极高坚实性和柔韧性，可在耐折叠试验机上经受 2000 次以上；加增塑剂后，耐折叠性能更会大大提高。特殊的 EC 衬层被应用在军事领域，如在火箭推进剂配方中加入可控制推进剂燃烧、改善火药燃烧性能，或作固体火箭推进剂药柱的包覆层，迄今国内外只有 EC 是唯一的纤维素基包覆与衬层材料。

**3. 热熔涂料**

取代度为 2.5（乙氧基含量为 48.5%）的低黏度 EC 适合于热熔涂料。由于对热稳定，且具有优良的热塑性，EC 能迅速溶解许多热的树脂、增塑剂、油和蜡等的混合物，特别突出的是其增韧作用。所有热熔涂料配方都不需要溶剂，通常使用时只是简单的一次操作完成。实际配方归纳为两大类型。

（1）以 EC 为基料的表面涂覆热熔涂料　使用它们无需打蜡涂油，可得到具有微带黄色光泽的透明涂层，有高的坚韧性和耐曲挠性，并有热封熔接性能。

（2）层压热熔涂料　通过层压技术，乙基纤维素基的热熔涂料把箔、薄片、金属、编织物和纸等进行层压热封，具有较高粘接性能，效果良好。

热熔涂料通常含有如下组分：

| | |
|---|---|
| 取代度为 2.5 的低黏 EC | 5～20 份 |
| 酯蜡 | 0～80 份 |

| 石蜡或地蜡 | 5～30 份 |
|---|---|
| 增塑剂 | 0～20 份 |
| 树脂 | 0～65 份 |

特殊的 EC 热熔涂料配方可用作喷气飞机翼面的高强度涂料。

### 4. 可剥性涂料

可剥性涂料可分两种类型。

（1）属于热熔涂料的一种，即无溶剂型　其以 EC 为基料，用来保护金属零件在储运期间防腐蚀、防损坏，以及防护玻璃器皿在运输时碰撞损坏。此类涂料的典型配方如下。

| EC（$DS$ 为 2.5，黏度为 50mPa·s） | 25 份 |
|---|---|
| 矿物油 | 50～60 份 |
| 树脂或增塑剂 | 9～13 份 |
| 蜡和稳定剂 | 1～3 份 |

（2）溶剂型可剥涂料　近年来使用溶剂型的可剥涂料作为暂时保护涂层，施于被保护物件表面，并根据需要可随时把它们撕剥下来，这一技术已经引起人们广泛的兴趣。此种可剥保护层以前大部分都是采用无溶剂的热熔涂料，但是溶剂型可剥涂料的市场正在不断增长中。溶剂型的可剥涂料，其基料虽然不限于 EC，但以 EC 为主的可剥涂料配方成本低，溶剂廉价、选择范围宽，且 EC 密度小，相对涂覆面广，因而受到重视。

### 5. 涂料、喷漆

取代度为 2.44～2.58（乙氧基含量为 48.0%～49.5%）的 EC 大量用于喷漆。常用溶剂为 80% 的芳烃和 20% 的醇的混合物，芳烃为甲苯及二甲苯或二者的混合物，醇为乙醇、异丙醇和丁醇或这些醇的混合物。EC 漆可用于涂覆纸张、硬漆质表面或承受应力的表面。EC 喷漆可用于塑料和橡胶，但配方组分应作适当调整，如用于聚苯乙烯塑料表面喷漆，EC 溶剂主要选择醇类，溶剂中含有少量"活性组分"以便"嵌入"塑料表面，使漆层覆着牢固。"活性溶剂"可用酯、酮或芳烃类有机物。

EC 可用于特殊涂料中，如下。

（1）高弹性漆，特别是在低温环境下使用的漆；

（2）金属表面漆，它和硝基漆不同，EC 漆金属颜料对青铜和铝不发生色变；

（3）可剥涂料，作为新制造的金属工件在运输和储藏时的保护层；

（4）橡胶制品喷漆，不仅漆膜光泽好，且有优良的黏附力和柔韧性。

除此之外，EC 还可用于耐碱漆、金粉漆、记录纸、图纸、复写纸；用于织物、布品的传热印刷用照相凹版及挠曲快速印刷的油墨、筛网印刷油墨、织物的印墨和涂料、电器的涂料、金属油墨等。

**6. 聚氯乙烯亚光薄膜的添加剂**

PVC 中掺入少量 EC，将使亚光薄膜表面干燥，不粘机辊、操作容易、彩饰效应（外观）等与未掺用 EC 者有显著差异。EC 的加入量和黏度品号会影响薄膜的改良性质。有好几种 EC 可用于 PVC 改进，其中最好的是 EC 黏度在 150～250mPa·s，可适用于许多领域。每 100 份聚氯乙烯加入 2～3 份 EC 可获得最好的结果。

**7. 凝胶型涂料**

以 EC 为基料所制成的凝胶型涂料早为人们所熟知，但对这种产品很少有广告宣传。该涂料施工是属于"热涂"型，所用溶剂是加热溶解 EC，因为温度低时对 EC 溶解能力就不够。遇冷 EC 溶液会形成无流挂痕迹的凝胶，经干燥可得平滑、厚实而均匀的涂覆层。一种典型的配方组分如下。

$$
\begin{array}{ll}
\text{EC（DS 为 2.3，黏度为 50mPa·s）} & \text{70 份} \\
\text{非氧化性醇酸树脂} & \text{30 份}
\end{array}
$$

凝胶漆涂饰金属和木材表面，一般是采用简单的一步浸渍就可得优异的厚实涂层。木制品因空气和水分存在的影响，应经烘干并先预涂密封涂料，然后再浸涂 EC 凝胶漆。凝胶漆用量最多的是保龄球木瓶。在保龄球盛行的国家，仅此一项即需要 EC 数百吨以上。此外，EC 用得较多的是玻璃瓶涂料和发动机励磁线圈涂料。

**8. 黏结剂、改性剂**

由于 EC 具有许多突出的优良性质，它被广泛用作黏结剂和树脂、涂料等的改性剂，涉及领域甚广，公布的专利文献甚多，发展很迅速。

（1）用作荧光灯管的暂时涂料，可以防止某些金属有机化合物在加热前水解，在灯管处理过程中会增强荧光材料的黏附性，硬化玻璃表面，并避免汞蒸气与碱性物起化学反应。

（2）用于木材着色剂配方中，可不用底漆，不用颜料。EC 作为重要的黏结剂，能使着色均匀而无迁移泛花现象，否则着色不均匀，烘干过程中会出现花色迁移。

（3）用于许多集成电路基片上使用的导电性印刷糊配方中，是主要的黏结剂。

（4）用于火箭推进剂或火炮发射药中，作为火药关键组分——黏结剂。

（5）印花色浆——对印花色浆有特别高的要求，如要求高弹性、坚实性等时，则采用 EC 作胶黏剂。由于 EC 有广泛的配伍性和优良的相容性，可选择无腐蚀性溶剂，从而保护印花设备材料，且色彩也不会受到破坏，也适用于墨汁和家具擦光漆。

（6）作为陶瓷与金属膜片的黏附糊料配方，用以制造假牙，在灼热时使其中间层热膨胀系数与陶瓷接近，而不会发生开裂现象。

作为黏结剂和改性剂，EC 还广泛用于印刷油墨、改良墨汁、圆珠笔尖的封头组分、固体清洁剂组分、硝化纤维素喷漆、金刚砂纸、清漆、陶瓷黏结剂、玻璃熔结料、颜料糊、可控渗透涂料、含有有机硅氧烷和香料的空气清新剂、热敏成像膜、光敏和热敏成像配方组分、无水洗手用液体清洗剂、平版印刷改正剂配方、香烟制品香味配方组分、溶剂基磁性墨水等。

### 9. 医药及食品

由于经过大量实验证明 EC 对人体是完全无毒的，因而美、日、欧洲等国家在医药、食品等管理法规中允许 EC 用于医药和食品。在医药中，EC 常作为成膜物质和保护涂层而广泛用于制药技术，同时它还可用作黏结剂和填充剂。EC 作为药片保护涂层，可形成缓释胶层、微囊聚合物、固香剂、药效持续释放微型胶囊，能使进入口内的药片在胃或肠中适当时候发挥最佳疗效。EC 用于食物主要是作食品包装材料，如允许与食物接触的纸、纸板或密封材料，涂料和食用色素等都可利用 EC 的优越性能，调配配方。

### 10. 合成高分子材料的悬浮聚合分散剂

有机溶性的 EC 和水溶性高分子化合物配合使用，作为高聚物悬浮聚合的分散剂，常会收到惊人的效果。据近年来国外专利文献报道，EC 作为丙烯酸酯类高聚物单体的悬浮聚合分散剂，可制得均匀的珠状颗粒树脂产品。反应完毕后产物不黏附聚合反应设备上，不仅质量好，而且便于出料。

制造聚氯乙烯时，采用适当的水溶性高分子化合物（如 HPMC）和有机溶性的 EC 组成悬浮聚合分散剂，能制备出易于排除残留氯乙烯单体的高档的无毒（可与食物接触）PVC 树脂；配方中若没有 EC，则残留的氯乙烯单体相对较高，难以达到无毒 PVC 树脂要求。典型的配方举例如下。

| | |
|---|---|
| 氯乙烯单体 | 1500 份 |
| 二异丙基过氧化二碳酸酯 | 1.5 份 |
| HPMC（2% 水溶液 20℃时黏度为 50mPa·s） | 1.5 份 |
| EC（$DS$ 为 2.53，黏度为 20mPa·s） | 1.5 份 |
| 水 | 2500 份 |

### 11. 其他用途

EC 还可用于金属工件冲压的固体润滑剂基料，近炸引信，低空爆炸引信，易书写、易擦掉的黑板墨汁（无粉尘有色墨笔）等。另外，取代度稍低的便于醇溶的 EC 可用来配备透明的油-水型美容润肤化妆品，虽然它在配方中用量很低（<0.01%），却起到明显的增稠、稳定作用，典型的配方如下。

| | |
|---|---|
| EC（$DS$ 为 2.2，黏度为 40mPa·s） | 0.0065 份 |
| 紫外线吸收剂 | 0.1 份 |
| 香料 | 0.7 份 |
| 乙醇 | 84.7 份 |
| 液体石蜡（20℃时相对密度为 0.818） | 7.5 份 |
| 水 | 7.5 份 |

上述配方再加上防老剂和着色剂，可调成护发美容剂。

另外，EC 作为导电糊、热敏电阻导电浆料有着重要的应用前景。

# 第四节　乙基混合纤维素及接枝、嵌段、共聚改性物

　　EC 的改性有两大途径：一是不改变纤维素骨架，除有乙基取代基团外，还引入改性基团而成为新的物质，如乙基羟乙基纤维素（EHEC）、乙基甲基纤维素（EMC）、乙基羧甲基纤维素（CMEC）、乙基羟丙基甲基纤维素（EHPMC）等，都已成为商业化产品；二是应用接枝、嵌段、共聚等高分子化学手段，改变高分子骨架结构。原纤维素骨架长链可以断裂为较短链段，也可以保持不变，而形成有 EC 某些特性，并具有更优越、性质更特殊的改性产品。

## 一、乙基混合纤维素

　　美国 Hercules 公司推出了乙基羟乙基纤维素（EHEC）产品，是用少量（$DS$ 约为 0.3）的"羟乙基"来改性的 EC。EC 虽然能溶解于广泛的有机溶剂，但不溶于脂肪烃。引入少量羟乙基就可改善其对富有脂肪烃的混合溶剂的溶解性能，如果加入少量助溶剂如异丙醇等，就可制得透明的溶液。因为是要增强 EC 的有机溶解性而又不增加其水溶性，在醚化时先进行"羟乙基化"然后进行"乙基化"反应，以便使纤维素骨架上引入的"羟乙基"在随后的乙基化反应中封端。EHEC 和 EC 性质用途基本一致，只是 EHEC 性能更优越，通常把它列入 EC 系列产品中。

　　瑞典的 Borel 公司也生产出了不同黏度级别的水溶性乙基羟乙基纤维素（EHEC）。其乙基取代度为 0.9，羟乙基取代度为 0.8 或 2.0。这些产品中的乙基基团直接连接在纤维素分子的羟基上，而不是羟乙基或有关的齐聚物醚的末端。该 EHEC 产品具有与 HEMC 或 HPMC 相似的性质，在 65～70℃的水中会出现凝胶，有些种类可与乙二醛发生可逆交联反应。产品的取代度越高，抗生物降解性就越好。其产品指标见表 3-4。

表 3-4　瑞典 Borel 公司的乙基羟乙基纤维素指标

| 型　　　号 | 乙基取代度 | 羟乙基取代度 | 凝胶温度/℃ |
|---|---|---|---|
| Bermocoll-E<br>（Modocoll-E） | 0.7 | 0.9 | 75～80 |
| Bermocoll-M<br>（Modocoll-M） | 1.3 | 0.5 | 45～50 |

英国 Imperial 化学工业公司于 20 世纪 60 年代初推出了商品名称为"Edifas A"的水溶性甲基乙基纤维素（MEC），其取代度：乙基为 0.9、甲基为 0.4，可用作食品增稠剂和乳化剂。目前 MEC 的研究与生产逐渐增多，用途不断扩大。

从 20 世纪 60 年代中期起，美、欧、日不少化学工业公司和研究单位对羧甲基乙基纤维素（CMEC）进行了许多研究开发工作，有的已转化为商品生产。纤维素在适度羧甲基化和乙基化后，可获得纯 CMC 和 EC 都难以具备的某些优异性质。如羧甲基取代度为 0.5，乙基取代度为 2.0 的 CMEC 可完全溶解于乙醇/水（4/1）、甲苯/乙醇（4/1）及氯甲烷/乙醇（1/1）混合溶剂中。羧甲基取代度为 0.4 左右、乙基取代度为 2.0 左右的 CMEC 不溶解于胃液而溶解于肠液，可作口服药控释用辅料。

取代度较低的 EC 上用亲水基团羟乙基和羟丙基等改性而制得水溶性乙基羟乙基羟丙基纤维素（EHEHPC），其有很高的表面活性和容盐性，保水性和热稳定性都很好。EC 用于纺织物清洗剂作为抗污垢再沉积剂；用于建筑材料，可作石膏灰浆的增稠剂和稳定剂；还可用于涂料、印刷等领域。

乙基羟丙基纤维素（EHPC）和羟丙基甲基纤维素（HPMC）性质很相似，凡 HPMC 能用之处，它都派得上用途，特别是用于涂料的分散剂、医药上制片辅助剂等。

乙基羟乙基甲基纤维素（EHEMC）由于纤维素大分子骨架上有三种取代基团相互协同作用，对含有氧化铝和电解质的悬浮液有突出的稳定作用，而其他性质又综合了 EHEC 和 MEC 的性能。

## 二、乙基纤维素的接枝、嵌段、共聚等衍生物

EC 的接枝、嵌段、共聚等衍生物具有很特殊的性能，因而得到人们的关注。

美国 Neefe 光学实验室于 20 世纪 70 年代后期至 80 年代初研制出一种可直接与眼角膜接触的有机高分子镜片材料，是用 EC 和异丁烯酸甲酯接枝共聚而成，其透明度极好，有韧性和可透性。特别值得一提的是它与空气接触的外表面可让氧气与二氧化碳进行交换，不妨碍人体呼吸与代谢，现在很多人为了矫正视力把此种透

镜安放于眼球角膜上而无需用眼镜架，即人们常见的隐形眼镜。

EC 和 2-乙烯基吡啶、苯乙烯或异丁烯酸甲酯的接枝共聚物所制成的半渗透薄膜透水性强，斥盐率高（约 88%），且在 pH 为 11 的碱性条件下有优良的安定性。

取代度在 0.1～2.0 之间的 EC 与 2-丙烯基化合物单体或乙烯基取代的二茂铁衍生物进行接枝共聚，可得到内增塑的纤维素高聚物材料，可作为火箭发动机推进剂的抑制剂包覆层。可与 EC 接枝共聚的还有 2-丙烯-1-醇、2-丙烯基醋酸酯、2-丙烯基己酸酯、2-丙烯基-1,4-苯二羧酸酯、[（2-丙烯基氧）甲基]环氧乙烷等。

EC 与环内酯催化开环聚合所生成的接枝高分子有突出的溶解度、透明度以及成膜特性，比 EC 具有更突出的优良性质。

从发展趋势看，EC 系列产品已由普通塑料原料逐步转为特殊用途的精细化工产品，其产量还在继续上升，相关产品不断涌现，用途也在不断拓宽。

## 参 考 文 献

[1] Mallon, et al. Method of Preparing Modified Cellulose Ether：US，6933381. 2005.

[2] Sato, et al. Method of Producing Cellulose Polymers：US，6600034. 2003.

[3] Sato, et al. Method of Producing Cellulose Polymers：US，6548660. 2003.

[4] Maas, et al. Modified Cellulose Products：US，6303544. 2001.

[5] 杨慕杰，李扬，陈友汜. 具有互穿网络结构的高分子电阻型薄膜湿敏元件：CN，2779396. 2004.

[6] 谭富彬，谭浩巍. 正温度系数热敏电阻器用铝导电浆料的组成及制备方法：CN，1925070. 2006.

[7] 佐藤茂树，野村武史. 多层陶瓷电子元件的导电糊以及制造多层陶瓷电子元件的多层单元的方法：CN，1926641. 2007.

[8] 米泽实，岩崎慎. 导电糊及其生产方法：CN，1574106. 2004.

[9] 托马斯·杜里格，罗纳德·海伍德·霍尔，理查德·A·萨尔茨斯坦. 用于压片的可高度压缩的乙基纤维素：CN，1571662. 2002.

[10] 赵晟希，尹敏. 用于场发射显示装置的电子发射源组合物及用其制造的场发射显示装置：CN，1467772. 2003.

# 第四章  羟烷基纤维素

工业化生产的羟烷基纤维素包括羟乙基纤维素（HEC）、羟丙基纤维素（HPC）以及羟乙基羟丙基纤维素（HEHPC）、羧甲基羟乙基纤维素（CMHEC），还有一些含氮的碱性基团或阳离子基团的混合醚。在众多羟烷基纤维素中，HEC、HPC 的生产规模相对较大。其他含有少量羟烷基的混合醚在相关章节介绍，本章主要介绍 HEC 和 HPC。

纤维素的羟烷基化与其烷基化、羧甲基化的不同在于以下两点。

（1）体系中的碱只是催化环氧化合物开环，促使醇与试剂之间形成 C—O 键，需求量并非化学计量。醇与水条件下的羟烷基化原理如下。

$$HOH \xrightleftharpoons{(NaOH)} H^+ + HO^-$$

$$HO^- + \underset{O}{CH_2\text{—}CH_2} \xrightarrow{慢} HO\text{—}CH_2\text{—}CH_2\text{—}O^-$$

$$HO\text{—}CH_2\text{—}CH_2\text{—}O^- + H^+ \xrightarrow{快} HO\text{—}CH_2\text{—}CH_2\text{—}OH$$

$$R\text{—}OH \xrightleftharpoons{(NaOH)} RO^- + H^+$$

$$RO^- + \underset{O}{CH_2\text{—}CH_2} \xrightarrow{慢} RO\text{—}CH_2\text{—}CH_2\text{—}O^-$$

$$RO\text{—}CH_2\text{—}CH_2\text{—}O^- + H^+ \xrightarrow{快} RO\text{—}CH_2\text{—}CH_2\text{—}OH$$

（2）羟烷基化并不局限于纤维素分子原有的羟基，也会在形成的不同长度的羟烷基侧链上。纤维素在碱性介质中发生羟乙基化反应式如下。

$$Cell\text{—}OH + \underset{O}{CH_2\text{—}CH_2} \xrightarrow{OH^-} Cell\text{—}O\text{—}CH_2\text{—}CH_2\text{—}OH$$

$$Cell-O-CH_2-CH_2-OH+ \underset{O}{CH_2-CH_2} \xrightarrow{OH^-} Cell-O-CH_2-CH_2-O-CH_2-CH_2-OH$$

$$H_2O+ \underset{O}{CH_2-CH_2} \xrightarrow{OH^-} HO-CH_2-CH_2-OH$$

$$HO-CH_2-CH_2-OH+ \underset{O}{CH_2-CH_2} \xrightarrow{OH^-} HO-CH_2-CH_2-O-CH_2-CH_2-OH$$

在碱性条件下，纤维素的羟烷基化过程伴随有水分子与环氧化合物的反应，会形成二醇或缩聚多醇，其中用于纤维素醚化的环氧化合物占 50%～70%。酸催化环氧化合物开环也是可以的，但更多的是进行聚合，而不是醚化，而且会导致纤维素的酸降解，因此纤维素的羟烷基化通常是在碱性条件下进行的。

# 第一节　羟乙基纤维素

羟乙基纤维素（hydroxyethyl cellulose，简称 HEC）是一种重要的羟烷基纤维素，是 Hubert 于 1920 年制备成功的，也是世界范围内生产量较大的一种水溶性纤维素醚，是仅次于 CMC 和 HPMC 的产量大、发展迅速的一种重要纤维素醚。

目前，世界上 HEC 生产量较大的公司集中在国外，其中以美国 Hercules、Dow 等几家公司生产能力最强，其次是英国、日本、荷兰、德国和俄罗斯等。美国、俄罗斯等国主要将 HEC 用于石油开采，日本一些公司生产的 HEC 主要用于涂料，年产 10 万吨左右。我国在 1977 年开始由无锡化工研究院、哈尔滨化工六厂等进行研制生产，多年来随着我国非离子型醚工业的发展完善和市场的健全，一些纤维素生产厂家也纷纷推出自己的 HEC 产品，现生产以及试生产的企业有山东瑞泰化工有限公司、四川泸州北方化学工业有限公司、西安惠安北方化学工业有限公司、湖北祥泰纤维素有限公司、山东赫达股份有限公司和钟祥市金汉江纤维素有限公司等。

HEC 的主要性质是冷水、热水均可溶，且无凝胶特性，取代度、溶解和黏度范围很宽，热稳定性好（140℃以下），在酸性条件下也不产生沉淀。HEC 溶液能够形成透明薄膜，由于其具有不与离子作用、相容性好的非离子型特征，可作为包覆剂、黏结剂、水泥和石膏助剂、增稠剂、悬浮剂、药用辅料、防雾剂、油井压裂液、钻井处理剂、纤维和纸张上浆剂、分散剂、膜助剂、油墨助剂、防腐剂和防垢剂、润滑剂、密封剂、凝胶剂、防水剂、杀菌剂、细菌培养介质等，广泛应用在涂料、石油、建筑、日用化工、高分子聚合及纺织工业等领域，是近年来发展较快的纤维素醚之一。

# 一、羟乙基纤维素的合成原理与结构特征

### 1. 羟乙基纤维素的合成原理

羟乙基纤维素的摩尔取代度（$MS$）在 $0.05\sim0.5$ 时属于碱溶性产品，$MS$ 在 $1.3$ 以上的 HEC 就可溶于水。目前市场上常见的工业化 HEC 产品的 $MS$ 范围为 $1.3\sim2.5$，大多数水溶性 HEC 产品的 $DS$ 范围为 $0.8\sim1.2$。对经过深度羟乙基化的产品进行分析，结果显示，虽然 $MS$ 大于 $3.0$，但 $DS$ 值并没有明显增大，说明新增加的醚基主要是接在羟乙氧基或低聚物醚的侧链上。如果把侧链低聚物醚的链长度定义为 $MS/DS$，则商品化的 HEC 侧链长度值在 $1.5\sim2.5$ 范围。提高摩尔取代度可以增强产品的水溶性，但侧链增长又会增加应用难度。普通的低 $MS$ 的 HEC 在丙酮、乙醇和低级醚等有机溶剂中得不到透明的溶液，而高 $MS$ 的 HEC 在甲醇以及某些由水和水溶性有机溶剂所组成的混合溶剂中可部分溶解。

工业化 HEC 生产所采用的原料有高纯木浆、棉纤维素、氢氧化钠和环氧乙烷。早期制备 HEC 很困难，但是后来采取以惰性溶剂为介质的淤浆法生产，产品的质量稳定，性能也得到较大提高。在淤浆法生产中用到的惰性溶剂（反应介质）有许多种，如丙酮、脂肪醇、四氢呋喃、烷氧基烷醇、芳香烃和烷烃等。生产工艺的关键是严格控制水含量、惰性溶剂类型、反应时间、反应温度以及碱浓度。

纯化过程同样要用到惰性溶剂，其水含量应保证产品不溶但却能够使盐、乙二醇等杂质溶出，在一定酸条件下用乙二醛或氯甲酸酯处理，可以得到交联 HEC。

淤浆法生产 HEC 的专利报道有很多，如添加表面活性剂、采用混合溶剂体系、添加硼酸或硼酸盐、纤维素原料的机械预处理技术等，最早是使用乙二醛交联 HEC 在水中不溶来提高洗涤效果。

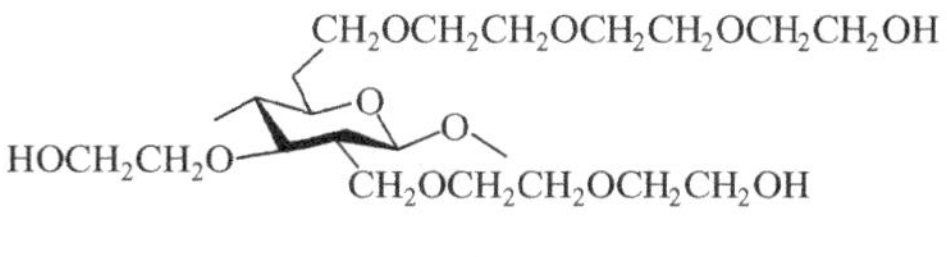

图 4-1 羟乙基纤维素（HEC）单葡萄糖环基结构（$DS=3$，$MS=6$）

HEC 的化学结构式见图 4-1。

羟乙基纤维素的制备原理可用下列反应式表示。

① 纤维素碱化为碱纤维素：

$$Cell—(OH)_3 + xNaOH \longrightarrow Cell—(OH)_{3-x}(O^-Na^+)_x + xH_2O$$

② 碱纤维素和环氧乙烷反应，将其转化为羟乙基纤维素：

$$Cell—(OH)_{3-x}(O^-Na^+)_x + yCH_2OCH_2 \longrightarrow Cell—(OH)_{3-x}(ONa)_{x-n}\left[O(CH_2CH_2O)_yNa\right]_n$$

③ 在整个过程中总伴随有副反应发生，生成乙二醇或多缩乙二醇：

$$CH_2OCH_2 + H_2O \longrightarrow HO—CH_2—CH_2—OH$$

$$HO\!-\!CH_2\!-\!CH_2\!-\!OH+CH_2OCH_2 \longrightarrow HO\!-\!CH_2\!-\!CH_2\!-\!O\!-\!CH_2\!-\!CH_2\!-\!OH$$

$$\vdots$$

$$HO\!-\!CH_2\!-\!CH_2\!-\!OH+nCH_2OCH_2 \longrightarrow HO\!-\!(CH_2\!-\!CH_2\!-\!O)_n CH_2\!-\!CH_2\!-\!OH$$

也有人认为，副反应为：

$$CH_2OCH_2 + NaOH \longrightarrow HO\!-\!CH_2\!-\!CH_2\!-\!O^- Na^+$$

$$CH_2OCH_2 + HO\!-\!CH_2\!-\!CH_2\!-\!O^- Na^+ \longrightarrow HO\!-\!(CH_2\!-\!CH_2\!-\!O)_n CH_2\!-\!CH_2\!-\!O^- Na^+$$

由于整个反应过程并不消耗碱，因此中和所用酸量可通过加入的碱量进行估算。但在中和过程中酸的用量要稍微高于计算值，使得中和后体系 pH 值在5～7之间，才能有效进行乙二醛处理，实现交联，从而得到分散快的速溶性产品。

羟乙基化的速度在一定温度下（49℃）与环氧乙烷的浓度成正比，受环氧乙烷在碱纤维素中的扩散速度控制。通常环氧乙烷加入量要过量，其利用率在50％～70％之间。副反应的发生导致环氧乙烷的消耗量增大，同时也增加了后处理的难度。生产过程中产生的醋酸钠和副产物乙二醇、多缩乙二醇不仅使成本增加，也提高了排放水的 COD、BOD 指标，造成对水体系污染严重。

环氧乙烷反应速率随 NaOH 的浓度在 0.4～1.5mol/L 范围内增大而提高，当碱浓度大于 2.5mol/L 时，醚化反应在纤维素中迅速进行，并且 X 射线衍射研究表明反应会发生在分子内或晶胞片层内。在气态环氧乙烷与固态碱纤维素反应中，反应温度对于得到良好水溶性的产品起了重要作用，一般控制温度在33～75℃。

制备 HEC 还可选择其他一些醚化剂，如，2-氯乙醇被用于制备低 MS 的纤维素醚；乙二醇碳酸酯在 DMSO 和 NaH 存在下进行葡萄糖环羟乙基化比环氧乙烷转化率高。

**2. 羟乙基纤维素的结构特征**

羟乙基纤维素的分子结构研究是人们一直在开展的工作，其红外光谱图见图 4-2。

靠红外光谱图分析 HEC 的结构是远远不够的，它仅仅是定性的分析手段。准确描述羟乙基纤维素结构是件困难的事，只靠取代度（DS）值是不够的，因为在 DS 低于 3.0 的情况下，单个吡喃环上可以有 0～3 个取代基，其分布的均匀性会随着生产设备与工艺过程的不同而有所差异，再加上纤维素本身结构的复杂性，取代度对羟乙基纤维素的结构表征也仅是化学分析与仪器测试的表观结构，是个平均值。要全面合理地描述一个特定的纤维素醚，不仅要叙述吡喃葡萄糖环上每个碳原子上的平均取代度，还要说明未被取代的吡喃葡萄糖环（UAGU）的数量。

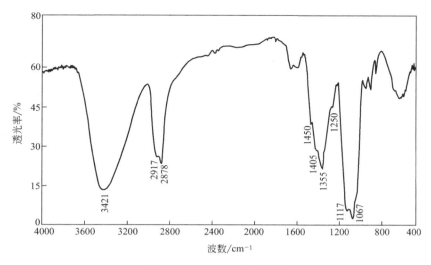

图 4-2　HEC 的红外光谱图

在羟乙基化过程中，对反应速率和取代数量的研究有不同的结论。由反应残余的二元醇可判断，最初取代的位置是发生在 C(2) 位，葡萄糖环上的一半取代发生在 C(2) 和 C(3) 位，而 C(6) 上的羟基最终反应了约 60%，$MS$ 为 1.5。HEC 单、双或三取代的葡萄糖环上的水解和分离，根据统计计算，得出 C(2)：C(3)：C(6)：$C_{HE}$ 的反应速率比为 3：1：10：20，而对未取代的葡萄糖环的测算的反应速率比为 3：1：10：10。质谱色谱分配法分离酸水解的产品表明，C(2)、C(6) 位上的取代数量和反应速率是接近的。$^{13}$C-NMR 研究表明，分子量越低，C(2)、$C_{HE}$ 位上的羟基反应活性越强，而 C(6)、C(3) 位上的取代最少。光探测结果表明，羟基反应速率还取决于体系 NaOH 的浓度：浓度高时，C(6)、$C_{HE}$ 位上羟基的最初活性最强；浓度很低时，所有羟基的活性近乎相同，这一现象在纤维素醚化过程中很常见。

1963 年 Strattas 等以 HEC 为例研究羟烷基纤维素取代结构的复杂性。他首先定义了两个关键参数：摩尔取代度（$MS$），每个葡萄糖酐单元上羟烷氧基分子的平均数；取代度（$DS$），葡萄糖环基上 C(2)、C(3)、C(6) 位被羟乙基取代的羟基平均数。理论上 $MS$ 值可以无限大，而 $DS$ 的最大值是 3，羟乙氧基侧基平均链长为 $MS/DS$。

Strattas 运用动力学方法对结果进行分析，首先假设 C(2) 位上羟基被醚化的相对速率常数为 $k_2$，C(3) 位上为 $k_3$，C(6) 位上为 $k_6$，则 $k_2：k_3：k_6 = 3：1：10$。Strattas 将新形成的羟乙氧基上的羟基被醚化的相对速率常数设为 $k_x$，其为 20。

相对速率常数为 $k_2 = 3 : k_3 = 1 : k_6 = 10 : k_x = 20$。

由 $k_2$、$k_3$、$k_6$ 和 $k_x$ 算出 $DS$ 和 $MS$，取代度不同的各组分与取代度之间的关系见图 4-3。$MS = 1$ 时，45% 的葡萄糖单元未取代。图 4-3 的数据可以用来确定部分取代产物的特征。$DS = 1.4$ 的 HEC，40% 的取代在 C(6) 上，25% 是双取代，分别在 C(6) 和 C(2) 位上。

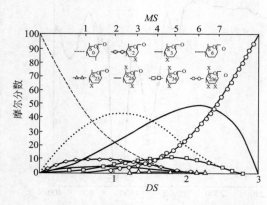

图 4-3　HEC 不同取代度下的取代分布

$DS$ 相同，$MS$ 不一定相同。假设 $DS = 1$、2、3，各 $DS$ 水平的 $MS = 0$、1、2、3，图 4-4 讨论了不同取代产品在 C(6) 位上 $MS$ 分别为 0、1、2、3 的摩尔分数。

由图 4-4 可见，$DS = 1$ 时，C(6) 上的 $MS$ 为 1 的比例是 15%、为 2 的比例是 11%、为 3 的比例是 11%、没被取代的为 21%；$DS = 1.5$ 时，C(6) 上的 $MS$ 为 1 的比例是 9%、为 2 的比例约是 9%、为 3 的为 20%、没被取代的为 9%。

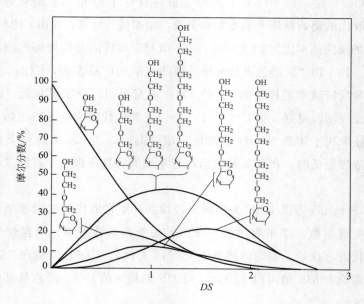

图 4-4　不同取代度下 C(6) 位上的取代分布

根据图 4-3 还可以计算出未取代单元的数目，图 4-5 是给定长度、$MS = 1.0$ 的 HEC 的未取代单元或者取代单元的概率。未取代 AGU 长度一般为 1~6。

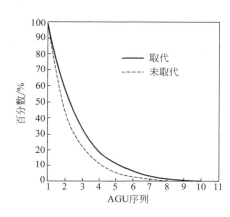

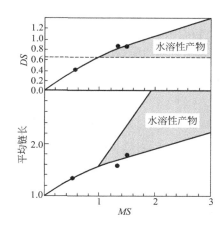

图 4-5　MS＝1 的 HEC 的取代或未取代　　　　图 4-6　羟乙基纤维素取代度与平均链
的 AGU 的序列　　　　　　　　　　　　　长的关系

Stratta 指出，完全可及的碱纤维素在最佳条件下羟乙基化，DS 和侧链长度（MS/DS）可以用统计方法来描述（见图 4-6）。

从图 4-7 可以看出，低 MS（1.6～1.8）的工业化 HEC 的数据与理论吻合很好，表明了羟乙基化发生在纤维素链葡萄糖环基上的机会更多，侧链短，几乎所有样品都集中在 DS 为 1.0 的范围；而高 MS（2.7～2.9）样品有较长的侧链。

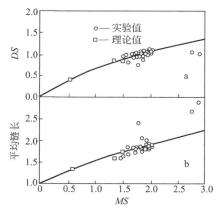

图 4-7　羟乙基纤维素取代度与平均链长的关系

1973 年 Klug、Winquist 和 Lewis 等利用酶解技术来确定 UAGU 数量。另外羟烷基及其混合纤维醚的取代除了发生在葡萄糖环基的自由羟基上，更多的是发生在羟烷基侧链上的新生成的羟基上，即发生所谓的链聚合过程。1979 年 Hodges 等把纤维素醚先经过水解，借助色谱技术分析未被取代的 UAGU 数量。

1980 年 Glass 发表了对给定 MS 值的 HEC 的分析结果，对比了实验测定的和通过不同 $k_2$、$k_3$、$k_6$、$k_x$ 计算得到的未取代 AGU 单元和邻二羟基的摩尔分数（$V_{23}$）值。结果表明，由 $k$ 值确定的取代值与实验测得的取代度，可估计出取代率（$k_s'$），由此可以控制生产工艺以制备所需要的产品，比如抗酶产品等。

1984 年 Reuven 用数学方法来推算羟乙基纤维素的取代度，主要运用纤维素酶的侵蚀降解结果来分析分子链上邻近未取代 AGU 数。他详细地研究了酶进攻的机理，该机理表明连接在 O(6) 位上有取代基的葡萄糖单元上的键、未取代的 D-吡喃葡萄糖酐的 $\beta$-1,4-苷键都会被酶进攻。要彻底描述取代情况，对总的摩尔取代、未取代的 D-吡喃式葡萄糖残基单元数（$S_0$）以及邻二羟基的数量都要进行化学测定。

Glass 认为，HEC 的分子结构和取代分布可用五个参数完全描述：四个速率常数 $k_2$、$k_3$、$k_6$、$k_x$ 和因子 $B$。因为 $B$ 在方程中作为速率常数的乘积因子出现，因此仅能测定相对速率常数，这样有四个未知参数，测定需要至少四个独立测量值。他报道了 $MS$、未取代吡喃式葡萄糖残基单元数（$S_0$）和邻二羟基（$V_{23}$）的结果。他们使用随机模型和计算机模拟对产品进行描述。Jacques Reuben 在其文章中进行了更详细的总结。

葡萄糖单元环上 $i$ 位羟基未被取代的概率为：

$$P_i = e^{-Bki} \qquad\qquad i=2,3,6 \qquad\qquad (4\text{-}1)$$

未取代 AGU 的摩尔分数为：

$$S_0 = P_2 P_3 P_6 \qquad\qquad (4\text{-}2)$$

根据羟基的概率乘积给出邻二羟基生成的概率，如葡萄糖残基单元中 C(2)、C(3) 位未取代羟基摩尔分数为：

$$V_{23} = P_2 P_3 \qquad\qquad (4\text{-}3)$$

联合式（4-1）和式（4-2）并取对数得：

$$\ln V_{23} = \frac{(\ln S_0)(k_2+k_3)}{k_2+k_3+k_6} \qquad\qquad (4\text{-}4)$$

$$\ln\left(\frac{S_0}{V_{23}}\right) = \frac{(\ln S_0)k_6}{k_2+k_3+k_6} \qquad\qquad (4\text{-}5)$$

Glass 等人根据式（4-4）和式（4-5）的数据作图，见图 4-8。这两条线的斜率比为：$(k_2+k_3)/k_6 = 0.702$。假定 $k_6=1$，$B$ 的值可由 $\ln(S_0/V_{23})$ 估算出。

摩尔取代度，即单位葡糖苷残基上氧乙烯基单元的平均数量。摩尔取代度由下式表达：

$$M = 3Bk_x + D - k_x\sum_i \frac{x_i}{k_i} \qquad\qquad (4\text{-}6)$$

在位置 $i$ 的摩尔取代度（$M_i$）由下式给出：

$$M_i = Bk_x + x_i\left(1 - \frac{k_x}{k_i}\right) \qquad\qquad (4\text{-}7)$$

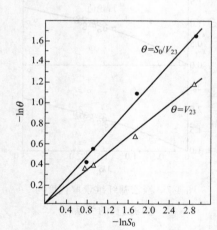

图 4-8　HEC 未取代葡萄糖单元数（$S_0$）和邻二羟基数（$V_{23}$）

Wirick 研究了大量样品的摩尔取代度（$MS$）、未取代葡糖苷单元分数（$S_0$）和酶影响导致链断裂数（$C$）的数据。Klop 和 Kooiman 指出纤维素酶不仅攻击相邻未取代的葡萄糖残基，也攻击 C(6) 位取代了的葡萄糖残基，使其水解。每个单元链断裂的总数由下式给出：

$$C = S_0^2(1-S_0) + \frac{1}{2}S_0^2(1-S_0)^2\left(\frac{1}{P_6}-1\right)$$ (4-8)

根据 $C$ 和 $S_0$，可解出式(4-8)中的 $P_6$，并由此计算比率：

$$\frac{k_2+k_3}{k_6} = \frac{\ln S_0}{\ln P_6} - 1$$ (4-9)

$k_x/k_6$ 比率可由上述 $MS$ 的试验值计算出。由 Wirick 的数据得到的结果是 $(k_2+k_3)/k_6 = 0.404$ 和 $k_x/k_6 = 1.006$。值得注意的是邻二羟基的摩尔分数（$V_{23}$）和酶影响的链断裂数（$C$）相关并且含有相似的信息，而不是补充的信息。

完全描述 HEC 需要一组共四变量。因此，测定这些量需要至少四个分析量。仅 $MS$、未取代葡糖苷单元分数（$S_0$）和邻二羟基的摩尔分数（$V_{23}$）三个量，或者是 $MS$、$S_0$ 和酶影响的链断裂数 $C$ 三个量，只能对其结构部分描述。

在这些例子中可测得（$k_2+k_3$）/$k_6$ 和 $k_x/k_6$。完全描述需要 $k_2/k_3$ 值。

近年来随着测试技术的不断发展，新型的技术不断在羟乙基纤维素结构分析上得到应用，核磁共振技术、气相色谱测定技术有望在将来把这些问题弄清楚，而越来越细致的化学分析也能得出更精确的分析结果。

## 二、羟乙基纤维素的生产

HEC 的生产有气固法和液固法两种。气固法又可分直接气固法和真空气固法。前者指将纤维素经过碱化再经挤压后，与环氧乙烷在 45～60℃下直接反应 1～2h 得到低黏产品；后者是将纤维素经过碱化再经挤压后，放入反应器抽真空、充氮后在低温 30～50℃下与环氧乙烷反应 3～4h 得到产品。气固法的特点是过程简单、环氧乙烷消耗大、产品均匀性差且成本高。

工业化 HEC 生产更多的是通过碱纤维素与环氧乙烷在淤浆状态下反应。分散介质是丙酮、异丙醇、叔丁醇、1,2-二甲氧基乙烷，或者低级烃和少量低级醇的混合物等作为分散介质，而以 1,2-二甲氧基乙烷为最佳，它对碱和环氧乙烷稳定、且容易回收，能够有效提高醚化效率，反应温度不超过 50℃。

在纤维素碱化过程中，碱/纤维素的质量比在（0.3：1）～（1：1）范围，碱可以在加溶剂之前加入，也可以直接将碱加入处于搅拌状态的淤浆中，在 30～80℃下反应数小时。HEC 的摩尔取代度取决于环氧乙烷的加入量、反应的效率（醚化效率）、碱的用量、醚化剂的浓度。当碱的浓度大于 18% 时，摩尔取代度的增加与碱浓度无关，而与加入的醚化剂环氧乙烷数量成比例增加。在高碱浓度体系，反应属于扩散控制，试剂均匀分散与否起到主要作用。Mansour 等在 1993 年研究表明，与 14% 的碱浓度相比较，低浓度的碱体系（如 5%）的活化能明显提高。但是，浓度稍高一些的碱体系能够保证纤维素大分子具有较理想及更均匀的化学可及度。在大量的有机惰性溶剂体系中，羟乙基化过程需要较高的温度、压力，而在没有有机溶剂存在的体系中则是碱纤维素与气态的环氧乙烷在低温、低压下反应。

水与纤维素的质量比在（1.2～3.5）：1，水的用量取决于溶剂的种类和用量。如果所用溶剂为异丙醇，水的用量为每摩尔脱水葡萄糖单元 10～12mol。

HEC 典型的生产过程见图 4-9。在 HEC 生产过程中，碱化结束后、醚化剂加入前，须对醚化釜进行抽真空除氧，这不仅重要而且必要，原因是醚化剂环氧乙烷属于低沸点易气化液体，与空气混合在很宽的体积分数范围内是爆炸混合物，爆炸极限为 3.6%～80.0%（体积分数）。待加入规定量的环氧乙烷后，将淤浆体系加热到 30～80℃，反应 1～4h。产品所要求的 MS 值通过醚化剂的用量与反应时间来控制和调整。根据反应设备、工艺条件和配方的差异，醚化效率大约为 50%～70%，即 60% 左右的环氧乙烷会与碱纤维素反应形成醚基团，其余的与水生成乙二醇、多缩乙二醇或与溶剂乙醇反应形成乙二醇的单醚。对于 MS 高于 2.5 的情况，环氧乙烷的利用率会下降到 50% 或更低，这是因为在环氧乙烷浓度高的情况下，副反应比较活跃。

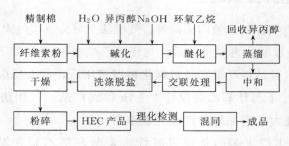

图 4-9　典型的 HEC 淤浆法生产过程

由于 HEC 极易溶解于水，使得反应产物的洗涤纯化十分困难。一般用乙二醛进行交联处理，其原理是 HEC 中没有反应的自由羟基与醛缩合使其转化为不溶于水的半缩醛。

采用普通的生产技术，副反应的反应速率都比正反应速率大。通过增加环氧乙烷的加入量来提高产品的 MS 是有效的，但同时也增加了副产物多缩乙二醇的生成量。

提高醚化剂的利用率，环氧乙烷可分两个阶段加入，即采用两步法工艺。两步法工艺的核心是两步加碱、两步醚化。第一步反应只加入少量的醚化剂，使得正副反应都控制在一个较低的程度，得到碱可溶 HEC，其取代度在 0.2～0.8 之间；第二步反应补加少量的碱和一定量的 EO，开始进一步醚化。由于加入的碱量少，中和用的酸量也少，生成的盐也少，大大降低了产品的洗涤成本，可以通过环氧乙烷的加入量来调节产品的 MS，通过控制工艺条件得到具有一定黏度、灰分和透光率高的产品。

典型的两步法工艺过程描述如下。

第一阶段，将粉碎的纤维素按照常规方法投入含一定量溶剂（如异丙醇）和碱、水体系中进行碱化（也可以先将纤维素分散在异丙醇中再逐渐加入规定浓度的碱液对纤维素碱化）。在较低的温度下进行碱化，根据搅拌方式控制碱化时间（40～90min）和温度（10～25℃）。

碱化结束后，在真空条件下加入环氧乙烷，室温下醚化 30～60min，然后将温度上升到 55～65℃，恒温醚化 1～2h，而后进行中和、洗涤、干燥，控制其湿度，作为第二阶段的原料。

经过第一阶段，纤维素已被活化。羟乙基的引入，增大了纤维素分子间的距离，氢键密度降低，可及度提高。第二阶段同样要经过碱化和醚化。将含有一定水分的低取代 HEC 产品碱化，用碱量要视第一阶段的醚化度而定，MS 高些的产品（0.4～0.8）碱液要多些，MS 低的产品（0.2～0.4）碱液要少些，碱化时间也在 60min 左右，后加入醚化剂进行醚化反应，温度控制比第一阶段高些，60～85℃恒温醚化 1～2h 后进行中和、交联和洗涤，后处理较简单，由于加入的碱少，可经一次或不洗涤直接烘干干燥，再经过粉碎、混同和包装后入库得到产品。

交联剂的用量为干基纤维素的 5％～10％，时间为 30～60min，温度为 55～75℃，体系的 pH 控制在 5.5～7 之间。

两步法过程可简化为：先把第一阶段过量的 NaOH 部分中和，然后再加入第二阶段所需的环氧乙烷，中间产物无需分离。留在第二阶段的少量碱不仅可以提高环氧乙烷的利用率，并且可使取代基的分布更均匀，产品的抗生物酶特性和抗降解性能就更高。

值得一提的是 HEC 的交联、洗涤工艺。因为 HEC 粗品中含有 8％～12％的盐和副产物，必须进行纯化，通常采用水醇洗。通过交联，乙二醛与 HEC 上的—OH 生成半缩醛，使 HEC 成为水不溶或缓溶产物，然后采用水洗、脱水和干燥，从而得到纯品。未交联的 HEC 必须要通过醇水体系洗涤，但产品流失率高，处理困难，为此可以采用混合溶剂洗涤。与之相比，交联的质量高、含盐少，成本低，而且适合涂料等行业的减速溶解和延迟溶解的特性。

羟乙基纤维素的洗涤设备有立式、卧式洗涤釜，也有连续洗涤的设备，典型的设备是 Sonthofen 公司的 BHS 旋转压力过滤器（rotary pressure filter），见图 4-10。交联的产品经过配浆调浓，用料泵打入压力过滤器的入口，通过水或有机溶剂多阶段、多区连续洗涤，得到高纯度的产品。

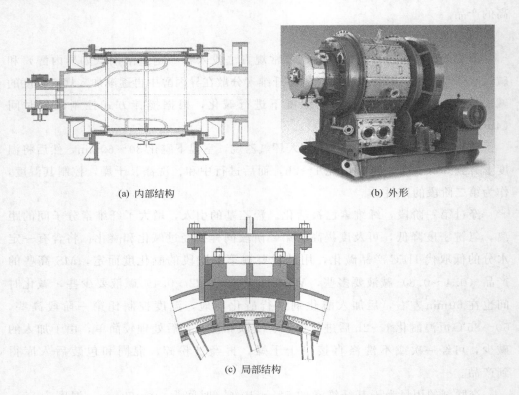

(a) 内部结构　　　　　　　　　　　　(b) 外形

(c) 局部结构

图 4-10　BHS 旋转压力过滤器的结构与外观照片

当然，这种旋转过滤器不仅适合 HEC，对甲基类纤维素（MC、HPMC、HEMC）、羧甲基纤维素（CMC）、乙基羟乙基纤维素（EHEC）以及微晶纤维素（MCC）等的生产都是适合的。目前在德国的 Wolff Cellulosics 公司、Henkel 公司、Mikrotechnik 公司，中国的上海惠广、西安惠安北方、泸州天普 Hercules 合资公司、江门 Hercules 合资公司都得到应用。

在 HEC 生产过程中，影响产品质量的因素包括如下几点。

（1）原料纤维素中的半纤维素、木质素、灰分等成分，会对醚化起到不良的影响。这与精制棉的精制过程有关，因为棉纤维素的初生壁化学反应能力比次生壁的差，对纤维素的醚化反应有很大的影响，在保证聚合度的条件下，掌握好精制过程的蒸煮、漂白工艺参数，以便得到反应性能高、聚合度适当的原料，是得到高品质的 HEC 产品的关键。

（2）醚化剂中的杂质主要是醛类，会对正反应有负面的影响，一般要求纯度高于 99.5%。用量要适中根据产品质量要求，一般醚化剂：纤维素为（0.8~1.2）：1。

（3）醚化工艺中反应温度及其上升速率对产品质量有直接的影响。环氧乙烷开环与碱纤维素反应，低温下速率慢，随着温度的提高，反应剧烈程度加大，到 75℃左右时反应速率很快，会对产品的取代均匀性不利，因此在高温下反应不要停留时间太长。另外，根据市场需要，可采用如上所述的分段醚化技术，该方法有利于得到均匀性好、黏度适当的产品。

（4）不同黏度 HEC 产品可采用以下方法控制得到。

① 高黏产品应当选择优质的高聚合度纤维素原料，低黏产品则选择低聚合度的纤维素原料；

② 高黏产品碱化时间在 1h 内，碱化温度小于 10℃，碱的浓度在 25% 以下，而低黏度产品可以适当延长碱化时间和提高碱化温度；

③ 碱化结束后，控制温度均匀升高和醚化温度；

④ 控制干燥和粉碎的温度与时间；

⑤ 高黏度产品，除了采取严格的抽真空排空、充氮气进行保护外，还可以在碱化阶段加入多元酚、水杨酸、硅酸钠等抗氧剂，加入氧化剂、双氧水等物质有利于得到低黏度的产品；

⑥ 加入硼砂、环氧氯丙烷和双环氧封端的化合物进行交联，可提高黏度。

（5）提高产品的白度，可采用草酸除铁。

下面举一个 HEC 生产的典型例子。

工艺过程：化碱后降温到（10±1）℃，加入 300 份精制棉，抽真空。碱化 1.0~1.5h，碱化温度为 10~25℃。如必要加入抗氧剂。碱化结束，加入 280~360 份醚化剂。冷搅一段时间后开始均匀升温到一定温度。恒温反应规定的时间。醚化结束，先排气至环氧乙烷吸收塔，压力降至 0.05MPa，温度降到（50±1）℃时，再加酸中和，pH 值控制在 5.5~6.5 之间，然后离心出料。体系加入交联剂，后控制升温到（70±1）℃恒温，继续反应 30min。用 80% 的异丙醇水溶液进行两次洗涤，干燥出料。

HEC 生产的产品指标见表 4-1。

表 4-1　HEC 生产的产品指标

| 性　能 | 数　值 | 性　能 | 数　值 |
|---|---|---|---|
| 黏度(2%,25℃)/mPa·s | 5～130000 | pH 值 | 6.0～8.5 |
| 灰分/% ≤ | 5 | 水不溶物/% ≤ | 1.5 |
| 水分/% ≤ | 6 | 摩尔取代度(MS) | 1.8～2.5 |

值得强调的是，采用淤浆法需要回收大量的溶剂。经过蒸馏后残液中有大量的多缩乙二醇、乙二醇醚、聚氧乙烯等，还有大量的钠盐，这些材料可以回收利用，如果直接随废水排出会造成对周围环境的污染。

## 三、羟乙基纤维素的性能

### 1. 羟乙基纤维素的物理性能

羟乙基纤维素为白色或微黄色无臭无味易流动的粉末，既溶于冷水又溶于热水，一般情况下在大多数有机溶剂中不溶。HEC 的 pH 值在 2～12 范围内黏度变化较小，但超过此范围则黏度降低。经过表面处理的 HEC 在冷水中分散不凝聚，但溶解速度较慢，一般需要 30min 左右，将其加热或将 pH 值调节至 8～10 可迅速溶解。

HEC 通常在 40 目过筛率≥99%；软化温度为 135～140℃；燃烧速度较慢，平衡含湿量为：23℃，50%RH 时为 6%，84%RH 时为 29%；表观密度为 0.35～0.61g/mL；分解温度为 205～210℃。羟乙基纤维素是一种在冷水和热水中都能够溶解的非离子型羟烷基纤维素，并形成假塑性溶液，当溶解温度高于 100℃会逐渐分解，在酸性、碱性或含有盐的条件下分解会加剧；到 120℃时会呈现黄色，继续加热到 200℃就会炭化。HEC 的物理性能见表 4-2。

表 4-2　典型 HEC 的物理性能

| 性　能 | 数　值 | 性　能 | | 数　值 |
|---|---|---|---|---|
| 灰分(以 Na₂SO₄计)/% | 3.5 | 表观密度/(g/cm³) | | 0.62 |
| 含湿/% ≤ | 5.0 | 密度/(g/cm³) | | 1.39 |
| 软化点/℃ | 130～140 | BOD<br>(保温 5d)<br>/(μg/g) | 高黏度型<br>(MS 为 1.8 或 2.5) | 7000 |
| 变色温度/℃ | 205～210 | | 低黏度型<br>(MS 为 1.8 或 2.5) | 18000 |

| 性　　能 | | 数　　值 | 性　　能 | | 数　　值 |
|---|---|---|---|---|---|
| **水溶液(2%)** | | | 界面张力<br>(矿物油,低<br>黏度型)<br>/(mN/m) | $MS$ 为 2.5,浓度<br>为 0.001% | 25.5 |
| 密度/(g/cm³) | | 1.033 | | | |
| 质量体积/(L/kg) | | 0.83 | | $MS$ 为 1.8,浓度<br>为 0.001% | 23.7 |
| 折射率 $N_D^{20}$ | | 1.336 | | | |
| pH 值 | | 7 | **薄膜** | | |
| 表面张力<br>(低黏度型)<br>/(mN/m) | $MS$ 为 2.5 | 浓度为<br>0.1% | 66.8 | 折射率 $N_D^{20}$ | 1.51 |
| | | 浓度为<br>0.001% | 67.3 | 密度(50%RH)/(g/cm³) | 1.34 |
| | $MS$ 为 1.8 | 浓度为<br>0.1% | 66.7 | 平衡含湿<br>(23℃)/% | 50%RH | 6 |
| | | 浓度为<br>0.001% | 69.8 | | 80%RH | 29 |

商品化 HEC 的黏度范围为 $10\sim100000$ mPa·s（室温，2%的水溶液）。温度升高，HEC 的黏度降低，但没有热凝胶现象出现（见图 4-11）。

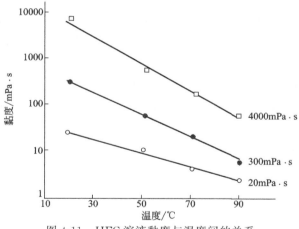

图 4-11　HEC 溶液黏度与温度间的关系

**2. 羟乙基纤维素的溶解性能**

工业上制备的 HEC 的取代度（$DS$）在 $0.8\sim1.2$ 之间，摩尔取代度（$MS$）在 $1.3\sim2.5$ 之间。低取代度的 HEC，其 $DS$ 在 $0.2\sim0.3$、$MS$ 在 $0.3\sim0.5$ 之间，可溶于稀碱液中；较高取代度的 HEC，其 $DS$ 在 $0.8\sim1.2$、$MS$ 在 $1.3\sim2.5$，可溶于水中，溶液冷冻、融化、加热至沸腾都无凝胶或沉淀产生，十分稳定。HEC 的水溶液黏度在 pH 为 $2\sim12$ 范围相对稳定。

HEC 在水中的黏度范围很宽，其 2%水溶液随品种不同，黏度变化可低至

$2\sim3$mPa·s，或高达$10^5$mPa·s，分子量在$6.8\times10^4\sim8\times10^5$。美国联合碳化学公司产品的黏度指标见表 4-3。

表 4-3　美国联合碳化学公司 HEC 产品的黏度指标

| 黏　度　级 | 质　量　浓　度/% | 黏　度/mPa·s | |
| --- | --- | --- | --- |
| | | 低范围 | 高范围 |
| 0.9 | 5 | 75～112 | 113～150 |
| 3 | 5 | 215～282 | 283～350 |
| 40 | 2 | 80～112 | 113～145 |
| 300 | 2 | 250～324 | 325～400 |
| 4400 | 2 | | 4801～5600 |
| 10000 | 2 | | 6000～7000 |
| 15000 | 1 | | 1100～1450 |
| 30000 | 1 | | 1500～1900 |
| 52000 | 1 | | 2400～3000 |
| $100\times10^6$ | 1 | | 4400～5600 |

HEC 水溶液的黏度主要是与其聚合度有关，其 Mink 方程为：

$$[\eta]=1.1\times10^{-2}DP_w^{0.87} \quad 或 \quad [\eta]=1.0\times10^{-3}M_w^{0.7}$$

大多数 HEC 不仅溶于水，还溶于由水和水溶性有机溶剂所组成的混合溶剂中，其中水的含量在 40% 以上。HEC 在烃类溶剂中不溶，但在加热情况下能够稍溶于乙二醇（约 1%）、丙二醇、甘油和 $N$-乙酰基乙醇胺等溶剂（约 5%）中。在一些强极性溶剂如二甲基亚砜、苯酚、乙二胺、二亚乙基三胺、2-氯乙酸、二甲基甲酰胺和甲酸等中能够溶解。经过乙二醛处理的 HEC 可以在水中迅速分散，在微碱性条件下迅速溶解。

### 3. 羟乙基纤维素的容盐性

HEC 对电解质具有极好的容盐性，由于 HEC 是一种非离子型材料，在水介质中不会离子化，所以不会因为体系出现高浓度的盐而沉析或沉淀残渣而导致黏度的变化。HEC 对许多一价和二价的高浓度电解质溶液有增稠作用（见表 4-4），而 CMC 等离子型纤维素衍生物则会对一些金属离子产生盐析。

表 4-4　HEC 在淡水、各种盐水中的增稠作用

| 性　　能 | | 淡水 | NaCl | $CaCl_2$ | $ZnBr_2$ 或 $CaBr_2$ |
| --- | --- | --- | --- | --- | --- |
| 密度/(g/cm³) | | 8.33 | 10.0 | 11.5 | 17.2 |
| 视黏度/mPa·s | 22.2℃ | 16 | 21 | 60 | 74 |
| | 65.5℃ | 7 | 9 | 27 | 39 |
| 塑性黏度(PV)/mPa·s | 22.2℃ | 10 | 13 | 35 | 42 |
| | 65.5℃ | 5 | 7 | 21 | 23 |

| 性　　能 | | 淡水 | NaCl | CaCl$_2$ | ZnBr$_2$ 或 CaBr$_2$ |
|---|---|---|---|---|---|
| 屈服值（YP）/（×0.489Pa） | 22.2℃ | 12 | 15 | 38 | 50 |
| | 65.5℃ | 3 | 3 | 11 | 24 |
| 凝胶强度/（×0.489Pa） | 22.2℃ | 2 | 2 | 6 | 4 |
| | 65.5℃ | 1 | 1 | 1 | 3 |

在 20℃ 条件下，$NH_4NO_3$、$CaCl_2$、$MgCl_2$、NaCl、$NaNO_3$、$ZnCl_2$ 的盐溶液浓度直至 30% 也没有絮凝现象。但是在更高的温度下，含有大量氯化物、硝酸盐的溶液可能会引起热凝胶，尤其是 MS 较高的 HEC。除了上述盐外，$Na_2CO_3$、$K_4Fe(CN)_6$、$(NH_4)_2SO_4$、$CrSO_4$、$MgSO_4$、$ZnSO_4$ 对 HEC 都有沉淀作用，但 $Fe_2(SO_4)_3$ 却例外。

HEC 水溶液与无机盐溶液的相容性见表 4-5。表 4-5 数据是把 1mL HEC 溶液加入 15g 各种盐溶液中测得的。

表 4-5　HEC 水溶液与无机盐溶液的相容性

| 金属盐 | 10%盐溶液 | 50%盐溶液 | 金属盐 | 10%盐溶液 | 50%盐溶液 |
|---|---|---|---|---|---|
| 硝酸铝 | 相容 | 相容 | 硫酸铝 | 相容 | 沉淀 |
| 氯化铵 | 相容 | 相容 | 硝酸铵 | 相容 | 相容 |
| 硫酸铵 | 相容 | 相容 | 硝酸钡 | 相容 | 相容 |
| 硼砂 | 相容 | 相容 | 氯化钙 | 相容 | 相容 |
| 硝酸钙 | 相容 | 相容 | 硫酸钙 | 相容 | 相容 |
| 硝酸铬 | 相容 | 相容 | 硫酸铬 | 相容 | 相容 |
| 磷酸二铵 | 相容 | 沉淀 | 磷酸二钠 | 沉淀 | 沉淀 |
| 氯化铁 | 相容 | 沉淀 | 硫酸铁 | 相容 | 相容 |
| 氯化镁 | 相容 | 相容 | 硫酸镁 | 相容 | 沉淀 |
| 铁氰酸钾 | 相容 | 相容 | 亚铁氰酸钾 | 相容 | 沉淀 |
| 异构亚硫酸钾 | 相容 | 相容 | 硝酸银 | 相容 | 相容 |
| 乙酸钠 | 相容 | 相容 | 碳酸钠 | 沉淀 | 沉淀 |
| 氯化钠 | 相容 | 相容 | 重铬酸钠 | 相容 | 相容 |
| 异构硼酸钠 | 相容 | 沉淀 | 硝酸钠 | 相容 | 沉淀 |
| 过硼酸钠 | 相容 | 相容 | 硫酸钠 | 相容 | 沉淀 |
| 亚硫酸钠 | 相容 | 沉淀 | 氯化锡 | 相容 | 相容 |
| 氯化锌 | 相容 | 相容 | 硫酸锌 | 相容 | 沉淀 |

### 4. 羟乙基纤维素的酶解性能

HEC 在酶作用下会发生降解，使黏度降低。抗生物降解性是用一定条件下酶进攻前后 HEC 溶液的黏度变化衡量的。改变 HEC 的分子结构可以提高其抗酶降解的能力。只有当 HEC 取代度非常高、取代基分布均匀时才能保护 HEC 少受纤维素酶的攻击,这样的产品称为"生物稳定"。

酶作用于 HEC,主要是使得未被取代的葡萄糖环间的糖苷键断裂。断裂的数目与未被取代的葡萄糖环基数量成正比,HEC 对酶的抵抗能力随着未取代的葡萄糖环和相邻二元醇羟基的数量比的降低而明显增强。MS 的增高降低了未被取代的比例并增强了抗酶性能。制备耐酶性 HEC 的关键是提高取代基分布的均匀性,这样就降低了相邻未被取代的葡萄糖环的比例,使酶降解作用的位阻变大。羟乙基化过程如果采用两步法,可适当调节淤浆中水含量来制备 HEC,第一步在较高浓度的 NaOH 溶液中进行,第二步在较低浓度的 NaOH 溶液中进行。此外,无论是用传统方法还是两步法制备 HEC 时,都可以通过加入 LiOH 和 NaOH 混合催化剂提高抗酶性。这些技术能够提高环氧乙烷对碱纤维素的可及度,可以使得纤维素结晶区变小,提高羟基反应活性,以较低的 NaOH 浓度得到取代基分布均匀的产品。

HEC 溶液受氧化作用、酸水解、加热、机械力的作用也会发生降解。如在乳胶涂料中降黏是由于氧化剂(如过硫酸钾)的存在使得 HEC 降解。改善非酶降解而引起的 HEC 黏度降低的研究和技术开发也很重要。

**5. 羟乙基纤维素的成膜性能**

HEC 可使水的表面张力略微下降。由于 HEC 的表面能小于甲基纤维素的表面能,因此仅引起少量的泡沫出现,这些泡沫可以用普通的消泡剂轻易地加以抑制。

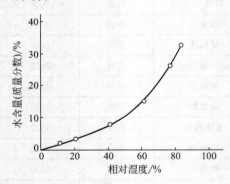

图 4-12　HEC 薄膜吸收空气中的水分
最大值与空气中湿度的关系

HEC 形成的薄膜很透明,并且可采用普通试剂(如甘油、山梨醇或聚乙二醇)用量在 5%～30% 下增塑。HEC 薄膜吸收空气中水分的过程是可逆的,其吸收量大小与空气中湿度有关(见图 4-12)。

HEC 制备的薄膜通常是水溶性的。通过与二醛、脲-三聚氰胺-甲醛树脂交联,可得到暂时性的或永久性的防水物质,这些物质在浇铸前必须在 HEC 溶液中加入足够的量。

**6. 羟乙基纤维素的保水性能**

羟乙基纤维素的保水能力比甲基纤维素高出一倍,具有较好的流动调节性。

### 7. 羟乙基纤维素的热性能

1980～1981 年 Jonathan 教授等在 95℃时对不同的纤维素醚进行加热，然后根据变色程度进行分类。结果表明，除了 EC 外，其他的纤维素醚都具有足够的稳定性，能够保证进一步的测试；MC 和 CMC 具有最高的稳定性；而聚乙烯醇、EC、聚乙烯吡咯烷酮和一些天然树胶稳定性差，比报纸的变色速度还快；HPC、HEC 和水溶性的 EHEC 被认为具有中等的稳定性。

Jonathan 教授等采用 500nm 光反射技术进行测试，过程是把干基样品粉末装入一个 $\phi 0.5\text{in} \times 2\text{in}$（$1\text{in} = 0.0254\text{m}$）高的圆柱玻璃管中，底部用环氧胶黏剂粘上一块显微镜载玻片来封端。利用分光计测量圆柱体底部载玻片上粉末的扩散反射。随着老化的进行，周期性的测定粉末树脂的反射，能够得到一个变色程度的数值：在设定 500nm 单色器中反射的减少值（$\Delta R$）。尽管得到反射值仅是对树脂变色的定性描述，但它还是能区分严重、中等、轻微变色程度的。HEC 的测试结果见图 4-13。

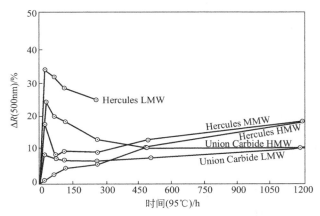

图 4-13　各种 HEC 样品在 95℃时 $\Delta R$ 与时间的关系

LMW—低分子量；MMW—中分子量；HMW—高分子量

图 4-13 显示了 HEC 的热老化测试结果。在大多数 HEC 样品中能观察到快速起始变色区，紧跟着有明显泛白过程。低分子量 HEC 变黑最厉害，高分子量 HEC 变黑程度最轻。图 4-14 表明除了变色外，HEC 在热老化时会丧失溶解性，其他带有复杂烷基或羟烷基的纤维素醚在经过长时间加热后也表现出这一行为。

### 8. 羟乙基纤维素溶液的黏度与剪切速率

中高黏度的 HEC，其溶液呈非牛顿型，显示高度的假塑性，黏度受剪切速率所影响。在低剪切速率下，HEC 分子排列是无规则的，结果形成高黏度的链缠结，提高了黏度；在高剪切速率下，分子随流动方向变为定向排列，减少了对流动的阻力，黏度则随着剪切速率的增加而下降。典型的 HEC 溶液黏度与剪切速率的关系见图 4-15。

141

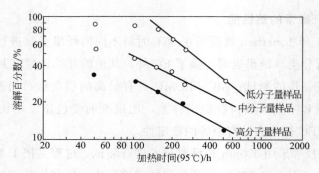

图 4-14　HEC 样品经过 95℃加热后溶解度变化的结果

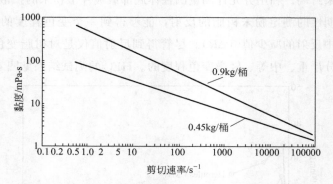

图 4-15　在淡水中 HEC 的黏度对剪切速率的关系

HEC 水溶液的流动行为是非线性的，可用幂律式表示为：

$$\tau = k\dot{\gamma}^n$$

HEC 在油田中应用很多。要计算井下条件的有效流体黏度，提取 $k$ 和 $n$ 数据很重要。表 4-6 是采用 HEC（4400mPa·s）作为钻井泥浆成分时的对应值。此表适用于在淡水和盐水（NaCl 含量为 0.92kg/L）中的各个浓度的溶液。通过该表，可以查得对应的中等（100～200r/min）和较低（15～30r/min）剪切率值。

表 4-6　HEC 溶液的流变性能及幂律常数

| HEC (0.45kg/桶) | | 视黏度 (AV) /mPa·s | 塑性黏度 (PV) /mPa·s | 屈服值 (YP) /(×0.489Pa) | 幂　律　常　数 | | | | $50s^{-1}$下的有效黏度（$n'$和$k'$） |
|---|---|---|---|---|---|---|---|---|---|
| | | | | | 100～200r/min | | 15～30r/min | | |
| | | | | | $n$ | $k$ | $n'$ | $k'$ | |
| 淡水 | 1.0 | 15.5 | 0.5 | 12 | 0.58 | 0.74 | 0.41 | 1.46 | 71 |
| | 1.5 | 29 | 15 | 28 | 0.49 | 2.73 | 0.46 | 1.60 | 186 |
| | 2.0 | 46.5 | 20 | 53 | 0.40 | 7.46 | 0.48 | 5.37 | 343 |
| | 3.0 | 92.5 | 31 | 123 | 0.30 | 27.42 | 0.48 | 31.05 | 807 |
| | 4.0 | 160 | 52 | 216 | 0.26 | 60.82 | 0.20 | 70.17 | 1512 |

| HEC (0.45kg/桶) | | 视黏度 (AV) /mPa·s | 塑性黏度 (PV) /mPa·s | 屈服值 (YP) /(×0.489Pa) | 幂律常数 | | | | $50s^{-1}$下的有效黏度 ($n'$和$k'$) |
|---|---|---|---|---|---|---|---|---|---|
| | | | | | 100~200r/min | | 15~30r/min | | |
| | | | | | $n$ | $k$ | $n'$ | $k'$ | |
| NaCl 溶液 | 1.0 | 17 | 11 | 12 | 0.58 | 0.81 | 0.58 | 0.82 | 77 |
| | 1.5 | 31.5 | 16 | 31 | 0.48 | 3.10 | 0.45 | 3.27 | 181 |
| | 2.0 | 49 | 21 | 56 | 0.41 | 7.90 | 0.51 | 5.21 | 374 |
| | 3.0 | 94.5 | 33 | 123 | 0.30 | 28.55 | 0.39 | 20.17 | 888 |
| | 4.0 | 164 | 48 | 232 | 0.26 | 65.49 | 0.26 | 60.48 | 1596 |

**9. 羟乙基纤维素的其他性能**

（1）HEC 具有优异的降失水性能　API 试验证明了这种性能，见表 4-7。

表 4-7　水泥失水试验

| HEC 用量/kg | 失水量/mL | 时间/min |
|---|---|---|
| 0 | 350 | 2 |
| 0.3 | 30~100 | 20 |

事实上，如商品羟乙基纤维素的包装不妥时，其最大含湿量可达 25%～30%。

（2）HEC 的可混用性　由于非离子型聚合物的特点，通常 HEC 溶液与大多数水溶性聚合物是相容的，对其他纤维素醚、淀粉及其衍生物、明胶、天然树胶等有兼容性。其与鞣酸、某些酚以及特殊的复合盐（如钼磷酸钠）不相容。HEC 能与表面活性剂、盐共存，是含高浓度电解质溶液的一种优良的胶体增稠剂。

（3）HEC 的温度效应　溶液温度升高时，它的黏度就会下降，且此过程可逆。

## 四、羟乙基纤维素的应用

正是由于 HEC 具有以上这些重要的特性，可以使它在增稠、悬浮、分散、乳化、黏结以及保持水分和提供胶体保护等方面得到广泛的应用。

**1. 合成树脂的聚合和共聚**

HEC 作为保胶剂，可用于醋酸乙烯乳液聚合，提高聚合体系在宽 pH 值范围内的稳定性；可使颜料、填料等添加剂均匀分散、稳定并提供增稠作用；也可用作苯乙烯、丙烯酸酯、丙烯等悬浮聚合物的分散剂；用于乳胶漆中可显著提高增稠性，提高流平性能。

HEC 作为保护性胶体与淀粉衍生物、聚乙烯吡咯烷酮、聚丙烯酰胺、聚乙烯醇等具有同样功效，与之配伍的表面活性剂是烷基或芳基乙氧基酚、环氧乙烷或环氧丙烷的嵌段共聚物和山梨醇单油酸酯类物质。HEC 又是一种高分子表面活性剂，在羟乙氧基支链与纤维素葡萄糖主链骨架之间形成了亲水/憎水平衡。在水乳胶涂料中，当 HEC 的取代度（DS）约为 1、摩尔取代度（MS）约为 2 时，复合特性最佳。在聚合体系中，通常认为：通过有效单体或保护性胶体在水体系中引发；在单体或保护性胶体溶液中接枝共聚，使亲水性和憎水链节增长；接枝聚合物从乳胶微粒上断裂，而这些乳胶微粒还会继续靠捕获引发剂成为具有更高活性的接枝聚合物或活性链段；这些活性的接枝聚合物或活性链段继续从溶液中吸收单体，进行链增长和断裂过程，直到单体或引发剂消耗到最低。

影响 HEC 保护性胶体性能的指标有 MS、黏度、浓度、含盐量和挥发物。选择黏度与浓度，是平衡体系起始黏度、最终黏度并降低成本等方面的关键。黏度过高，添加量过少，会导致接枝率下降，失去稳定性和流变平衡。从产品分子结构角度看，摩尔取代度（MS）为 2 时较为合适，因为在通常条件下，只有达到一定的取代程度，取代才能够趋于均匀，才能优化、稳定接枝聚合效果。含一定的盐，比如醋酸钠，也能够起到缓冲剂的效果。

另外，与其他纤维素醚一样，HEC 也会在外界条件作用下，尤其是大多数水溶性引发剂型氧化试剂，如过硫酸盐等，会导致羟乙基纤维素大分子氧化降解，使黏度降低，但由于同时产生大量的接枝活性末端基，导致微粒尺寸变小，体系的最终黏度反而增加。由于体系中氧的存在，在碱性环境下，羟乙基纤维素大分子同样发生氧化降解，这些反应自始至终与自由基接枝聚合同时存在着，须采取措施加以控制，以维持体系流变特性和产品的指标稳定。

保护性胶体应用的过程为：先将体系的氧用惰性气体如二氧化碳、氮气、甲烷或水蒸气进行置换，打入一定温度的软水（20～60℃），一边搅拌一边加入 HEC，使之均匀分散，然后加入缓冲剂，如醋酸钠、碳酸氢钠或硼砂等，提高 pH 值，促使 HEC 很快溶解，也可通过提高温度增加溶解的速度，然后加入非离子表面活性剂，再加入阴离子型表面活性剂，最后加入单体，调节温度，加入引发剂，开始反应。引发剂或单体可分步加入，以控制体系的聚合速度。

HEC 在氯乙烯和苯乙烯等聚合或共聚组分中，可作为保护胶体之用，它还有分散、乳化、悬浮和稳定等作用，所得聚合物的粒形均匀、松密度高、流动性和热稳定性良好。关于这方面的应用情况，举例如下。

（1）氯乙烯在 0.04%～0.25%（质量分数）的混合物（1%～99%水溶性 HEC 和 1%～99%MC），以及引发剂的存在下，进行悬浮聚合，所得氯乙烯的粒形大小均匀，易于成胶，并且所制得的透明薄膜无"鱼眼"。

（2）在 310 份单体氯乙烯、65 份醋酸乙烯和 750 份水中以 1.5 份 HEC 为保护胶体，在过氧化物引发剂和 37.5 份溶剂（丙酮或醋酸丁酯）存在下，共聚 22h，得转化率为 90%、流动性为 11s 和松密度为 0.760g/cm³ 的共聚物。无丙酮存在时，共聚物的流动性为 15s，松密度为 0.56kg/L。

（3）4950 份苯乙烯于 90℃在过氧化二苯甲酰等存在下，悬浮聚合于 3580 份水和 1.5 份 HEC 中，再加入 12.7 份 HEC 后，加热至 135℃，反应 2h 可得扁平非珠形聚苯乙烯，有 86% 可通过 BS10 目（1700μm），14% 通过 BS22 目（700μm）。

**2. 胶乳的合成和水基涂料的配制**

HEC 在乳化涂料的组分中，可防止颜料的凝胶化，有助于颜料的分散、胶乳的稳定，并可提高组分的黏度。乳化涂料或水溶性涂料可涂布于纸张、金属物件塑料片基、玻璃或灰泥土。

HEC 用于胶乳的合成和水基涂料的配制方面的情况介绍如下。

（1）醋酸乙烯单体在 HEC、壬基酚聚丙二醇和过硫酸钾等组分存在下进行聚合，可得均聚的醋酸乙烯胶乳涂料。

（2）醋酸乙烯在 HEC、壬基酚-环氧乙烷共聚物、天然树脂等以及过硫酸钾存在下聚合，可得抗凝胶化的悬浮液，并与乙二醛混合后，可成为耐水和盐类的涂膜。

（3）HEC 可直接加入造纸浆粕的分散液中，为纤维吸收，以提高纸张的湿强度和干强度，并改善它的印刷性能，提高耐油脂和溶剂的性能，或将 HEC 水溶液黏结白土或颜料，涂布于纸张表面，纸张表面经处理后，不但可提高强度，还可提高耐热性以及光高度。

（4）由 HEC、甲基乙烯醚、马来酐磷酸、重铬酸铵及水等制备涂料，可用于浸渍白铁皮（镀锌、铁片）成为黏附良好的防蚀涂料。

（5）拉伸强度为 180MPa 的聚丙烯薄膜，先涂可热封闭的硝酸纤维素后，再涂 HEC 抗静电涂料，可作为防水、抗静电、可热封闭的包装薄膜。也可将它表面处理后，使具有黏结性，涂以水溶性 HEC 和热固性树脂溶液等，干燥成为抗静电薄膜。

**3. 黏结剂的合成和配制**

HEC 在水溶性酚醛或醋酸乙烯聚合中作为乳化剂保护胶体，所得胶乳可作为黏结剂。它在水基黏结剂组分中作为黏结剂或助黏结剂，这类水基黏结剂组分可配制成在干燥后具有耐水性能，用于处理或黏结纸张、纸板、纤维板、钢板等，举例如下。

（1）将 2.1～2.8mol 的苯酚、取代酚类和/或双酚类与甲醛（每摩尔酚对应 1.0～1.4mol 甲醛），在 5%～50%（以酚计）胺、30%～60%水、2.5%～5%惰性乳剂、聚乙烯醇和 HEC 存在下聚合，所得酚醛树脂于 20℃的黏度为 2000mPa·s，可作为黏结剂处理纸张，如将硬质纸浸渍于 14％的这种树脂中，具有压纹能力为 2.6～2.8，表面电阻于 1000V 为 $1.6 \times 10^{-10}$ Ω，介电常数和介电损耗（$\tan\delta$）于 1000Hz 分别为 5.1 和 0.024。

（2）由 0.1～4 份水溶性改性剂，如 HEC、MC、CMC 或聚丙烯酸钠，1～15 份水溶性聚乙烯醇和 100 份二氧化钛或碳酸钠等颜料所配制的黏结剂，除可涂布纸张外还可胶黏纤维板，它在干燥时不发硬或起褶。这种纤维板浸渍于水中 24h，无层离现象。

（3）由 HEC、MC 或 CMC 与乙二醛等所配制的黏结剂，处理皱纹纸板使其有耐水性，可在水中耐水十天。

### 4. 纤维织物的处理和染浆

HEC 很适合于纱线上浆和织物材料的上浆及染整。经 HEC 处理过的棉、合成纤维或混纺织物提高了它们的耐磨性、染色性、耐火性和抗污性等性能，以及改善了它们的体稳性（收缩性）和提高耐穿性，特别对合成纤维，可使它具有透气性和降低产生静电。HEC 在印染浆中有增稠作用并可作为染料的载体使染料良好地分散，提高了染料的渗透性、图案的鲜亮性、织物的受染性和颜色的坚牢性等特性。关于这方面的应用情况，介绍如下。

（1）棉布浸渍于含有 27％甲醛和 25％HEC 的溶液中，然后挤至 70％含湿量，干燥后于 23℃以盐酸气体处理 15min，用水洗涤，中和后再经干燥，可使织物能耐洗和耐穿。

（2）HEC、硅酸铝分散液（硅酸铝＋壬基苯酚-环氧乙烷缩聚物＋水）、脲醛缩聚物和氯化铝的水溶液，加热处理聚酰胺织物，干燥后具有抗污性。

（3）疏水性合成纤维织物或薄膜（如聚对苯二甲酸乙二醇酯）以及它的混纺物（如尼龙、丙烯酸类、玻璃丝、聚丙烯和醋酸纤维织物以及聚酯薄膜）浸渍于含有 HEC 和锍盐的水溶液中处理后，再用烧碱液处理，可提高其染色性和吸湿性，并降低静电的产生。

（4）将少量 HEC 和聚氨酯、氯乙烯、硫酸二甲酯的浆液涂布于丙烯腈-橡胶浸渍的无纺织物，经絮凝和干燥后得细孔结构产物，涂层厚度约为 0.5mm，最大孔径为 215$\mu$m。

（5）用 3.5％～5％HEC 碱性水溶液处理棉布，进行永久性上浆，使棉布具有如亚麻的手感，如用 6％～8％的溶液处理，则赋予其较硬挺的手感。结果表明，处理后的棉布产品耐洗性提高，收缩率变小。

### 5. 用于建筑施工和建材

HEC 是水泥浆、砂浆有效的增稠剂和黏结剂，将其掺入砂浆可改善流动性和施工性能，并能延长水分蒸发时间，提高混凝土初期强度和避免裂纹。用在粉刷石膏、黏结石膏、石膏腻子上可显著提高其保水性和黏结强度。

HEC 的应用实例如下。

（1）用于建筑物外墙外保温层的黏结剂成分：20％～35％（质量分数）的纳米氧化锌改性的丙烯酸树脂、0.5％～1.5％的羟乙基纤维素、0.05％～2％的膨润土、5％～10％的 20～40 目的石英砂、15％～30％的 40～80 目的石英砂、5％～10％的 80～120 目的石英砂、5％～10％的 120～200 目的石英砂、0.03％～0.12％的消泡剂及 10％～30％的水。用该黏结剂配制的黏结泥浆中可配中、细粒度的砂子，而且其配比也较小，从而用该泥浆抹成的墙面光滑细腻不开裂。

（2）在黏结用水泥灰浆组分中，含润湿剂 HEC 和缓凝剂氟化钙，可使瓷砖永久黏结于表面上。

（3）8％～14％HEC（2％溶液于 20℃黏度为 3000～5000mPa·s）和 91％～96％ $Al_2(SO_4)_3 \cdot 12H_2O$ 混合的 10％水溶液，可用于混凝土结构灌封。

（4）在水泥、黄砂、石灰等灰浆组分中，添加 HEC 或 CMHEC 和颜料等，可薄层施涂或粉刷于石膏墙壁，有防止水溶性盐类的风化作用。

（5）在建筑外墙白色水泥灰浆中含有 HEC 和丙烯酸钙，可防止碱性碳酸盐析出。

（6）HEC 用于常用的混凝土组分中，成为易于喷涂的黄沙、水泥组分。

（7）将少量 HEC、MC 或聚氧化乙烯的固体微粒分散于水凝水泥集料中，使用时加水拌和，这种湿的可塑性水泥浆料在常用的喷涂设备中易于流动。

（8）HEC 可用于延迟普特兰水泥的硬化和凝结的组分中。

**6．药物和食品**

HEC 溶液具有黏结性和成膜性，并在溶液中具有增稠、乳化和分散等作用，可用作药物和食品的黏结剂、成膜剂、增稠剂、悬浮剂和稳定剂，并能对药物有微粒包封作用而使药物起缓释作用。低黏度的 HEC 在农药配方中作为辅助剂，可有效地悬浮固体毒性物质于水基喷雾剂中，有助于毒性药物黏附于叶面，减少漂移，增加了药效。利用其成膜性处理小麦等种子表面，形成涂层，可防止虫害。现将其在药物和食品方面的应用举例如下。

（1）抗坏血酸钠（维生素 C）和 HEC 分散于有机溶剂中，经喷雾干燥后，成为微粒包封的抗坏血酸钠盐粉末，可直接压成片剂。

（2）HEC 和马来酸-苯乙烯聚合物溶于有机溶剂中，喷于药片上成膜，易于溶解。

（3）在维生素 $B_{12}$ 的肌肉注射液中，加入 HEC 或 MC 等，有延长 $B_{12}$ 药效的作用。

（4）在液态或油状杀虫剂中添加 HEC，可使残余毒性不伤害有益昆虫，如蜜蜂等。

（5）在冰激凌、冰冻牛奶饮料中加入 HEC 作为稳定剂，可延长储存期和提高溢流性。

（6）HEC 可作为啤酒沫的稳定剂。

**7. 生活用品和文化用品**

HEC 在牙膏、牙粉、肥皂、洗液和膏乳等日用化工品领域中，作为增稠剂、分散剂、黏结剂和稳定剂等，可使制品增加密度、润滑和丝光观；利用 HEC 的成膜性，常用于制造干电池、工业上及空间勘探的蓄电池；HEC 用于造纸工业，可改善纸张的强度和体稳性等性能；HEC 也用于荧光灯管，作为荧光素的稳定剂和分散剂。HEC 的应用情况举例如下。

（1）HEC 可用于牙膏中，使牙膏具有良好的物理和化学稳定性。

（2）在碳酸钙、苯甲酸钠、甘油、香料和水的组分中加入 HEC，可配制稳定稠度的牙膏；HEC、氟化钠、磷酸等水溶液除水分后形成的干粉，易溶于水成为有机凝胶，可配制牙粉。

（3）HEC 可用于椰油脂肪酸、花生油脂肪酸的高度消毒液、消毒香皂的组分中。一般在固化之前加入。

（4）在含有 HEC 的水解纤维素的薄膜上喷涂烟草末，所卷制的香烟无不舒味。

（5）由 HEC 和 MC 所制备的碱性蓄电池薄膜可用于空间勘探。

（6）HEC 可用于空间飞船的氧化银-锌和氧化银-镉电池中。

（7）HEC 水溶液通过聚苯乙烯离子交换树脂后，加入润湿剂、脱泡剂、增塑剂和磷或颜料，所得的涂料可用于涂布荧光灯管。

（8）在造纸工业中，HEC 可在造纸的任何阶段加入。HEC 加入打浆机中有助于纤维分散，在造纸阶段的最后可改善纸张的湿强度和体稳性，也可作为纸涂料。

（9）HEC 加入涂纸的光敏剂中，可用于复制绘图线条；还可用于晒印墨，以及作为金属印刷版的涂料。

**8. 油井处理**

在钻井定井、固井和压裂操作用各种泥浆中，HEC 作为增稠剂使泥浆获得良好的流动性和稳定性，可提高泥浆携带能力，使大量水分从泥浆进入油层，稳定了油层的生产能力。

作为增稠剂、悬浮剂或分散剂，HEC 用于增稠石油钻井液来冷却铁屑和带走切割物。它的加入提高了水溶液的黏度，可以更有效地置换石油。HEC 用于水基压裂液中，经压裂技术处理能改造渗透率低的油层，可解决各油层渗透率差别所造成的层间矛盾，并可解除油井的堵塞现象。HEC 可作为钻井液、压裂液、完井和修井助剂，介绍如下。

（1）钻井液　含有 HEC 的钻井液通常用于硬岩钻井以及循环水漏失控制、过量失水、压力反常、高低不平的页岩层等特殊情况钻井。在开钻和大井眼钻井工艺中，应用效果也很好。

由于 HEC 具有增稠、悬浮、润滑等性质，用在钻井泥浆中，它能冷却铁屑及钻屑，将切割物带至地表，提高了泥浆的携岩能力。油田用它作为井洞扩携砂液效果显著。在井下，当高速剪切时，由于 HEC 具有奇特的流变行为，使钻液黏度在局部可接近水的黏度，一方面提高了钻速，使钻头不易发热，延长了使用寿命；另一方面，所钻井洞清洁，具有较高的渗透率。尤其是在硬岩层结构中使用，这种效果十分明显，可节约大量的材料。

HEC 在钻井泥浆中还可作为不会发酵的保护胶进行油井处理，并且还可用于高压（20MPa）和温度方面的测定工作。使用 HEC 的优点还在于可以使钻井与完井工艺用相同的泥浆，减少对其他分散剂、稀释剂及 pH 调节剂的依赖，液体处理及储运等均十分方便。

（2）压裂液　在压裂液中，HEC 能提黏，并且本身对油层无影响，不会堵塞裂缝，可压裂油井。它同时具有水基压裂液的一般特性，如悬砂能力强、摩擦阻力小等。由 HEC 等增稠的钾、钠、铅等高碘盐的 0.1%～2% 水-醇混合液用高压注入油井，进行压裂，可在 48h 内恢复流动性。用 HEC 制成的水基压裂液，液化之后基本无残渣，尤其适用于渗透率低、无法反排残渣的地层。在碱性条件下，HEC 与氯化锰、氯化铜、硝酸铜、硫酸铜以及重铬酸盐等溶液形成络合物，专用于携带支撑剂的压裂液。使用 HEC 可以避免因井下高温而造成的黏度损失、破裂石油层，在高于 371℃ 的井下仍然能收到较好的效果。HEC 在井下不易腐败变质，残渣低，基本不会堵塞油路和造成井下污染，要比压裂中常用的植物胶（如田菁等）好得多。研究表明，比较 CMC、CMHEC、HEC、HPC、MC 作为压裂液成分的效果，还是 HEC 最佳。

（3）完井和修井　HEC 配成的低固相完井液在接近油层时，可避免泥土颗粒堵塞油层空隙，降低失水性还会防止大量水分从泥浆进入油层，以保证油层的生产能力。HEC 可降低泥浆摩擦阻力，从而降低泵压，减少动力消耗。其优异的容盐性能也保证了在对油井酸化处理时，不析出沉淀。

在完井和修井作业中，HEC 可携带起井眼里的岩砂和碎石，使得井下的径向和纵向砂砾分布状态较好；接下来破除聚合物也很方便，极大地简化了清除修井液和完井液的过程。在某些偶然情况下，如井下条件特殊时，有必要采取矫正措施，防止在钻井和修井时泥浆不返出井口，使循环液漏失。在这种情况下，可试用以高浓度 HEC 配成的失水补救液。

在固井注水泥工艺中，HEC 具有双重功能：一是可通过降低水力摩擦，降低泵压，提高速率；二是 HEC 具有优异的保水功效，可有效地阻止水分流向岩层，致使固井不死，同时亦保护了水泥的力学性能。我国的长庆油田、胜利油田使用 HEC 顺利完成了 4000～5000m 以上深井固井作用。在固井工艺中通常使用低黏度 HEC。

**9. HEC 在其他方面的应用**

利用 HEC 的增稠、分散、成膜、悬浮等性能，它在其他方面的应用主要包括：

（1）中性磷酸酯在酸性柠檬酸液中含有增稠剂 HEC 的凝胶电解液，可作镀金液用，得 20%～80% 电流效率。

（2）含有 $Ca^{2+}$、$Mg^{2+}$、$SO_4^{2-}$、$Cl^-$ 和白色土的钻孔液中加入 HEC，具有高度热稳定性，HEC 用量为 1%～2% 和 2%～4% 的耐热温度分别为 <100℃ 和 160～180℃。

（3）铜焊浆可由 15%～30% 乳化液体组成，其中含有 HEC、乙醇、烃类、乳化剂、水和铜焊金属合金或氧化物的粉状组分，并可添加助溶剂、氧化剂和缓蚀剂等。这种铜焊接浆适用于机械施工，它耐凝固，在空气中干燥，能充分分散。

（4）可将浸蚀的铝板在含有 0.5%HEC 的 25% 磷酸中于 30V 和 10A 阳极化 6min，并涂聚肉桂酸乙烯，可用作感光印刷版。

（5）HEC 有助于水处理的絮凝作用，HEC 和（或）甲醛加入含有固体微粒的水中，其用量为 10～1000g/t，可满意地将水中固体微粒絮凝。

（6）分子量大于 $10^6$ 的 HEC 溶于硫酸铵水溶液、氨液或碱金属盐溶液中，可用于船体水下部分，来降低其摩擦阻力。

# 五、羟乙基纤维素的改性研究进展

## 1. 羟乙基纤维素的长支链疏水改性

HEC 由于其良好的水溶性、耐盐性、无凝胶点等优良性能，在增稠、悬浮、分散和保水等许多领域中应用广泛。但是由于其大分子链中缺少与亲水基团匹配的疏水基团，致使表面活性难以进一步提高。同时在某些情况下，需要适当地改善其疏水性和增稠性，以使涂料具有低喷溅性、良好的成膜性、流动性和低流挂性等。

另外通过疏水改性，在石油开采中改善其热稳定性，可减少由于水解而导致的黏度剧降。

疏水改性羟乙基纤维素（M-HEC）由于在其分子中引入少量的疏水基团而具有疏水效应，从而表现出显著的增黏性、耐温耐盐性和抗剪切稳定性，其作为水流体流度控制剂、涂料添加剂、石油开采助剂具有广泛的应用前景。

目前国外研究羟乙基纤维素的疏水改性所采用的试剂大都为环氧烷烃，而以卤代烷烃作为疏水改性试剂的报道相对比较少，且绝大部分报道都是以纤维素而不是以羟乙基纤维素为原料来进行的。美国专利 US 4228277 描述了通过使用具有长度 10～24 个碳原子的烷基的环氧链烷对非离子纤维素醚进行改性的方法。该方法的优点在于少量的疏水改性纤维素醚可使溶液黏度升高，这可以降低纤维素醚加入量。另外还介绍了以纤维素（木浆）为原料，经环氧乙烷处理后用环氧十四烷进行疏水改性的方法，所得到的疏水产物黏度均有非常显著地提高，同时也提到了溶液表面活性的变化。美国专利 US 4684704 还介绍了一种以 HEC 为原料，以环氧十六烷为疏水试剂，在辛基苯酚乙氧基化物、碳酸氢钠、磺酸醇酯的二钠盐等试剂存在条件下进行乳液聚合以对其疏水改性的方法。美国专利 US 4424347 报道以纤维素为原料，经环氧乙烷和一氯甲烷处理以合成疏水改性的羟乙基纤维素的方法，制成了不仅黏度有所增加，而且在高温和高剪切应力的条件下黏度相对稳定的产品。美国专利 US 4298728 报道了以纤维素（木浆）为原料与环氧乙烷发生醚化反应生成羟乙基纤维素，再以溴代十六烷为改性试剂对其进行疏水改性的方法，并加入硼酸盐以提高反应效率。中国专利 CN 1560083A 介绍以羟乙基纤维素为原料，以溴代十六烷、溴代十二烷和溴代癸烷为改性试剂进行疏水改性的方法，其改性产物表现出较低的临界缔合浓度和较高的黏度。

另外，还有少量关于其他改性试剂的报道：US 5302196 描述了通过 3～24 个碳原子的含氟烷基改性纤维素醚；EP 384167 描述了用具有至少 10 个碳原子的芳族烷基改性纤维素醚；许冬生等提出以烷基乙烯酮二聚体（AKD）作为疏水基团的方法；CN 1318071A 报道了在大脂族基和纤维素醚的键合之间存在聚氧乙烯间隔基的改性取代基团；CN 1194987A 描述了以烯丙基卤或烯丙基缩水甘油醚作为醚化剂合成疏水改性羟乙基纤维素的方法等。

（1）HEC 的溴代长链烷烃疏水改性　溴代长链烷烃疏水改性过程为：将一定量 HEC 浸泡于适量异丙醇（IPA）中，于常温下搅拌；密闭装置并通氮气，缓慢滴加一定浓度的活化剂溶液；经碱化后均匀升温至反应温度，缓慢加入溶于少量异丙醇的溴代长链烷烃（碳链长度为 12～16），重新密闭装置并充氮气，并在该温度下反应一定时间。倒出产品，用冰醋酸中和至 pH 为 7～8，抽滤，用不同配比的丙酮-水浸泡洗涤若干次，抽滤；最后在真空烘箱中于 50℃ 下烘干若干小时，得到产品。

与 HEC 相比，对溴代十二烷疏水改性羟乙基纤维素（BD-HAHEC）性能进行分析得出：

① 增稠性　BD-HAHEC 由于引入一定量的疏水基团，使聚合物溶液表观黏度获得了提高，达到了增稠的效果。图 4-16 所示为 HEC 与 BD-HAHEC 溶液的黏度-浓度关系曲线。

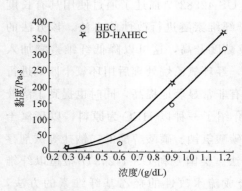

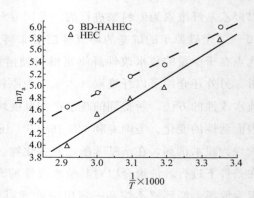

图 4-16　HEC 与 BD-HAHEC 溶液的
黏度-浓度关系曲线

图 4-17　浓度为 0.9g/dL 的 HEC 与 BD-
HAHEC 溶液的黏度-温度曲线

② 耐温性　BD-HAHEC 溶液的黏度-温度效应研究可用阿累尼乌斯公式来表征二者依赖性：

$$\ln\eta_a = \ln A + E_\eta/RT$$

以 $\ln\eta_a$ 对 $1/T$ 作图，其斜率越小，流体活化能越低，温度对黏度的影响也就越小，因此耐温性也就越好，反之亦然。图 4-17 是浓度为 0.9g/dL 的 HEC 与 BD-HAHEC 溶液的黏度-温度曲线。可见，与 HEC 相比，经疏水改性后溶液斜率有所降低，说明其溶液的耐温性有一定的增强。可能的原因是，接枝上长链烷基之后，由于侧基的空间位阻效应，大分子进行链段运动和单键内旋转所需要克服的势垒更高，因此随着温度的升高，分子运动加剧的程度趋缓，所以溶液黏度随温度的升高降低得比较缓慢。

③ 耐盐性　非极性的 BD-HAHEC 溶液中加入一价盐 NaCl 后，溶剂极性增强，非极性的疏水烷烃之间产生更为强烈的疏水缔合作用，形成更大范围的动态物理交联网络，使溶液的流体力学体积进一步增大，故溶液的表观黏度进一步增加。BD-HAHEC 在 25℃ 水溶液与 0.5％NaCl 溶液中的黏度对比见表 4-8。

表 4-8　BD-HAHEC 在 25℃ 水溶液与 0.5%NaCl 溶液中的黏度对比

| 序号 | 浓度（质量分数）/% | $\eta_a$/Pa·s | |
| --- | --- | --- | --- |
| | | BD-HAHEC | BD-HAHEC/NaCl |
| 1 | 0.3 | 11.25 | 12.50 |
| 2 | 0.6 | 92.5 | 125 |
| 3 | 0.9 | 430 | 770 |
| 4 | 1.2 | 610 | 835 |

④ 流变性　在 30℃ 条件下，分别在 BD-HAHEC 和 HEC（0.9g/dL）溶液中逐渐改变剪切速率，测得 BD-HAHEC 和 HEC 溶液黏度随剪切速率变化的关系曲线，如图 4-18 所示。

由图 4-18 可知，当剪切速率较小时，BD-HAHEC 溶液黏度随剪切速率的增加其下降程度比 HEC 有所降低，这说明 BD-HAHEC 溶液抗剪切应力的性能得到了相应的增强；随着剪切速率的增加，两条曲线斜率趋于一致。可能的原因是，HEC 在接枝上长链烷烃之后，其疏水缔合和形成氢键的程度增加，再加上侧基的空间位阻效应，阻碍了分子链的延展伸长，因此随着剪切速率的增加其溶液

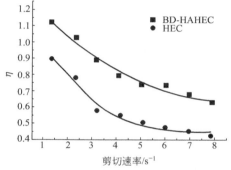

图 4-18　BD-HAHEC 与 HEC 溶液
黏度随剪切速率变化的关系曲线

黏度降低的程度变得比较缓慢；随着剪切速率的增加，疏水侧基所带来的影响越来越小，因此 BD-HAHEC 溶液黏度的变化与 HEC 溶液趋于一致。

在合成疏水改性 HEC 的过程中加入少量硼酸盐 $Na_2B_4O_7$，可以在水溶液中水解后与多糖分子中的羟基形成四配合体。HEC 及其改性分子中大量存在的羟基容易与硼酸盐中的硼原子络合形成配合物，因此可以起到交联增稠的作用；但同时由于减少了反应活性点，交联作用阻碍了反应进行，使得产物的取代度降低，黏度下降。产品黏度的变化受以上两种机理的共同影响，通常以前者为主导因素。BD-HAHEC 交联增稠的反应方程式如下。

研究结果表明，改用溴代十四烷作为疏水改性试剂，在相同的实验条件下，可合成出链长不同的疏水改性羟乙基纤维素 MD-14。在产品取代度和聚合度一致的前提下，采用溴代十四烷疏水改性的 HEC 黏度比溴代十二烷改性的 HEC 黏度高。这说明在一定范围内，随着接枝的疏水取代基链长的增加，改性羟乙基纤维素溶液的疏水缔合作用是不断增强的。

　　疏水改性羟乙基纤维素与普通羟乙基纤维素相比，其水溶液在增稠性、耐温性、耐盐性、抗剪切性等性能上均有不同程度的提高。

　　(2) HEC 的含聚氧乙烯基的大脂族基团疏水改性　普通 HEC 在涂料中应用时，其黏稠性、流平性、抗流挂性、喷溅性、颜料性能以及生物稳定性等不能够完全满足要求，这可以通过改性达到目的，途径是采用含聚氧乙烯基的大脂族基团对其进行疏水接枝改性（见图 4-19）。这种改性取决于疏水取代基的存在与否，以及疏水基团的大小（该取代基在大脂族基和与纤维素醚的键合之间存在聚氧乙烯间隔基）。

图 4-19　改性羟乙基纤维素的
疏水作用示意图

（图中标注：聚合物主链　疏水基团）

　　HEC 的疏水改性是通过疏水基团与水分子的作用以及疏水基团之间的相互缔合作用实现的，即疏水基团容易产生聚集、缔合，从而使纤维素醚溶液的黏度提高。

　　HEC 含聚氧乙烯基的大脂族基团改性的疏水取代基基团的通式为：

$$RO—(A)_n—CH_2CH(OH)CH_2—$$

　　其中，R 是含 8～36 个碳原子的烷烃疏水基团；A 是具有 2～3 个碳原子的烯化氧基；$n$ 的范围为 0～6。

　　间隔基的长度，即亲水基团 $—(C_2H_4O)_n$ 的长度能够提高涂料的稠度、流平性和高剪切黏度，如 $C_{14}H_{29}O—(C_2H_4O)_{1.5}—CH_2CH(OH)CH_2—$ 比 $C_{14}H_{29}O—(C_2H_4O)_5—CH_2CH(OH)CH_2—$ 的增稠作用强。改性 HEC 可以提高水溶液的黏度，改变溶液的流变性能，并可以在较宽的 pH 值范围使用，能够与盐类、表面活性剂、分散剂和乳液相容。其反应原理如下。

$$C_{14}H_{29}OH + 2CH_2\overset{O}{\diagup\diagdown}CH_2 \longrightarrow C_{14}H_{29}O—(C_2H_4O)_2H$$

$$C_{14}H_{29}O—(C_2H_4O)_2H + 2CH_2\overset{O}{\diagup\diagdown}CH—CH_2—Cl \xrightarrow[60～70℃]{SnCl_4} C_{14}H_{29}O—(C_2H_4O)_2CH_2—CH\overset{O}{\diagdown\diagup}CH_2$$

$$Cell(OH)_3 + NaOH + H_2O + CH_2{-}CH_2 + C_{14}H_{29}O{\Large(}C_2H_4O{\Large)_2}CH_2{-}CH{-}CH_2$$

以下の図：

$$\longrightarrow Cell{-}(OH)_{3-x-y} \begin{array}{l} (OCH_2CH_2O)_x{-}H \\[4pt] [OCH_2CH_2OCH_2CHCH_2(OC_2H_4)_nOC_{14}H_{29}]_y \\[4pt] \qquad\qquad\qquad OH \end{array}$$

经过疏水改性的纤维素醚是性能优越的增稠剂，在涂料中加入后有利于提高涂料的成膜性、流动性和流平性，降低涂料的喷溅性和流挂性。

**2. 羟乙基纤维素的阳离子化改性**

HEC 经过阳离子化改性可以得到新型的阳离子表面活性剂，是洗涤、化妆品领域的新产品。在国外，美国联合碳化物公司、美国淀粉公司都生产水溶性阳离子纤维素醚，它主要应用于化妆品中。美国联合碳化物公司的产品是以羟乙基纤维素作为母体生产的，它的商品牌号为 JR；美国淀粉公司产品的商品牌号叫 Celquat；日本专利 JP-B45-20318 也有详细的相关介绍。

阳离子化改性 HEC 产品的溶液是相对稳定的，但当 pH 值在 3~8 之间时，当被纤维素酶攻击或在易生长细菌的溶液中是不稳定的，解决方法是在溶液中添加防腐剂。乙醇的存在使生物酶的攻击减少至最小，同样浓度的产品在含乙醇的水溶液中的黏度往往会比在纯水中的黏度高。阳离子化改性 HEC 水溶液黏度随温度的升高而降低，摩尔质量较低，对于低黏度体系，在低剪切条件下往往显示出牛顿流体特性；较高黏度级别产品即使在低剪切时都显示出假塑性流体特性和黏度下降的不规则性。

制备阳离子化改性 HEC 的生产过程是首先生产阳离子季铵化剂（如 3-氯-2-羟丙基三甲基氯化铵和缩水甘油基三甲基氯化铵），然后在苛性碱存在下，将羟乙基纤维素与阳离子季铵化剂反应。

3-氯-2-羟丙基三甲基氯化铵是通过三甲基胺和环氧氯丙烷反应而制得的，其步骤是：将 18.5 份环氧氯丙烷与 11.8 份三甲基胺混合，分散在 100 份水中，在室温下搅拌 5h，于 30℃真空浓缩成浓浆，用冰水收集挥发物。

阳离子醚化剂缩水甘油基三甲基氯化铵是通过三甲胺气体与环氧氯丙烷反应而制得的。其步骤是：在装有电动搅拌器和温度计的 250mL 干燥的三口烧瓶中，加入 1.0mol 环氧氯丙烷，并通过水浴锅控制反应温度为 25℃，然后通入干燥的三甲胺气体，控制反应体系为恒温 25℃。通气量约达 0.35mol 后停止通气，继续在 25℃搅拌反应 3h，反应结束后用抽滤法分离出反应产物，并以丙酮洗涤产物，真空干燥后得白色晶体，迅速移入干燥的样品瓶中密封好，再放置于干燥器中备用。

所制备缩水甘油基三甲基氯化铵的通式为：

$$-[CH_2-CH-O]_a-CH_2-CHCH_2-N^+-R_3 \cdot X^-$$

其中，$R_1$ 为 H 或甲基；$a$ 为 1～6；$R_2$、$R_3$、$R_4$ 为碳链长为 1～16 的烷基；X 为卤素。

制备阳离子化改性羟乙基纤维素的基本步骤如下。

（1）将羟乙基纤维素与异丙醇或叔丁基醇的水溶液混合分散；

（2）向反应体系中加入碱液碱化若干时间；

（3）向反应体系中加入阳离子醚化剂，升温至反应温度并保持若干时间以进行 HEC 的阳离子化，所加入阳离子量约为羟乙基纤维素中葡萄糖单元物质的量的 0.2～2.0 倍；

（4）加入盐酸、硫酸等进行中和，于一定浓度的丙酮水溶液中进行产品后处理。

第二种阳离子化改性纤维素醚是二乙氨乙基纤维素。它是用碱纤维素和二乙氨乙基氯盐酸化合物反应得到的，其中阳离子化的过程是在既有酸又有碱的环境中完成的。包括二乙氨乙基纤维素和羟丙基三甲基氯化铵羟乙基纤维素在内的两种阳离子化改性纤维素醚产品均已申请专利。

阳离子化改性纤维素醚广泛用于日用品、化妆品等中，如清洗剂、处理剂、洗发剂、定型剂、洗涤剂、漂洗剂、调节剂、修饰剂、液体香皂以及皮肤护理剂等，还有奶油中也被推荐使用。

# 第二节　羟丙基纤维素

羟丙基纤维素（hydroxypropyl cellulose，HPC）是纤维素经碱化、醚化、中和及洗涤等工艺过程得到的一种羟烷基纤维素，也是典型的非离子型醚。

羟丙基纤维素可溶于 40℃ 以下的水和大量极性溶剂中，而在较高温度（>40℃）的水中不溶解，且溶解性与摩尔取代度（MS）有关，MS 越高，可溶解 HPC 的水温要越低；HPC 具有较高的表面活性；HPC 同样还是热塑性材料，在 100℃ 以上可通过模压和挤压成型得到制品；HPC 浓溶液可形成液晶；与其他纤维素醚相比，HPC 有较低的平衡湿含量。

目前羟丙基纤维素主要由美国 Hercules 公司（商品牌号为 Klucel）和日本 Nippon Ssda 公司（商品牌号为 Nisso HPC）生产，还有日本 Shin-Etsu 株式会社等公司，每年产量估计为 1 万多吨。我国在 20 世纪 80 年代中期有几个工厂曾经试制过，已经具有规模化生产的技术与能力，但至今未形成大规模生产，产品大多不是水溶性的。

## 一、羟丙基纤维素的合成原理与结构

羟丙基纤维素的合成原理与羟乙基纤维素相似，都是双分子亲核取代。

将碱纤维素与环氧丙烷在有机稀释剂存在的条件下反应得到 HPC，这一过程理论上不消耗碱，但是碱起润胀纤维素和催化环氧丙烷开环反应的作用，所以加入碱的量对醚效、产品性能都会有直接影响。

由于羟丙基取代后，侧链上仍然存在仲醇羟基可以与环氧丙烷继续进行反应，生成聚丙烯氧侧链，原则上是可以形成长的支链，反应如下：

$$RcellOH \cdot NaOH + nCH_3\overset{O}{\overset{\frown}{CH}}-CH_2 \longrightarrow RcellO(CH_2\overset{CH_3}{\underset{}{CHO}})_n H + NaOH$$

该反应中没消耗碱，碱在醚化前是使纤维素充分溶胀而形成碱纤维素，即碱的作用在于赋予纤维素分子中羟基活性。

在醚化反应中碱作为催化剂，其水溶液为醚化剂转移载体。由于取代基上甲基存在空间位阻效应，对进一步醚化有去活化作用（deactivating effect），使羟丙基纤维素的醚化反应速率变缓，只有 HEC 的 1/4，且取代基上的羟基反应活性也低，所以 HPC 分子链上取代基的分布较 HEC 均匀。较高 MS 的 HPC 对微生物降解敏感的未取代葡萄糖单元少。与 HEC 相比，HPC 具有良好的抗酶性。

HPC 制备过程中的主要副反应是环氧丙烷水解。在碱存在条件下，水解产物与环氧丙烷反应，有 $(CH_3-CHOH-CH_2)_2O$ 生成，所以要尽量减少并控制好反应过程的水含量。反应过程可简单描述如下。

$$CH_3-\overset{O}{\overset{\frown}{CH}}-CH_2 + H_2O \longrightarrow CH_3-\overset{OH}{\underset{}{CH}}-CH_2-OH$$

$$CH_3-\overset{OH}{\underset{}{CH}}-CH_2-OH + CH_3-\overset{O}{\overset{\frown}{CH}}-CH_2 \xrightarrow{NaOH} CH_3-\overset{OH}{\underset{}{CH}}-CH_2-O-CH_2-\overset{OH}{\underset{}{CH}}-CH_3$$

如果反应介质中有其他醇（ROH，稀释剂）存在，还可能有生成相应醇醚的副反应：

$$ROH + CH_3-\overset{O}{\overset{\frown}{CH}}-CH_2 \xrightarrow{NaOH} CH_3-\overset{OH}{\underset{}{CH}}-CH_2-O-R$$

羟丙基纤维素的 MS 约为 3，DS 为 2.2～2.8，DP 为 150～3000，分子量为 6 万～120 万。根据 Lee 等核磁共振谱的测定，商品用 HPC 的平均侧基长度为 1.6 左右，3 个羟基都被取代。当 MS=4.1 时，C(2) 和 C(6) 位上羟基的 DS=0.95，

C(3) 位上羟基的 $DS=0.6$，这与 HEC 的情况差别很大。正是 HPC 侧链上侧甲基的立体阻碍，使侧链上的羟基继续反应性降低，其取代基的分布均匀些，从而赋予其许多不同于 HEC 的特性。

羟丙基纤维素的红外光谱图见图 4-20。

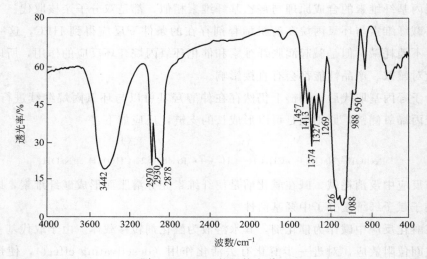

图 4-20　HPC 的红外光谱图

通过 $^{13}$C-NMR 和 $^1$H-NMR 分析 HPC 乙酰化衍生物的取代基分布是一种有效的方法。通过乙酰化预处理，采用 $^{13}$C-NMR 和 $^1$H-NMR 手段对取代度范围较宽的各种羟丙基纤维素样品进行分析，可得到产品的结构特征，包括：摩尔取代度（$MS$）、总取代度（$DS$）以及羟基在葡萄糖环上不同位置上的平均分布。

在醚化反应的初始阶段，位于 C(2) 位的羟基基团与环氧丙烷的反应速率最快，而 C(6) 位的羟基是逐渐地被消耗，直到最后阶段 C(6) 上取代度才达到与C(2) 位相同的水平。C(3) 上羟基基团与环氧丙烷的反应速率最慢，但是，当$MS$ 达到 3.68 时，C(3) 上的羟基大部分已被消耗掉。葡萄糖环上羟基的反应活性规律，即 C(2)＞C(6)＞C(3)，在这里仍然成立。但是，在定量估算葡萄糖环上羟基和羟丙氧基末端羟基的反应活性时应格外注意，因为碱纤维素和环氧丙烷的反应具有非均相的特征。与纤维素的结晶相相比，无定形区的反应更容易发生，从而导致根据统计计算所估算出的取代基分布产生差异。

## 二、羟丙基纤维素的制备工艺

羟丙基纤维素的生产为：首先制得合格的碱纤维素，然后与醚化剂反应、中和余碱、产物分离纯化，干燥、粉碎得到产品。

通常的淤浆法技术制备 HPC 时，碱纤维素一般以粉状浆粕或粉碎后的精制棉为原料，分散在有机稀释剂中，与 NaOH 水溶液于室温下作用而制得。常用的有机稀释剂有醇（如异丙醇、叔丁醇）、丙酮，也有用醚化剂环氧丙烷。

碱纤维素的组成对于制取水溶性良好、反应均匀的产品是至关重要的，适宜的组成是纤维素与 NaOH 的物质的量比为 1：(0.2～0.4)；水与纤维素原料质量比为 1：(0.15～0.30)，水含量应尽可能低以减少副反应。稀释剂与纤维素质量比，视反应设备不同在 (3～15)：1 之间变动。

醚化反应所用的有机稀释剂可以是碱化时所用的 IPA、TBA 等，也可以使用非极性的如己烷、甲苯等或混合物。一般认为 50℃ 以下反应速率很慢，而 80℃ 以上副反应很快，因而反应温度以 55～85℃ 为宜，反应时间为 5～10h。

HPC 的纯化比 HEC 简单得多，只须将中和分离出来的粗品放入 85℃ 以上热水中反复漂洗，就可将水溶性盐、丙二醇等杂物除去，达到纯化目的。

低取代的 HPC 可通过普通淤浆工艺制备。而高取代度 HPC 的生产则用两步法以避免碱化过程中过度膨胀，有利于提高溶解性、环氧丙烷的利用率及产品纯度。碱化过程中的惰性溶剂可以是 3～5 个碳原子的醇（如异丙醇、戊醇、叔丁醇）、二氧六环、丙酮和环氧丙烷，而醚化过程的非溶剂可以采用脂肪烃和芳香烃，还有烷基醚等。

得到的 HPC 可用热水洗涤（因为它在 45℃ 以上不溶），分散性很好的 HPC 产品最后还可以用乙二醛处理后再干燥并包装。许多专利已经报道了关于处理过程的改进方法，包括中间步骤的碱纤维素的干燥、碱纤维素的浸润以降低 NaOH 的浓度、在羟丙基化反应过程中用胺催化剂等。

以下列举两个 HPC 的生产工艺。

(1) 将 100 份木浆粕（100 目）、50～100 份 IPA 和 280 份 PO 加入捏合机中，在 $N_2$ 氛围下搅拌 20min。然后将温度升至 60℃ 并在此温度下反应 5h，升温至 70℃ 反应 1h。分离反应混合物，粗产物放入 90℃ 左右热水进行中和、洗涤，纯化后产物经离心脱水、干燥得到 HPC。其 MS 为 3.6，醚化效率为 46.0%，在水和乙醇中溶解，2% 溶液的透光率在 95% 以上。如果原料浆粕细度达不到 100 目以上，或者增大 IPA 和 PO 用量，都会降低 MS 和醚化效率。

(2) 将 1 份粉状浆粕加入由 13 份 TBA、1.4 份水和 0.1 份 NaOH 组成的混合物中，在 25～40℃ 下搅拌混合 1h 制得碱纤维素浆料。离心过滤除去大部分 TBA 后得压榨比为 1.52、含纤维素 61.3%、NaOH6.3%、水 15.4% 和 TBA17.0% 的碱纤维素。将此碱纤维素 6.5 份加入醚化反应器，用氮气置换空气后加入 28 份己烷和 6.4 份 PO，搅拌、升温，在 80℃ 反应 3h。此时已生成的 HPC 的 MS 为 2.3。

冷却反应混合物至50℃，加入2份水和3.6份PO，再将温度升至80℃反应2h左右。中和、分离出粗产物并用热水洗净，干燥、粉碎得产品HPC。其MS为3.5，醚化效率为50%，在水、甲醇、乙醇和IPA、TBA中溶解，2%溶液的透光率在93%以上。

理论分析与实际经验都表明，对纤维素原料进行充分粉碎是必要的。粉碎可以降低纤维素的结晶度、提高反应的可及度，也易使其更均匀地分散在惰性介质中，防止原料团聚黏结，达到均匀醚化目的。同其他纤维素醚合成一样，HPC也可使用各种碱使纤维素碱化，包括金属氢氧化物（如NaOH、KOH）和有机碱（如三甲基苯铵氢氧化物、二甲基二苯铵氢氧化物、四甲基铵氢氧化物），不过最常用的是NaOH。

碱化、醚化时采用各种惰性溶剂的目的是提高醚化剂的醚效和反应均匀性。碱化要求在较低的温度下进行（0～35℃），温度和时间的调节视原料来源和对产品的具体要求而定。

除了环氧丙烷外，制备HPC也可以采用氯丙醇作为醚化剂。醚化反应的温度和时间可在很大范围内变动，两者有相反的关系，即反应温度越低，反应时间越长，反应温度在20～150℃范围内，反应时间可在15min～48h间调节，通常反应在65～95℃下进行，反应时间为5～16h。

由于HPC明显的热凝胶性，工业上纯化很方便，即将脱液后的粗HPC放入85～95℃热水中充分搅拌，这时HPC不会溶解而沉淀，而盐和杂质会溶出。

中和过程可在粗制HPC的洗涤过程中进行，也可在已洗涤的HPC中进行，可使用磷酸、乙酸、盐酸、硫酸等酸，前二者由于较易控制pH值，使用效果较好。

为了制取宽黏度范围的HPC产品，可在纤维素的碱化、醚化和纯化阶段加入黏度降低剂，如次氯酸盐、次溴酸盐、次碘酸盐、过氧化物（如$H_2O_2$）、高碘酸盐、高锰酸盐、金属次氯酸盐（如NaClO），碱化时传统的氧化催化剂（如锰盐、钴盐、铁盐）都起降黏作用，当然还必须配合工艺操作条件进行全面考虑。提高黏度则采用充惰性气体、抽空气或加抗氧剂等方法。

通过研究不同配比对产品性能的影响得出，在有机溶剂存在的条件下，较适宜的配比（质量比）为：NaOH/纤维素＝0.02～0.2（0.1左右醚效最高）；有机稀释溶剂/纤维素在碱化阶段为8～12，在醚化阶段为1～5；水/纤维素在碱化阶段为0.5～5，在醚化阶段为0.3～2；碱化后的压榨比为2.5～3.0，视所用醚化剂用量的不同（环氧丙烷/纤维素＝2.5～12），可制取MS为2～10的羟丙基纤维素。

例如，将20份细切木浆加入260份稀释剂和计量好的NaOH、水中，在室温下搅拌 1h，从生成的碱纤维素中分离去 220 份液体，粉碎后放入压力容器中，加入环氧丙烷（环氧丙烷/纤维素＝2.5）于 70℃下反应 16h，然后将固定产物加入搅拌的沸水中洗涤，用 85％磷酸将 HPC 浆粥调至 pH＝7.0，再用 85～95℃热水继续洗去盐和其他杂质。随配比和使用稀释剂的不同，得到表 4-9 所示不同 MS 的 HPC。

一些 HPC 生产的改性方法得到研究，例如，探索在反应过程、洗涤过程中采用水/异丙醇/正丁醇、水/异丙醇/异丁醇、水/异丙醇/叔丁醇溶剂体系，目的是提高醚效、便于脱溶、洗涤，提高产品的质量。

表 4-9　不同稀释剂制备的 HPC

| 稀释剂 | NaOH/纤维素 | $H_2O$/纤维素 | 压榨比 | MS |
| --- | --- | --- | --- | --- |
| 乙醇 | 0.1 | 1.1 | 3.58 | 0.97 |
| 异丙醇 | 0.1 | 1.1 | 3.11 | 3.15 |
| 异丙醇 | 0.3 | 1.3 | 3.51 | 2.95 |
| 叔丁醇 | 0.3 | 1.3 | 3.39 | 2.50 |
| 戊醇 | 0.3 | 1.3 | 3.89 | 1.94 |
| 二噁烷 | 0.3 | 1.3 | 4.12 | 2.33 |
| 丙酮 | 0.3 | 1.3 | 3.19 | 2.34 |

武汉大学周金平和张俐娜等其至探索采用均相技术合成羟丙基纤维素。其方法是在纤维素的 NaOH/尿素均相水溶液中加入环氧丙烷，于 −6～60℃搅拌反应 10min～80h，然后加入醋酸中和反应液至中性停止反应；反应液经反复洗涤、真空干燥得到高纯度、高均匀性的羟丙基纤维素。该方法主要是针对低聚合度的原料，所用溶剂体系无毒、无污染、价格低廉；所得产品纯度高，取代基在纤维素葡萄糖单元上分布均匀，且纤维素基本上未降解。由此开辟了一条低成本、无污染、水溶液体系制备羟丙基纤维素的新途径。

不同公司对羟丙基纤维素的分类是不同的，以美国 Hercules 公司为例，生产的商品牌号为 Klucel，有 H、M、G、J、L、E 等各种级别，MS 为 4 左右，在水或乙醇中，1％浓度的溶液黏度、分子量见表 4-10，表中黏度为 Brookfield 回转黏度计的测定值。

表 4-10　羟丙基纤维素的商业分级

| 商品级 | 浓度/% | 黏度/mPa·s | $M_w$ | 商品级 | 浓度/% | 黏度/mPa·s | $M_w$ |
| --- | --- | --- | --- | --- | --- | --- | --- |
| H | 1 | 1500～3000 | 1000000 | J | 5 | 150～400 | 150000 |
| M | 2 | 4000～6500 | 800000 | L | 5 | 75～150 | 100000 |
| G | 3 | 150～400 | 300000 | E | 10 | 300～700 | 60000 |

### 三、羟丙基纤维素及其溶液的性能

羟丙基纤维素是一种具有热塑性的非离子型纤维素醚，在水和许多有机极性溶剂中有良好的溶解性能，溶液是清澈、光滑的。HPC 溶液的黏度随剪切速率而变化，为非牛顿流体，很少或没有触变性。其水溶液具有中等程度的表面活性，在水分散体系中可产生增稠和稳定作用。当浓度很高时，HPC 呈现液晶特性。

但作为一种羟烷基纤维素，羟丙基纤维素与羟乙基纤维素有明显的性能差异。由于侧链上存在甲基，HPC 与 HEC 比较有以下三个不同性质。

（1）HEC 可溶于水（低取代时只溶于稀碱液中），HPC 可溶于很多有机溶剂中，但中等取代的 HPC 能溶解于低温水。通常，水温高于 40～45℃ 时 HPC 即不溶解，出现浊点，在浊点时溶液黏度迅速下降，接近于水。其原因是温度升高，水和高聚物之间的水合作用变得很微弱，分子内氢键作用加剧，使溶解性变差甚至发生析出，析出时的温度为始凝点。这一现象与甲基纤维素一样，是可逆的。

（2）固态 HPC 是热塑性的，在 100℃ 下（或更高温度，视分子量大小不同而异）可以挤压或注射成型，而 HEC 没有热塑性。

（3）HPC 的分子链刚性大，其浓溶液可形成液晶，具有双折射特性。折射光的波长取决于溶液的浓度、温度和剪切力。HEC 无此特性。

侧链上的甲基使 HPC 较 HEC 更疏水，可溶于很多有机溶剂中，如乙酸、丙酮/水（9/1）、苯/甲苯（1/1）、叔丁醇/水（9/1）、氯仿、环己酮、二甲基甲酰胺、二甲基亚砜、甲醇、乙醇、异丙醇（95％）、2-氯乙醇、四氢呋喃、甲酸（88％）、吡啶等。

#### 1. 羟丙基纤维素及其水溶液的典型物理性质

HPC 及其水溶液的典型物理性质见表 4-11。

表 4-11　HPC 及其水溶液的典型物理性质

| 性　质 | | 数　值 | 性　质 | 数　值 |
|---|---|---|---|---|
| **聚合物(固体粉末)** | | | **水溶液** | |
| 外观 | | 灰白色,无臭,无味 | 密度(2%,30℃)/(g/cm³) | 1.016 |
| 密度/(g/cm³) | | 0.5 | 折射率 $N_D^{20}$ | 1.337 |
| 软化点/℃ | | 130 | 表面张力(0.1%)/(mN/m) | 43.6 |
| 灼烧温度/℃ | | 450～500 | 界面张力(0.1%,矿物油)/(mN/m) | 12.5 |
| 黏度 | 通过 590μm(30 目)的百分数/% | 95 | | |
| | 通过 840μm(20 目)的百分数/% | 99 | 容重/(kg/L) | 0.33 |
| 灰分(以 Na₂SO₄ 计)/%(最大) | | 0.5 | pH 值 | 5.2～8.5 |
| 湿含量/%(最大) | | 5.0 | 浊点/℃ | 40～45 |

### 2. 羟丙基纤维素的溶解性能

HPC 可溶于冷水。HPC 水溶液加热到 40～45℃时会出现浊点，聚合物开始从溶液中沉淀出来，溶液黏度迅速下降直到接近纯水。溶液中有其他成分存在会影响其浊点，某些离子型表面活性剂如十二烷基硫酸钠也可使浊点升高，温度可高达 95℃以上。

由于取代基的特性与分布的差异，HPC 憎水性较 HEC 强，所以 HPC 还可溶于多种有机溶剂，得到流动特性和水溶液相同的有机溶液，但黏度稍低于水溶液。HPC 的有机良溶剂多为极性有机液体，包括甲醇、乙醇、丙二醇、二噁烷及乙二醇单乙醚等；非极性的脂肪烃或芳香烃类除非与甲醇或乙醇混合使用，否则不能溶解 HPC。

### 3. 羟丙基纤维素水溶液的流变性

HPC 水溶液具有特别的平滑流动性能，几乎没有触变性。当然在高剪切速率的条件下，HPC 水溶液也具有假塑性流动特性，黏度会暂时降低。HPC 的分子量越小、外加的剪切速率越低，则黏度降低的数值会越小。

### 4. 羟丙基纤维素水溶液受浓度、温度的影响

HPC 水溶液的黏度随浓度的提高而迅速增加，室温下黏度变化与浓度的关系见图 4-21。

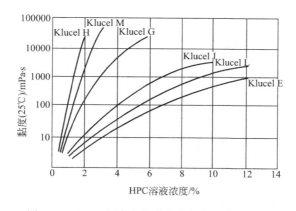

图 4-21　HPC 水溶液的黏度变化与浓度的关系

在浊点温度以下，HPC 水溶液的黏度随温度升高、降低分别均匀地降低与增加，这和其他纤维素醚一样。温度上升时，HPC 水溶液的黏度就下降。温度每上升 15℃，黏度就下降一半，一直到沉淀温度（40～45℃），都有这种情况。

值得注意的是，HPC 水溶液有一沉淀温度。当温度达到 40～45℃时，HPC 水溶液有云雾和黏度明显下降的现象，HPC 在水中沉淀，这种沉淀是完全可逆的。

HPC从溶解到沉淀的转化过程中，没有胶状物的形成，唯一的表观黏度变化就是黏度迅速下降。图4-22是温度变化对HPC水溶液黏度的影响。

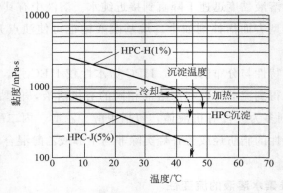

图4-22　温度变化对HPC水溶液黏度的影响

HPC在水溶液中沉淀的形成不仅依赖聚合物的分子量，而且和溶液中的其他物质及是否搅拌有关。高黏度的HPC在搅拌和加热下会凝聚形成纤维状的沉淀。加入其他纤维素醚和表面活性剂可以降低HPC凝胶的趋势。

加入能溶解HPC的有机溶剂，就可以提高HPC的沉淀温度。在HPC水溶液中，添加其他溶解性物质的相对浓度越高，HPC的沉淀温度就越低。表4-12列出了氯化钠和蔗糖对HPC的沉淀温度的影响。

表4-12　溶液的组成和浓度对HPC的沉淀温度的影响

| 溶液的组成和浓度 | 沉淀温度/℃ | 溶液的组成和浓度 | 沉淀温度/℃ |
| --- | --- | --- | --- |
| 1%HPC-H | 41 | 0.5%HPC-H+20%蔗糖 | 36 |
| 1%HPC-H+1.0%NaCl | 38 | 0.5%HPC-H+30%蔗糖 | 32 |
| 1%HPC-H+5.0%NaCl | 30 | 0.5%HPC-H+40%蔗糖 | 20 |
| 0.5%HPC-H+10%蔗糖 | 41 | 0.5%HPC-H+50%蔗糖 | 7 |

### 5. HPC和表面活性剂的相容性

HPC和表面活性剂的相容性与表面活性剂的类型及浓度有关，也和HPC的类型及浓度有关。由于存在羟丙氧基，HPC比其他水溶性纤维素醚更显亲脂性，因此，HPC和许多阴离子、阳离子、非离子及两性表面活性剂相容。

研究表明，HPC溶液中加入某一阴离子表面活性剂有助于在高于正常雾点的温度下提高溶液的黏度。HPC和月桂基硫酸钠的比例为3:1或更小时，雾点超过70℃。在某一其他比例时，更会得到高于95℃的雾点温度。

离子型表面活性剂中，月桂基硫酸钠、月桂基硫酸铵、月桂醇醚硫酸盐对提高沉淀温度是有效的，而非离子表面活性剂对提高沉淀温度是无效的。

**6. HPC 水溶液黏度的稳定性**

和其他水溶性聚合物一样，HPC 在化学和生物降解后，HPC 溶液的黏度会下降，分子量会减少。在严重的生物降解中，会发生一些溶液的透明度降低现象。相对而言，HPC 比其他纤维素醚更具有强的抗化学降解和生物降解的能力。

（1）作为非离子聚合物，HPC 水溶液的黏度不受 pH 变化的影响。当 pH 在 2～11 范围外变化时，溶液的黏度维持不变。当 pH 在 6～8 之间，并且能避免光、热和微生物的作用时，HPC 水溶液的黏度最稳定。

当要求长期储存的稳定性时，溶液的 pH 值是一个非常重要的考虑因素，因为 HPC 长期在强酸和强碱下会发生降解。

（2）HPC 水溶液容易受到酸水解，产生断链和黏度下降。水解的速率随温度上升和 $H^+$ 的浓度增大而加快，所以 HPC 水溶液应该在 pH 为 6～8 之间缓冲，并维持在低温，以减少酸水解的现象。碱的催化氧化也会使 HPC 降解并且使溶液的黏度下降，因为溶液中存在着溶解的氧和氧化剂。在碱性条件下过氧化剂和次氯酸钠的存在会使 HPC 迅速降解。另外，紫外光会降解 HPC，当 HPC 溶液在阳光下暴露几个月，黏度就有一定程度下降。

（3）HPC 由于取代比较充分，对微生物侵蚀不像 HEC 那样敏感，所以抗生物降解性优良。

霉菌和细菌产生的纤维素酶对高取代度的 HPC 的降解作用影响较小，但 HPC 水溶液在剧烈的条件下易降解，会引起黏度下降，只有加入防腐剂才能延长储存。溶液中的微生物作用产生的某些酶还是会降解 HPC，因此如果在制备溶液的水中存在微生物污染，在溶解 HPC 前就必须进行杀菌处理。

有机溶剂的 HPC 溶液一般不需要添加防腐剂。

**7. 防腐剂**

甲醛、苯酚是有效保护 HPC 溶液的防腐剂。

**8. 无机盐的影响**

无机盐混合在 HPC 水溶液中时，如果无机盐的浓度相对很高，HPC 就会有从溶液中"盐析"的趋势，而盐析现象会产生一定程度的溶液黏度下降和云雾点的出现。在临界点，盐析现象不能立刻出现。盐与 HPC 水溶液的相容性见表 4-13。

**9. HPC 与其他高聚物具有优良的协同与相容性**

HPC 在水和有机溶剂中的双重溶解性能，允许它和树脂、聚合物、有机液体形成水型或有机溶剂型混合物。

表 4-13　盐与 HPC 水溶液的相容性

| 盐 | 相容性 | | | | 盐 | 相容性 | | | |
|---|---|---|---|---|---|---|---|---|---|
| | 2% | 5% | 10% | 50% | | 2% | 5% | 10% | 50% |
| 硫酸铝 | C | I | — | — | 碳酸钠 | C | I | — | — |
| 硝酸铵 | C | C | C | I | 氯化钠 | C | C | I | — |
| 硫酸铵 | C | I | — | — | 硝酸钠 | C | C | C | I |
| 氯化钙 | C | C | C | I | 硫酸钠 | C | I | — | — |
| 磷酸氢钠 | I | — | — | — | 亚硫酸钠 | C | I | — | — |
| 氯化铁 | C | C | C | I | 硫代硫酸钠 | C | I | — | — |
| 亚铁氰化钾 | C | C | I | — | 蔗糖 | C | C | C | I |
| 醋酸钠 | C | C | I | — | | | | | |

注：C 代表相容；I 代表不相容。

HPC 的水溶液有很宽的黏度范围，并且 HPC 与许多水溶性聚合物、天然胶体具有良好的相容性，一起表现出一些特殊的黏度特性。CMC、藻朊酸盐、HEC、MC、PVA、胍尔胶、明胶、干酪素、聚氯乙烯、海藻酸钠和刺槐豆胶均与 HPC 相容。

HPC 通常与阴离子型聚合物（如 CMC、藻朊酸盐）一起，黏度能协同提高，与非离子型聚合物（如 HEC、MC、胍尔胶）一起，则得到较低的黏度。

表 4-14 给出了 HPC 和其他纤维素醚（1:1）混合的黏度。HPC 和 HEC 混合物的黏度符合计算值，而 HPC 和 CMC 混合物的黏度大于计算值。这种协同现象随着聚合物分子量的增加而增强。如果存在少量的可溶性盐或 pH 大于 10 或者小于 3，这种协同效应很快削弱。

表 4-14　HPC 与其他纤维素醚混合后的黏度

| HPC＋其他纤维素醚(1/1) | 浓度 | 黏度/mPa·s | | |
|---|---|---|---|---|
| | | 估算值 | 初始值 | 24h 后 |
| HPC-J＋HEC-J | 5% | 235 | 240 | 235 |
| HPC-M＋HEC-M | 2% | 6250 | 5900 | 5600 |
| HPC-H＋HEC-H | 1% | 2320 | 2440 | 2440 |
| HPC-H＋CMC-H | 1% | 2220 | 4400 | 3860 |

对于一些水不溶性聚合物，HPC 也会经常与之混用。HPC 和许多天然的、合成的胶乳相容时，在水中会形成乳液。HPC 溶于水相，干燥后可得到均一的薄膜和涂层，而使用普通的溶剂，HPC 就可以和玉米蛋白、EC、醋酸纤维素、邻苯二甲酸酯等水不溶性聚合物复配，这些体系制得的高质量的薄膜和涂层是均匀的。

### 10. HPC 的液晶特性

当溶液浓度很高时，HPC 会显示液晶特性。

### 11. 表面张力和界面张力

作为一个具有表面活性的聚合物，HPC 水溶液能很大程度地降低表面张力和界面张力，HPC 可作为乳化和发泡的助剂。这是因为 HPC 具有保护胶体作用的性质，因而能在下列体系中具有双重功能：①水包油的乳化液中，作为稳定剂和乳化助剂；②发泡体系，作为稳定剂和发泡助剂。

表 4-15 说明了含有 HPC 的水溶液的表面张力和界面张力会降低，即使 HPC 溶液的黏度为 0.01%，也能使表面张力的降低接近最大的程度。

**表 4-15　HPC 水溶液的表面张力和界面张力**

| HPC 溶液浓度 | 表面张力/(mN/m) | 界面张力(精制矿物油)/(mN/m) |
| --- | --- | --- |
| 0 | 74.1 | 31.6 |
| 0.01% | 45.0 | — |
| 0.1% | 43.6 | 12.5 |
| 0.2% | 43.0 | — |

### 12. HPC 在有机溶剂中的溶解特性

HPC 有机溶剂溶液的黏度对浓度的曲线，类似其水溶液的黏度曲线，黏度随浓度的增大而提高。HPC 在乙醇和甲醇中的黏度曲线平行于水溶液中的黏度曲线，但是显示的数值较低。

边界线上的有机溶剂用于 HPC 后，会观察到不一样的黏度效应。依据聚合物的溶剂化程度，黏度可能会异常的高或低，H 型 HPC 在二氯甲烷中溶解度差，黏度就降低；L 型 HPC 有较好的溶剂化作用，就可表现出特别高的黏度。在这两个例子中，加入少量的共溶剂（10% 的甲醇），溶液的黏度可恢复正常值。HPC 的有机溶剂形成溶液的情况与黏度变化见表 4-16 和表 4-17。

**表 4-16　HPC 的有机溶剂**

**1. 形成透明溶液的溶剂**

| | | | |
| --- | --- | --- | --- |
| 冰醋酸 | 异丙醇(95%) | 二甲基甲酰 | 吡啶 |
| 丙酮：水(9:1) | 甲醇 | 二甲基亚砜 | 叔丁醇：水(9:1) |
| 苯：甲醇(1:1) | 甲基溶纤剂(乙二醇甲醚) | 二噁烷 | 四氢呋喃 |
| 溶纤剂 | 二氯甲烷：甲醇(9:1) | 乙醇 | 甲苯：乙醇(3:2) |
| 氯仿 | 吗啉 | 甲酸(88%) | 水 |
| 环己酮 | 乙二醇 | 甘油：水(3:7) | |

**2. 形成溶液中有颗粒或雾状物的溶剂**

| 丙酮 | 醋酸甲酯 | 环己醇 | 萘∶乙醇(1∶1) |
|---|---|---|---|
| 醋酸丁酯 | 甲乙酮 | 异丙醇(99%) | 叔丁醇 |
| 二氯甲烷 | 丁基溶纤剂(乙二醇丁醚) | 乳酸 | 二甲苯∶异丙醇(1∶3) |

**3. HPC 不溶解的溶剂**

| 脂肪烃 | 矿物油 | 煤油 | 甘油 |
|---|---|---|---|
| 苯 | 大豆油 | 三氯乙烯 | 亚麻子油 |
| 四氯化碳 | 甲苯 | 二甲苯 | |
| 二氯苯 | 汽油 | | |

表 4-17　HPC 在水和有机溶剂中的相对黏度

| 溶　剂 | 相　对　黏　度 | | | |
|---|---|---|---|---|
| | HPC 的类型和浓度 | | | |
| | 2% HPC-J | 2% HPC-G | 9% HPC-L | 10% HPC-E |
| 水 | 2100 | 270 | 80 | 275 |
| 甲醇 | 800 | 85 | 25 | 75 |
| 甲醇∶水(3∶7) | | 360 | | |
| 乙醇 | 1600 | 210 | 65 | 255 |
| 乙醇∶水(3∶7) | | 500 | | |
| 异丙醇(99%) | | | 145 | 570 |
| 异丙醇(95%) | | | 130 | 420 |
| 丙酮 | | | 50 | 175 |
| 二氯甲烷 | 4500 | | 1240 | 14600 |
| 二氯甲烷∶甲醇(9∶1) | 5000 | | 400 | |
| 氯仿 | | | 2560 | 17000 |
| 乙二醇 | 6000 | 6640 | 5020 | >10000 |

### 13. HPC 在水-醇体系中的黏度和沉淀温度

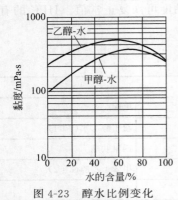

图 4-23　醇水比例变化
对黏度的影响

HPC 水-醇溶液的黏度随溶剂的组成而变化，当溶剂中水∶醇为 7∶3 时，黏度达到最大数值（见图 4-23）。

HPC 水溶液中加入醇提高了聚合物的沉淀温度，图 4-24 显示了加入甲醇和乙醇后的效果，含有 45%（体积分数）甲醇或乙醇的 HPC 溶液，可以加热到溶液的沸点而不会发生 HPC 沉淀现象。乙二醇类似于甲醇，沉淀温度的上升落在相同的曲线上，其他水-易溶的有机溶剂体系也会提高 HPC 溶液的沉淀温度。

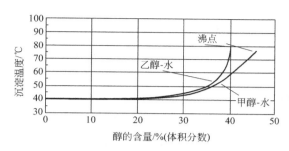

图 4-24　HPC 水溶液加入甲醇与乙醇后沉淀温度的变化

## 四、羟丙基纤维素的应用

羟丙基纤维素有黏结、增稠、凝胶、水溶性、有机溶剂溶解、分散、悬浮、乳化、成膜、赋形、涂布和热塑等性质，可作为黏结剂、药片包衣、陶瓷、化妆品、医药、食品、清漆、油墨等的添加剂，在建材、医药、日用化工等领域有极其广泛的应用。

羟丙基纤维素最显著的特点是能同时溶于水和多种有机溶剂，并具有良好的表面活性，因此可以用于多组分水-油分散体系中作增稠剂、黏结剂、成膜剂、保水剂及保护胶体。目前，市场上 HPC 大部分用在食品、药品和化妆品方面，在药品中作药片黏结剂和包衣等辅料，在化妆品和食品中主要用作增稠剂、黏结剂和赋形剂。在 PVC 制造中，由于 HPC 的表面活性与 HPMC 相似，也有专利以 HPC 为分散剂进行氯乙烯悬浮聚合获得颗粒形态良好的 PVC 树脂，这种树脂加工成塑料制品可减少鱼眼。用于此目的的 HPC 都是低黏度的，如 2% 水溶液黏度为 6～10mPa·s 的 HPC，黏度高不利于树脂颗粒的多孔性结构。

### 1. 建材领域

HPC 可以作为外墙干粉腻子组分。该腻子的组分及质量百分比为：可分散聚合物粉末树脂或者干粉聚乙烯醇 1%～2%、羟丙基纤维素 0.8%～1%、白水泥 25%～30%、重质碳酸钙 50%～65%、膨润土 3%～5%、沉淀硫酸钡 3%～5%、植物纤维 0.3%～0.5%。该腻子造价低，不用胶水调制，可直接在施工现场与水调制，既有黏结强度高，又有无毒无味等环保性，而且还具备特强的抗龟裂性和耐温差变化能力。

HPC 也可以作为内墙太白腻子组分。该腻子的组分及质量百分比为：可再分散聚合物（SK3000）或者干粉聚乙烯醇 0.7%～0.8%、羟丙基纤维素 0.8%～10%、重质碳酸钙 50%～65%、轻质碳酸钙 7%～8%、灰钙 10%～15%、膨润土 2%～5%、滑石粉 5%～8%。

羟丙基纤维素又可以作为仿瓷涂料组分。例如有配方：灰钙粉 20％～30％、滑石粉 14％～20％、重质碳酸钙 14％～20％、羟丙基纤维素 0.25％～0.4％、聚丙烯酰胺 0.01％～0.03％、水 30％～45％、助剂适量，具有遮盖率好、覆盖力强、不掉色、不退色、不裂、不起皮、耐高低温、耐水性强、耐擦洗、易施工、不变质、制法易推广的特点。

含有聚丙烯酸酯的水相分散体、增塑剂和通常的添加剂（如色素等）的缝密封材料及涂层材料中，可以加入羟丙基纤维素形成 20℃时 2％水溶液的黏度至少为 3000mPa·s 的缝密封材料。

羟丙基纤维素还可以作为陶瓷坯片制造用铸膜的脱模层组分，能避免在陶瓷浆的施用厚度不大时坯片产生咬起或剥落现象。

建筑涂料用聚乙烯醇（PVA）胶价格昂贵，导致这种建筑涂料用胶以及它的下游产品的价格居高不下，采用复配技术可以在满足性能的前提下降低成本，混合组成为：CMS20％～30％、HPC10％～20％、PAM10％～20％、PEG10％～20％和助剂 10％～30％。

水性腻子粉也大量采用 HPC，主要成分是水泥、粉状碳酸钙和甲基纤维素或羟丙基纤维素或羧甲基纤维素。而其各组分的质量配比是：水泥 30％～90％、粉状碳酸钙 10％～70％，在每 1000 份上述复合料中加入 2～12 份甲基纤维素或羟丙基纤维素或羧甲基纤维素。该水性腻子粉具有制备成本较低、无环境污染、储存运输方便、调配和施工简易、黏结强度高、打磨性能好等特点，是目前一种理想的水性腻子粉。

羟丙基纤维素还用于水型立体多彩涂料，所用原料是钛白粉、轻质碳酸钙、羧甲基纤维素、羟丙基纤维素、硼砂、硫酸钠、氯化钠、乙二醇、聚醋酸乙烯乳液、云母粉、金属粉、颜料及水。这种多彩涂料解决了现有水包油多彩花纹涂料的有毒性和水包水多彩涂料性能差的缺陷。它具有无毒、无味、不含二甲苯和甲苯等有机溶剂，长期使用对人体无害，其饰面粘接性强，硬度高，耐酸碱，抗老化，储存稳定性好，色泽柔和，质感丰富，立体感特强，施工简单、方便。

**2. 医药领域**

低取代羟丙基纤维素在医药中得到广泛的应用，包括胶囊、肠溶片、崩解片、口含片甚至医药人工骨瓣等材料。

低取代羟丙基纤维素可以作为保肝醒酒胶囊的基本材料，主要成分是 15.0％～45.0％的氨基酸、3.0％～9.0％的淀粉、1.5％～4.5％的羧甲基纤维素钠或 0.003％～0.01％的低取代羟丙基纤维素、余量的红景天浸膏粉。制备过程是：将所需量的红景天浸膏粉、氨基酸和羧甲基纤维素钠或低取代羟丙基纤维素充分混匀后过 50～80 目筛；在所需量的淀粉中加入水制成 10%～16% 的淀粉浆；最后将制成的淀粉浆加入上述筛过混合物中制成湿颗粒，过 10～50 目，于 40～80℃ 烘干，再过 10～50 目筛整粒后，装入所需要规格的胶囊内得到保肝醒酒胶囊。

HPC 还可以用于各种肠溶片中，例如将盐酸二甲双胍、水溶性淀粉、药用淀粉、糊精、羟丙基纤维素、二氧化硅按照给定的比例混合均匀过筛，然后加入黏结剂制作成软材，制粒、烘干、整粒，压制成盐酸二甲双胍肠溶片。该肠溶片在胃中不崩解，不对胃黏膜造成刺激，可避免服药引起的恶心、腹痛、腹泻等不良反应。

HPC 还可用于制造口腔里迅速崩解释放药物的复方丹参口腔崩解片，其中包括治疗有效量的丹参提取物、三七总皂苷、冰片和可在口腔内迅速崩解释放药物的可药用赋形剂，其在口腔内崩解的时间在 40s 以内。可药用赋形剂包括填充剂、崩解剂、助流剂、矫味剂，其特征在于填充剂为微晶纤维素，用量为处方总重量的 40%～90%，崩解剂选自羧甲基淀粉钠、交联羧甲基纤维素钠、交联聚乙烯吡咯烷酮和低取代羟丙基纤维素，崩解剂的用量为处方总重量的 5%～25%。

低取代羟丙基纤维素可以用于制造治疗感冒的复方葡萄糖酸锌制剂。它是将主药加淀粉和微粉硅胶制成胶囊；主药加羧甲基纤维素、二氧化硅、低取代羟丙基纤维素等做成片剂；也可主药加乳糖、葡萄糖、蔗糖、甜蜜素等做成口含片。

HPC 甚至可用在云南白药片上，它是以云南白药粉为原料，加入淀粉、低取代羟丙基纤维素、微晶纤维素混合均匀，再加入适量的乙醇或蒸馏水作为湿润剂，搅拌均匀制成软料，用筛网将软料制成颗粒烘干，再将硬脂酸镁加入上述经干燥过的颗粒中混合均匀，压片即可。

HPC 还可以用在对乙酰氨基酚维生素 C 分散片、镇咳平喘的二羟丙茶碱双效片、依帕司他片、抗胰岛素抵抗的高血糖和高脂血症的药物中。

羟丙基纤维素还可以用来制造植物胶空心胶囊，其配比如下：植物胶 16%～25%、增强剂 2.0%～5.0%、表面活性剂 0.02%～0.026%、保湿剂 0.15%～0.20%、余量为水，此植物胶为果胶或卡拉胶，增强剂可选壳聚糖、羧甲基淀粉或羟丙基纤维素，表面活性剂为十二烷基硫酸钠，保湿剂为甘油。该植物胶空心胶囊适于各种族人群，稳定性好，便于长久储存。

羟丙基纤维素可作为颅脑术后一次成型人工骨瓣基本材料。将羟丙基纤维素、甲基硅橡胶、硬脂酸镁和医用滑石粉混合后送入造粒机造粒，然后与丙烯酸树脂、聚乙烯 2000F、人骨粉胶脂、阿拉伯胶和固化剂混合，再送入挤出机合成原材，将原材送入液压成型机模具中，热压成型制成人工骨瓣。骨瓣机械强度高，性能稳定，具有一定柔性，长期使用不腐蚀、不变性。当术后脑水肿逐渐加重时，人工骨瓣能随水肿脑组织膨出而浮起，减压充分；当脑水肿消退后，人工骨瓣能自动复位，起自动减压作用，保证病人平稳度过脑水肿期。

### 3. 日用化工领域

羟丙基纤维素可以作为洗洁剂组分，例如配方（质量分数）为：5％～60％的水溶性表面活性剂、0.01％～10％HPC、0～10％的水溶性多醇、0.01％～5％阳离子聚合皮肤调理剂和水等。这种产品表现出良好的使用性能，包括温和性、皮肤增湿感、理想的流变性和应用特征、良好的漂洗性和产品稳定性。

洗涤剂与洗发剂中也可加羟丙基纤维素，例如40％～98％（质量分数）的多元醇、脂肪、油、非离子表面活性剂、阳离子表面活性剂、高级醇、羟基羧酸、二羧酸、芳族羧酸、脲、胍类和芳族醇等或它们的混合物，0～20％（质量分数）的水，0.3％～10％（质量分数）的羟丙基纤维素等组成了洗发剂。

纤维素醚在煤层火灾治理的稠化胶体中有一定的需求，该稠化胶体由水、骨料和稠化剂组成。其中，骨料是粉煤灰、黄土、砂土或石粉中的一种；稠化剂是羧甲基纤维素、磺酸乙基纤维素、羧甲基羟乙基纤维素、甲基纤维素、羧乙基甲基纤维素、羟丙基甲基纤维素、羟丁基甲基纤维素、羟乙基纤维素、羟丙基纤维素中的一种或几种。使用时只需将水、稠化剂和骨料混合搅拌均匀注入火区即可。

## 参 考 文 献

[1] 潘玉良，耿刚. 羟乙基纤维素几个问题的探讨. 纤维素醚工业，2002，10（4）：6-8.

[2] 袁漪，王莉，耿刚. 羟乙基纤维素的技术进步和应用发展. 纤维素醚工业，2002，10（4）：24-26.

[3] 戴淑艳，佟云辉. 高弹外墙涂料及制备：CN，1394922. 2003.

[4] 张海文. 用于建筑物外墙外保温层的黏结剂：CN，1427058. 2001.

[5] 邵自强，李博. 疏水缔合羟乙基纤维素的合成及性能表征. 应用化工，2006，35（7）：487-490，493.

[6] 卡尔森 L. 增稠性能改善的非离子纤维素醚：CN，1318071A. 2001.

[7] 当吉斯 R. 含有 2-丙烯基的纤维素醚及其在聚合中作为保护胶体的用途：CN，1194987A. 1998.

[8] 叶林，李沁，蔡毅等. 疏水缔合羟乙基纤维素的制备方法：CN，1560083A. 2005.

[9] Meister C，Donges R，Schermann W，et al. Modified Cellulose Ethers and the Use Thereof in Dispersion Paints：US，5302196. 1994.

[10] Ypsilantis T，Seguinot J，Zichichi A. Techniques for Particle Identification：EP，384167. 1995.

[11] 许冬生. 改性纤维素醚. 纤维素醚工业，2004，12（1）：54-58.

[12] 巴斯克 A，范德霍斯特 P M. 季铵化烷基羟乙基纤维素作为头发和皮肤调理剂的用途：CN，1489598. 2002.

[13] 叶林，李沁，蔡毅等. 疏水缔合羟乙基纤维素的制备方法：CN，1560083. 2005.

[14] 苏茂尧，王双一，王文艺等. 高黏耐盐性羧甲基纤维素工艺机理的研究. 纤维素科学与技术，1998，6（1）：43-47.

[15] 吕兴富，孙建刚等. 高取代羟丙基纤维素及其制备方法：CN，1286265. 2004.

[16] 黄少斌. 纤维素醚产品的改性方法：CN，1789286. 2005.

[17] 尾原荣.低取代羟丙基纤维素：CN，1275405.2000.

[18] 丸山直亮，梅泽宏.低取代度羟丙基纤维素的制备方法：CN，1256278.1999.

[19] 丸山直亮，梅泽宏.低取代度羟丙基纤维素颗粒的成型方法：CN，1270807.2000.

[20] 周金平，张俐娜等.羟丙基纤维素的制备方法：CN，1482143.2003.

[21] 杨之礼，苏茂尧，高浤.纤维素醚技术与应用.广州：华南理工大学出版社，1990.

[22] 周世斌.一种外墙干粉腻子：CN，1557884.2004.

[23] 周世斌.一种内墙太白腻子：CN，1557885.2004.

[24] 张忠全.一种仿瓷涂料及制备方法：CN，1398928.2002.

[25] 中村，柴野富四.陶瓷坯片制造用铸膜：CN，1329984.2001.

[26] 金龙国.一种建筑涂料用胶：CN，1483774.2002.

[27] 张国栋.水性腻子粉：CN，1528838.2003.

[28] 陈建军.赋水型立体多彩涂料：CN，1127772.1995.

[29] 于富生.保肝酒醒胶囊及其生产方法：CN，1437988.2003.

[30] 丁林鸿.盐酸二甲双胍肠溶片及其制备方法：CN，1413582.2002.

[31] 张成飞.复方丹参口腔崩解片及制备方法：CN，1460517.2003.

[32] 吴秀清.复方葡萄糖酸锌胶囊、片剂、口含片及其制备方法：CN，1100306.1994.

[33] 林天青.云南白药片及其制备方法：CN，1137406.1996.

[34] 严洁复方.对乙酰氨基酚维生素C分散片及其制造方法：CN，1507862.2002.

[35] 李亦武.一种止咳平喘药物新剂型及制备方法：CN，1579401.2003.

[36] 瞿伟菁，张雯等.蒺藜全草皂苷用于制备抗胰岛素抵抗的高血糖和高脂血症的药物的方法：CN，1634398.2004.

[37] 孙海胜，陆小平等.一种依帕司他片及其制备方法：CN，1692903.2005.

[38] 钱俊青，章有献.一种植物胶空心胶囊及其生产工艺：CN，1606978.2003.

[39] 方文志，徐彦生等.颅脑术后一次成型人工骨瓣及其制作方法：CN，1951341.2006.

[40] 拉塞尔P埃利奥特，马修T格林，克里斯托弗D莱希等.清洁组合物：CN，1174565.1995.

[41] 奥野美加，小岛香里.美发组合物：CN，1265880.2000.

[42] 兰比诺DL，普森内利AJ，马修NJ.高效且对眼睛无刺激的透明清洗皂条组合物：CN，1366029.2001.

[43] 阿南萨纳拉扬·文凯特斯瓦兰，杨建中，多萝西J萨尔瓦多等.包含疏水改性的纤维素醚的头发调理组合物：CN，1372455.2000.

[44] 文虎，张辛亥等.用于煤层火灾治理的稠化胶体：CN，1907518.2006.

# 第五章　羧甲基纤维素

羧甲基纤维素（carboxymethyl cellulose，CMC）属于离子型纤维素醚，有盐型（羧甲基纤维素钠）和酸型（酸化羧甲基纤维素）两种。通常经碱化、醚化、中和及洗涤得到的是羧甲基纤维素钠（Na—CMC），它是一种水溶性的盐，习惯上称CMC（以下如无特指，CMC均为羧甲基纤维素钠），经硫酸等酸化后得到的是酸化羧甲基纤维素。酸化羧甲基纤维素的 $pK_a$ 在 4 左右，接近醋酸，因为其水溶性不好，市场上通常用的是其钠盐。

CMC 于 1918 年由德国人 E. Jansen 发明并取得专利，1924 年 Chowdhury 在德国胶片厂试验工艺的基础上进行改进，为今后水媒法奠定了基础。1929 年德国 I. G. Farben 公司首先用水媒法生产出商品名为 Tylose HBR 的 CMC，并在合成洗涤剂中作为明胶、阿拉伯胶等胶的替代品。1935 年前后发现 CMC 添加在合成洗涤剂中可提高洗涤效率。美国 Hercules 公司于 1943 年开始工业化生产 CMC；1947 年 Wyandotte 化学公司生产出商品名为 Carbose 的 CMC 并投入市场，同年美国根据病毒学研究证明，CMC 具有生物相容性，对人体无毒、无害，便开始了食品级 CMC 的生产和应用。日本最早生产 CMC 的是东京工业实验所，1944 年其申请相关专利，同年日本糊料公司开始工业化生产。现在日本有近十家 CMC 生产厂家，第一制药业公司产量最大，其次是 Daicel 化学工业公司。

CMC 在我国于 1957 年年底首先在上海赛璐珞厂投入工业生产，采用的是浸渍压榨水媒法工艺。1958 年其生产出中性和碱性 CMC 两个品种，年产量共 33t；1958～1963 年产量在 150～500t 之间，产品的取代度在 0.5～0.6 之间；1963～1965 年上海赛璐珞厂又开发了以低倍乙醇作为溶剂的一步法，使产品质量、成本和品种都得到很大提升，尤其是醚化剂的利用率提高了 15%，取代度可提高到 0.9，反应时间也大大缩短，产品在胜利油田、大庆油田上得到应用。

20 世纪 60 年代末得到的高取代高黏度 CMC 产品在牙膏行业开始应用，到 80 年代我国对高取代、耐热、耐盐以及特低、特高黏 CMC 产品研究开始重视，并有聚阴离子纤维素（PAC）实验制备研究的报道。1984 年原泸州化工厂开始 PAC 小型试验，并得到 PAC 产品，小样泥浆性能测试结果表明，与美国 Drispac、德国的 Antisol 泥浆性能基本一致。张家港三惠化工有限公司等大胆采用精制棉实时称量与双捏合机上下布局等改造，2004 年山东一滕化工有限公司实施组建了淤浆法 2000t/年的 PAC 生产线，西安北方惠安化学工业有限公司采用 Sonthofen 公司连续旋转压力过滤器、国外气提设备等关键设备建立了 5000t/年的 CMC 生产线。

据不完全统计，到 2005 年，我国 CMC 生产量在 7 万吨以上，其中石油开采 3000～4000t，陶瓷 18000～20000t，洗涤剂 10000t 左右，食品 20000t 左右，化妆品 7000t 左右，造纸 10000t 左右，印染、纺织、涂料、皮革、塑料、黏结剂和医药等在 8000t 左右，需求量呈上升趋势，但随着市场的完善，竞争越来越激烈，尤其加入 WTO 以后，CMC 行业面临着严峻的挑战。

因为生产过程所用的原料都是固态或液态的，反应可以在常压下进行，所以与其他纤维素醚产品比较，CMC 的生产过程相对比较简单，醚化剂——氯乙酸或氯乙酸钠容易处理，醚化反应效率也高。CMC 品种多、应用领域广泛使得 CMC 行业充满生气，一直是世界上生产量最大的纤维素醚。

相当数量的 CMC 是未经精制而直接应用在去污剂、钻井、造纸上的粗产品；纯度较高的 CMC 用作食品添加剂，在美国，食品级的 CMC 被称为"纤维素树胶"，其 2% 水溶液的黏度范围是 1～150000mPa·s 及以上。CMC 的 DS 范围很宽，根据用途可以在 0.3～2.5 范围变化，通过非均相工艺得到的产品要达到透明、无纤维的状态，其 DS 最小也要在 0.5 左右；而通过一些新型纤维素溶剂体系（DMAc/LiCl、新型离子液等）得到的产品，其 DS 在 0.85 时在水中才有良好的溶解性，原因是纤维素在新型溶剂体系中聚集态特殊，羧甲基在大分子链上和葡萄糖环基上分布与非均相法有明显差异。

# 第一节　羧甲基纤维素的合成原理与结构特征

CMC 的结构式见图 5-1。

CMC 的制备原理可用下列化学反应方程式表示。

（1）纤维素碱化为碱纤维素：

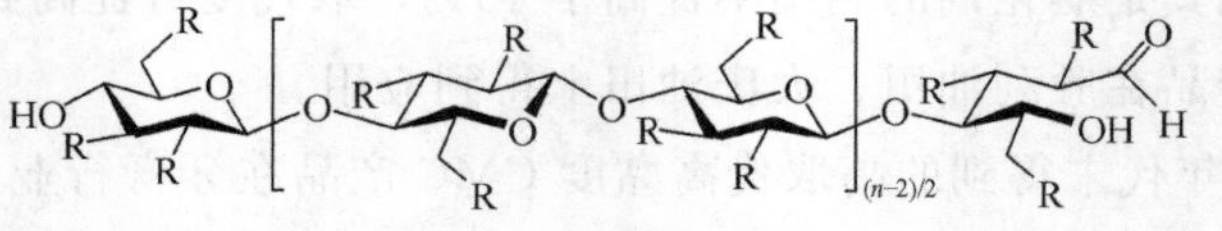

图 5-1　CMC 的结构示意图　（R=—OH 或—OCH$_2$COONa）

$$Cell—(OH)_3 + xNaOH \longrightarrow Cell—(OH)_{3-x}(O^-Na^+)_x + xH_2O$$

（2）氯乙酸转化为氯乙酸钠：

$$ClCH_2COOH + NaOH \longrightarrow ClCH_2COONa + H_2O$$

（3）碱纤维素和氯乙酸钠反应：

$$Cell—(OH)_{3-x}(O^-Na^+)_x + nClCH_2COONa \longrightarrow$$

$$Cell—(OH)_{3-x}(ONa)_{x-n}(OCH_2COO^-Na^+)_n + nNaCl$$

（4）中和、洗涤：

$$Cell—(OH)_{3-x}(ONa)_{x-n}(OCH_2COO^-Na^+)_n + (x-n)CH_3COOH \longrightarrow$$

$$Cell—(OH)_{3-n}(OCH_2COO^-Na^+)_n + (x-n)CH_3COONa$$

其中，$x$ 是小于等于 3 的数，当采用合适的搅拌、溶剂体系和合适的温度并充分碱化时，$x$ 趋近于 3；$n$ 是在每个纤维素葡萄糖环基上取代的羧甲基的数目，$Cell—(OH)_{3-x}(ONa)_{x-n}(OCH_2COO^-Na^+)_n$ 经洗涤后变成 $Cell—(OH)_{3-n}(OCH_2COO^-Na^+)_n$。可见，在整个主反应过程中，每取代 1mol 的羧甲基基团，只消耗 1mol 氯乙酸，而要消耗约 2mol 的碱。当要求反应体系活性更高时，可用其他反应物如碘乙酸或溴乙酸来代替氯乙酸。

反应体系属碱性，在水的存在条件下伴随一些副反应，有羟乙酸钠、羟乙酸等副产物生成，用化学方程式表示为：

$$ClCH_2COOH + 2NaOH \longrightarrow HOCH_2COONa + NaCl + H_2O$$

$$ClCH_2COONa + NaOH \longrightarrow HOCH_2COONa + NaCl$$

$$ClCH_2COONa + H_2O \longrightarrow HOCH_2COOH + NaCl$$

这些副反应的存在，一方面要消耗碱和醚化剂，降低醚化效率；另一方面，会导致产物中生成羟乙酸钠、羟乙酸和更多的盐类杂质，对产物的纯化造成困难，影响产物的使用性能，如耐酸、耐温和耐盐性等，同时也大大降低了对中和用酸计算量的预知性。副反应程度首先与体系中的游离（或自由）碱量有关，即与多余的、没有和纤维素生成碱纤维素的碱量有关，游离碱量越高，副反应越强烈。

另外，副反应与体系的水量有直接关系。体系中的水本该是促使纤维素碱化的，但过量会导致已生成的碱纤维素水解程度加大，结果使游离碱量加大，副反应程度加剧。为了抑制副反应，就要合理用碱，控制体系水量，控制反应过程中碱的浓度和搅拌方式，以充分碱化生成更完全的碱纤维素为目的，但同时要考虑到产品对黏度和取代度的要求，与醚化阶段相比，可以将搅拌速度调快些，使碱与纤维素接触更充分。温度对副反应有直接影响，合理的升温速度和反应温度有利于纤维素均匀醚化，提高醚化效率，抑制副反应发生。

根据取代的水平，工业化生产 CMC 的取代度在 0.6～1.2 的范围，—OCH$_2$COONa 在葡萄糖环基上 C(2)、C(3) 和 C(6) 的分布是随机的。根据 NMR 的测试分析结果，每个碳原子上取代的数量是有差异的，这主要取决于各自的反应活性。

高取代 CMC 的核磁谱图如图 5-2 所示。

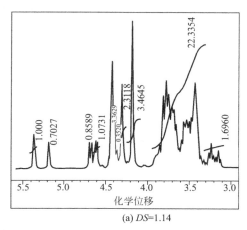
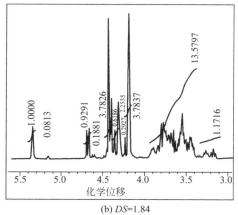

(a) $DS$=1.14    (b) $DS$=1.84

图 5-2    CMC 的 $^1$H-NMR 谱图

图 5-2 中，化学位移 4.2～4.5 是—CH$_2$COO$^-$特征峰，4.5～5.5 是葡萄糖环上还原性末端 C(1) 上的质子（氢核）共振峰。设 $A$ 为 4.2～4.5 区域间羧甲基信号积分的 1/2；$B$ 为葡萄糖单元上 1 个质子 [还原末端 C(1) 上] 区域的积分，那么 $DS$ 即为这两个特殊积分的比值 $A/B$。NMR 谱图上 4.2～4.5 区域间四个尖锐的强峰分别是 C(3)、C(2)$\alpha$、C(2)$\beta$、C(6) 上的羟基被羧甲基化所引起的，对各个峰进行积分求其面积比可计算 CMC 样品的取代基分布。经由 NMR 谱图计算 $DS$ 与化学滴定法测量取代度的结果偏差≤3%，不同取代度 CMC 的取代基分布见表 5-1。

表 5-1    不同取代度 CMC 取代基分布的测试结果

| 样品 | $DS$ | 取代基分布 | 取代基含量/% | | |
|---|---|---|---|---|---|
| | | | C(2) | C(3) | C(6) |
| 1 | 1.14 | 1.75：1：1.68 | 39.5 | 22.6 | 37.9 |

| 样品 | DS | 取代基分布 | 取代基含量/% | | |
| --- | --- | --- | --- | --- | --- |
| | | | C(2) | C(3) | C(6) |
| 2 | 1.84 | 1.34：1：1.52 | 34.8 | 25.9 | 39.3 |
| 3 | 2.11 | 1.40：1：1.50 | 35.9 | 25.6 | 38.5 |

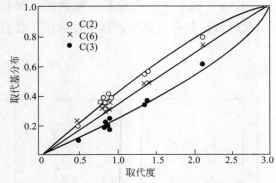

图 5-3　CMC 取代基分布与取代度的关系

由表 5-1 还可看到，高取代度 CMC 产品取代均匀性也相对较高。

Klosiewicz 等也在 1980 年进行了实验研究，在 90℃时把 CMC 放入 20% $H_2SO_4$ 中进行水解，利用 [1]H-NMR 确定这种聚合物的取代度，分析 C(2)、C(3)、C(6) 上取代基的分布情况，见图 5-3。Reuben 和 Connor 在 1983 年也利用 NMR 对 CMC 进行了类似描述分析。

另外，通过数学模型分析 CMC 的结构一直是人们关心的课题，但由于纤维素结构单元结构、链结构、聚集态结构的差异和复杂性，醚化后的天然大分子链上将随机取代，形成八个甚至更多个取代类型不同的结构单元，是个混合体。Spurlin 在 1939 年就提出了研究部分取代的纤维素酯和醚分布的理论框架，后来的研究证明了他的统计模型的有效性和实用性。正如预料的那样，硝酸纤维素与平衡模型相符，但羧甲基纤维素等醚符合动力学模型，动力学模型还适用于羟乙基纤维素和羟丙基纤维素。

由于聚合物聚集形态以及链内和链间氢键的存在，其结构存在明显的不均匀性，测定羧甲基纤维素结构要经过酸解处理。通过这种方式产生 16 种单糖的混合物，分为 8 种 α 型和 8 种 β 型吡喃糖。Buytenhuys 和 Bonn 通过气相色谱和质谱鉴定硅烷化单糖，并分析了这些混合物。Ho 和 Klosiewicz 区分了羧甲基亚甲基的 [1]H-NMR 信号并取得位置取代度 ($X_i$)。

Spurlin 发现统计模型能够简单而精确地描述像纤维素醚这样复杂分子的聚合物。建立此统计动力学模型需做如下假设。

(1) 纤维素链上的所有葡糖苷单元对反应的活性相等。

(2) 羟基的相对反应速率常数 ($k_i$ 和 $k_x$) 在整个过程中保持不变。

(3) 在给定单元内羟基的取代不影响其余羟基的反应活性。

(4) 末端基团的影响可以忽略。

对葡糖苷单元上任一给定位置 $i$，可写出如下反应方程式。

$$-C_i-OH+RX \xrightarrow{k_i} -C_i-OR+HX$$
$$P_i \qquad\qquad X_i$$

在每一位置的取代度 $X_i$ 用下式给出：

$$X_i=1-\exp(-Bk_i), i=2、3 \text{ 或 } 6 \qquad (5\text{-}1)$$

其中，$B$ 是与时间有关的因子。因此，在位置 $i$ 羟基未取代的概率 $P_i$ 为：

$$P_i=\exp(-Bk_i) \qquad (5\text{-}2)$$

葡糖苷残基的平均总取代度为：

$$D=X_2+X_3+X_6 \qquad (5\text{-}3)$$

其他有关量可在简单统计理论的基础上由 $P_i$ 和 $X_i$ 推导出。因此，未取代葡萄糖残基的摩尔分数由每个位置上未取代羟基概率的乘积得出：

$$S_0=P_2P_3P_6 \qquad (5\text{-}4)$$

在位置 $i$ 单取代的摩尔分数由在该位置有一个取代基的概率（$X_i$）和在其他位置有未取代羟基的概率的乘积得出：

$$S_i=X_iP_jP_k \qquad (5\text{-}5)$$

同样，对二取代残基：

$$S_{ij}=X_iX_jP_k \qquad (5\text{-}6)$$

三取代葡糖苷残基的摩尔分数由在 3 个位置每个位置有一取代羟基的概率的乘积得出：

$$S_{236}=X_2X_3X_6 \qquad (5\text{-}7)$$

如果能知道三个相对速率常数和因子 $B$，就可完全用反应式①来描述纤维素醚（包括甲基纤维素、乙基纤维素和羧甲基纤维素等）的结构。

通过单体组合物数据，较容易证明 CMC 统计模型的有效性和实用性。联合式（5-4）和式（5-5）并使用式（5-1）和式（5-2）得：

$$P_i=\frac{S_0}{S_0+S_i} \qquad (5\text{-}8)$$

相对速率常数按下式计算：

$$\frac{k_i}{k_j}=\frac{\ln P_i}{\ln P_j} \qquad (5\text{-}9)$$

可见，只能得到速率常数的相对值，因为在关联方程式中 $k_i$ 为因子 $B$ 的一个乘积因子。如定义 $k_3=1$，则 $B$ 的值为：

$$B=-\ln P_3 \qquad (5\text{-}10)$$

根据各组相对速率常数，可用式（5-4）～式（5-7）计算出每个单糖的摩尔分数。实验值和计算值的比较列于图 5-4，可见一致性非常好。

各位置取代度可通过单体组合物得到，即：

$$X_2 = S_2 + S_{23} + S_{26} + S_{236} \tag{5-11}$$

$$X_3 = S_3 + S_{23} + S_{36} + S_{236} \tag{5-12}$$

$$X_6 = S_6 + S_{26} + S_{36} + S_{236} \tag{5-13}$$

并用于计算 $P_i$：

$$P_i = 1 - X_i \tag{5-14}$$

用式(5-2) 和式(5-4) 合并取对数得：

$$\ln(1 - X_i) = \frac{(\ln S_0) K_i}{k_2 + k_3 + k_6} \tag{5-15}$$

一系列不同取代度 CMC 样品的 $-\ln(1 - X_i)$ 对 $-\ln S_0$ 曲线列于图 5-5。

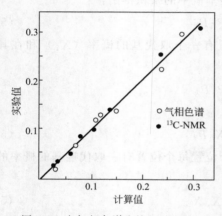

图 5-4 由气相色谱和[13]C-NMR
测定的 CMC 单体摩尔分数

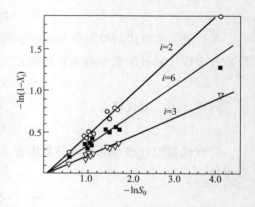

图 5-5 CMC 中未取代羟基与未取代
葡萄糖单元的摩尔分数对数曲线

图 5-5 中 $-\ln(1 - X_i)$ 对 $-\ln S_0$ 数据为线性的，证明用统计模型来处理各种取代度不同的样品是合理的且是实用的。

采用统计模型可对 CMC 结构进行有效分析，这对今后研究具有重要的指导意义，因为 CMC 产品结构的描述仅需三个参数，选取三个合适的分析变量就足够了。通过羟基化 CMC 的[1]H-NMR 分析得到的位置取代度就能获得对结构及其分布的整体描述。

许多研究测定的相对速率常数值很接近。$k_2/k_3$ 的范围是 $2.0 \sim 2.5$，$k_6/k_3$ 的范围是 $1.5 \sim 1.8$。但制备 CMC 的体系水/纤维素物质的量比为 14 时，Buytenhuys 和 Bonn 报道的相对常数为 $k_2/k_3 = 4.6$、$k_6/k_3 = 3.6$，远高于物质的量比为 7 得到的值。

# 第二节  羧甲基纤维素的生产工艺

## 一、CMC 水媒法生产工艺

水媒法（aqueous medium process）是早期生产 CMC 的一种常用技术，其生产过程是将碱纤维素与醚化剂在存在游离碱和水的条件下进行反应。碱化和醚化过程中，体系不存在醇等有机介质。水媒法设备比较简单，投资少、成本低，可制取中、低档产品，主要用于洗涤剂、纺织上浆、黏结剂和普通油田的石油开采等。经过精心的工艺设计，采用更合理结构的设备，也可制出适用于牙膏、烟草、蚊香等的高档 CMC 产品，所以水媒法至今仍有一些企业采用。

水媒法生产基本过程见图 5-6。

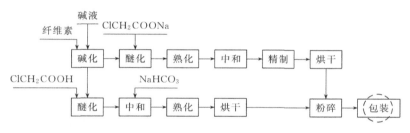

图 5-6  CMC 水媒法生产过程

水媒法又可分为间歇式和连续式两种生产工艺。

### 1. 间歇式（batch process）

1940 年，德国 I. G. Farben 公司采用间歇式水媒法生产 CMC，商品名为 Tylose HBR，其工艺见图 5-7。将纤维素在浸渍压榨机（1）中用 18%NaOH 水溶液在 18～20℃下浸渍 1.5～2h，压去多余碱液，压榨比为 2.5∶2.7。压榨后碱纤维素经粗粉碎机（3）和水平盘式粉碎机（4）粉碎，加到有夹套的捏合机（6）中，再将氯乙酸钠加入捏合机，在 35～45℃下混合反应，反应放热靠夹套中的循环水散去，醚化反应时间为 2h 左右，反应程度达到 60%～70%，然后将反应混合物放入旋鼓（7）中，在相同温度下保温熟化 4～6h 直至反应完成，在物料转动期间加入 NaHCO$_3$ 中和过量的碱。产物经粉碎机（8）进一步粉碎为细颗粒。所得产品含 35% 左右 Na—CMC 和 35% 左右的湿分，产品未经精制和干燥，纯度低、质量差。用 NaHCO$_3$ 中和过量的碱，使产品中除含有 NaCl 和 Na$_2$CO$_3$ 外，还有少量的羟乙酸钠、NaHCO$_3$。后来为解决产品质量、使用性能和运输等问题，增加了甲醇洗涤和干燥工序，并改用酸中和过量的碱，与目前的操作工艺相近。

## 2. 连续式（continuous process）

1947 年，美国 Wyandotte 化学公司完成了 CMC 的连续式水媒法生产工艺研究和中试，并生产出商品名为 Carbose 的 CMC，其原料为漂白亚硫酸盐木浆，在一个三段旋转反应器中进行连续喷淋碱化、醚化。在图 5-8 中，反应器（20）为 $\phi 1.2m \times 6.1m$ 转筒，筒内装有纵向刮板以防湿料粘壁，物料占反应器 1/3 左右，转速为 16r/min，总停留时间为 3h，生产能力为 3.5t/d。

连续式水媒法的生产过程为：经粉碎的纤维素由螺旋输送器（6）进入旋转反应器（20），喂料端加料速度为 73kg/h，在反应器第一区内以 102kg/h 的速度喷入浓度为 35% 的碱液，与翻动着的纤维素充分接触生成碱纤维素；在反应器的

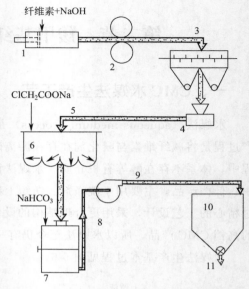

图 5-7　间歇式水媒法生产 CMC 流程

1—浸渍压榨机；2—齿形轧辊；3—粗粉碎机；
4—水平盘式粉碎机；5—碱纤维素；
6—捏合机；7—转鼓；8—粉碎机；
9—CMC；10—储仓；11—包装

中间区，由 4 个喷嘴喷入 78% 的氯乙酸水溶液，以 52kg/h 的速度喷入，醚化温度为 35～40℃，时间为 3h，物料在出口处由一台螺旋输送器（21）均匀出料，得到粗 CMC 含湿 40% 左右，将其放入称量桶（22）内熟化 6～8h，湿 CMC 在桶内的温度由 35℃ 左右升至 50～55℃，然后将物料冷却，经粉碎机（24）粗粉，再由螺旋输送器（25）送入闪蒸干燥器（27），干物料与热风一起进入初级旋风分离器（28），再经过末级旋风分离器（30）进一步分离后，成为含湿 5%～6% 的 CMC 产品，包装出厂。由初级旋风分离器（28）出来的含有 CMC 粉尘的气体，其经二级旋风分离器（36）分离出的粉尘收集后返回到闪蒸干燥器（27）中循环处理。

该系统工艺过程是连续的，省去了浸渍、压榨操作，技术上有较明显进步。但碱化、醚化反应的温度由空气流调节，氧化降解严重，且未经精制，所以产品黏度低（2% 水溶液为 30～80mPa·s）、盐含量高（氯化钠含量为 16%）。

## 3. 水媒法 CMC 粗品的精制

为了提高水媒法 CMC 的纯度和质量，可增加精制工序。水媒法 CMC 粗品的精制技术主要有硫酸洗涤精制法和甲醇水溶液洗涤精制法两种。

甲醇水溶液精制法是将 CMC 粗品用 70%～80% 甲醇水溶液在室温条件下洗

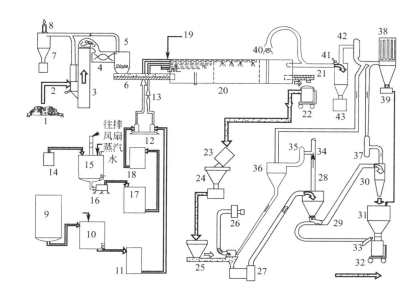

图 5-8　Wyandotte 化学公司的连续法生产 CMC 流程

1—纤维素粉；2—纤维素料箱；3—斗式提升机；4—螺旋叶片式混合器；5—搅拌混合箱；
6—螺旋输送器；7—除尘旋风分离器；8—排风道；9—碱液储槽；10—碱液稀释槽；
11—碱液计量桶；12—分配泵；13—转子流量计；14—氯乙酸储槽；15—氯乙酸溶解罐；
16—过滤器；17—酸溶液储槽；18—酸溶液计量桶；19—雾化喷嘴用空气；20—旋转
反应器；21—出料螺旋输送器；22—湿 CMC 称量桶；23—熟成后湿 CMC；24—撕碎机；
25—螺旋输送器；26，40—气体燃烧室；27—闪蒸干燥器；28—初级旋风分离器；
29—冷却风道；30—末级旋风分离器；31—包装料仓；32—干 CMC（去包装工序）；
33—尘罩；34—通大气安全排风管；35，37，42—风机；36—二级旋风分离器；
38—集尘器；39—细粉尘；41—流出粉尘旋风分离器；43—粉尘

涤，液固比为 10～15，洗涤次数视产品档级要求而定，操作方法与溶媒法生产
CMC 的精制相同；硫酸酸洗精制法是将水媒法反应得到的 CMC 粗制品用一定浓
度的硫酸水溶液浸渍，将水可溶性的 Na—CMC 转变为水不溶的酸性 H—CMC，
除去多余废液后用净水充分洗涤以除去其中的盐等杂质，然后用碳酸钠中和，将
H—CMC 重新还原为 Na—CMC。

　　硫酸洗涤精制法的主要生产工序是酸化、水洗、中和，工艺流程见图 5-9。

　　（1）酸化　酸化是将 CMC 粗品浸渍在硫酸溶液中，按下面反应式使 Na—CMC
转变为 H—CMC，同时将醚化副反应产生的盐类等杂质溶出。

$$2Cell—OCH_2COONa + H_2SO_4 \longrightarrow 2Cell—OCH_2COOH + Na_2SO_4$$

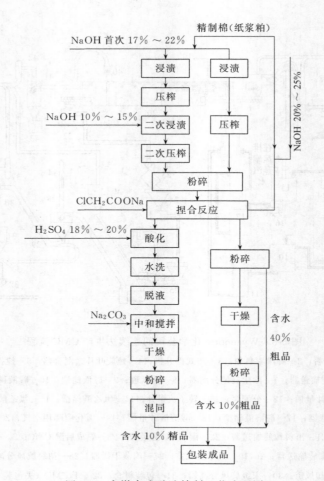

图 5-9　水媒合成酸洗精制工艺流程图

　　酸化过程中硫酸溶液要控制在较适宜的浓度范围：$15\% \sim 30\%$，在该浓度范围内酸化，对产物取代度、聚合度、黏度和得率的影响都较小。酸化温度通常在 35℃，时间为 2h 左右。研究表明，在浓度为 $10\% \sim 40\%$ 的硫酸溶液、温度为 $10 \sim 40℃$、时间为 $2 \sim 10h$ 的条件下酸化，对产品的取代度、聚合度和得率影响都不大。硫酸精制不会引起 CMC 的脱醚化作用，通常精制前后取代度基本不改变，但酸化后 H—CMC 的膨胀度随取代度增加而增加，如过滤后 H—CMC 的重量为纤维素重的 6 倍以上，将引起过滤水洗的困难。精制得率与产品黏度和取代度有关，粗制品的聚合度越低、取代度越高，酸洗后得率越低。当聚合度相同时，$DS$ 越高，溶出率越大；当 $DS$ 相同时，$DP$ 越高，溶出率越小。溶出率与粗制 CMC 的 $DS \times DP$ 成近似的直线关系。

　　（2）水洗　酸化后，在 $pH < 3$ 的条件下用冷水洗去 H—CMC 中的盐和其他杂

纤维素醚

质，如 $Na_2SO_4$、$NaHSO_4$、HCl、NaCl、$HOCH_2COOH$、$HOCH_2COONa$ 等。水洗时要控制好体系的 pH 值，当 pH 值大于 5 时，物料会溶胀成糊状，溶出增多，操作困难；当 pH<3 时，表示带有酸根，过滤性能良好。

（3）中和　中和过程是用碳酸钠将含一定水分的 H—CMC 还原成 Na—CMC：

$$2Cell—OCH_2COOH + Na_2CO_3 \longrightarrow 2Cell—OCH_2COONa + H_2O + CO_2$$

中和时，H—CMC 要有适当的含水率，使反应能均匀、完全地进行。水分太低，中和不均；水分太高，中和时易成凝胶状，反应也不均匀，且易于结团或成饼状胶体，造成出料、粉碎、干燥等困难，含水率一般控制在 55%～65% 范围内。

另外，采用固体 NaOH 会使反应速率迅速，生成的 Na—CMC 易形成团状胶体，影响后续操作，且中和急剧放出大量的热，当水分较高、取代度较高时，容易形成胶团。所以常采用碳酸钠，于常温下在捏合机中进行中和。

中和反应的温度越高，反应速率就越快，但同时引起 H—CMC 降解更强烈，最好低于 35℃。DP 高的 CMC 中和速率较快，DS 大小对中和反应速率影响不大。

碳酸钠的用量为与粗制 CMC 取代度等摩尔的 20% 碳酸钠水溶液，可适度过量，中和反应如不彻底，将存在不溶的 H—CMC，会引起干燥时的降解和影响产品质量，所以必须控制好中和的终点，使有适当的碱性，pH 值控制在 7.5～8 为宜。

中和采用 K、Na、Ca、Mg、Zn、Be、Hg、Al 等金属的氧化物、氢氧化物、碳酸盐或碳酸铵也可以，反应速率与 $Na_2CO_3$ 相近，可使中和后的 CMC 成为含有相应金属的 CMC 盐。

另外，硫酸精制处理后废液要进行科学的回收和再利用，因为其中含有 $Na_2SO_4$、$NaHSO_4$、HCl、NaCl、$HOCH_2COOH$、$HOCH_2COONa$ 等，相当复杂，酸的浓度已经变为 10% 以下，为了减少损失，可经过 30% 的纯硫酸补充后，循环再进行精制，废酸中所溶解的硫酸盐还能够抑制 H—CMC 的溶出率，提高精制得率。

**4. 水媒法 CMC 工艺的改进和优化**

水媒法生产 CMC 的工艺也在不断地改进，具体如下。

（1）碱化工艺　用尽量少的碱制得含碱量高的、碱化均匀的碱纤维素。由于碱纤维素含碱量高低与碱化温度成反比，与碱液浓度成正比，因此须降低碱化温度，可采用预冷碱液，也可用地下水或深井水冷却、大功率冷冻机得到冷冻盐水进行冷却。

（2）酸化过程　要控制酸液浓度一般为 20%～22%，要求提前配制与标定，并冷却到 35℃ 以下，以防止因酸液温度过高而降聚。酸液量约为粗品质量的 5～7 倍。新配酸液时，应在酸池内放足计量净水，浓酸可用真空泵吸入计量槽，然后将浓酸缓慢放入池内。酸化设备多为 PVC 硬塑料板制成的椭圆形槽，外层是水泥铸成的座，刻度计量；下铺多孔塑板，板下衬 30 目左右尼龙丝绸，以防止短纤维流失；槽内装有耐酸浆泵，用于酸化搅拌。

酸化时间为 60～90min，后期也可静置酸化，酸化时间到就可启动真空泵进行吸酸。真空度为 300～500mmHg（1mmHg＝133.322Pa），直到基本吸干、酸液不能连续流淌为止。可放入净水 1000kg，静置 10min 后再吸出，这 1000kg 回酸浓度较高，可直接配酸重用。在酸液排出到淡酸储槽的出口上可加装二道滤孔为 30～40 目的过滤绸，回收短纤维，减少流失，提高得率。

（3）水洗过程　要注意时间为 20～30min。生产纯度低于 85％的低档品种一次就能达到，如需生产纯度大于 95％产品，需 2～3 次。也可以不进行搅拌，用净水淋湿，吸干。水洗终点的 pH 值可控制在 2～4 之间，pH＞4 则脱水困难，物料流失增加。

（4）中和过程　通常采用一台 3m³ 不锈钢捏合机，一般一次可投入 65％左右含水酸料 1000～2000kg。纯碱投量约占酸料质量的 8％～10％，边开车投料边洒入。酸料 pH 值低时，纯碱投量应稍高。如拟掺合碱性粗品中和，纯碱加入量可相应减少。投料结束就应加盖升温。中和时间一般为 3h 左右，可随中和完成程度适当增减。中和温度逐步升高，后期可达 60℃以上（未加热），温度应予控制，避免物料发黄、结块。需要时可排风降温，并排除水蒸气。

中和开始 1h 后，就可取样试测 pH 值，要求 pH 值最终稳定在 7～8 之间，可用酸料或纯碱进行调整，并需经三次间隔测试不变。

（5）原料变更　精制棉质量虽好，但价格高，仅此项原料费就 6000 元以上，采用木浆粕则每吨产品可降低一千余元。我国木材资源虽不丰富，但国际市场并不缺乏，其中尤以印尼木浆价格较便宜，货源也充足。

（6）不用传统捏合机　大胆地采用耙式反应器、犁式反应釜主反应器，取得良好效果。

（7）不用传统的"先碱后酸"工艺　"先碱后酸"是常规工艺，但对木浆纤维来说，它却是不适应的，因为木浆粕的 α-纤维素含量不高，一般不到 85％，大量的半纤维素在碱化的过程中被溶化为糊状物，附于纤维素表层。氯乙酸钠对纤维的渗透能力本来就小，半纤维素糊的存在就更增大了渗透的难度。氯乙酸钠的渗透速度远小于反应速率，当纤维表层初期反应生成了 CMC 后，会造成 CMC 反应的严重不均匀性和不彻底性，明显有大量纤维素和白块存在。

## 二、CMC 溶媒法生产工艺

溶媒法又称有机溶剂法（solvent process），其工艺的主要特点是在有机溶剂作反应介质（稀释剂）的条件下进行碱化和醚化反应。按反应稀释剂用量的多少又分为捏合法（又称面团法，dough process）和淤浆法（又称液浆法，slurry process）。

溶媒法生产CMC的工艺过程与水媒法相似，只是碱化和醚化反应在有机溶剂介质中进行。将疏松（低浴比的捏合机）或经粉碎（大浴比的反应釜）的纤维素原料分散在碱液和有机溶剂混合物中，在一定温度下进行碱化，然后加入氯乙酸-有机溶剂混合液进行醚化。碱化和醚化可在一个设备内（如捏合机、反应釜）进行，也可在两个设备中分开进行。单台捏合机布置优点是设备利用率高，不受时间上下不均的影响，相同捏合机情况下产量高些，但缺点是温度控制相对较差，冷热温差大，较容易造成轴封泄漏，能耗（冷、热）较大；而碱化、醚化设备上下布局，优点是温度控制容易，能耗（冷、热）较小，泄漏小，反应产物的性能相对优良些，对延长设备的使用寿命有益，缺点是要求车间有足够的空间位置，成本升高。当然，对不同的设备布局的生产要严格控制系统温度、加料时间和反应升、降温方式，这样可以得到质量和性能优良的产品。

溶媒法制备CMC采用的有机溶剂不与醚化剂作用，不溶解CMC，通常还可与水混溶以作精制时的洗涤剂，也可使用与水不相溶的惰性有机溶剂以及水不相溶有机溶剂和水相溶有机溶剂的混合物，如短链醇、酮或各种溶剂的混合物，可用的有机溶剂包括：甲醇、乙醇、正丙醇、异丙醇、正丁醇、叔丁醇、异丁醇、正戊醇、二噁烷、丙酮、石油醚、苯以及甲醇/乙醇、甲醇/异丙醇、乙醇/异丙醇、乙醇/丙酮、乙醇/正己烷、乙醇/苯、乙醇/甲苯等混合物。工业上最常用的是甲醇、乙醇、甲苯和异丙醇。

醚化后的CMC经中和，用离心机或其他分离设备分离溶剂，部分杂质随溶剂分离出去，湿物料经烘干、粉碎得到粗品。对精制级产品，先将醚化后的CMC粗品经过中和后，打入盛有一定浓度乙醇溶液的洗涤釜内洗涤，除去盐类杂质，洗涤操作可重复二至三次，以达到所需的产品纯度和质量。离心洗涤后的有机溶剂经溶剂回收系统回收后可循环使用，整个工艺流程见图5-10，其中，溶剂1和溶剂2可以是相同的，也可以是不同的，溶剂1可选择的种类多，而溶剂2则较多选择乙醇、甲醇。

**1. 工业捏合法**（又称面团法，dough process）

捏合法所用有机稀释剂量为纤维素用量的1～4倍，物料在捏合机中不断得到捏合。纤维素借助捏合机的搅拌齿进行剪切和挤压，碱液与醚化剂不断呼出与吸入，实现碱化和醚化反应。这种方法由于溶剂（稀释剂）用量有限，对纤维素的浸润和分散无法充分和完全，易存在反应不均匀的现象。

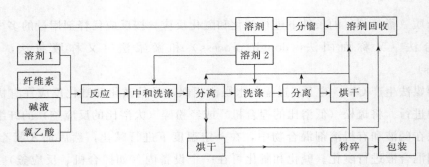

图 5-10　CMC 溶媒法生产过程

（1）以乙醇为溶剂的生产工艺及配方　预先冷却捏合机，在搅拌条件下将 120 份纤维素加入到捏合机中，364 份氢氧化钠和乙醇的混合溶液通过捏合机中的碱酒喷淋管加入到捏合机中，在捏合机的搅拌下与纤维素充分接触。期间开反车两次，每次 1～5min。氢氧化钠的浓度为 45%～50%，加入量为 196 份。于 18～28℃下反应 40～60min。再加入 176 份 60%（质量分数）的氯乙酸/乙醇溶液，升温至 75～85℃反应 60～80min。反应结束后，进行中和、洗涤、离心、干燥。

根据 GB 2005 测试标准，测定产品取代度为 $DS=0.9～0.96$。

（2）以异丙醇为溶剂的生产工艺及配方　预先冷却捏合机，在搅拌条件下，将 120 份纤维素加入到捏合机中，410 份氢氧化钠和异丙醇的混合溶液通过捏合机中的碱酒喷淋管加入到捏合机中，在捏合机的搅拌下与纤维素充分接触。期间开反车两次，每次 1～5min。氢氧化钠的浓度为 45%～50%，加入量为 210 份。于 18～28℃下反应 30～65min。再加入 175 份 65%（质量分数）的氯乙酸/异丙醇溶液，升温至 78℃反应 50～80min。反应结束后，进行中和、洗涤、离心、干燥。

根据 GB 2005 测试标准，测定产品取代度为 $DS=1.05～1.12$。

**2. 工业淤浆法**（又称液浆法，slurry process）

淤浆法所用的有机稀释剂量为固体纤维素量的 9～30 倍，体系成浆粥或悬浮状态，故又称悬浮法或液浆法。纤维素借助搅拌器在高浴比的条件下与碱液或醚化剂充分接触，进行均匀传质和传热，实现均匀碱化和醚化反应。

以异丙醇为溶剂的溶媒淤浆法生产 CMC 的工艺及配方如下。

在搅拌条件下，将 320 份氢氧化钠加入到 8000 份浓度为 85% 的异丙醇/水溶液中，然后加入聚合度为 2550 的棉纤维素 600 份，将反应装置抽真空并充氮气，于 20℃下反应 1h，加入 750 份含有 50% 氯乙酸的氯乙酸/异丙醇溶液，升温至 60℃反应 1h。反应结束后，用冰醋酸/异丙醇溶液中和，然后进行洗涤、离心、干燥，防潮保存。

根据 GB 2005 测试标准，用灰碱法测试产品取代度为 1.0。

溶媒淤浆法 CMC 产品的性质见表 5-2。

**表 5-2 溶媒淤浆法 CMC 产品的指标**

| 黏度(2%,NDJ-1)/mPa·s | | | 酸黏比 | 盐黏比 | 其他性质 | | |
|---|---|---|---|---|---|---|---|
| 水溶液 | 乳酸溶液 | 盐水溶液 | | | pH 值 | 水分/% | 氯化物含量/% |
| 47000 | 45000 | 53000 | 0.958 | 1.13 | 6.98 | 6.65 | 1.02 |

　　不论是采用捏合机的面团法还是大浴比的液浆法，溶媒法的共同特征是以有机溶剂为反应介质，反应过程中相对传热、传质迅速、均匀，主反应加快，副反应减少，醚化剂利用率（醚效）可较水媒法提高 10%～20%，产品取代度、取代均匀性和使用性能大大提高，是纤维素醚工业生产的发展方向。

　　与传统水媒法相比，溶媒法省去纤维素碱浸渍、压榨、粉碎、老化等工序，生产周期缩短，但溶媒法使用大量有机溶剂，物耗提高，并需增加有机溶剂的分离、回收装置，成本较高。由于 CMC 的品种与级别多，质量与指标要求相差很大、应用范围广泛，所以至今国内外都处于水媒法和溶媒法并存的局面。单就溶媒法而言，根据用途，每条生产线可调整的配方与工艺就有几百种。

　　多年来，国内大多数用溶媒法生产 CMC 的工厂采用间歇式流程和设备，生产效率低，有机稀释剂消耗高和劳动强度大。早在 1987 年，上海青东化工厂的 CMC 生产基本实现连续化，主要工艺流程见图 5-11。

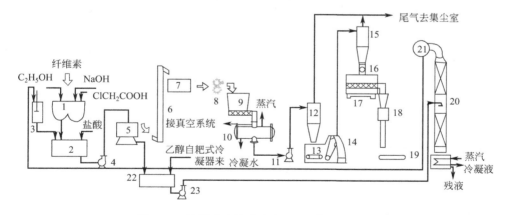

图 5-11　溶媒法连续式生产 CMC 的工艺流程

1—捏合机；2—中和洗涤器；3—配醇槽；4—浆粥泵；5—离心机；6—提升机；

7—储料斗；8—拉碎机；9—螺旋加料料斗；10—耙式真空干燥器；11—吸料机；

12—旋风分离器；13—双链带加料器；14—锤式粉碎机；15—旋风分离器；

16—星形加料器；17—混合筒；18—包装机；19—输送带；20—乙醇蒸馏塔；

21—乙醇冷凝器；22—乙醇回收槽；23—离心泵

溶媒法连续式生产 CMC 的工艺过程如下，纤维素原料经撕松（或切碎）后用风机送到捏合机上部的棉料仓，经称量投入捏合机（1）中，同时放入计量的 NaOH 溶液和乙醇溶液，进行碱化反应；碱化反应完成后，加入规定量的氯乙酸，搅拌后进行升温醚化；醚化反应后的 CMC 粗品放入盛有乙醇水溶液的中和洗涤器（2）中，在剧烈搅拌下，盐等杂质从 CMC 粗品中溶入乙醇溶液，多余的碱用适量的盐酸或乙酸中和，并在一定 pH 值范围内加入漂白剂漂白 CMC，充分洗涤后，用浆粥泵（4）将物料打入离心机（5）脱醇，脱去大部分醇溶液，含有盐等杂质的醇溶液流入乙醇回收槽（22）。将含水和乙醇（约 55%）的滤饼从离心机中取出，置入提升机（6）运至料斗（7）密封暂存，然后在双辊拉碎机（8）中将物料拉碎并转入料斗（9）中，物料经料斗下的螺旋加料器投入耙式真空干燥器（10）中进行减压干燥，CMC 中残存的乙醇经蒸发冷凝流入乙醇回收槽（22）中，蒸发出的水分经冷凝排出。已干燥的 CMC 由吸料机（11）送至旋风分离器（12），尾气由旋风分离器上部进入集尘室，经除尘后排入大气，物料从旋风分离器（12）下部卸出，进入双链带加料器（13）均匀地将物料加入锤式粉碎机（14）中粉碎成所需颗粒度，然后进入旋风分离器（15），卸入星形加料器（16），进入混合筒（17），将一定批量的 CMC 成品在此均匀混同后，送入包装机（18）经输送带（19）入仓。离心机和耙式真空干燥器回收的乙醇溶液，排入乙醇回收槽（22），用离心泵（23）打入乙醇蒸馏塔（20）进行常压蒸馏，由冷凝器（21）冷凝，将所需要浓度的乙醇打入配醇槽，供中和洗涤用。蒸馏塔残液打到污水处理车间经处理后再排放。

**3. 溶媒法生产设备的发展**

无论是捏合法还是淤浆法，提高产品质量和降低产品成本是 CMC 产业永远不变的主题。近年来，市场对 CMC 产品的理化和应用指标要求在不断提高，对取代度、黏度、纯度、酸黏比都提出更高的要求，尤其是对产品的结构均匀性有越来越高的要求；另外，从成本上讲，降低溶剂消耗、提高热量和冷量的利用率以及提高碱化、醚化效率都是不断研究的课题。要满足这些要求，除了对配方、工艺、原材料不断完善外，更主要的是设备的改进。

CMC 生产设备更新得很快，设备更新必然也会导致工艺和配方的调整，下面就碱化、醚化、中和、洗涤、离心、干燥和混合设备等方面做简单介绍。

（1）碱化、醚化设备　国内羧甲基纤维素钠反应设备现在常用的主要有捏合机、犁式反应器两种。

捏合机最早用于硝基炸药生产，后来逐渐应用到塑料行业和纤维素钠反应设备。它是由一对互相配合旋转的 Z 形桨叶产生强烈的剪切作用，从而能使半干状态或胶状黏稠材料迅速反应获得均匀的混合搅拌效果，是高黏度、弹塑性物料捏合及化学反应的较为适用的设备。捏合机的两个 Z 形桨叶转速不同，快桨叶通常是以 35～42r/min 旋转，慢桨通常是 21～28r/min 旋转，不同的桨速使得捏合的物料能够迅速均质搅拌。随着社会的发展，对产品质量的要求提高，羧甲基纤维素钠用捏合机反应设备也发展为真空捏合机，工艺上要求抽真空、充氮气等，要求有良好的密闭性；设备容积也由原来常用的 1500L 逐步扩展到有 3000L、4000L、5000L、6000L、8000L 等规格型号。

在碱化和醚化分开的工艺中，醚化机既有使用捏合机的，也有使用犁刀式反应器的。

在犁刀反应器里，反应物在犁刀的作用下除了沿筒体内壁做周向和径向的湍动之外，又沿犁刀两侧的法线方向飞溅，因此反应物的混合比较充分，且在该混合过程中所完成的碱化、醚化反应彻底，反应物的利用率高，犁刀反应器广泛用于食品行业、制药行业以及其他化工行业。犁刀与筒体的间隙较小，所有传动密封一般采用机械密封，密封性能较好，有利于醚化反应。根据工艺要求，可采用不同形式的犁刀和飞刀。设备型号常用的有 4000L、5000L、6000L、15000L、26000L 等规格。

为了节省时间、提高产量，同时合理利用冷量和热量，延长设备的寿命，国内许多厂家将碱化、醚化反应分开在两台设备中进行，两台设备可以都采用捏合机，也可以是一台捏合机和一台类似耙式烘干机的卧式醚化釜，也可采用犁式搅拌 T 型反应釜。图 5-12 是德国帕德博恩的罗地格机械制造公司的卧式犁铲式混合机。

图 5-12 罗地格卧式犁铲式混合机

德国罗地格机械制造公司在纤维素醚等化工行业的设备制造方面经验值得借鉴。其制造的卧式犁铲式混合机（又称 T 型反应釜）能够确保在较短的时间内使物料得到较均匀混合，形状特殊的犁铲式搅拌器（见图 5-13）以特殊的方式排列在水平轴上，混合部件的尺寸、数量、几何形状以及线速度之间匹配使混料在反应罐内作三维紊流运动（见图 5-14），以防止混合器内部有死角或低速运动区，使得物料高速而精确混合。在需要的情况下，还可采用辅助元件支持，像单独驱动的高速破碎刀，可对团聚的物料和长纤维进行破碎和剪切。

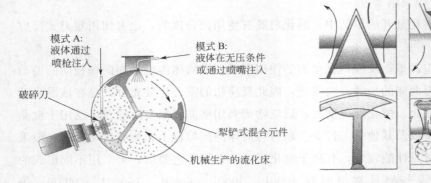

图 5-13　罗地格卧式犁铲式混合机的　　　图 5-14　卧式罗地格铲式
　　　　　犁铲式搅拌器　　　　　　　　　　　　混合机中的物料流动图

　　根据相关资料报道，国外公司制造的高压旋转型混合反应器的技术参数为：总容积 25000L，内径 2440mm，长度 5500mm，可用容积 75%，最大操作压力 0.6MPa，最大真空度 740mmHg（1mmHg＝133.322Pa），设计温度 170℃，夹套温度和压力为 170℃ 和 0.6MPa；内部材质是 316L，夹套为 306 不锈钢，经过抛光 150 度，侧面装有六组粉碎飞刀，转速为 1500r/min，反应底部有两个热敏电阻和信号放大温度指示器，两个 $\phi$300 进料口，两个 $\phi$800 进料口，下料口 $\phi$400 的气动球阀可保证完全出料，本体的端部有取样阀，反应器的上部有蒸汽塔可满足热交换，反应期间，溶剂经过塔冷却再返回到反应器中。

　　中国也在积极开展新型反应釜的设计和加工，其中浙江机械研究院自行设计和加工的卧式犁铲式反应釜（见图 5-15）在纤维素醚行业逐渐得到很好应用。该设备密封效果好，搅拌充分，溶剂挥发量小，反应效果好。由于采用犁铲式搅拌齿，物料在设备内部可沿径向、轴向进行螺旋运动。该设备还可以用作溶剂回收设备，在反应后期利用负压和加热可以回收一定量的溶剂，这对反应体系用溶剂与中和洗涤用溶剂不相同的工艺尤其有应用价值。

　　（2）洗涤设备　羧甲基纤维素钠洗涤设备现在主要常用带式过滤机有搅拌器的立式或卧式搅拌槽，转鼓真空压力过滤机。在大量实践的基础上，我国在中和、洗涤、离心、干燥和混合设备上也开展了大量的更新和完善工作，开发出的高效、封

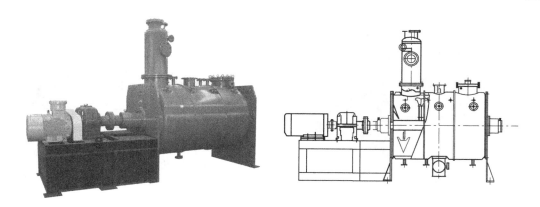

图 5-15    国产卧式犁铲式反应釜的照片和结构图

闭式中和洗涤釜，具有洗涤时间短、物料含盐少、乙醇挥发少、放料畅通且干净等特点。最常用的搅拌槽适用范围广，其搅拌器叶轮线速度调节容易，能使浆料和溶剂充分融合。搅拌器有旋桨式搅拌器、涡轮式搅拌器、桨式搅拌器、锚式搅拌器、螺带式搅拌器等多种型式可充分选择，国内也有专业的设计、制造厂家，故可选厂家较为广泛。转鼓真空压力过滤机是集洗涤和离心分离一体的设备，其自动化控制程度、设备投资等要求较高。

（3）固液分离设备　　该设备是 CMC 生产过程的关键设备，用得最多的是三足式离心设备。由于其属于间歇式设备，再加上放料和移料属于敞开式，劳动强度大、溶剂损耗大，国内外许多厂家开始寻找新的固液分离方法，比如通过高压压滤或负压压滤技术，以及螺旋压榨机等。

原泸州化工厂曾借助硝化棉生产的经验，将双基火药生产上用的螺旋驱水设备进行改装，设计和加工出一种产量为 60kg/h、转速为 5r/min 的连续螺旋驱水机。它可以降低乙醇的消耗，大大降低工人的劳动强度，使产量和质量都得到改进。

其他的连续的离心驱溶剂设备，采用卧式活塞式单、双级推料离心机进行试用，都取得一定效果，但要根据产品的取代度选型。试验结果表明，WH2-800 型卧式活塞式双级推料离心机适合高取代度的产品离心，而 WH-800 型卧式活塞式单级推料离心机只适合低取代度的产品离心。其中，WH2-800 型卧式活塞式双级推料离心机的主要技术参数为：转鼓内径 800/880mm；转鼓转速 700r/min、900r/min；分离因数 242、398；推料行程 40mm；推料次数 0～35/min；油压系统最大压力 1.8MPa；料层厚度 20～40mm；电机功率 22/11kW；外形尺寸 2653mm×1657mm×1405mm；整机重量 5025kg。

应用经过改进的卧式螺旋卸料沉降离心机也收到很好的效果，其外观与结构见图 5-16。

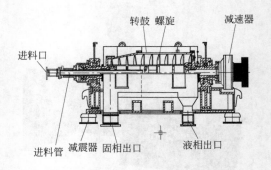

进料口　转鼓　螺旋　减速器

进料管　减震器　固相出口　液相出口

图 5-16　改进的卧式螺旋卸料沉降离心机的外观和结构

　　还有 Sonthofen 公司的 BHS 连续旋转压力过滤器也在 CMC 生产中发挥重要作用。另外，单螺杆、双筒螺杆式螺旋式脱液脱水浓缩设备在 CMC 生产中的应用也得到重视。

　　（4）溶剂回收设备　常用的是耙烘设备，但通常传热效率不高，也易抱轴，而且是间歇式操作，溶剂回收效率低。耙烘机的使用要采取科学的方法，使用不当效果就差。在具体使用过程中，厂家有很大差异，有的是采用夹套通蒸汽，有的是夹套通热水，这要根据产品指标进行选择调节。通常蒸汽温度高，乙醇回收快，且不会影响产品质量。回收量与加热蒸汽的压力、真空度、冷却效果等有关。设备密封性好、冷凝速度匹配是保证充分回收的必要条件。如果抽气或负压排气的速度小于蒸发速度，物料就可能粘在耙烘机的齿和轴角上，甚至堵住真空管路。

　　经不断研究改进，对采用的耙齿材质和加工方法也进行了改进，齿改为不锈钢浇铸成型，齿的方向有一定改动，物料翻动成螺旋状，出料快。目前发展的另一种溶剂回收设备叫汽提机。汽提机容积为 $4\sim8m^3$，它用于有机溶剂连续回收，与耙烘机类似，但其采用两段冷凝、冷却（5℃水），最后回收尾气，这样大大减少乙醇损失（汽提机外观图见图 5-17）。与普通的耙式烘干机相比，汽提机的传热效果提高 10%，搅拌充分，产品质量稳定可靠。

　　（5）干燥设备　CMC 成品干燥设备也是关键的环节，经过汽提机或离心后，CMC 中还含有大量的水或乙醇，进一步干燥是必要的。CMC 采用的干燥设备也经过了一个漫长的改进过程，最早是采用热风循环烘箱，它是把湿态的物料放在铝盘中，通过热风循环，间歇式地翻转物料，直到物料烘干到所需要的水分含量，这是一种周期长、对产品指标有一定影响、劳动强度大、产量小的方法；后来采用了强化气流干燥机、链板带式热风循环干燥机、链网带式热风循环干燥机、茶叶烘干机、间歇式耙式干燥机、振动流化床干燥机、回转滚筒干燥机、连续耙式干燥机。

　　值得一提的是回转滚筒干燥机（热风干燥）和连续耙式干燥机（带均质器），

与前面所讲的 T 型反应釜类似，但长径比大些，也属于连续操作。

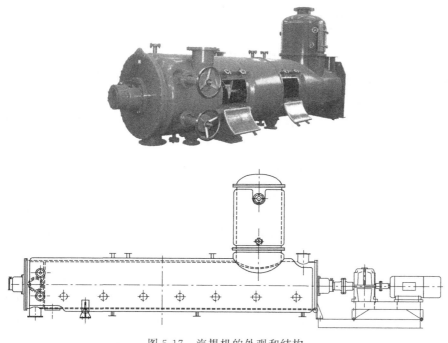

图 5-17　汽提机的外观和结构

振动流化床干燥机的结构见图 5-18。其原理是以风机和振动电机的振动频率作为动力进行干燥，是连续出料。对流化床的开孔率、风机的风压及风量、排风管的调节都要依靠科学计算和经验进行分析。整体而言，振动流化床的优点有：运动平稳，维修方便且寿命长；温度均匀，不会局部过热，内部无死角；当产品的型号改变时，需做调节；连续出料。

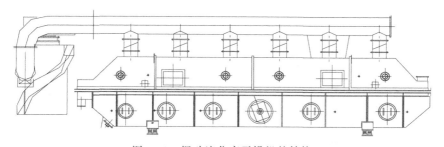

图 5-18　振动流化床干燥机的结构

目前我国已经生产出一种双质体振动流化床干燥器，其采用新型的振动机理和结构，实现了（超）大性化、物料干燥最佳化、精确自动控制、节省能耗、操作稳定化等性能，增强了设备的干燥性能，扩大了适应范围以满足客户的不同要求。

（6）粉碎设备　羧甲基纤维素钠粉碎设备现在常用的主要有广州生产的高速粉碎机、江浙厂家生产的锤片式粉碎机、气流涡流磨、转子磨、德国的涡流粉碎机等。

高速粉碎机主要由机体、主轴、锤片、翼板、衬板等组成，其设备强度较好，但能耗偏高。后来有些厂家开发生产出单轴、双轴锤片式粉碎机，但锤片式粉碎机粉碎羧甲基纤维素钠成品到 80 目及以上有困难。

现在细粉碎羧甲基纤维素钠成品，国内许多企业选用的是德国的涡流粉碎机，还有的选用的国内生产的气流涡流磨、转子磨粉碎机等。

（7）混合设备　单批 CMC 要经过混同，以得到量更大、指标更均一的大批量的成品，这一过程要通过混合工序。在我国 CMC 行业发展过程中，混合工艺和设备经历了一个长期发展过程，从 20 世纪 60 年代人工用铲子简单地混合到 70 年代的容器回转混合器的使用，一直到对 V 形混合器、双锥形混合机、圆筒形混合机等不断进行尝试，总结了极其宝贵的经验。

目前使用较多的是螺旋锥体式混合机和卧式双螺旋混合机。螺旋锥体式混合机有单螺旋、双螺旋、悬臂双螺旋、双锥形螺旋混合机。双锥形螺旋混合机的结构是倒锥形固定容器，并安装有平行于锥体母线的对称的两螺旋器，其作用是通过旋转把物料自下而上进行翻送，螺旋上面又带有转臂，带动螺旋在容器中进行旋转，在容器壁面做圆周运动，使物料在容器内进行顺次提升，在最短的时间形成最佳的混合效果。但也有密封问题、断轴问题以及减速机漏油等使应用过程出现不良现象。

经过长期的使用，卧式双螺旋混合机表现出了更佳的混合效果，通过使用、改进、定型，WLH 型卧式双螺旋混合机也已由江苏省常熟市机械厂生产和推广应用。该混合机混粉时间短，只需 5～8min；采用全封闭连续生产时，物料从粉碎机经旋风分离机可直接进入该机，省去了关风机，从而解决了关风机轧机的问题，并且出料不需要绞龙，既干净又快，且维修方便。

其他辅助设备，像关风机、旋风分离器、除尘器以及无轴螺旋（见图 5-19）等设备在 CMC 生产线上对原料、半成品和成品的传送起重要作用。

根据设备更新和工艺水平的提高，可对旧的生产工艺和设备布局

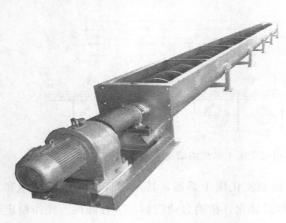

图 5-19　无轴螺旋

进行调整，低倍捏合机法和高浴比的淤浆法工艺流程可见图 5-20 和图 5-21。

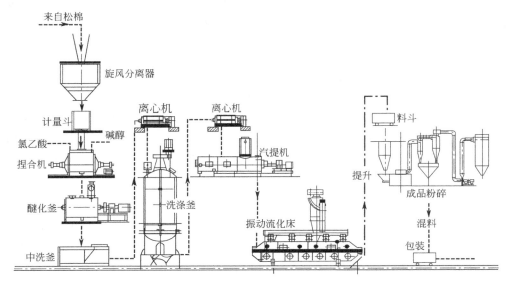

图 5-20　捏合法连续生产 CMC 工艺流程

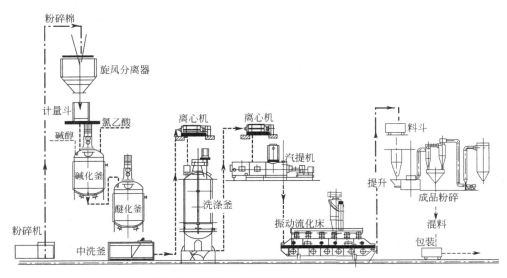

图 5-21　淤浆法连续生产 CMC 工艺流程

**4. 溶媒法生产工艺的影响因素**

溶剂法是羧甲基纤维素生产工艺发展的趋势，溶剂法生产 CMC 具有可控性强、产品指标优良的特点，生产过程中配方与工艺的控制主要考虑以下几方面。

（1）水含量的影响　溶剂法生产中，水在反应过程中是必须的，一方面能促进纤维素在碱液中充分润胀生成碱纤维素，并促进醚化剂渗透、扩散进碱纤维素；另一方面，水含量的多少决定了纤维素碱化的好坏。水含量相对少时则体系的碱浓度高，在充分搅拌情况下，其碱化越充分，但氧对产品聚合度的影响就越明显，降黏就越多，该影响将延续到醚化结束，中和完毕。但含水量过少会降低碱的润胀能力，反应试剂分散不均，同样影响反应的顺利进行。当反应系统中含水量过大时，反应试剂的浓度下降，碱浓度相对降低，碱纤维素生成不充分，试剂向纤维素的扩散速率和主反应速率减慢，而水解副反应增加，醚化剂的利用率低。同时反应生成的 CMC 在水中溶胀成凝胶粒或胶粒聚集物，使生成的 CMC 从纤维素纤维内部向反应介质扩散出来的速率以及醚化剂向纤维内部的扩散速率下降，取代度和取代均匀性都会降低。以乙醇作稀释剂时，一般情况下 $\alpha$-纤维素与水的质量比以 $0.6\sim1.1$ 为宜。

通常工业上采用的循环有机溶剂中含水量为 $10\%$，碱浓度可控制在 $30\%\sim40\%$，在少加水或不加水的情况下直接进行碱化和醚化。值得注意的是不能够忽视原料碱液、乙醇水溶液、纤维素原料等含有的水量。

（2）碱量的影响　碱是纤维素转化为碱纤维素的关键材料，要科学控制才能得到所需要的产品。每个纤维素葡萄糖环基上有三个羟基，所以碱的物质的量最少应该达到纤维素葡萄糖环基物质的量的三倍，也就是碱的质量应是纤维素质量的 0.74 倍以上才能够完全碱化。考虑到纤维素的碱降解，碱的用量不宜过大，碱的用量受到醚化剂用量的制约，通常碱/醚化剂（物质的量比）为 $2\sim2.3$。

在已确定所要制备 CMC 的取代度的条件下，苛性钠与一氯醋酸的理论物质的量比应为 $2:1$，但为了提高碱对纤维素的渗透，须有部分过量碱，称为游离碱。若游离碱太少，碱纤维素生成困难，一氯醋酸钠利用率下降，且由于反应系统酸化，造成纤维素及其产品的不良降解；但若游离碱太多，则副反应增加，降低了醚化剂的利用率，碱纤维素降解严重，产品黏度下降，且中和用酸量增加，洗涤困难。

为了得到高黏产品，碱/醚化剂物质的量比在 2.1 以下；为了得到取代均匀的产品，或提高醚效得到高取代度的产品而不要求黏度，碱/醚化剂物质的量比可接近 2.3，甚至更高。

（3）醚化剂用量的影响　确定了取代度，醚化剂用量就基本能够确定。但由于副反应的存在，醚化效率在一定的工艺条件下是波动变化的。通常对于高液固比 $(9:1)\sim(11:1)$ 的淤浆工艺，当取代度在 $0.60\sim0.85$ 时，醚化效率大概在 $65\%\sim74\%$；当取代度在 $0.85\sim1.15$ 时，醚化效率大概在 $70\%\sim85\%$；当取代度在 $1.20\sim1.60$ 时，醚化效率大概在 $50\%\sim65\%$；当取代度在 $1.70\sim2.90$ 时，采用常规的碱化与醚化工艺，其醚化效率低，大概在 50% 以下。

（4）碱和醚化剂的加入方式　要得到高取代度的产品，加碱、醚化剂的方式要进行变化，应采用多次碱化、多次醚化的方式，可有效提高醚效。

传统制备 CMC 方法是将纤维素在适量异丙醇中碱化后，缓慢加入醚化剂氯乙酸，然后升温至 55～60℃ 进行醚化反应并保持若干小时；继续升温至 72～74℃ 并保持若干小时；经后处理得到产品。多步碱化法是将纤维素在适量异丙醇中碱化后，缓慢加入醚化剂，补加入适量的碱，然后升温至 55℃ 进行一次醚化；加入适量碱后升温至 60℃ 进行二次醚化；再加入适量碱后升温至 68℃ 进行三次醚化；最后加入剩余碱，升温至 72～74℃ 进行四次醚化；经纯化后处理得到产品。由分析计算结果可知，以多步碱化法制备的 CMC 产品具有超高取代度（1.84～2.11）。该工艺采用分批加碱、加水的方式，最大限度抑制了副反应和产品降解；通过各阶段合理的物料配比控制，使醚化反应持续进行，在保证一定醚化效率的前提下，得到超高取代度的 CMC 产品。

有资料显示采用"三平台曲线法"，通过多段加碱可得到取代度在 2.00 以上的产品。从抑制副反应的角度出发，采用分步加碱、控制各段碱/醚化剂物质的量比的措施，使得经过一次反应得到的产品取代度达到 1.60～1.70，进而再重复此过程，就可容易得到取代度达到 2.20～2.90 的产品。

北京理工大学纤维素技术研发中心开发了一种阶段性投料制备超高取代度羧甲基纤维素的方法。该方法采用阶段性连续添加碱和控制反应各阶段酸碱比等措施，是一种连续加碱阶段醚化的方法，既无需反复冷却、升温等步骤，又能够保证产品具有较高的醚化度，可得到超高取代度的羧甲基纤维素。此方法是将棉、木纤维素经过 18%～50%NaOH 水溶液的碱化处理，然后在有机溶剂中、惰性气体保护的条件下，在适当的温度范围和搅拌状态下加入氯乙酸酯、氯乙酸或其钠盐进行醚化反应，再加碱升温进行二次醚化，经过中和、洗涤和干燥等过程得到羧甲基摩尔取代度不低于 2.0 的羧甲基纤维素。

多阶段碱化醚化的方法可以提高醚化的均匀性（均匀性可由触变面积的变化来近似表征，见表 5-3），通过逐步加碱升温的方式，使醚化剂在每一阶段都能相对充分和均匀地进行反应；另外，随着引入醚化剂量的增加，取代基 —CH$_2$COONa 在纤维素大分子的三个碳位上的分布逐渐趋于均化，这也是高取代度 CMC 的取代基分布更均匀的原因，从而也可改变产品的触变性。

表 5-3　不同取代度 CMC 样品水溶液的触变面积测试结果

| 样品 | 取代度（DS） | 触变面积（S） |
| --- | --- | --- |
| 1 | 1.14 | 799.086 |
| 2 | 1.84 | 385.140 |
| 3 | 2.11 | 1.096 |

连续加碱阶段醚化的方法制备超高取代度 CMC 的缺点是醚化效率也不高，约为 30%～50%；优点是可一次性得到成品，无需反复进行冷却和升温步骤，大大节省了能源和时间消耗所带来的生产成本，因此实用性强。

（5）反应温度和时间的影响　要得到合格的 CMC 产品，配方是灵魂，工艺是基础，设备则是保障。要获得适当取代度、黏度、取代均匀的产品，必须根据所用配方和实际设备状况，精心调节碱化阶段和醚化阶段的反应温度、时间、升温方式和加料方式等工艺条件。

碱化阶段是纤维素醚生产的第一步，碱液浓度、碱化时间和温度、搅拌方式等是得到均匀碱纤维素的保证。碱化是一个放热反应，为了使纤维素能充分润胀，要有足够的结合碱量以形成碱纤维素，同时又要防止碱化过程纤维素的强烈降解，因而必须采取低温碱化。通常用循环水降温（冬季）或冷冻水降温（夏季）。

从化学反应角度看，纤维素碱化反应的速率是很快的，但由于纤维素本身形态结构以及超分子结构的复杂性，使得纤维素物料的均匀充分地吸碱、润胀和渗透又需有足够的时间。所以，碱化温度和时间应视纤维素原料纤维状态、分子量、碱液性质和浓度、有机稀释剂的种类和数量等加以调整，通常碱化温度为 20～35℃，碱化时间为 25～120min。碱化阶段充分搅拌是实现纤维素均匀碱化的保证，反应釜有捏合机、立式和卧式反应釜等，采用的搅拌方式有螺带式、框式和犁铲式等，有时还需安装侧面飞刀快速粉碎实现均匀碱化。通常碱化阶段的搅拌速度应该大于醚化阶段，以保证纤维素与碱的充分接触和渗透。

醚化阶段是一氯醋酸与碱纤维素间的反应过程，是一个复杂的化学反应过程。该过程包括一氯醋酸与碱的中和反应、一氯醋酸钠与碱纤维素的亲核取代反应，前者是放热反应，后者需给予能量使一氯醋酸钠离解成正离子从而与碱纤维素反应生成醚，所以总的要求是在一定的温度下进行醚化反应。

醚化反应过程的温度控制必须把化学平衡、化学动力学和纤维素纤维的特殊结构综合加以考虑，可从醚化初期、中期和后期分阶段加以考虑。醚化初期，主要是醚化剂一氯醋酸与游离碱的中和反应以及在碱纤维素中的分散、渗透过程，反应系统温度会自然升高，这一阶段温度控制宜低、时间宜长以利于醚化剂均匀渗透和分散。因为碱对纤维素的亲和力大于一氯醋酸（钠）对纤维素的亲和力，醚化剂在碱纤维素中的扩散较慢，如果此时反应温度高，醚化反应速率过快，会引起表层的局部反应，使纤维表面生成 CMC 凝胶层，而阻碍醚化剂向碱纤维素的进一步充分扩散、渗透和反应，从而导致羧甲基不能够均匀取代，应用指标和性能不理想。温度过低，反应初期则容易生成晶状一氯醋酸钠，布散于碱纤维素外部，温度升高后才能溶解，醚效和反应均匀性都受影响。这个阶段的温度可控制在 40～55℃ 之间。

醚化中期，是醚化反应的主要阶段，一般加热升温至 60～65℃。

醚化后期，醚化剂浓度已大大下降，生成的 CMC 不断扩散出来，体系黏度在不断增大，可将温度升至 70℃ 以上，以提高醚效和取代均匀性。

整个醚化反应时间可在 1～2h 内调节。

碱化和醚化反应过程的影响因素还很多，也很复杂，物料配比、反应温度、时间都必须结合原材料指标、设备结构、搅拌方式和反应操作环境进行调控，以优化工艺提高产品质量。应该讲，对于每一套固定的生产设备，生产某一种品号的产品，都有一个最优化的、适应性最强的配方和工艺。有效地传质和传热，使物料在整个阶段均匀充分地混合和接触，严格控制各阶段的升温和降温的速度，控制好体系的氧含量，就能够自如地得到所需要的各种产品。

（6）物料中和与洗涤　在纤维素碱化和醚化反应中，除了生成 CMC 外，还有氯化钠、羟乙酸钠、羟乙酸、未反应的苛性钠、一氯醋酸钠以及反应原材料夹带的杂质，所以必须用酸将碱中和，再用乙醇水溶液将大部分盐等杂质溶出分离，以提高产品纯度。对高纯度 CMC 产品，还需进行特别的精制处理。对低浴比的工艺，将醚化后混合物直接利用洗涤粗液冲打到已经盛有中洗液的中洗槽。对于高浴比的淤浆法，先经过离心将大部分溶剂脱去，然后最好经过汽提机等设备进行溶剂回收，再将物料经螺旋输送至洗涤釜。其原因是高浴比的工艺通常采用的溶剂是异丙醇或混合溶剂，而洗涤通常要采用乙醇或甲醇水溶液，不经过汽提机溶剂回收，反应体系的溶剂就会直接混窜流到洗涤釜，造成溶剂组成不确定，以及整个生产体系的溶剂动态变化，在一定程度上还会提高生产成本。

中洗槽有立式和卧式两种。中和用酸可采用盐酸或醋酸/乙醇（甲醇）/水溶液。中和游离碱用的酸量可以根据反应过程加入的碱和氯乙酸相对量进行估算，最后使产品变为中性（pH＝6.5～7.5）。为了提高产品白度，可加入漂白剂（如次氯酸钠水溶液）漂白 CMC。

加入盐酸（醋酸）的量，以摩尔为单位，估算式为：

$$n_{酸} = \frac{w_{NaOH}}{40} - \frac{2w_{ClCH_2COOH}}{94.5}$$

其中，$n_{酸}$ 为加酸的物质的量，mol；$w_{NaOH}$ 为碱的用量，kg；$w_{ClCH_2COOH}$ 为氯乙酸的用量，kg。

洗涤槽也有立式和卧式两种。国外还有连续洗涤设备，是通过不同的进液口打入不同浓度的乙醇（或甲醇、异丙醇）水溶液，物料在快速旋转中得到连续洗涤，其洗涤纯度可以达到 99% 以上。羟乙酸钠易溶解于乙醇，氯化钠在乙醇中微溶，但溶于乙醇水溶液中，氯化钠溶解度如表 5-4 所示。

表 5-4　20℃时不同浓度乙醇水溶液中 NaCl 的溶解度

| 乙醇浓度(体积分数)/% | 65 | 66 | 68 | 70 | 72 | 74 | 76 | 78 | 80 |
|---|---|---|---|---|---|---|---|---|---|
| NaCl 溶解度/(g/L) | 60.7 | 56.6 | 51.4 | 44.8 | 40.4 | 35.1 | 30.6 | 25.4 | 21.4 |

由表 5-4 可见，乙醇浓度愈低，氯化钠溶解度越大，洗涤效果越好。但 CMC 会在水中润胀和溶解，如果乙醇浓度过低，则导致产品溶解而形成胶体凝聚物，影响了中和洗涤的效果、均匀性及回收率，造成洗涤困难，产品纯度和得率下降。根据产品取代度、黏度和纯度要求，调节乙醇水溶液浓度在 68%～85% 间即可。

液固比愈大，洗涤浆料的浓度就越低，盐等杂质的溶出效果越好，洗涤均匀性越好。洗涤次数越多，杂质含量越低，但必须考虑乙醇的损失和蒸馏回收的困难，对具体产品要求选择液固比和洗涤次数，一般液固比为（8～10）∶1，较高的液固比达到约（12～15）∶1（乙醇溶液体积与纤维素质量之比）。对于纯度要求较高的 CMC 产品，除选用质量较高的原材料、反应试剂外，应进行 2～3 次的洗涤，并采用高效的洗涤设备。设备的搅拌效果是影响中和洗涤的重要因素，搅拌充分，无死区，才能使粗 CMC 在乙醇溶液中分散好，促进盐和杂质的扩散、溶解，减少过分润胀 CMC 凝胶体对杂质溶出的阻碍等。

洗涤时间越长，效果越好。根据固液分离和加料方式，通常每次洗涤在 10～60min；洗涤温度一般选择室温。虽然温度高可使得 CMC 的润胀和溶出量增加，盐等杂质溶出快，但通常会造成溶剂挥发严重，成本升高。

（7）漂白条件　纤维素在碱化和醚化反应中会发生氧化降解，而产生一些发色基团（如羰基、羧基）和助色基团（如羟基），并以一定形式结合成为发色体，它们的响应吸收光谱即从紫外区到可见光区呈黄棕色。被氧化的木素、半纤维素，残留的树脂、金属离子（如 $Ca^{2+}$、$Na^{+}$、$Fe^{3+}$、$Mn^{2+}$ 等离子）也会导致产品白度降低。

为提高产品的白度，可在第一次洗涤工序中加入漂白剂，一般使用次氯酸钠水溶液。次氯酸钠溶于水时要发生部分水解，溶液呈碱性，其在碱性下稳定，在中、酸性条件下不稳定，发生的反应为：

$$NaClO + H_2O \rightleftharpoons NaOH + HClO$$

漂白剂也可用次氯酸（HClO），作为一种强氧化剂，它可以氧化、破坏上述有色物质从而提高白度。用次氯酸钠漂白的影响因素有体系的 pH 值、漂白温度、漂液浓度、漂白时间等，主要是漂白时系统的 pH 值和温度。pH 值对 CMC 漂白的影响较大，由于次氯酸钠在碱性条件下稳定，当 pH 值在 7 附近时，纤维素降解最严重，所以漂白时体系 pH 值应控制在 8～10 之间加入漂白剂，适度提高温度、延长漂白时间是有利的。

（8）干燥、粉碎、混合和包装　经洗涤和漂白的 CMC，用泵打入离心机，脱去乙醇、甲醇等洗涤溶剂，投入耙式真空干燥机或汽提机中回收溶剂。在这些设备中，湿 CMC 中所含的残留乙醇和水分由颗粒内部逐渐向表面扩散、汽化，经由真空系统带出，达到溶剂回收、产品干燥的目的。物料借耙式搅拌器或犁式搅拌齿均匀翻动、受热和干燥，蒸发出的乙醇经冷凝后回收，水蒸气由水力喷射泵抽吸排出。乙醇蒸气、水蒸气出口处设有挡板除尘器以回收干燥时逸出的少量 CMC 粉粒。

汽提机与卧式犁式反应釜结构类似，特点是连续操作。带连续进出料的封闭旋转阀，夹套与中轴可通过蒸汽直接加热，主轴通过填料密封，设备上带过滤溶剂回收系统。

经耙式真空干燥机或汽提机回收乙醇的 CMC 产品，可进一步在链条式烘箱、流化床干燥机或蒸汽循环烘箱中经间歇或连续干燥至合格含湿率。

已干燥的 CMC 用锤式粉碎机粉碎至一定细度，按不同品种规格的要求，要选用不同的筛网控制好产品细（粒）度，通常使用 $\phi 0.5～0.8$ 的筛孔。美国精制 CMC 要求全部通过 200 目的美国标准筛。

粉碎 CMC 产品除有粒度要求外，另一个重要指标是 CMC 干粉的流动特性，这取决于 CMC 的型号、含湿率、松密度和粒度分布等，通常用流动角表示流动特性的好坏。流动角指在倾斜的平面上粉末状物料由静止开始滑动时平面与水平面相交的最小角度，可用表面镀锌金属平板作为倾斜平面，滑动角越小，流动性越好。例如，美国工业级 CMC（含湿 6％，纯度 95％）粉末，过 50 目美国筛，累积筛析量为 27.0％时，滑动角为 40°～45°，累积筛析量为 1.5％时，滑动角为 55°～60°。

为了使产品质量均一，可将小批指标不大相同的 CMC，按一定比例在混粉机中混合均匀，成为达到产品规格要求的 CMC。混合时，可根据不同小批质量指标确定混合各批的量，混同后，经过进一步指标测试，达到所需要理化指标、应用指标的产品则包装出厂。

CMC 产品的包装规格可视品种、用途而定，包装过程的设备、操作和包装材料应符合干燥、卫生的要求，防止产品重新吸湿、污染和微生物的酶侵袭。对食品级 CMC，要有特别保护、符合卫生要求的包装并适当加以单独存放、装运。

**5. 羧甲基纤维素的产品质量规范**

羧甲基纤维素钠（CMC）是天然纤维素改性的产物，是一种应用范围比较广的离子型纤维素醚。CMC 产品应用领域覆盖食品、牙膏、钻井、压裂、陶瓷、采矿、造纸及其他工业级产品等。国外 CMC 的检测方法主要采用"ASTM"标准、美国药典（USP）等，国内的检测方法主要是国标 GB/T 1904—2005"食品添加剂羧甲基纤维素钠"、行标、企标等。参考国内外 CMC 检测方法，主要检测项目有：鉴别试验、水分、氯化钠（Cl⁻）、取代度、黏度、纯度、pH 值、铁、砷、铅、重金属、透光率、细度、密度的检测及不同型号对应的应用实验、微生物检测等。

CMC 按照其应用领域的不同分为九类：食品、牙膏、钻井、压裂、陶瓷、采矿、造纸及其他工业级等。各类产品的具体型号见表 5-5。

表 5-5 CMC 产品的主要型号

| 产品类别 | 型 号 |
|---|---|
| 食品级 | FL9、FM6、FH6、FVH6、FM9、FH9、FVH9、CMC7000、CMC10000 等 |
| 牙膏级 | TM7、TM8、TM9、TH9、TVH9、TH10、TM12 等 |
| 钻井液 | PAC-LVT1、PACLVT2、PACLV、PAC-LV1、PACLV2、PAC-HVT1、PAC-HVT2、PAC-HV、PACHV1、PACHV2、HV-CMC、LV-CMC、CMC-HVT、CMC-LVT 等 |
| 压裂液 | CMC9-5000、CMC9-6000、CMC9-7000 等 |
| 陶瓷级 | C1082、C1582、C2082、C1083、C1583、C0192、C0492、C1002、C1592 等 |
| 采矿级 | OH6、OL6、OL9、OL6-A、OL6-G 等 |
| 造纸级 | PL-2、PL-5、PL-10、PL-30、PL-50、PL-200、PL-600、PM 等 |
| 其他工业级 | IM6、IH6、IVH6、T18-S、C3092、DH、BH、TP1000 等 |

由于 CMC 各大类的应用领域不同，对产品的要求也不同，表 5-6～表 5-10 分别为食品级、牙膏级、石油钻井产品的技术规格。

表 5-6 食品级 CMC 技术规格

| 项目 | 指标 | 项目 | 指标 |
|---|---|---|---|
| 外观 | 为白色或微黄色纤维状粉末 | pH 值 | 6.0～8.5 |
| 水溶液黏度/mPa·s | ≥25 | 砷 As/% | ≤0.0002 |
| 取代度 DS | 0.20～1.50 | 铅 Pb/% | ≤0.0005 |
| 氯化物 Cl/% | ≤1.2 | 重金属(以 Pb 计)/% | ≤0.0015 |
| 干燥减量/% | ≤10.0 | 铁 Fe/% | ≤0.02 |

注：本标准参考 GB/T 1904—2005《食品添加剂羧甲基纤维素钠》。

### 表 5-7　牙膏级 CMC 技术规格

| 项目 | 指标 | 项目 | 指标 |
|---|---|---|---|
| 外观 | 为白色或微黄色纤维状粉末 | 铁 Fe/% | ≤0.02 |
| 鉴别试验 | 符合 | 砷 As/% | ≤0.0003 |
| 细度(260μm 通过率)/% | 98 | 黑点数/(个/g) | ≤8 |
| 2%水溶液黏度/mPa·s | ≥50 | 菌落总数/(cfu/g) | ≤500 |
| 取代度 DS | 0.5～1.5 | 霉菌与酵母菌总数/(cfu/g) | ≤100 |
| 氯化钠+羟乙酸钠/% | ≤1.0 | 粪大肠菌群/(cfu/g) | 不得检出 |
| 干燥减量/% | ≤7.0 | 铜绿假单胞菌/(cfu/g) | 不得检出 |
| pH 值 | 6.5～8.5 | 金黄色葡萄球菌/(cfu/g) | 不得检出 |
| 重金属(以 Pb 计)/% | ≤0.0015 | | |

注：本标准参考 QB/T 2318—2012《口腔清洁护理用品牙膏用羧甲基纤维素钠》。

### 表 5-8　钻井液 PAC 技术规格

| 项目 | 指标 | 项目 | 指标 |
|---|---|---|---|
| 取代度 DS | ≥0.90 | 基浆滤失量/mL | 200±10 |
| pH 值 | 6.5～9.0 | 表观黏度/mPa·s | 根据型号和客户要求 |
| 干燥减量/% | ≤10.0 | 滤失量/mL | 根据型号和客户要求 |
| 基浆表观黏度/mPa·s | ≤8 | 纯度/% | 根据型号和客户要求 |

注：本标准参考 GB/T 5005—2010《钻井液材料规范》、API13A 及企业内部标准。

### 表 5-9　钻井液 HV-CMC、LV-CMC 技术规格

| 规格 | 性能指标 | | | | |
|---|---|---|---|---|---|
| | 项目 | | 指标 | | |
| | | | 蒸馏水 | 盐水 | 饱和盐水 |
| 基浆 | 滤失量/mL | | 60±10 | 90±10 | 100±10 |
| | 表观黏度/mPa·s | | ≤6 | ≤6 | ≤10 |
| | pH 值 | | 8.0±1.0 | 8.0±1.0 | 7.5±1.0 |
| HV-CMC | 造浆率/(m³/t) | | ≥160 | ≥130 | ≥140 |
| LV-CMC | 滤失量为 10mL 时 | 加量/(g/L) | | ≤7.0 | ≤10.0 |
| | | 表观黏度/mPa·s | | ≤4 | ≤6 |

注：本标准参考《钻井液用羧甲基纤维素钠盐》行业标准和企业内部标准。

### 表 5-10　钻井液 CMC-HVT、CMC-LVT 技术规格

| 指标 \ 型号 | CMC-LVT | CMC-HVT | |
|---|---|---|---|
| 黏度计(600r/min)读数 | ≤90 | 去离子水中 | ≥30 |
| | | 40g/L 盐水中 | ≥30 |
| | | 饱和盐水中 | ≥30 |
| 滤失量/mL | ≤10.0 | ≤10.0 | |

注：本标准参考 GB/T 5005—2010《钻井液材料规范》、API13A。

# 第三节　羧甲基纤维素的基本性能

（1）假塑性　大部分 CMC 是高度假塑性的，有些品种几乎是固体凝胶状的，剧烈搅拌可使其变为液体。CMC 常表现出假塑性行为，即剪切变稀。这种变化并不是即刻发生的，而是一个渐变过程，在黏度降低之前需要持续地施加剪切力。剪切力去除后，黏度又会缓慢恢复到初始值。

（2）溶解性　CMC 具有良好的冷、热水溶解性能，不同 $DS$ 产品的溶解性能见表 5-11。

表 5-11　CMC 的溶解性能

| $DS$ | $0 \sim 0.05$ | $0.1 \sim 0.25$ | $0.3 \sim 1.5$ | $2.2 \sim 2.8$ |
|---|---|---|---|---|
| 溶解性能 | 不溶解，特殊溶剂除外 | 溶解于 4% NaOH 溶液中 | 溶解于水 | 溶解于极性有机溶剂 |

在中性 CMC 水溶液中，由于阴离子间的排斥作用，大分子链少有卷曲的线型结构，CMC 是一种弱酸盐（$pK_a$ 为 4～5）。在 pH=5 条件下，约 90% 的羧基是未离解的。继续降低 pH 值，依照溶液的酸度和产品的 $DS$ 值大小会出现不同程度的沉淀。$DS$ 为 0.3～0.5 的 CMC 在 pH<3 时沉淀，$DS$ 为 0.7～0.9 的 CMC 在 pH<1 时沉淀。

羧基间的排斥作用在 pH≈12 时也会减弱，原因是碱金属阳离子的存在使得分子链卷曲起来，使溶液黏度下降。因此，CMC 溶液的黏度依赖其 pH 值。高黏型 CMC 在 pH=6～8 时黏度表现出最大值。

（3）生物相容性　CMC 生物相容性好，无毒，但是许多并不是纯品的 CMC 不能用于食品中。氯乙酸钠水解形成的羟乙酸钠的存在，使它不适合人类食用。许多国家规定用于食品的产品纯度至少要达到 99.5%。

CMC 对微生物的降解是敏感的，通常用苯乙酸汞或对羟基苯甲酸苯甲酯降低其降解性。CMC 的取代度越高，取代基分布越均匀，受到的影响就越小。空气氧化有时候也是一个问题，可用胺类稳定剂来控制。

（4）耐酸、耐盐性　CMC 的重要应用主要体现在水溶液中，但在实际应用的环境中，以单纯的 CMC 直接应用的情况几乎没有，大多数情况下要与盐、酸、有机溶剂等同时使用，这样大大提高了对其性能表现预测的难度和复杂性。

反映产品性能好坏的关键指标通常是酸黏比（AVR）和盐黏比（SVR）。

图 5-22 是取代度为 1.02 的 CMC（氯化物含量 0.88%）在不同浓度 NaCl 溶液中的黏度变化曲线，图 5-23 是相应的酸黏比随 NaCl 含量变化的曲线。

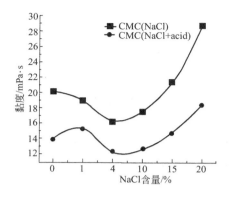

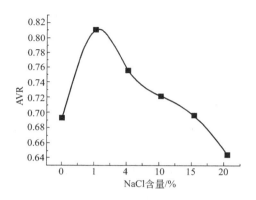

图 5-22　CMC 溶液黏度随 NaCl
含量变化曲线

图 5-23　CMC 溶液酸黏比随 NaCl
含量变化曲线

可见，CMC 黏度随着 NaCl 含量的增加先减小后增大，黏度在 4％左右时出现最小值；在酸性环境下，CMC 黏度随着 NaCl 含量的增加先增大后减小再增大；而酸黏比随着 NaCl 含量的增加先增大后减小，AVR 在 NaCl 的浓度为 1％左右时达到最大值。

在水溶液中 CMC 容易电离生成 $ROCH_2COO^-\cdot H_2O$，即：

$$ROCH_2COONa + H_2O \rightleftharpoons ROCH_2COO^-\cdot H_2O + Na^+$$

由于 CMC 电离会生成长链状的多个阴离子—$OCH_2COO^-\cdot H_2O$ 和 $Na^+$，故 CMC 属于阴离子型聚电解质。聚电解质水溶液黏度与聚电解质在溶液中形态有密切关系。在一定浓度的 NaCl 溶液中时，溶液中游离的 $Na^+$ 阻止了 $ROCH_2COONa$ 中的 $Na^+$ 的解离：

$$ROCH_2COO^-\cdot H_2O + Na^+ \rightleftharpoons ROCH_2COONa + H_2O$$

无机盐对带电基团的电荷屏蔽作用使得顺着大分子链之间斥力作用减弱，这时大分子链的伸展受到限制，收缩蜷曲，黏度下降。随着盐溶液浓度的增大，大分子链卷曲得越来越严重，因此在一定浓度范围内（0～4％左右），CMC 的黏度是随盐浓度的增大而下降的。当外加盐溶液的浓度足够大时，高分子链上的—$CH_2COO^-$、—OH 与 $Na^+$ 发生作用，—$CH_2COO^-$ 受到电荷屏蔽作用，对外显示电中性，静电排斥作用不明显，此时的聚电解质溶液黏度行为与非电解质高聚物一样。$Na^+$ 对大分子具有电荷屏蔽作用，同时大分子链周边的 $Na^+$ 又由于互相排斥而使大分子链伸展，黏度开始上升。盐浓度足够大时，溶液为极性的，溶液中存在大量的 $Cl^-$，与大分子链、$Na^+$ 作用使得高分子流动困难，黏度急剧增大。

而由于 $Na^+$ 与 $H^+$ 的组合效应，使得酸黏比先增大后减小。当加入少量的酸时，在 NaCl 溶液中存在下列电离平衡：

$$ROCH_2COONa + H_2O \Longrightarrow ROCH_2COO^- \cdot H_2O + Na^+ \tag{5-1}$$

$$ROCH_2COO^- \cdot H_2O + H^+ \Longrightarrow ROCH_2COOH + H_2O \tag{5-2}$$

由于 $Na^+$ 的增多，使得电离平衡向着生成 $ROCH_2COONa$ 的方向移动，即向左移动；而 $H^+$ 的加入，使得电离平衡向着生成 $ROCH_2COOH$ 的方向移动，即消耗 $ROCH_2COO^- \cdot H_2O$。此时溶液的黏度大小受 $H^+$、$Na^+$ 综合影响，当 NaCl 浓度＜1% 时，$H^+$ 作用起主导地位，此时反应式（5-2）平衡向右移动，$ROCH_2COO^- \cdot H_2O$ 含量减少，分子链卷曲，黏度降低，因而酸黏比小；当 NaCl 浓度＞1% 时，溶液中 $Na^+$ 增多，$Na^+$ 作用起主导地位，此时第 1 个反应式平衡向左移动，$ROCH_2COO^- \cdot H_2O$ 含量减少，电荷的斥力减小，分子链同样卷曲厉害，在酸性环境下的 CMC 黏度降低得厉害，酸黏比减小；而在 NaCl 浓度等于 1% 时，$H^+$ 与 $Na^+$ 的作用相抗衡，这时的 $ROCH_2COO^- \cdot H_2O$ 含量相对减少最小，分子链卷曲的程度最小，在酸性环境下的 CMC 黏度降低最小，酸黏比最大。

另外，CMC 取代度大小与均匀程度对 SVR 和 AVR 有直接影响。

在 CMC 水溶液中，$—CH_2COO^-$ 基团发生电离，静电作用使高分子线团呈伸展的状态；在盐环境中，电解质的引入使游离离子浓度增加，平衡向非电离方向移动，大分子链电荷密度下降，静电作用减弱，卷曲程度加强，并将部分 $—CH_2COO^-$ 基团包埋，使溶液黏度下降。将不同取代度的 CMC 样品配制成 2%（质量分数）水溶液，溶解在 1%～8%（质量分数）的 NaCl 水溶液中，测量溶液表观黏度的 SVR 曲线，结果见图 5-24。

高取代 CMC 的盐黏比介于 0.839～1.000，而低取代 CMC 的盐黏比在 0.730～1 之间；并且与低取代 CMC 相比，高取代产品的 SVR 曲线随着盐浓度的增加有

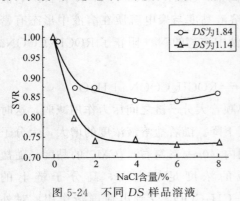

图 5-24　不同 DS 样品溶液
表观黏度的 SVR 曲线

回升的趋势，说明高取代 CMC 在盐溶液中黏度下降幅度较小，其抗盐性优于低取代产品。高取代 CMC 分子上 $—CH_2COO^-$ 取代基数量更多，而且取代基团分布更均匀。在同样浓度游离离子的影响下，具有更多电离基团 $—CH_2COO^-$ 的高取代 CMC 电荷密度下降程度小，因此溶液黏度下降较少；同时高取代 CMC 的取代基

分布更均匀，大分子链趋于卷曲的能力与程度在同一分子链的不同葡萄糖环基上基本相同，在不同大分子链间也接近，所以溶液黏度降低就比较少，甚至会因为大分子链刚性增强，黏度反而提高，具有抗盐性。

图 5-25 是取代度为 1.02 的 CMC 产品（氯化物含量 0.44%）在不同浓度 $CaCl_2$ 溶液中的黏度变化曲线，图 5-26 是相应 CMC 酸黏比（AVR）随 $CaCl_2$ 含量变化的曲线。

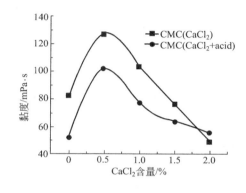

图 5-25　CMC 溶液黏度
随 $CaCl_2$ 含量变化曲线

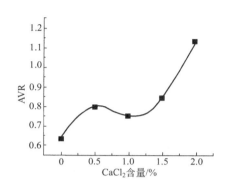

图 5-26　CMC 溶液酸黏比
随 $CaCl_2$ 含量变化曲线

与一价盐相反，CMC 水溶液的黏度随着 $CaCl_2$ 含量的增加先增大后减小，当 $CaCl_2$ 浓度为 0.5% 左右时黏度出现最大值。在酸性环境下，CMC 溶液黏度随着 $CaCl_2$ 含量的增加先增大后减小；而酸黏比随 $CaCl_2$ 含量的增加先增大后减小再增大。

若把二价以上低分子电解质加到聚电解质溶液中，会强烈改变聚电解质的分子形态。当加入少量的 $CaCl_2$（<0.5%）时，$Ca^{2+}$ 可与同一大分子链上的两个 $—CH_2COO^-$ 产生键合作用，也可与不同分子链之间的两个 $—CH_2COO^-$ 作用，形成网状交联使大分子线团体积增大，流动困难，在一定浓度范围内，黏度逐渐升高。随低分子电解质 $CaCl_2$ 浓度增加，由于 $Ca^{2+}$ 与大量聚离子产生键合作用，使大分子链严重卷曲，去水化作用增强，从而改变了聚电解质的溶解性质，使大分子聚电解质从溶液中析出。通常认为 $CaCl_2$ 含量在 0.5%～1.0% 范围有微量的大分子析出，黏度下降。$CaCl_2$ 浓度进一步增大（>1.0%）时，$Ca^{2+}$ 与 $—CH_2COO^-$ 的键合交联作用加剧，大分子析出严重，肉眼能观察到大分子溶液出现浑浊现象，黏度继续大幅度下降。

加入乳酸后，溶液中 $H^+$ 使大分子链上 $—CH_2COO^-$ 减少：

$$ROCH_2COO^- \cdot H_2O + H^+ \rightleftharpoons ROCH_2COOH + H_2O$$

随着 $CaCl_2$ 的（<0.5％左右）加入，溶液中存在 $Ca^{2+}$ 与 $ROCH_2COO^-$ ·$H_2O$ 的交联和 $H^+$ 与 $ROCH_2COO^-$ ·$H_2O$ 的作用，而 $Ca^{2+}$ 与 $ROCH_2COO^-$ ·$H_2O$ 的交联作用占主导地位，酸黏比增大。随着 $CaCl_2$ 含量（0.5％～1.0％左右）的不断提高，认为此时 $H^+$ 主要表现为与 $ROCH_2COO^-$ ·$H_2O$ 的作用，此时有微量的大分子析出，且随着 $Ca^{2+}$ 浓度越高，析出越多，相对而言大分子溶液中的 $ROCH_2COO^-$ ·$H_2O$ 就越少，分子链卷曲厉害，黏度下降程度大，酸黏比下降。$CaCl_2$（>1.0％）浓度进一步增大，使得大分子的溶解过程困难，出现析出现象，黏度开始下降，但在有酸存在的情况下，在一定程度上阻止了 CMC 从溶液中析出。

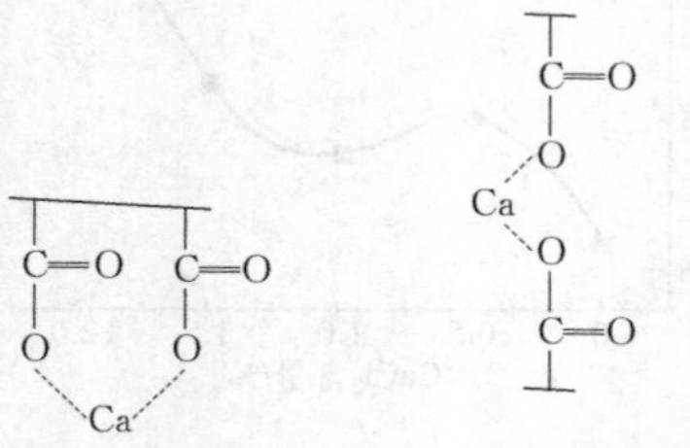

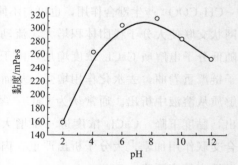

(a)分子内键合　(b)分子间键合

图 5-27　$Ca^{2+}$ 和 CMC 的羧甲基
形成的键合作用

$Ca^{2+}$ 与聚阴离子的键合作用如图 5-27 所示。

可见 $Ca^{2+}$ 与 $Na^+$ 不同，$Ca^{2+}$ 是二价的，它能同时与同一大分子链上的两个—$CH_2COO^-$ 产生键合作用，也可与不同分子链之间的两个—$CH_2COO^-$ 作用，互相交联，从而改变了聚电解质的溶解性质，尤其是在酸存在的情况下，表现出与 $Na^+$ 不同的变化规律。

CMC 在低盐浓度范围表现出一定的聚电解质的性质，随着一价金属盐浓度的升高，CMC 黏度是逐渐降低的；随着盐浓度进一步增大，CMC 大分子受到大量金属盐离子的屏蔽作用，对外表现出非聚电解质的性质，使得 CMC 溶液黏度随着盐浓度的增大而迅速提高。在加入少量酸的盐溶液中，CMC 溶液黏度由于受酸和盐的综合效应的影响，使得酸黏比随着盐浓度的升高先增大后减小，而且酸黏比的最大值位于 NaCl 浓度为 1％左右。而在一定的二价金属盐低浓度范围，由于交联作用，CMC 溶液黏度逐渐升高；随着二价金属盐浓度升高，二价金属盐与聚电解质的键合作用严重，认为 CMC 微量析出，使得 CMC 溶液黏度越来越小；$CaCl_2$ 含量进一步增加，有大量 CMC 从溶液中析出，表现出酸黏比随着二价金属盐离子浓度的增加有先增加后减小再增加的规律。

另外，也有人研究了羧甲基纤维素的黏度与 pH 值之间的关系，结果见图5-28。

（5）触变性　触变性指在恒定剪切力

图 5-28　羧甲基纤维素的
黏度与 pH 值的关系

作用下，溶液体系的黏度随时间的延长而下降，静止后又能够恢复，即具有时间因素的切稀现象。以触变面积作为溶液触变性的量度，触变面积越大，表示该溶液体系触变性越大；若该溶液体系触变性为 0，将得到两条重合的曲线。触变行为主要与产品取代度及其均匀性有关。

将不同取代度 CMC 样品配制成 2%（质量分数）水溶液，测量溶液触变面积结果如图 5-29 所示（剪切速率变化范围：$0 \sim 200 \mathrm{s}^{-1}$；剪切时间：120s；测量温度：25℃）。对各个 CMC 样品水溶液触变曲线进行积分，可求得相应触变面积（见表 5-3）。可见，随着 CMC 取代度的增加，溶液的触变性逐渐减小，产品流变性能变好。因为纤维素是两相结构，结晶区反应速率慢，反应活性低；在溶解过程中部分未参与反应的结晶区成为溶液体系中的凝胶中心，通过静电力和范德华力将部分可溶 CMC 分

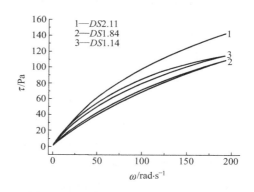

图 5-29　不同取代度 CMC 产品溶液的
触变面积对比结果

子包裹起来；在受到剪切作用时，凝胶中心与其包裹的可溶分子分散开，宏观上表现为溶液剪切变稀的假塑性；剪切作用减少或消失后，凝胶中心又重新聚集并包裹可溶 CMC 分子，使体系黏度增加，宏观上表现为溶液黏度恢复的触变性。产品取代度越高，形成凝胶中心的不溶晶区比例越小，溶液触变性越不明显，即产品流变性能越好。

（6）吸湿性　大多数有机液体对羧甲基纤维素膜都不会产生影响，但在湿度较高时其可能吸收大量水，膜强度会变低而柔韧。与酸、硫酸铝、甲醛或多官能团树脂交联可提高 CMC 薄膜或片材的防水性。将固体 CMC（中性盐的形式）在 80℃加热 12h，也会出现轻微的交联。产品中存在的少量自由羧基与邻近分子链上的羟基形成酯。产品干燥前将其 pH 值调整到一个较低的值，也可获得高度的酯化交联。这些部分交联的产品在水中会膨胀，且吸水能力也较强，在诸如手巾、止血垫和卫生护垫材料上有应用前景。CMC 可进一步衍生，比如在醚化阶段加入少量第二种醚化试剂可制得高吸水性的 CMC。

# 第四节　聚阴离子纤维素

近年来，羧甲基纤维素的工艺、设备在不断完善和进步，市场对产品的要求越

来越高。例如作为一种典型的石油开采助剂，对 CMC 的表观黏度、滤失量、抗盐、抗温等应用指标提出了更高的要求，近年来国外出现的"聚阴离子纤维素（polyanionic cellulose，简称 PAC）"概念就充分反映了市场对羧甲基纤维素的需求趋向。

## 一、聚阴离子纤维素的生产工艺与设备

PAC 实际上是在一定液固比条件下或特殊工艺条件下制备的取代均匀的 CMC，也是天然棉、木纤维素经碱化、羧甲基化、中和及纯化后得到的离子型纤维素醚，但是由于采用的设备更先进、工艺配方更科学，其取代基在无水葡萄糖单元上分布均匀性好，使用性能优越，于是在 20 世纪 80 年代国外一些公司刻意不将这类产品归属于 CMC，而另称其为 PAC。从严格意义上讲，PAC 和 CMC 之间没有严格的界限，主要区别是应用指标上的差异。聚阴离子纤维素的制备方法有低浴比的捏合法，也有高浴比的液浆法。

日本 Daicel 化学工业公司的 PAC/CMC 生产线流程图见图 5-30。

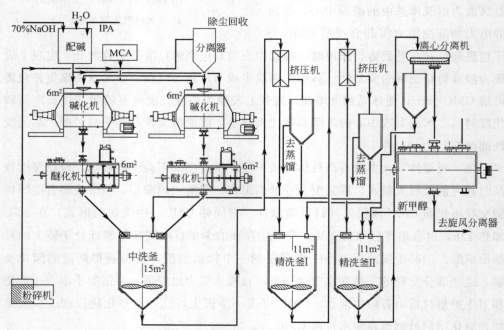

图 5-30　日本 Daicel 化学工业公司的 PAC/CMC 生产线流程图

该生产线的特点为：采用粉碎的纤维素为反应用原料；碱化、醚化采用异丙醇为溶剂；碱化、醚化在各自的反应釜中进行；醚化完采用蒸馏方法把溶剂异丙醇回收；采用三槽式逆向洗涤进行精制；采用挤压脱水，甲醇为洗涤液，

产品与甲醇分开后，甲醇经过蒸馏再利用；粉碎需要粗粉碎和细粉碎串联使用；该系统有氮气保护系统，密封性好。该生产线可生产 PAC 或 CMC。

PAC 与 CMC 相比，主要区别在于 PAC 具有优良的应用性能。而优良的应用性能是靠科学的配方、工艺和设备等多方面条件加以实现和保证的，所以科学设计产品的理化指标很关键。

PAC 生产的第一个关键是对原料尤其是纤维素原料严格选择。在多元溶剂中以液浆态进行分步碱化和醚化，要严格控制醚化剂与惰性有机溶剂的配比，以得到耐盐性、透明性、黏度、耐温性高以及失水量低的纤维素羧甲基化产品。

PAC 生产的第二个关键是在设备的选择上要兼顾到传质、传热、物料流动、密封及工艺参数的准确控制等。如果采用立式反应釜要有合适的长径比和搅拌方式，既能使物料在合理的时间内充分混合、分散，又有良好的热交换。尽量避免使用长径比过大或过小和搅拌有死区，其会导致局部物料接触溶剂滞缓甚至纤维素原料不能及时坠入溶剂体系；同时要有良好的温度调节系统，升、降温均匀控制，传递及时，以避免局部过热等现象，可采用盘管式等交换器，使得反应体系液固充分、等效接触、均匀受热。

由于 PAC 应用领域广，对黏度的要求多种多样，所以要求系统具有自如的抽真空设备、加氧、充氮系统和良好的密封性等。

PAC 生产的第三个关键是工艺和配方控制。首先要选择合理的溶剂体系，常用的溶剂有乙醇、异丙醇、甲苯等有机溶剂及其复合体系；其次选择合理的液固比（溶剂体积/纤维素质量比），通常在 3～25 倍之间；再就是选择合理的碱用量。碱化过程的 NaOH 浓度通常控制在 30%～55% 之间。碱与纤维素原料的物质的量的比在 0.9～2.5 之间；控制体系的碱与氯乙酸原料的物质的量的比在 2.0～2.3 之间。中和用的酸可以是盐酸也可以是醋酸，中和酸的用量要根据碱化、醚化的效果（搅拌方式、时间、温度）进行现场调节后确定。

为了得到性能和外观优良的 PAC，漂白、洗涤、干燥及混同等后处理工序也是很关键的。

## 二、聚阴离子纤维素的结构分析

可利用红外光谱定性分析 CMC 和 PAC 的结构，结果见图 5-31。从红外谱图可见，PAC 与 CMC 的特征振动峰极其相似，峰的高度也基本一致。在 $3440cm^{-1}$ 处是羟基的振动吸收峰；$1550～1680cm^{-1}$ 波数处是—COONa 基团中 C＝O 的对称与不对称振动吸收峰；$1020～1160cm^{-1}$ 处是—C—O—C—的对称与不对称振动吸收峰。

利用 [1]H-NMR 核磁共振技术进一步分析 PAC 与 CMC 结构的差异，结果见图 5-32。

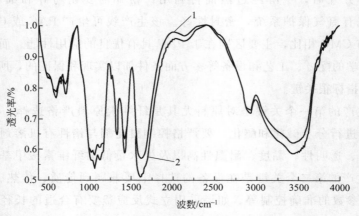

图 5-31　CMC 与 PAC 的红外光谱图

1—CMC；2—PAC

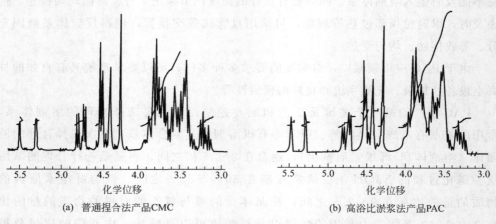

(a) 普通捏合法产品CMC　　　　　　　　(b) 高浴比淤浆法产品PAC

图 5-32　CMC 与 PAC 的 $^1$H-NMR 核磁谱图

化学位移 3.0~4.0 处是葡萄糖单元上的质子峰，4.0~4.5 为—$CH_2COO^-$ 的特征峰，4.5~5.5 处则是葡萄糖单元上还原性末端 C(1) 上的质子共振峰。通过对比 DS 值与 C(1) 上质子位移信号强度变化，发现 C(2) 羟基被羧甲基化后导致 C(1) 上质子位移下降。

通过谱图确定 DS 需要准确计算两个特殊积分 A/B 的比值，其中 A 为 4.0~4.5 之间区域的羧甲基信号积分的一半，B 为单个葡萄糖单元上一个质子峰的区域积分。B 值可以是位于低场的两组双重峰积分的直接加和 [残余末端的单个质子C(1)]，或者是位于高场区域（3.0~4.0）C—H 信号总积分值的 1/6。通过积分峰面积得到葡萄糖单元上三个羟基的相对化学反应能力信息。

在以上两个核磁谱图中，化学位移为 4.0～4.5 之间的 4 个尖锐强峰从低场到高场分别代表了葡萄糖单元上 C(3)、C(2)α、C(2)β、C(6) 位羟基的羧甲基化峰。通过积分计算各峰面积即可算出取代基在 C(2)、C(3)、C(6) 位的分布，结果见表 5-12。

表 5-12　PAC 与 CMC 的取代基分布测试结果

| 样　品 | DS | 取代基含量/% | | | C(2)∶C(3)∶C(6) |
| --- | --- | --- | --- | --- | --- |
| | | C(2) | C(3) | C(6) | |
| PAC-1 | 0.87 | 34.7 | 30.4 | 34.9 | 1.14∶1∶1.15 |
| CMC-1 | 0.88 | 33.0 | 25.4 | 41.6 | 1.30∶1∶1.64 |
| PAC-2 | 0.97 | 34.0 | 28.7 | 37.3 | 1.18∶1∶1.30 |
| CMC-2 | 0.95 | 33.5 | 26.9 | 39.6 | 1.25∶1∶1.47 |
| PAC-3 | 1.18 | 31.8 | 30.2 | 38.0 | 1.05∶1∶1.26 |
| CMC-3 | 1.15 | 32.0 | 28.4 | 39.6 | 1.13∶1∶1.39 |

很显然，PAC 分子链葡萄糖单元上—$CH_2COO^-$在三个位置上的分布比 CMC 更均匀。究其原因，一方面是 PAC 生产过程固液传质充分，碱化完全，在强烈攻击下原纤维素构象发生改变，大分子内、间氢键得到均匀削弱，甚至打开（见图 5-33），在 C(2)、C(3)、C(6) 位上同时降低碱化、醚化反应位垒，均化了反应能力，有效地提高了反应速率和能力。另一方面，由于工艺的调整，保证了碱化、醚化初期反应热及时扩散，避免出现局部碱化盲区，降低了副反应程度，极大提高了产品在宏观上（反应釜不同的区域）和微观上（纤维素大分子链不同的环基上）—$CH_2COONa$分布的均匀性。

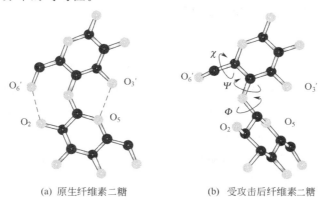

(a)　原生纤维素二糖　　　　　(b)　受攻击后纤维素二糖

图 5-33　纤维素在外力及溶剂作用下分子构象的转变

●—C 原子；○—O 原子；- - - -氢键

表 5-13 是 PAC 与 CMC 的酸黏比、盐黏比和应用测试结果。在同样的取代度、黏度水平上，PAC 的酸黏比、盐黏比和牛奶应用效果明显优于 CMC。而且在同样工艺条件下，PAC 取代度越高，性能越优越。纤维素经羧甲基化后，C(3)、C(2)、C(6) 位可能的基团只有—OH 和—CH$_2$COO$^-$，工艺控制合理，分子间、分子内氢键可得到有效削弱，分子链扩张好，产品的—CH$_2$COO$^-$基团分布均匀，各—CH$_2$COO$^-$基团都能与水分子接触而水化，从而表现出优异的使用性能。

表 5-13　PAC 与 CMC 的酸黏比、盐黏比和应用测试结果

| 样　品 | 取　代　度 | 黏度(2%)/mPa·s | 酸　黏　比 | 盐　黏　比 |
|---|---|---|---|---|
| PAC-1 | 0.87 | 51500 | 0.88 | 1.02 |
| CMC-1 | 0.88 | 45000 | 0.80 | 0.86 |
| PAC-2 | 0.97 | 42100 | 0.91 | 1.05 |
| CMC-2 | 0.95 | 28000 | 0.86 | 0.89 |
| PAC-3 | 1.18 | 35000 | 0.96 | 1.21 |
| CMC-3 | 1.15 | 32100 | 0.90 | 0.96 |

与 CMC 相比，PAC 大分子链上—CH$_2$COO$^-$基团分布更均匀，在酸性环境中整条大分子链不同葡萄糖单元上倾向卷曲的能力及程度基本相同，在不同的大分子链上也相近，结果整体黏度降低程度小，表现为抗酸性好。从在牛奶中的应用试验结果可知，PAC 比 CMC 表现出更优越的应用性能：产品的流动性好，无凝胶，胶粒少且奶液质地细腻、口感好。

产品的取代度越高，—CH$_2$COONa 在葡萄糖单元上分布越均匀，能够不断弥补工艺缺陷所造成产品使用性能的不足。所以在一定程度上，取代度越高，产品的抗盐、耐酸和使用性能越好。

## 三、聚阴离子纤维素的特性

### 1. 分子量

PAC 采用连续、密封的方法生产，必要时可排空、充氮，目的是抗氧化降解。在惰性气体保护下进行碱化和醚化，避免了羧甲基化过程纤维素的断链和降解，保证了在相同的条件下得到较高分子量的产品。相同取代度和黏度下，PAC 的分子量比 CMC 大，约大一个数量级。

对于平均分子量相同的纤维素羧甲基化产品，分子量分布宽（即分子量的分散性大）的比分布窄的流动性好，在剪切力作用下分子链易取向。利用这一点，对于需要假塑性的纤维素羧甲基化产品可采取必要的工艺调整。取代不均时，则表现出明显的触变性，但可能会发生分子链断裂，使纤维素羧甲基化产品在某些条件下的稳定性有所降低。

分子量分布的均匀性直接影响产品的应用，聚合度的高低决定了分子量的大小，物理性能上最直观的表现就是黏度。而产品分子量分布是否均匀在应用上表现为终端产品的稳定、溶液的流变性、成膜性等。这与包括原料质量在内的许多因素有关，例如同样 $DP$ 的棉浆比木浆的分子量分布范围窄，即木浆纤维素分子量的分散性通常大于棉纤维素。在纤维素羧甲基化产品的溶液体系中，高分子的链长对黏度的影响较为明显，而取代度大小和取代基分布对产品的流变性、增稠性和溶解性有较大影响。

**2. 水溶性好**

PAC 可在温度不同的冷、热水中溶解，经表面处理可得到不同溶解速度的产品。

在应用过程中，PAC 往往在水中分散溶解缓慢，需不间断搅拌、浸泡。在与其他水溶性胶、软化剂及树脂混合时，出现黏粒现象，使溶解更加缓慢，严重影响了实际应用效果。其原因在于不经特殊处理的 PAC 粉碎后得到细度很高的产品，细度越高越容易抱团（见图 5-34），遇水后形成透明的包裹层，水分子很难继续渗透，因此形成了内部干料外层亲水的现象，降低了整体

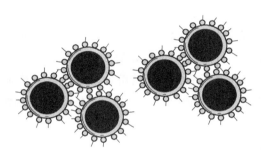

图 5-34　PAC 亲水包裹抱团结构

溶解速度。采用强烈搅拌，不仅效果不明显而且产生大量的气泡，也不利于使用。以陶瓷行业为例，自然溶解要 2d 左右，如果在夏天或在南方梅雨季节，有可能使产品出现变色、霉变而影响其品质；在食品行业，也因为溶解问题破坏了原有工艺；在涂料行业使用时，加大了劳动强度，甚至由于强烈搅拌产生气泡使生产受到严重影响。

经改性的速溶型 PAC 在不影响聚阴离子纤维素原有性能条件下，在水中溶解速度可提高几倍甚至数十倍。当 PAC 颗粒较大，水分子可通过物理空隙进入物料内部，以减少抱团包裹的现象（见图 5-35），但要渗透到颗粒内部还需一定的时间，换句话说，产品具有缓溶性。

经过化学交联改性或物理方法处理得到的速溶型 PAC 产品，可以在 10 ～

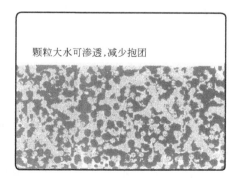

颗粒大水可渗透,减少抱团

图 5-35　经表面处理的颗粒状 PAC 水渗透

30min 内溶胀，而后迅速溶解。物理处理可以采用加水捏合再干燥、粉碎、造粒处理等。化学改性的方法主要是通过二醛类化学品进行交联。该工艺可以在中和后在偏酸性条件下，加入乙二醛（或其他二醛）/醇类混合溶剂，在50～75℃下进行30min；也可以在驱溶后，对含有一定水分的产品在不断搅拌或捏合情况下，均匀喷洒乙二醛/醇类混合溶剂，再进一步干燥而得到。为了控制黏度可以在交联过程中驱氧充氮保护。通过乙二醛等交联后的产品不能够用于食品行业。

速溶型 PAC 较原有 PAC 性能基本无改变，但化学改性后的 PAC 其黏度较未改性的 PAC 有所提高，而其自身价格成本变化不大，更利于占领市场、拓宽销售渠道和开发潜在的市场。

### 3. 抗腐性和耐酶性越高

PAC 和 CMC 都是部分取代的纤维素醚衍生物，侧链取代基同为—$CH_2COONa$。取代基的分布均匀性好坏直接影响其应用性能。大分子链可视作由带取代基的葡萄糖环（用 A 表示）和不带取代基的葡萄糖环（用 B 表示）组成的嵌段共聚物。带取代基的葡萄糖环上的—$CH_2COONa$ 在介质中表现阴离子性，能够阻止与其相连接的不带取代基的葡萄糖环之间的苷键受酶解而断裂。通常称 B 与 B 之间的苷键为弱苷键，B 之间的苷键易受酶解而断裂。PAC 结构中特征基团位置分布对产品抗酶性的影响见图 5-36。

A—A—A—A—A—A—A—A—A—A—A—A—A—A

(a) 均匀取代

B—A—B—A—B—A—B—A—B—A—B—A—B—A

(b) 均匀取代

B—B—A—B—B—A—B—B—A—B—B—A—B—A—B

↑　　↑　　↑　　↑　　↑

(c) 不均匀取代

A—B—B—B—B—B—A—B—B—B—B—B—A

↑　↑　↑　　↑　↑　↑

(d) 不均匀取代

图 5-36　PAC 结构中特征基团位置分布对产品抗酶性的影响

A—带取代基的葡萄糖环；B—不带取代基的葡萄糖环

一般 PAC 的取代度在 0.75 以上，如果取代均匀，应该是图 5-36（a）或图 5-36（b）排布，如果不均匀取代则有可能是图 5-36（c）、图 5-36（d）或更无规则排布。

采用酶解法测定 PAC 分子链上取代的均匀性。酶的活性为 8000 单位/g，实验用酶的浓度为 0.07g/L，PAC 溶液浓度采用 0.1～0.15g/dL，溶剂采用 pH＝

5.5 的专用缓冲溶液。采用 Waters-244 高效液相色谱仪、R401/008 型差示折光检测仪、Waters-Sugar-PAK 柱，75％乙腈缓冲溶液作流动相，流速为 0.5mL/min，进样 100μL。用光谱纯葡萄糖、纤维二糖和棉子糖作外标，结果见表5-14。

表 5-14　PAC 抗酶性结果

| 样品 | DS | [η] | DPw | 链数/1000 残基 | | | 断链数/1000 残基 | |
| --- | --- | --- | --- | --- | --- | --- | --- | --- |
| | | | | 0d | 0.5d | 8d | 0.5d | 8d |
| PAC | 0.86 | 17.98 | 3733 | 0.54 | 2.98 | 34.5 | 2.45 | 33.95 |
| PAC | 0.94 | 19.09 | 4012 | 0.49 | 2.21 | 23.8 | 1.71 | 23.31 |
| DrisPAC | 0.84 | 19.99 | 4242 | 0.47 | 2.96 | 37.0 | 2.47 | 36.57 |
| CMC | 1.05 | 16.74 | 3424 | 0.58 | 2.99 | 27.8 | 2.41 | 27.20 |

杜慧伶等测试了国外的产品 Antisol FL30.000 和 Tel-Polymer 在加入纤维素酶前后的黏度变化，结果见表 5-15。

表 5-15　Antisol FL30.000 和 Tel-Polymer 黏度变化结果

| 样　品 | 黏度/mPa·s | | 黏度比 | 142h 后糖含量 g/IG 样品×100 |
| --- | --- | --- | --- | --- |
| | 未加酶 | 加酶后 | | |
| Antisol FL30.000 | 6320 | 30 | 0.0047 | 0.022 |
| Tel-Polymer | 1387.5 | 22.8 | 0.0164 | 0.024 |
| CMC | 6650 | 16 | 0.0024 | 0.062 |

#### 4. 相容性好，无毒无害

PAC 与常规的水溶性胶、软化剂及树脂有良好的相容性。其无药理作用，对人、畜无毒无生理伤害，纯度达到，可大量应用于药物和食品行业。

#### 5. 耐盐性和耐酸性好

PAC 用于石油开采，更多的是与各种离子接触，尤其是海油的开采。在陆地钻井也同样会遇到盐层。有种方法是采用光学技术测试产品对 $Na^+$、$Mg^{2+}$、$K^+$、$Ca^{2+}$ 和 $Sr^{2+}$ 盐水溶液的浊度变化来分析其对该盐的抗耐性。具体测试过程：用 $CaCl_2$、$SrCl_2$ 滴定 0.15％ PAC 溶液，当浓度达到一定的值后产品开始变浊，表明产品开始沉淀。在滴定过程中盐浓度的体积分数为：

$$\phi = \frac{V_p}{V_p + V_s}$$

其中，$V_p$ 是聚合物 PAC 的体积；$V_s$ 是滴定液的体积；溶液变浊时的 $\phi$ 是临界体积分数值；相应的盐浓度与 PAC 的浓度为 $c_s$、$c_p$；$c_s/c_p$ 表示 PAC 浓度为单位浓度时的盐浓度，反映了 PAC 的耐盐性能，其值越大，耐盐性越好。

另一种方法是前面介绍的酸黏比（AVR）、盐黏比（SVR）测试方法。0.75%PAC放入不同盐类水溶液中，测定其与蒸馏水的黏度比值。测试分析结果表明，PAC的盐黏比为0.8～1.36，而CMC的盐黏比为0.5～0.8，即比传统的CMC抗盐性好。

食品工业尤其是酸奶等饮料对PAC的耐酸性常用酸黏比来衡量。酸黏比是PAC在柠檬酸溶液或乳酸中的黏度与在水溶液中的黏度比值。不同纯度的国产PAC在4% NaCl和0.1mol/L乳酸中的黏度变化见表5-16。

表5-16  不同纯度PAC在4% NaCl和0.1mol/L乳酸中的黏度

| 纯度 | 黏度/mPa·s | | | 纯度 | 黏度/mPa·s | | |
|---|---|---|---|---|---|---|---|
| | 水 | 4% NaCl | 0.1mol/L乳酸 | | 水 | 4% NaCl | 0.1mol/L乳酸 |
| 95% | 1550 | 2000(1.29) | 1600(1.0322) | 85% | 2275 | 3050(1.34) | 2150(0.945) |
| | 30500 | 32500(1.11) | 12250(0.826) | | 4100 | 5200(1.27) | 3900(0.951) |
| | 15000 | 18900(1.26) | 12400(0.826) | | 15500 | 18250(1.18) | 12200(0.787) |
| | 38000 | 47000(1.23) | 33500(0.884) | | 30500 | 32500(1.11) | 12250(0.402) |
| | 48000 | 50500(1.05) | 40000(0.833) | | | | |

注：括号中数值为酸黏比。

酸黏比对食品工业尤其是酸奶尤为重要，直接影响到酸奶的稳定性。一般来说，酸黏比≥0.80时，基本可用于酸奶生产，当酸黏比≥0.85时，酸奶的稳定性较有保证；当酸黏比≥0.90时，酸奶的稳定性更好。一般PAC的酸黏比≥0.90。

### 6. 透明度与透光率

透明度采用经典的量筒与玻璃板观看黑白相间的条纹方法；透光率采用721型分光光度计，在波长560μm处测量1%浓度的聚合物蒸馏水溶液的透光率。

相同取代度下，PAC的透明度一般在300mm以上，而CMC一般在150mm左右。其原因是PAC的特殊制备工艺使得纤维素碱化充分、醚化反应完全而均匀，未反应的原生纤维素或较低较高取代的纤维素长链比例少，链段分布比较平均，而且反应是在液浆状态下均匀地与试剂进行接触，分子量分布较窄。PAC的透明度和透光率见表5-17和表5-18。

表5-17  PAC与CMC的透明度

| 样　　品 | 溶液浓度/% | 透明度/mm | 样　　品 | 溶液浓度/% | 透明度/mm |
|---|---|---|---|---|---|
| PAC(黏度2275mPa·s) | 1 | 450 | Antisol FL30.000 | 1 | 260 |
| PAC(黏度4100mPa·s) | 1 | 400 | Antisol FL30 | 2 | 7400 |
| PAC(黏度15500mPa·s) | 1 | 368 | CMC | 1 | 156 |

表 5-18　国产 PAC 的透光率

| 黏度/mPa·s | 透光率(1cm 比色皿)/% | 透光率(3cm 比色皿)/% |
| --- | --- | --- |
| 2275 | 98 | 88 |
| 4100 | 96 | 88 |
| 15500 | 96 | 85 |

### 7. 流变性能

流变性能是采用 RHEOTEST-2 型旋转黏度仪，在 25℃条件下测试的。

与常规的高分子聚电解质溶液一样，PAC 在受到剪切应力的作用时，会发生分子链的降解断链，或强搅拌会使原溶液中大分子形成的相互间作用空间网络破坏。但实验结果表明，与 CMC 相比，PAC 在受到剪切应力的作用时，溶液性能变化程度小，对比结果见图 5-37。

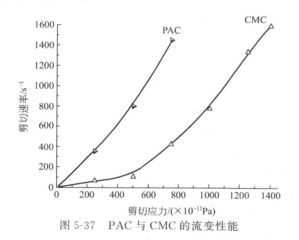

图 5-37　PAC 与 CMC 的流变性能

### 8. 屈服值

将 PAC、CMC 分别在 4%NaCl 水溶液中配制成 1%浓度的混合物，在 25℃下用范氏黏度仪测量其沉化一天后的屈服值，结果见表 5-19。

表 5-19　CMC 与 PAC 屈服值的对比

| 样　　品 | 黏　　度 | 屈服值 | 样　　品 | 黏　　度 | 屈服值 |
| --- | --- | --- | --- | --- | --- |
| 某厂 CMC | 5680 | 43.0 | 国产 PAC-2 | 4100 | 110 |
| 国产 PAC-1 | 2275 | 102 | 国产 PAC-3 | 15500 | 98 |

# 第五节　羧甲基纤维素的应用

CMC 具有良好的水溶性，在水溶液中有增稠、黏结、保水、乳化及悬浮作用，因而广泛应用于石油开采、陶瓷、食品、化妆品、印染、造纸、纺织、涂料、皮革、塑料、医药等许多领域。

## 一、石油、天然气钻探工业

钻井液与完井液技术是石油钻井工程的重要组成部分，它在确保安全、优质及快速钻井中起着关键性的作用。作为一类用来调整钻井液与完井液性能的处理剂，纤维素衍生物的主要作用体现在降滤失和增黏方面。

CMC作为增黏剂使用，可以提高钻井液黏度，从而提高钻井液的悬浮能力。高黏度产品的主要型号有CMC-HVT、CMC-HV、PAC-HVT、PAC-HV、PAC-R等，从产品理化来看，产品黏度越高，其增黏效果越好，产品盐黏比越高，其抗盐性越好；而低黏产品CMC能将钻井液控制在一个相对较低的黏度范围内，也能很好地降低滤失，主要型号有CMC-LVT、CMC-LV、PAC-LVT、PAC-LV等。

CMC产品作为降滤失剂使用，它能良好控制失水。加入CMC后，钻井液能在井壁形成好质量的泥饼，滤饼薄而坚韧，渗透系数值低，能有效地保护井壁，阻止钻井液中水分的渗透和流失。通常高纯度产品的降滤失效果好于低纯度的产品，高黏度产品的降滤失效果好于低黏度产品，产品内在质量越好，降滤失效果也越好。

CMC产品由于特殊的分子结构，产品具有良好的抗盐性。在盐水、海水、饱和盐水中能保持较高的黏度和较好的降失水能力，因此CMC经常用于海洋钻井。产品盐黏比值越高，其抗盐性越好。

由于CMC水溶液是非牛顿流体，在剪切力作用下，黏度变稀，当剪切力解除后，又可恢复，利用这个性质，在钻井过程中，钻头在旋转时阻力会减小，有利于提高钻进速度；而当停钻后，钻井液黏度立刻得到恢复，从而保持钻井液的稳定。在实际应用中，通过加入CMC，调节钻井液的表观黏度、塑性黏度、动切力（屈服值），从而起到调节钻井液的流变性的作用。

CMC在钻井液中还具有悬浮重物的作用。由于CMC可以提高钻井液黏度，并在泥浆中形成网状结构，所以当钻井液中加入CMC后，可提高钻井液悬浮大而重的颗粒物的能力，一方面可以提高钻井液密度，防止井喷的出现；另一方面可提高钻井液携带钻屑的能力，防止卡钻的发生。

CMC产品用于固井液中，主要是起降低滤失量的作用，进而阻止流体进入空隙和裂缝，另外也可以起到控制流体的黏度、重物悬浮的作用。

超高黏的CMC产品可用于压裂液，其1%水溶液的Brookfield黏度通常大于7000mPa·s以上。当油井对原油或气的渗透性降低时，就需要考虑对油井进行压裂，将流体用高压泵压入油井中去，将油井压裂而造成通道。为了保持裂缝，泵入流体中含有"填充物"，使油井裂纹在处理压力除去后，仍然保持裂纹状态。此时

CMC 产品在压裂液中主要起到携带"填充物"流入油井中的作用。

一般认为，CMC 降滤失机理主要是：通过在钻井液黏土颗粒表面形成较厚的吸附溶剂化层提高体系的聚结稳定性；通过对黏土细颗粒的吸附增加颗粒表面电荷，以降低颗粒之间静电吸引力的作用；通过提高滤液的黏度和堵孔作用降低泥饼的渗透性。

羧甲基纤维素在所有水基钻井液中易分散，从淡水直至饱和盐水钻井液均可适用。在低固相和无固相钻井液中，其能够显著地降低滤失量并减薄泥饼厚度，并对页岩水化有较强的抑制作用。与常规工艺生产的 CMC 相比，PAC 有以下特点。

① 取代度高、取代均匀、透明度高、可控制黏度和降失水量；

② 适合淡水、海水或饱和盐水水基泥浆；

③ 用该产品配制的泥浆具有良好的降失水性、抑制性和耐高温的特性；

④ 用该产品配制的泥浆具有较好的流变性，能在高盐介质中抑制黏土和页岩的分散和膨胀，从而使井壁污染得到控制；

⑤ 稳定软土结构，防止井壁崩塌；

⑥ 在井钻通过岩面时，减缓泥浆中固体物的堆积；

⑦ 抑制钻管中的紊流度，使回流系统保持最小的压力损失；

⑧ 使泥浆能够提高造浆量，降低滤失量；

⑨ 能稳定泥浆泡沫。

所以说，PAC 作为抑制剂和降失水剂较理想，由 PAC 配制的泥浆流体在高盐的介质中（一价盐）可以更好地抑制黏土和页岩的分散和膨胀，控制井壁的污染。另外利用 PAC 配制成的泥浆修井液是低固性的，不至于因固体阻碍生产层的渗透能力，即不破坏生产层；且滤失量小，即抗失水能力强，进入生产层的水量小，可以避免水的进入因乳状液阻塞而形成水镇现象；同时可以避免生产层遭永久性毁坏，具有清洁井眼的携带能力。

失水量是泥浆性能的一个重要指标，失水量越小越好。由于聚阴离子纤维素（PAC）取代均匀、抗温抗盐性好，在复杂的环境中黏度稳定，有较高的失水控制力，能够长期控制钻井液的流变性，充分发挥其应有的功能。通常产物的取代度越大，分布越均匀，大分子在溶液中能够更大程度地扩张，更有利于水化，也更有利于提升它对泥浆的保护作用。降失水剂一般用低黏度 PAC。采用 API 失水仪，在 0.69MPa 压力下测试 PAC 的降失水量，测试结果见表5-20。

表 5-20　PAC 降失水测定结果

| 性　　质 | 淡水泥浆 | | | 海水泥浆 | | | 40％NaCl 泥浆 | | |
|---|---|---|---|---|---|---|---|---|---|
| 浓度/％ | 0.05 | 0.10 | 0.15 | 0.20 | 0.40 | 0.60 | 0.10 | 0.30 | 0.50 |
| 失水量/mL | 11.6 | 8.2 | 7.2 | 16 | 11.6 | 11.6 | 183.4 | 28.6 | 10.6 |

目前对 PAC 的抗温性能提出越来越高的要求，以中海油企业标准看，新的标准废除了常温及 120℃热滚 16h 后的 YP 测定，而增加了常温表观黏度、120℃热滚 16h 后的滤失量和表观黏度。具体方法与指标要求见中海油田服务股份有限公司企业标准 Q/HS YF 041—2006。

## 二、涂料工业

作为保护胶体，CMC 能在较宽的 pH 值范围内提高乳液聚合体系的稳定性，能使颜料、填料等添加剂均匀的分散在涂料中，使涂料具有优良的色料附着效果，还可明显提高乳胶涂料的黏度，提高涂料的流平性，提高涂料的抗溅、抗流挂性，从而提高涂料的施工性能。

## 三、食品行业

在食品上，作为增稠剂、稳定剂、分散剂、增量剂等，CMC 产品有着广阔的市场空间，其应用极其广泛，如在加工果酱、糖汁、果子露及辣酱油时作为黏性剂和增量剂；用于点心食品可使组织均匀、细致、外形美观；用于制造冰激凌时阻止冰晶的生长；蛋黄酱或调味品中作增稠剂，在果冻、蛋糕和烘焙食品中作为稳定剂等；另外，还可形成薄膜用于蔬菜、水果、蛋及茶叶的表面处理，使之长期保持原色泽及风味。

CMC 来源于天然纤维素，作为食品添加剂，同样具有既不被人体吸收也不被人体代谢的特点，被公认是安全无害的。粮农组织（FAO）和世界卫生组织（WHO）对其每日允许摄入量（ADI）设定为"未指定"。CMC 与甲基纤维素 MC 都被美国食品和药物管理局（FDA）认为是公认安全级（GRAS）级食品添加剂。

羧甲基纤维素的营养成分见表 5-21。

表 5-21　通常食品级羧甲基纤维素的营养成分

| 成分 | 含量（100g） | 成分 | 含量（100g） |
| --- | --- | --- | --- |
| 能量含量/kJ | 0 | 钠/g | 6.5～9.5 |
| 脂肪/g | 0 | 全盐含量最高/g | 0.5 |
| 膳食纤维（总）/g | 82 | 氯化钠/g | 0.5 |
| 可溶性膳食纤维（β-D-葡萄糖）/g | 82 | 乙醇酸钠/g | 0.4 |
| 碳水化合物（糖）/g | 0 | 水/g | 8.0 |
| 蛋白/g | 0 | 灰分（以硫酸盐计）/% | 20～33 |
| 维生素（总）/g | 0 | | |

在欧洲、北美、澳大利亚和日本等地，CMC 作为食品添加剂都经过了严格审查，并得到了广泛的认可，这将极大加速 CMC 在食品上的应用。

在欧洲，CMC 作为食品添加剂是遵照欧盟 2008/84 修订文件，羧甲基纤维素钠被列为"通常允许的食品添加剂"，可无限量在几乎所有的食品中使用。不过规定 CMC 不能在未加工食品或不可用添加剂改性的食品中添加，且在所添加的食品包装上需粘贴"有 CMC 胶体添加"的标签，标签上可以不写化学名称与编号，但需注明含"增稠剂"或"稳定剂"等标示。2003 年年底，欧盟食品法典委员会有关食品级羧甲基纤维素的修订内容刊登在 2004 年 1 月 29 号欧洲联盟杂志上，两年后，食品级 CMC 定为"纤维素胶"被列入食品添加剂清单。

ADI（每日摄入量，acceptable daily intake）已经被欧盟和联合国粮农组织/世卫组织食品添加剂专家委员会确定为"未限定"。在欧盟官方杂志（No.2008/84/EEC）上，对食品级 CMC 添加剂的纯度要求最低为 99.5%（干基），其总乙醇酸含量最大不超过 0.4%（以乙醇酸钠计），钠含量最高 12.4%（以干物质计），分子量要不小于 17000g/mol（$DP$ 大约在 100），取代度 $DS$ 在 $0.2 \sim 1.5$。

对食品级 CMC 分子量下限提出规定，其目的是防止小分子量的 CMC 可能通过肠细胞壁膜或扩散到达血液，造成无休止循环甚至在血液中沉积，这些担心已部分地被证明是多余的，在制药领域应用结果的最新研究表明无需此担心。但是黏度非常低的 CMC 在生产过程收率低，生产成本较高。市售食品级 CMC 分子量聚合度大于 400（分子量大于 50000g/mol）。

食品级 CMC 允许在巴氏杀菌全脂奶中使用，且没有限制，关于"特殊医学用途的婴儿和幼儿食品"（FSMP，infant and toddler foods for special medical purposes），CMC 在先天疾病饮食产品允许剂量是有限的，每升或千克产品最大量 10g。

在美国，羧甲基纤维素钠食品添加剂由美国食品和药品管理局和美国农业部来规定。在化学添加剂中，只有甲基纤维素和羧甲基纤维素钠是公认安全（GRAS）。美国农业部对肉类产品有监管权，规定在肉类中的纤维素醚与其他食品不同，对于红肉，只批准 CMC 为烤制馅饼的稳定剂；而批准 MC 作为其他肉类和蔬菜饼的添加剂或稳定剂；对于家禽产品，CMC 和 MC 都可以用。

在日本，羧甲基纤维素钠和钙盐均在食品使用中得到批准，但其性能指标必须满足《日本药典》或《日本食品规格法典》。

CMC 的具体应用举例如下。

（1）在冷冻甜食、冰激凌、糖水冰糕中，CMC 分散性良好，且能够与其他稳定剂一样，控制冰晶的形成，保持均匀一致的组织，即使反复冷冻-解冻，也能够保持稳定，在用量很少的情况下能够赋予优良的口感。

（2）在低脂肪的冰激凌和牛奶冰糕中，CMC 与 15% 左右的卡拉胶混合，可防止冰冻前混合物的分离，随着脂肪含量的提高，CMC 用量增加，可获得腻滑的口感。

（3）烘烤食品，如在面包、各种饼中加入 CMC，可改善面团的均匀性和配料的分布，如葡萄干和晶体水果，并且使得制品长期松软不失水，使制品的存放时间延长。

（4）CMC 广泛用于饮料，目的是使得果汁悬浮性好，改善口感和质地，消除瓶颈处形成的油环，庇护人造甜食的不良苦味。

（5）中性奶中加入 CMC，可消除淀粉、卡拉胶的脱水收缩，也可制作储藏稳定的搅打起泡的稀奶油；在酸奶中加入 CMC，可与蛋白质（结构示意图见图 5-38）在 pH 等当点范围反应，形成可溶性的、储存稳定的络合物（见图 5-39）。

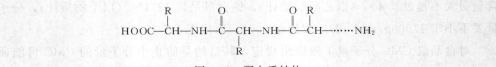

图 5-38　蛋白质结构

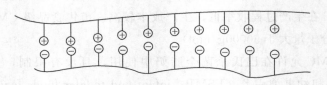

图 5-39　CMC 与蛋白质复合结构

（6）CMC 用于方便面、卷面生产之中，可以增强面条的韧性，提高面食的耐煮性，使面制品的口感细腻、润滑。同时，在方便面生产中，添加 CMC，还可以节约用油量，降低生产成本，提高经济效益。

（7）CMC 在速食糊类食品中的应用。在速食花生糊、芝麻糊、杏仁糊、八宝粥等糊类食品中，用 CMC 作为增稠剂，除了使速食糊类食品具有用冷开水即可溶解、香滑细腻的特点以外，还具有改善人造甜味剂口感的特点。在稳定性方面，CMC 也比淀粉糊料更有优势。

（8）CMC 在月饼、糕饼、糕馅保鲜中的应用。在月饼、糕饼、糕馅生产中使用 CMC 时，可以将 CMC 和饼皮或者饼馅一同拌和，也可以将 CMC 涂抹在糕饼的外表面。在糕饼中使用 CMC，可以起到这样几方面的作用：一是可以防止糕饼霉变；二是可以防止糕饼因为缺水而变硬，延长糕饼的保鲜期，因为，CMC 具有保水的功能；三是可以增加糕饼外皮的油润感，使糕饼显得更有光泽；四是可使饼馅呈现出柔、香、软的特性。

（9）CMC 在面粉中的应用。在面粉中添加 CMC，可以为面粉新品开发提供一条途径，例如，可以生产馒头粉、饺子粉等专用面粉。

（10）CMC 在调味品生产中的应用。CMC 具有良好的耐盐、耐酸、增稠和稳定的性能，在酱油、酱油粉、花生酱、辣酱、果酱、蚝油、芝麻酱等调味品中应用时，能够改善这些产品的品质和组织结构，使产品的状态变得更加浓厚和稳定；能够提高产品的色香味等感官质量。

## 四、陶瓷工业

CMC 属于聚合电解质，在釉浆中主要是作为黏结剂，同时起悬浮、解凝、保水作用。其具体作用在于：①作为黏结剂起黏结作用，增加生釉强度，减少釉的干燥收缩，使坯体和釉结合牢固，不易脱落，便于工艺操作，防止滚釉、缺釉等，同时起悬浮作用，使陶瓷料浆悬浮，防止沉淀；② 发挥其保水作用，使釉浆具有一定的保水性，釉层干燥均匀，形成平坦致密的釉面，烧后釉面平整光滑；③利用其解凝作用提高釉浆流动性，便于喷釉操作。在陶瓷行业，大量的 CMC 主要用于陶瓷坯体，釉浆和花釉中。

（1）在陶瓷坯体中，加入少量 CMC 即可明显提高泥料的塑性和生坯抗折强度且烧失性好，灼烧后无残渣。CMC 悬浮性和分散性强，可防止瘠性原料颗粒聚沉。另外 CMC 抗机械磨损能力强，在球磨及机械搅拌过程中分子链破坏少。

（2）在陶瓷釉浆中，利用 CMC 的分散性和保护胶体的性能优良，能使釉浆处于稳定的分散状态。CMC 能有效提高釉料表面张力，防止水从釉料扩散至坯体中，增加釉面平滑度。在低用量条件下，有效调节釉浆流变性，便于施釉。CMC 还能改善坯釉结合性能，显著提高釉面强度，防止脱釉，且釉面细腻度高，釉浆稳定。

（3）在陶瓷花釉中应用 CMC 耐酸耐碱性能优良，透网性好，能有效降低檫网次数，减少色差产生，CMC 良好的流变性，使印刷流畅，无不溶物。

釉用 CMC 的选用应注意如下几点。

（1）选择合适黏度及取代度（一般≥0.7）的 CMC。

（2）CMC 加入球磨前，最好用温水泡开。

（3）在釉料球磨时，同时加入 CMC 以利于提高球磨效率。

（4）釉浆使用前最好沉放 1～2d，使釉浆充分稳定，使 CMC 发挥最佳效果，PAC 可存放时间长，不变质。

（5）CMC 的用量除应根据其性能指标调整外，尚需根据季节、应用环境条件及工艺变化进行调节。夏季多，冬季少，调节量一般在 0.05%～0.1% 之间，还要根据具体生产实际进行调节，才能生产出致密、润滑釉面产品。部分产品用于陶瓷的流动性和适应范围见表 5-22。

表 5-22　部分产品用于陶瓷的流动性和适应范围

| 型　号 | DS | $\eta(25℃,\text{NDJ-79})/\text{mPa}\cdot\text{s}$ | 流动性(4-涂杯 1%溶液)/s | 适用范围 |
|---|---|---|---|---|
| TP-1 | ≥1.00 | 300~500 | ≥25 | 坯体 |
| TP-2 | ≥1.00 | 500~800 | ≥30 | 坯体 |
| TP-3 | ≥1.00 | 800~1200 | 30~60 | 坯体 |
| PG-1 | ≥1.00 | ≥1400 | ≥60 | 抛光砖 |
| TU-1 | ≥1.00 | 800~1200 | 30~60 | 釉浆 |
| TU-2 | ≥1.00 | ≥1400 | ≥60 | 釉浆 |
| TU-3 | ≥1.00 | ≥1400 | ≥60 | 高档釉浆 |
| TH-1 | ≥1.00 | 800~1200 | 30~60 | 印花釉浆 |
| TH-2 | ≥1.00 | 300~500 | ≥25 | 渗花釉 |

　　PAC 具有取代均匀性好、取代度高的特性，作为一种外添加剂，它在陶瓷坯体、釉浆和花釉丝印上起到增强、保水、黏结、悬浮、稀释等作用，对提高陶瓷产品的质量特别是产品的釉面质量有极为明显的效果。常规的 CMC 水溶液的黏度随温度升高而急剧降低，加入 CMC 的釉浆的黏度也同样随温度而变化，故采用取代均匀性更好的 PAC，则釉浆黏度随温度变化不会产生太大波动。

　　不同黏度 CMC 的参考用量见表 5-23。

表 5-23　不同黏度 CMC 的参考用量

| CMC 的黏度 | 应　用　条　件 | 参考用量/% |
|---|---|---|
| 低黏 | 生料釉、室温素坯施粕 | 0.2~0.5 |
| 中黏 | 生料釉、室温素坯施粕 | 0.1~0.3 |
| | 熔块釉、室温素坯施粕 | 0.2~0.5 |
| 高黏 | 熔块釉、室温素坯施粕 | 0.05~0.15 |
| | 一次烧外釉(施粕温度为 70~80℃) | 0.2~0.3 |

　　与常规的 CMC 相比，PAC 在坯体中应用的优点如下。

　　(1) 用量少，增加泥料的塑性和生坯的抗折性强度效果显著。

　　(2) 烧失性好，灼烧后无残渣。

　　(3) 兼具悬浮性和分散性，可防止瘠性原料颗粒的聚沉。

　　(4) 抗机械磨损能力强，在球磨及机械搅拌过程中分子链被破坏少。

　　与常规的 CMC 相比，PAC 在釉浆中应用的优点如下。

　　(1) 用于瓷砖底釉和面釉中，PAC 有着优良的分散性和保护胶体性，使釉体处于稳定的分散状态，避免了普通 CMC 釉浆稳定性差，易沉淀。

（2）添加 PAC 后，可提高釉料的表面张力，防止水从釉料扩散至坯中，可增加釉面的平滑度，避免因施釉后坯体强度下降而造成输送过程中的开裂及印刷断裂现象，烘结后釉面针孔现象也可减少。

（3）可调节釉浆黏度，PAC 使釉浆具有更好的流变性，便于施釉。

（4）可改善坯釉结合性能，PAC 能够提高半成品釉面强度，防止脱釉。

（5）可调整釉层干燥时间，使用 PAC 可以获得平整釉面，提高釉浆稳定性。

与常规的 CMC 相比，PAC 在花釉中应用的优点如下。

（1）由于 PAC 粉细、纯度高、悬浮分散能力强，不溶物少，透明度高，且耐酸耐碱抗盐性能优良，能有效减少擦网次数，减少色差产生，且能保证印花釉储存过程中的稳定性。

（2）PAC 具有极好的溶解性，几乎没有不溶物。

（3）PAC 具有良好的印刷流变性，印刷时流畅自如。

（4）PAC 具有良好的透网性，可减少擦网次数，色彩一致性好。

## 五、建材工业

CMC 是一种重要的离子型水溶性纤维素醚，在建筑材料中可作为缓凝剂、保水剂、增稠剂和黏结剂。PAC 用于粉刷石膏、耐水腻子、黏结石膏、嵌缝石膏，可显著提高其保水性、黏结强度，且具有易和性好、不开裂等特点。PAC 与传统 CMC 相比，其优异的性能表现如下。

（1）水溶性好，用简单的搅料设备即能溶于热水或冷水中。

（2）抗温性能和抗盐性能明显优于传统 CMC。

（3）灰分极低，作为乳液增黏用，十分稳定，而且分散性好。

（4）相容性好，与其他水溶性胶、乳化剂及树脂均有较好的相容性。

## 六、造纸工业

CMC 在造纸工业中可作纸面平滑剂、涂覆剂、施胶剂等。在涂布纸中 CMC 主要是控制和调节涂料的流变性和颜料的分散性，提高涂料的固含量；增强涂料的保水性，防止涂料中胶黏剂的迁移；改善涂料的润滑性能，提高涂层质量，延长刮刀的使用寿命；具有良好的成膜性，改善涂层的光泽度；提高涂料中增白剂的保留率，提高纸张的白度。一般 CMC 用量在 $0.3\% \sim 1.5\%$，根据不同的涂料配方和车速，可选用不同型号的 CMC 和用量。CMC 在颜料涂布中的主要功能包括提高涂料的稳定性，调节涂料的保水性，调节涂料的黏度，起黏结剂、分散剂的作用，是增白剂的载体、刮刀的润滑剂。

CMC可用作浆内添加剂，其可促进纤维细化，缩短打浆时间；改善纸页成形；增强施胶效果；调节浆中电势，分散纤维，改善纸机的抄造性能；提高各种添加剂、填料和细小纤维的留着率。加入CMC可增加纤维间结合力，提高纸张的干、湿强度。

CMC可用作表面施胶，其可减少纸面气孔，提高纸的抗脂性；提高纸张表面光泽度、表面强度和施胶度，减少掉毛掉粉，提高印刷质量；具有良好的流变性和成膜性；增加纸张的挺度、平滑度、控制卷曲。CMC可和其他添加剂配合使用，用量为总胶量的$10\%\sim30\%$；CMC也可单独使用，一般配成$0.2\%\sim1.0\%$的溶液使用。

另外，我国制造瓦楞纸箱、纸盒都采用水玻璃、淀粉或阿拉伯胶作黏结剂，水玻璃含碱量大，容易返潮，严重时会引起纸箱冒白霜（泛碱）甚至腐蚀纸箱、纸盒，CMC作为黏结剂，避免了上述弊病，且只需边加水边搅拌即可配成具有良好流变性的糊状液，适合连续生产的随机涂膜。

## 七、牙膏生产工业

随着人们生活水平不断提高，作为牙膏用CMC，不仅要求其在牙膏体系中能保持水分和提高黏度，而且还要能保持体系的均匀性和流动性，这就要求牙膏用CMC具有高取代度（$DS=0.85\sim0.95$），高取代均匀性、高纯度（大于95%）和高黏度（1000mPa·s）。

## 八、采矿工业

CMC是采矿工业中的球团矿黏结剂和浮选抑制剂。

（1）球团矿　黏结剂是制取球团不可缺少的成分，要求具有良好的黏结性和成球性，并且制作的生球应有良好的抗爆性能，较高的干、湿球抗压及落下强度，同时又能提高球团的含铁品位。黏结剂的分类，从不同的角度有不同的分类方法，按主要成分的物质类别可以分为有机黏结剂，无机黏结剂和复合黏结剂。CMC是矿粉成型黏结剂的一种原料。

矿粉成型按工艺温度分为高温成型和冷固成型两大类。前者是将物料进行高温焙烧后，通过固相或液相进行固结。黏结剂在高温成型中的作用，主要是提高团块（球团）的过程强度与热性能，最终强度靠高温来实现。冷固成型是团块（球团）的过程强度和最终强度都依赖黏结剂来维持，所以它对黏结剂的要求很高。

国内开发的有机黏结剂KLP是以CMC为主配方，加入增强剂、增黏剂、改性剂、耐湿剂和防腐剂。具有较强的黏性、活性和吸附性，加入少量 KLP 即可获得高的生球强度，而不会导致球团矿品位的贫化，其存在的问题就是成本太高。国外开发的有机黏结剂有佩利多、Alcotac 等，前者以 CMC 为基础，后者以丙烯胺，丙烯酸异分子聚合物为基础。他们的特点是能溶于水，能显著增加水的黏度，从而改善精矿的造球过程，在干燥时降低水分的蒸发速率，提高生球的爆裂温度，干燥后黏结剂在许多矿石颗粒接触处形成薄膜状的固相连接桥，提高干球的强度。

一般认为，CMC 侧链含有羟基、羧基等极性基团和其他非极性基团，溶于水后能降低水的表面张力，属于表面活性物质，其在混合料的毛细管内形成溶液，在液固界面上产生物理吸附，而且在毛细管水溶液中，分子间的非极性基团可能产生范德华引力，即发生缔合作用，形成相对稳定的结构，此时体系将放出能量。有机黏结剂分子所含非极性基个数越多，非极性基团所含碳氢链个数越多，则体系释放的能量越大，体系也就越稳定，即整个制粒小球内部可能形成由有机高分子组成的立体网络状结构，使制粒小球结构比较稳定，不易被破坏。在混合料受热干燥阶段，由于水分子与有机黏结剂分子间形成较强的氢链等化合键力，使水分固定在立体网络状结构中，蒸发速率较慢，对制粒小球造成的应力较小，而且由于水分的缓慢蒸发，颗粒进一步靠拢，黏结剂分子在矿石颗粒表面的分布密度增大，化学吸附作用增强，同时相邻颗粒表面上的活性点接触增加，产生分子作用力，增强了颗粒间的连接效应，使制粒小球在干燥阶段保持了较高强度。

（2）浮选　CMC 是常用的浮选抑制剂，CMC 可使滑石颗粒层面和端面的润湿性显著增强并趋于一致，从而较好地抑制因表面疏水而上浮的滑石，实现硫化矿与滑石的浮选分离。但是，CMC 不能阻止少量滑石因泡沫夹带而上浮。CMC 在一定浓度范围内，能抑制金属阳离子未活化的闪锌矿和方铅矿。CMC 通过静电吸附作用吸附于蛇纹石表面，而吸附于蛇纹石表面的 CMC 的—OH 基又和水分子产生氢键结合，在蛇纹石矿泥表面形成一层水膜，致使蛇纹石受到抑制，实现通镍矿与蛇纹石的分离。CMC 在一定的用量范围内（小于 12.5mg/L），对氢氧化锌的浮选有促进作用，对石膏有强的抑制作用。CMC 分子中的—COO—与石膏表面的 $Ca^{2+}$ 发生化学键合，生产了亲水性羧甲基纤维素钙盐，石膏颗粒间相互聚集，使石膏保持分散亲水状态而抑制其浮选；CMC 对氢氧化锌有选择性絮凝作用而促进其浮选。

## 九、纺织与印染工业

CMC 可作为纺织行业上上浆剂、织物整理剂、在印花色浆中作为增稠剂、乳化剂、悬浮剂等使用。

纺织行业将 CMC 作为上浆剂，用于棉、丝毛、化学纤维、混纺等织物上浆；

在人造纤维织物的印花色浆中，一般含有高沸点溶剂、染料、水及足够的增稠剂，CMC既是增稠剂又是乳化剂，它可使染料和高沸点溶剂及水均匀混合，还可稳定染料悬浮体，防止贮存时发生沉降和形成泡沫；CMC还可应用作为织物的整理剂。

## 十、医药工业领域

CMC在医药工业中可作各种针药如青霉素、链霉素的乳化稳定剂；各种软膏的基料，片剂的胶黏剂，X射线透视用硫酸钡、氧化钛的分散剂，还可用于修补牙齿，制作轻泻剂、止血剂、贴黏剂及避孕药等。

## 十一、其他领域

（1）炸药　CMC可在水胶炸药中作增稠剂，在高能和抗水炸药中作黏结剂。

（2）合成洗涤剂及制皂工业　CMC产品在液体乳化产品中具有乳化、增稠、均质及保护胶体的性质，在固体粉质制膏中起分散、悬浮和稳定作用，是合成洗涤剂、洗发剂、洗发膏、染发膏、护肤品及肥皂等最好的活性助剂之一。其在洗涤过程中所起的作用是防止污垢的再附着，可使肥皂柔韧，便于加工压制。

洗衣粉用CMC是洗涤剂行业用量最大的，其加入量是洗衣粉总量的0.5%～2.0%（质量分数），质量标准要求符合GB 12028—89，其外观是白色或微黄色粉末，纯度在55%以上，取代度是0.50～0.70，水分含量在10%以下，黏度（1%水溶液）是5～40mPa·s。

洗衣膏用CMC加入量是洗衣膏总量的0.5%～2.0%（质量分数），质量标准要求符合GB 12028—89，其外观是白色粉末，纯度在85%以上，取代度是0.80，水分含量在10%以下，黏度（2%水溶液）是800～1200mPa·s。

（3）香烟过滤嘴专用黏结剂　国内香烟过滤嘴黏结剂有聚醋酸乙烯乳胶、水玻璃和羧甲基纤维素钠盐等品种，效果最佳的是羧甲基纤维素水溶液。

（4）焊药电焊条　当制造焊药电焊条时，需要把溶渣形成剂、电弧稳定剂、成分调节剂用的合金元素粉末与水、水玻璃一起混合配制焊条，将它与铜芯线一同挤出，压涂在芯线的表面。为了改善压涂效果，常常要在焊药中加入海藻酸钠作为润滑剂，但有一缺点是当药皮在烘烤过程中，海藻酸钠要受热分解起泡，使焊药的耐脱落性差，羧甲基纤维素钠与海藻酸钠具有相似的骨架结构，适于作为润滑剂。另外，羧甲基纤维素钠的加入还可以作为气体发生剂。研究表明，采用CMC压涂性好，其润滑性和耐脱落性好。并且，采用羧甲基纤维素钠替代海藻酸钠可以降低成本，当羧甲基纤维素钠与碱土金属氢氧化物并用时，压涂性可大大改观，药皮焊条的质量得到提高。

# 第六节　其他羧甲基纤维素醚及改性物

羧甲基纤维素钠作为一种用量大、影响面广的聚阴离子纤维素醚已经得到深入的研究与应用。但除羧甲基纤维素钠以外，磺乙基纤维素 SEC、羧乙基纤维素 CEC、膦酰甲基纤维素 PMC 等也属于离子型纤维素，但后几种醚未发现规模化应用的领域，未形成量化生产。近年来，羧甲基纤维素系列盐类产品得到关注，如羧甲基纤维素铵（CMCNH4）、羧甲基纤维素锂（CMCLi）、羧甲基纤维素钾（CMCK）等系列盐产品得到研制与生产，由于其独到的性能在一些特殊领域得到应用。

另外，还有一些通过改性的羧甲基纤维素钠盐，由于具有良好的综合性能也进入研制与应用阶段，包括羧甲基乙基纤维素（CMEC）、羧甲基氰乙基纤维素（CMHEC）、羧甲基羟丙基纤维素（CMHPC）、羧甲基磺乙基纤维素（CMSEC）、羧甲基疏水性改性的羟乙基纤维素（CMHMHEC）以及含有低取代度的羧甲基甲基纤维素（CMMC）等。

## 一、羧甲基纤维素铵

羧甲基纤维素铵盐（CMC—NH4）是一种羧甲基纤维素衍生物，在脱硝催化剂的生产中作为黏结剂使用。

我国煤炭消耗量大，由此引发的环境污染尤为严重，其中烟尘、$SO_2$ 和 $NO_x$ 为主要污染物。$NO_x$ 是火力发电排放的最主要污染物，是酸雨的主要来源之一，还是光化学烟雾的前体物质，同时对人体健康和生态环境将形成较大危害。在目前各种脱硝技术中，选择性催化还原脱硝（SCR）应用最多、效率最高，其脱氮效率为 $80\% \sim 90\%$，甚至可高达 $95\%$，而且是最成熟的技术之一，其工艺设备紧凑，运行可靠。SCR 的关键是高性能的催化剂，一般以 SCR 催化剂粉体为基体，与成型助剂等通过混合、捏合、挤压成型、干燥、焙烧等过程得到。为了得到性质均一，有较好机械强度和孔结构的塑性膏体，需要添加黏合剂、助挤剂、造孔剂、玻璃纤维和润滑剂等，其中，羧甲基纤维素铵（CMC—NH4）是一种常用的黏合剂，具有黏结性好，焙烧后残留少的特点，能够满足 SCR 催化剂制备过程中黏合剂的相关要求。目前国内用于脱硝行业的 CMC—NH4 主要依赖进口，该产品具有黏结强度高，烧失残渣少，其他金属含量低，且不会导致催化剂中毒等特点，但成本较高，且国内鲜见生产报道。国内某公司于 2009 年开始，与国内知名环保催化剂企业合作，经过近 5 年的研究实验，对制备工艺进行摸索和优化，并对 CMC—NH4

制备过程进行系统性研究，详细分析了产品水溶液黏度对温度、pH 值以及老化时间的稳定性。经过多次的技术交流和对样品的多次改进，已成功建立 CMC—NH₄ 中试实验生产线，产品满足脱硝催化剂的生产要求。该产品制备工艺先进，反应周期短，原料消耗控制合理。该产品产业化后，国内厂家可摆脱高价进口的局面，大大降低此类产品的采购价格，有效推动脱硝催化行业的发展，同时也可以填补国内该类产品的技术空白。

由于进口 CMC—NH₄ 价格昂贵，导致终端产品价格居高不下，进而制约了脱硝催化剂的推广使用。当 CMC—NH₄ 国产化后，质量与进口产品相同，产品价格却相对低廉，产品竞争力好，具有较高的经济价值和社会价值。

## 二、羧甲基纤维素锂

随着全球范围内的化学燃料资源的日益短缺，迫使人们寻找新型可替代的清洁能源。电池由于使用便捷、价格低廉、质量轻、循环贮存寿命长、工作电压平稳、对环境友好而成为理想的替代能源。在化学电池中，由于金属锂在所有金属中最轻、氧化还原电位最低、质量能量密度最大，因此锂（离子）电池具有传统的铅酸、镍镉、镍氢蓄电池无可比拟的优点。锂离子电池由于工作电压高、体积小、质量轻、能量高、无记忆效应、无污染、自放电小、循环寿命长等优点，是 21 世纪发展的理想能源。

在锂电池系统中，高分子材料主要被应用于正极及电解质。正极材料包括导电高分子聚合物或一般锂电池所采用的无机化合物，电解质则可以使用固态或胶态高分子电解质，或是有机电解液，负极则通常采用锂金属或锂碳层间化合物。胶黏剂作为电池产业的一种高分子原材料，虽然用量较少，但对电池的使用性能、产品质量有非常大的影响。采用性能优良的负极胶黏剂可以获得较大的容量，降低内阻，提高电池的放电电压平台和大电流放电能力，而且对电池的循环性能、充电时内压的降低以及自放电等均有促进作用。羧甲基纤维素锂是一种效能优良的单离子导体，其结构也与聚丙烯酸锂相似，可作为新型的固体电解质，可大大改善以上锂离子蓄电池存在的问题。

目前，市售的锂离子电池的胶黏剂主要是有机氟聚合物，其主要成分是聚偏氟乙烯（PVDF），包括偏氟乙烯的均聚物、共聚物及其他改性物，但聚偏氟乙烯为结晶性聚合物，结晶度一般为 50% 左右，结晶熔融温度在 140℃ 附近，因此在电池通常的使用温度下，PVDF 的结晶性使存在电解液体的分子很难流通，充放电负荷增大；在制备电池时的干燥速率等不合适时，PVDF 的收缩率与集电体的收缩率差异比较大，含活性物质的涂膜不会从集电体上脱离；即使涂布干燥后没问题，但随着时间的迁移，在使用过程中，也有由于电极的内部应力使电极合剂层从集电体上部分或全部剥离，负荷特性变差，引起容量劣化。使用 PVDF 黏结剂的电极，达到最大容量后，开始衰减，随着使用时间的延长，电极片变得疏松，电极材料逐渐与集流体脱落，导致部分电极材料失去电活性。

使用羧甲基纤维钠作为交联剂或与其他交联剂复配使用时，电池的充放电过程中的电极材料与集流体脱落的现象在一定程度上能得到阻止，因此，泄漏和内部短路等情况发生的可能性会大大降低。研究发现，电池的容量维持率得到提高，充放电循环次数增加，电池寿命延长，稳定性提高。但随着使用时间的延长，羧甲基纤维素钠中的 $Na^+$ 会逐渐沉积吸附在电极上，减少电极表面的活性区域，增加电荷迁移阻抗，使 $Li^+$ 的扩散受到阻碍，导致放电终止，活性物质利用率下降。若用 $Li^+$ 取代羧甲基纤维素钠上的 $Na^+$，则不会出现上述负面效应，因此，能有效延迟电极的钝化，使电极放电比容量和极化电流得到显著提高。

我国在 CMC 系列黏合剂用于锂电池的研究还刚刚开始，但我国对高效能锂电池技术与原材料的需求却是世界上最大量的国家。我国锂电池中试处于发展阶段，尤其是新概念汽车受到关注，采用高效能的羧甲基纤维素锂作为电池的黏合剂将具有巨大的市场，据不完全统计，我国对新材料的需求在 5000 吨/年，按照每吨 30 万元计算，产值接近 15 亿元。

北京理工大学纤维素技术研发中心经过长期的理论和实验研究，以及对其理化指标和应用性能的深入研究，2014 年与国内某公司合作，建立了羧甲基纤维素锂中试试验线，并已成功制备出取代度和黏度均较高的羧甲基纤维素锂样品。

## 三、羧甲基纤维素钾

羧甲基纤维素钾是精制棉与氢氧化钾、氯乙酸在碱性条件下发生碱化、醚化反应而制得的水溶性的纤维衍生物。

在食品工业中，CMC—Na 已作为常用的食品添加剂进行使用，然而研究发现钠离子的过量摄入会导致糖尿病、高血压、心血管病等疾病，所以在日常生活中要降低钠的食用量，同时还可以用部分钾盐来代替钠盐。在石油工业中，水基钻井过程中常出现井塌、卡钻等井下复杂情况，这大多是由于钻到泥页岩地层时，黏土的水化膨胀与分散所造成的。因此，采用化学剂控制钻井液介质进入地层，抑制泥页岩水化膨胀与分散，是一种稳定井壁、保证正常钻井的重要手段，研究表明在抑制剂的使用中，CMC—K 的在抑制岩土水化膨胀的效果要明显好于 CMC—Na。同时 CMC—K 还可用于烟草行业和肥料行业中，具有较好的市场前景。

与 CMC—Na 的制备相比，CMC—K 的制备要困难一些，钾原子不容易置换到产品分子链上，导致制得的 CMC—K 产品取代度低，黏度低，不易溶解。目前国内对 CMC—K 的相关研究较少，有报道的制备方式主要有两步法，即先将 CMC—Na 酸化再与钾离子结合的方法，以及超声处理法两种。国内某公司自主研发了 CMC—K 的一步合成法，成功制备了具有较高取代度的 CMC—K 产品，并且该制备工艺先进，反应周期短，采用该方法生产的羧甲基纤维素钾，不仅具有良好的溶解性，同时其具有较高的取代度和黏度，进而具有优良的产品性能。

## 四、羧甲基羟乙基纤维素

羧甲基羟乙基纤维素（CMHEC）兼有 HEC 优异的盐容性和 CMC 的表面保护及分散稳定性，尤其高黏度级的 CMHEC 更是如此。与 CMC 相比，CMHEC 的耐酸性和耐电解质性能显著增加，这是羟乙基的嵌段作用和保持可溶的水合结构所致。因此，CMHEC 不会被铝盐析出，但是铝离子的弱交联作用可使 CMHEC 在中性溶液中形成强凝胶，加入酸或碱可抑制凝胶作用。CMHEC 的这些作用在石油工业，如在钻井液或完井液中非常有用。

羧甲基羟乙基纤维素可通过一步或两步法制备，类似于 HEC 或 CMC 的悬浮法。两种取代基的取代度可调整到任意合适的比率，即使产物的羧甲基 $DS$ 值和羟乙基的 $MS$ 值分别低至 0.3 和 0.4，其在水中的溶解性能依然很好。

美国 Dow 化学公司采用强烈搅拌的反应容器，用 50% 的 NaOH 溶液对纤维素进行碱化，每 3 份质量的碱对应 1 份纤维素，按照醚化效率添加适量的氯乙酸，得到轻微羧甲基化纤维素中间体，然后按纤维素物质的量 1.9 倍的比例将环氧乙烷加入，再进行反应，得到羟乙基 $MS$ 为 1.9，此时再补加氯乙酸，得到总羧甲基取代度为 0.4 的 CMHEC；德国 Hoecgst 公司开发的水溶性 CMHEC 连续制备方法，是将 200 份的纤维素浆与 180 份 27% 的 NaOH 溶液、1520 份的异丙醇、250 份的环氧乙烷连续打送到一个容器中，得到的悬浮液再被泵送到一个已经加热的管状反应器，经过中和、洗涤得到 $MS$ 为 2.28 的羟乙基纤维素中间体，再经过羧甲基化得到 CMHEC。中国发明专利 CN1673233 也报道了这方面的研究。

## 五、羧甲基羟丙基纤维素

作为纤维素醚的一种，羧甲基纤维素属于阴离子型纤维素，只能够抗一价盐而不能够抗二价盐；但是非离子型醚，如羟丙基纤维素、羟丙基甲基纤维素和甲基纤维素具有热致凝胶性和良好的抗二价盐性，抗酸性差，相对而言，羟乙基纤维素具有良好的抗盐性和抗酸性，但在有机溶剂中溶解性差，制备羧甲基羟丙基纤维素（CMHPC）是解决以上问题的优选途径，因为 CMHPC 与 CMHEC 类似，兼备了非离子型和离子型醚的优点，具有优良的抗盐性、抗酸性和在一些有机溶剂中具有良好的溶解性等特点，同时改变其凝胶性能。

CMHPC 的生产方法有先羧甲基化后羟丙基化、先羟丙基化后羧甲基化和羟丙基化与羧甲基化同时进行三种方法。前二者需要分步醚化，还要对中间产物进行纯化处理，生产周期长，溶剂消耗、能耗均高，产品的黏度低。利用一步醚化和纯化代替两步醚化和纯化在生产中便于实现，并同时考虑交联，可以得到高黏度、抗盐性好的 CMHPC。

采用碱化、醚化在同一设备中生产 CMHPC 的工艺如下。

在捏合机中投入 100 份纤维素，喷入 163 份 45％～50％的碱液与 140 份乙醇（二者可以预先混合好，同时进行喷入），温度保持在 25℃以下，充分混合后，将反应器抽真空，在负压下加入 61 份环氧丙烷，并保持温度 20℃以下，碱化 20～40min。加入 180 份 56％氯乙酸/乙醇溶液，在（78±1）℃恒温反应 70～90min。反应结束后，中和、洗涤、干燥。

试验结果表明，CMHPC 产品比 CMC 抗盐性好，抗酸性和溶解性能优良，黏度高，而且改变环氧丙烷和氯乙酸的相对加入量，可得到不同 $DS$ 和 $MS$ 的产品，随着 $DS$（羧甲基）增加，离子性突出，抗一价盐性能提高，抗二价盐性能降低；随着 $MS$（羟丙基）增加，非离子性突出，抗二价盐、抗酸性、有机溶剂溶解性提高。

CMHPC 产品有优良的抗一、二价盐的特性及良好的耐酸性，是高矿化度地质钻井工程的良好泥浆处理剂，交联后有良好的抗温性能，可作为深井钻井工程的泥浆处理剂。其抗酸性好，也极大拓宽了产品在其他行业的应用。目前报道 CMHPC 的应用领域包括涂料、牙膏、造纸、石油开采等，在这些领域与其他纤维素醚相比较，CMHPC 有更强的竞争力。

## 六、羧甲基乙基纤维素

羧甲基乙基纤维素（CMEC）是具有阴离子、长烷基的纤维素混合醚，由于其性能特殊，可用于可剥离涂层材料组分等，其合成方法有不少报道。

美国 Hercules 公司在专利中介绍的制备方法是：化学木浆 12 份、二噁烷 155 份、水 12.9 份、氯乙酸 4 份、50％的 NaOH 溶液 12.8 份组成的混合浆料搅拌 30min，再倒入带冰浴的容器中放置 1h，再加入氯乙烷 58 份、固体 NaOH 23.9 份混合后在 130℃恒温反应 16h，得到 CMEC。羧甲基 $DS$ 为 0.29，乙基 $DS$ 为 2.3，凝胶温度为 43℃，该产品在乙醇/甲苯的混合溶剂中溶解度为 5％。

日本 Daicel 化学工业公司用 CMC 得到 CMEC，过程为：CMC524 份、甲苯

2240 份、50％的乙醇水溶液 368 份、氯乙烷 1005 份、NaOH629 份，在 120℃下蒸煮 6h 得到 CMEC，其羧甲基取代度基本不变，乙基 $DS$ 为 2.0，该产品在 5％乙醇中黏度可以达到 220mPa·s。

## 七、羧甲基磺乙基纤维素

在纺织品印花工艺上要使用大量的增稠剂，海藻酸钠是迄今最常见的一种。海藻酸钠使用量一般为 3％～4％，具有容易洗涤脱除特点，且可与许多染料兼容，在 pH 为 5～10 范围是十分稳定的；但海藻酸钠与重金属盐、钙和铝化合物不兼容，必须使用配合物；其作为生物聚合物容易被微生物降解，没加防腐剂的情况下一般只能够保存 1～2d，所以必须加防腐剂（甲醛或苯甲醛）。

另外，对于温度较高地区的纺织品印花业，要求印染增稠剂保持较高的热稳定性，但是海藻酸钠会发生定量的脱羧现象；而且从海藻里提取海藻酸钠成本较高；后来人们又采用乳液基增稠剂和合成聚合物增稠剂取得一定进展，但都有许多缺点。采用 CMC 替代海藻酸钠的方法已经被人们接受。取代度低（$DS=0.5～1.2$）的 CMC 作为增稠剂进入体系时，由于 CMC 中大量活性羟基的存在，会与活性染料发生化学反应而导致活性染料失活，失活的活性染料进入基质中又会引起色量低、印花区硬化，因此要获得高的湿牢度，非共价键合染料就须用强烈而复杂的洗涤工序完成，目的是要避免 CMC 增稠剂与活性染料之间的化学作用。若采用取代度很高（$DS>2$）的 CMC，这样的情况会有很大的改善。

然而如前所述，制备高取代度的 CMC，醚化效率低，且洗涤等后处理较复杂；CMC 的另一个缺点是遇盐不稳定，用硬水洗涤时可能沉积到纤维上。制备总取代度在 1.5～2.1 的羧甲基磺乙基纤维素（CMSEC）是解决上述问题的有效途径。R. 基塞韦特、R. 克尼斯克等申请的中国专利有详细介绍 CMSEC 的制备方法。日本特许公报昭 63-182301 描述了一种制备 CMSEC 的方法：在第一阶段进行磺乙基化，在第二阶段进行羧甲基化，然后进行纯化，得到磺乙基取代度为 0.4～1.0、羧甲基取代度为 0.2～1.0 的 CMSEC 产品，其表现出优良的电解质稳定性，可以作为石油矿藏开采的助剂。具体的制备过程为：在氮气氛下，把 27.5 份的粉碎棉分散在 484 份异丙醇、16.3 份片碱和 12 份的水中，再加入 44.3 份的 30％乙烯基磺酸钠溶液，混合物在 20～25℃下碱化 60～80min，再在 40min 的时间内把它加热到 75℃，并保持恒温反应 180min，然后把混合物冷却到 60℃，在 20min 内引入 24.2 份的 80％一氯乙酸，在 20min 的时间内把混合物加热到 75℃，继续恒温反应 120min，然后冷却混合物，进行离心分离。最后用 80％左右的乙醇或甲醇水溶液进行洗涤，干燥得到产品。

也可以直接对 CMC 成品进行磺乙基改性得到 CMSEC，具体制备过程为：在氮气氛下，把 290.5 份的 CMC 分散在 2193 份异丙醇、63 份片碱和 75 份的水中，再加入 192 份的 30%乙烯基磺酸钠溶液，混合物在 20～25℃下碱化 30～60min，再在 30min 的时间内把混合物加热到 75℃，并保持恒温反应 150min，然后混合物冷却到 20～35℃，再引入 63 份片碱，混合物在 20～25℃下碱化 30～60min，在 20min 内引入 189 份的 80%一氯乙酸，再在 30min 的时间内把混合物加热到 75℃，并保持恒温反应 150min，进行离心分离。最后用 80%左右的乙醇或甲醇水溶液进行洗涤，干燥得到产品。产品的指标为：羧甲基取代度为 1.58；磺乙基取代度为 0.25；黏度为 4340mPa·s（2%溶液，NDJ-1 型黏度计）。其中指标的测试，羧甲基化取代度采用 ASTM D-1439-83a，磺乙基取代度采用专门的方法进行测试。

根据应用的结果，CMSEC 产品是无纤维、无胶粒的优良分散剂、黏结剂或增稠剂，在纺织业尤其是纺织印花上作为流动促进剂具有优良的使用效果。

## 八、羧甲基纤维素的疏水改性

### 1. 羧甲基纤维素两性疏水改性

羧甲基纤维素属于聚阴离子高分子材料，通过接枝改性得到两性高分子材料将在环保上具有重要的应用前景，因为两性高分子絮凝剂具有阴、阳离子适合处理阴、阳离子共存的污染体系。CMC 通过接枝共聚和 Mannich 反应可以得到羧甲基纤维素聚丙烯酰胺接枝共聚物，其反应过程如下。

链引发：

$$H_2O_2 + Fe^{2+} \longrightarrow HO^- + HO\cdot + Fe^{3+}$$

$$HO\cdot + CMC\text{—}H \longrightarrow CMC\cdot + H_2O$$

$$CMC\cdot + M \longrightarrow CMCM\cdot \quad （M 为丙烯酰胺单体）$$

链增长：

$$CMC\text{—}M\cdot + (n-1)M \longrightarrow CMC\text{—}M_n\cdot$$

链终止：

$$CMC\text{—}M_n\cdot + Fe^{3+} \longrightarrow CMCM_n（接枝共聚物）+ Fe^{2+}$$

制备过程为：在容器中加入 CMC 和去离子水，通氮并加热到预定的温度，搅拌下加入 $Fe^{2+}$，2～3min 后再加入 $H_2O_2$，然后加入丙烯酰胺单体，反应一定时间后得到接枝共聚物。

羧甲基纤维素聚丙烯酰胺接枝共聚物在代色废水的处理上有优良的效果。

### 2. 羧甲基疏水改性的羟乙基纤维素

羧甲基疏水改性的羟乙基纤维素（CMHMHEC）是含有羧甲基基团、羟乙基基团和长链疏水改性的产物，其中羧甲基基团的取代度在 0.05～0.2，羟乙基基团的摩尔取代度在 2.5～4.5，长链疏水改性的长链是 8～18 个碳原子，并在全部取代的聚合物质量中占 0.2%～2.5%。

CMHMHEC 的制备过程为：将 17.4 份粉碎纤维素、6.9 份 NaOH、28 份水、146 份叔丁醇与 9 份丙酮加入到 500L 不锈钢反应釜中，反复抽真空充氮气，在 25℃下碱化 45 min，然后加入 9 份环氧乙烷，加热升温到 55℃反应 45min，再加入 13.5 份环氧乙烷和 4.3 份 1-溴代十六烷，升温到 70℃反应 45min，再加入溶解在 10mL 叔丁醇中的氯乙酸 4.1 份，使温度保持 60min 后将温度降低，然后进行中和、洗涤及干燥，得到产物。

该材料可以应用于涂料增稠、矿物废水的絮凝剂。

## 九、4-羧苯基氨基羧甲基纤维素

纤维素及其衍生物具有生物可降解、生物相容性和无毒性的特点，可在医药领域直接或间接作为辅料或载体得到广泛应用。一些具有特殊结构的纤维素衍生物与药物分子以酰胺键为桥可形成偶合物，使药物缓慢释放，延长药物作用时间，减少用药量，降低毒性，增强药效。以纤维素碳酸酯、羧甲基纤维素和氧化纤维素为基体，可合成的一系列生物活性纤维素具有这些特点。为了提高羧基的酸性和偶合能力，通过对医用 CMC 进行高分子改性，得到羧甲基纤维素酰氯、羧苯基羧甲基纤维素、4-氨基苄基纤维素和 4-羧苯基氨基羧甲基纤维素等新型材料，这些衍生物具有—COOH、—COCl、—C$_6$H$_4$—COOH 等活性基团，具备能够与药物偶合达到载药的目的。

羧甲基纤维素酰氯是采用 CMC 为原料，在无水吡啶介质中与 SOCl$_2$ 在加热条件下反应制得的，反应方程式为：

$$(CH_3)_2N-\overset{\overset{O}{\|}}{C}_H +SOCl_2 \rightleftharpoons \left[(CH_3)_2N^+=\overset{\overset{Cl}{|}}{C}_H\right]Cl^- +SO_2$$

除酰氯外，其他均为气体（SO$_2$ 和 HCl），易于除去，可采用 DMF 吸收部分残余的 SO$_2$。由于反应中释放出来的 HCl 需中和，所以反应在吡啶存在下进行。吡啶不仅有中和 HCl 的作用，且对反应有催化作用。

4-羧苯基氨基羧甲基纤维素（CPHCMC）是羧甲基纤维素酰卤与伯胺反应制

备的酰胺。酰卤与氨、伯胺或仲胺缩合制备酰胺是最广泛使用的方法。羧甲基纤维素酰卤与胺反应是在碱性条件下进行。合成方程式为：

$$\text{CH}_2\text{OCH}_2\text{COCl} \quad + \quad \text{H}_2\text{N}\text{—}\bigcirc\text{—COOH} \xrightarrow{\text{吡啶}} \quad \text{CH}_2\text{OCH}_2\text{CO—NH—}\bigcirc\text{—COOH}$$

另外，还有含有低羧甲基取代度的羧甲基甲基纤维素（CMMC）与羧甲基乙酸丁酸纤维素（CMCAB），前者常用作黏结剂，后者则在涂料或人工合成纤维板方面有良好的应用效果。

## 参 考 文 献

[1] 王玉琳. 2005 年全国纤维素醚行业年会工作报告. 纤维素醚工业，2005，4（13）：2-6.

[2] Ramos L A，Frollini E，Heinze Th. Caroxymethylation of Cellulose in the New Solvent Dimethyl Sulfoxide/Tetrabutylammonium Fluoride. Carbohydrate Polymers，2005，60：259-267.

[3] 徐季亮. 国外生产 CMC 用反应器. 纤维素醚工业，2000，8（3）：82-84.

[4] 刘大发. 螺旋驱水机用于羧甲基纤维素钠驱酒的试验. 纤维素醚工业，1997，6（1）：4-7.

[5] Kiesewetter Rene，Kniewske Reinhard，Reinhardt Eugen，et al. Highly Substituted Carboxymethyl Sulfoethyl Cellulose Ethers（CMSEC），a Process for Their Production and Their Use in Textile Printing：US，5455341. 1995.

[6] 谢文伟，孙一峰，刘治国. 蔗渣纤维制备高取代度羧甲基纤维素. 广西轻工业，2000，（1）：31-32.

[7] 张幼敏. 高取代度羧甲基纤维素的制备. 印染，1994，20（11）：5-7.

[8] 朱刚卉. 高性能聚阴离子纤维素处理剂的研制. 石油钻探技术，2002，2（33）：36-39.

[9] 黄艳红. 聚阴离子纤维素合成方法的研究. 漳州师范学院学报：自然科学版，2002，4（15）：80-83.

[10] 程发，赵华，冯建新等. 在苯-乙醇介质中生成的羧甲基纤维素取代基分布的研究. 高分子学报，1997，5：524-529.

[11] Baar A，Kulicke W M，Szablikowski K，et al. Nuclear Magnetic Resonance Spectroscopic Characterization of Carboxymethylcellulose. Macromol Chem Phys，1994，195：1483-1492.

[12] 王小艳等. 建筑外墙用腻子粉的研究. 南通大学学报，2006，5（5）：84.

[13] 龙柱，杨红新. 添加助剂打浆对改善成纸物理性能的影响. 天津造纸，1998，（2）：25-28.

[14] 楼益明译. 焊药电焊条. 纤维素醚工业，2000，8（1）：31-33.

[15] 刘延金. 一种羧甲基羟乙基纤维素生产工艺：CN，1673233. 2005.

[16] 王恩浦，刘跃平等. 一步法合成交联羧烷基羟烷基纤维素复合醚工艺：CN，1058023. 1992.

[17] 许凯，王恩浦. 双取代基纤维素醚水凝胶流变性. 纤维素醚工业，2001，9（1）：19-23.

[18] 基塞韦特 R，克尼斯克 R，赖恩哈特 E 等. 高度取代的羧甲基磺乙基纤维素醚及其生产工艺和在纺织品印花油墨中的应用：CN，1093712. 1993.

[19] 基塞韦特 R，克尼斯克 R，赖恩哈特 E 等. 高度取代的羧甲基磺乙基纤维素醚及其生产工艺和用途：CN，1093372. 1993.

[20] 陶春元，高岩．制备两性高分子絮凝剂．纤维素醚工业，2004，12（1）：37-39.

[21] 许冬生．CMHMHEC羧甲基疏水改性的羟乙基纤维素制备．纤维素醚工业，2002，12（4）：42.

[22] 樊东辉，戴红莲，刘雁等．药物载体研究的现状与发展前景．武汉工业大学学报，1995，17（4）：
109-111.

[23] 邢其毅，徐瑞秋等编．基础有机化学．北京：高等教育出版社，1995：591.

[24] Posey Dowty, Jessica Dee. Carboxyalkyl Cellulose Esters for Use in Aqueous Pigment Dispersions：US，
5994530. 1999.

[25] 中国纤维素行业协会编写工作组．2014年中国纤维素行业发展报告．北京：[出版者不详]，2014.

# 第六章　其他纤维素醚及其改性物

## 第一节　其他烷基纤维素醚

### 一、丙基纤维素

纤维素与较高分子量的脂肪族醇所成的醚类，可在浓碱存在条件下由卤代烃作用于纤维素而制得。丙基纤维素（propyl cellulose）最初是用 1-氯丙烷、2-氯丙烷于 $100\sim150℃$ 在碱存在下作用于纤维素（滤纸）而制得，制得了 $DS=0.25\sim0.5$ 的低烷基化产品，以 1-溴丙烷与 1-碘丙烷作用时可以得到较高取代度的产品。$DS=1.25\sim2.25$ 的丙基纤维素是在 $130℃$ 将过量氯丙烷作用于碱纤维素并进行 $12\sim24h$ 的醚化反应以制成。

虽然当丙基纤维素取代度不很高时也不溶于水，但其与乙基纤维素不同。$DS>2$ 的丙基纤维素完全溶解于苯，并且特别易溶于苯与乙醇（80∶20）的混合液。丙基纤维素在抗水性方面虽略超过乙基纤维素，但机械强度与弹性均不及后者。另外，氯丙烷比氯乙烷不容易得到，因而丙基纤维素的工业化难以得到发展。

### 二、丁基纤维素

丁基纤维素（butyl cellulose）可以通过氯丁烷与氯代异丁烷作用于碱纤维素制得。关于这种产品的制备条件，前苏联纤维素专家罗果文先生曾作了较详尽介绍。

采用与制备丙基纤维素相似的条件，可得到 $DS=1.6\sim2.3$ 的产品，其能完全溶于苯或苯与醇的混合液中。制备较高取代度的丁基纤维素的最有效方法为分段醚化法，即所需要的碱量并非在醚化开始时一次加入高压釜中，而是分成两次或三次加入，因此，氯丁烷皂化副反应的程度降低，相应地提高了所得纤维素醚的取代度与溶解度。虽然由于需要反复加热与冷却高压釜，而有一定技术上的困难，但从降低醚化过程的试剂（碱与卤烃）消耗方面来考虑，这个方法对于制备各种纤维素醚类都有一定参考价值。

### 三、高级脂肪族醇的醚类

纤维素醚化时，若采用反应能力更低的高级卤代烃，醚化速率就会大大降低。研究表明，用过量的氯戊烷与氯代异戊烷处理碱纤维素多次，可得到 $DS=1.5\sim2.0$ 的戊基纤维素。

己基纤维素可以用氯己烷作用于碱纤维素而制成，在 125℃ 于高压釜内用过量的氯己烷处理碱纤维素 $12\sim16h$ 会得到 $DS=2.5$ 的产品。这个产品能溶于乙醚和挥发油以及其他非极性溶剂，但不溶于甲醇或乙醇。

从一般纤维素醚化时所引进基团的特性与大小对产物性能影响的规律分析，可以预料到，己基纤维素具有很高的抗水性，但是它的强度和软化点低。己基纤维素膜片的断裂强度仅及乙基纤维素膜片的 $1/15\sim1/10$。己基纤维素的软化点为 58℃，而乙基纤维素的则约为 200℃。己基纤维素目前还没有得到推广应用。

烷基纤维素间性能有一定差异，所制成的膜性能对比见表 6-1。

**表 6-1　烷基纤维素膜的性能对比**

| 产　　品 | 软化点/℃ | 吸水率/% | 拉伸强度/MPa | 断裂伸长率/% |
|---|---|---|---|---|
| 乙基纤维素 | 165~185 | 3~6 | 55~70 | 20~38 |
| 丙基纤维素 | 160~170 | 0.5 | 3.5 | 15~20 |
| 丁基纤维素 | 140~170 | 0.3 | 12~24 | 7~10 |
| 己基纤维素 | 55~65 | 0.16 | 4 | 3~4 |

# 第二节　不饱和烃基纤维素醚

## 一、丙烯基纤维素

丙烯基纤维素（propenyl cellulose）由过量的 3-溴丙烯处理碱纤维素而制得，反应在 100℃ 下进行 $30\sim40h$，所得产品 $DS=2$。也可以在 50℃ 下重复处理或在高压釜内于 80℃ 醚化，得到不同醚化程度的丙烯基纤维素。但随着所得产物中丙烯基量的增加，产物的聚合能力提高以致得到不溶的产品。

## 二、乙烯基纤维素

乙烯基纤维素（butenyl cellulose）系在高压釜内于 120～150℃ 下由乙炔作用于棉纤维素 4～48h 而制成（有催化剂存在）。反应按下式进行：

$$[C_6H_7O_2(OH)_3]_n + nCH\equiv CH \longrightarrow [C_6H_7O_2(OH)_{3-x}(OCH\equiv CH_2)_x]_n$$

$DS=1$ 及 2 的乙烯基纤维素的制备也得到了成功。这些醚部分溶解于二氧六环与醋酸乙酯中而不溶于铜氨溶液。

在酸作用下，乙烯基纤维素会发生水解，按下式再生成纤维素并放出乙醛：

$$ROCH\equiv CH_2 + H_2O \xrightarrow{HCl} ROH + CH_3CHO$$

因此，乙烯基纤维素和其他纤维素醚不同，其对酸的作用不稳定。

乙基乙烯基纤维素是以乙基纤维素作为原料，在苯溶液中用三氯化磷或五氯化磷进行氯化得到：

$$ROCH_2CH_3 \xrightarrow{Cl_2} ROCHClCH_3 + HCl$$

用碱处理，脱去氯化氢又得到乙烯基纤维素：

$$ROCHClCH_3 \longrightarrow ROCH\equiv CH_2$$

随着氯化强度的不同，得到乙烯基与乙氧基含量不同的产品。

## 三、羟基丁烯纤维素

利用单环氧丁烯烃首次得到羟基丁烯纤维素（hydroxybutenyl cellulose），反应式如下。

$$Cell(OH)_3 + x\,CH_2-CH-CH\equiv CH_2 \longrightarrow Cell(OH)_{3-x}(OCH_2-CH-CH\equiv CH_2)_x$$

羟基丁烯纤维素的具体合成过程如下。

（1）活化　利用一定浓度的 NaOH 溶液，在一定的温度条件下对纤维素处理一定时间。

（2）醚化剂的配备　先将 1,2-环氧丁烯加到稀释剂中形成溶液，然后将抗氧剂加入到该溶液中。环氧丁烯的浓度取决于要合成的羟基丁烯纤维素的取代度。

（3）制备　把预先已浸碱处理的碱纤维素加入到有机溶剂的介质中，然后加入醚化剂，在一定时间内，借助于回流冷凝、不断沸腾进行合成。

（4）析出　以反应液倾析形式完成，用醋酸中和反应器中的产物后，将其加热至凝聚，用热水多次洗涤、过滤得到羟基丁烯纤维素。

（5）萃取与驱除产物中的低分子（杂质）和水　在丙酮中进行。滤出并晾干的是带有明亮的微黄色的玻璃状物质，具有较强的亲水性，需在干燥密封容器中保存。

与环氧乙烷和环氧丙烷相比，1,2-环氧丁烯沸点较高，这也使得它和纤维素有在常压（大气压）下在稀释剂介质中反应的可能。

# 第三节　多羟基纤维素及其改性物

如前所述，常见的已工业化的羟烷基纤维素有 HEC、HEMC、HPC 和 HPMC 等。从结构上看，这些羟烷基纤维素及其混合醚的葡萄糖环基上的羟基相对质量百分含量比原料纤维素还低。由于经过长时间碱化、醚化，原纤维素的分子化学结构与聚集态结构都发生很大变化，这些纤维素醚都从水不溶物转变成水溶性有机高分子材料，甚至具有有机溶剂可溶性。

醚化后纤维素上的羟基对其性能有重要影响，合成羟基含量尽量高的纤维素醚是人们一直关心的问题，因为这些纤维素醚性能更优越、功能性更强、进行化学改性的范围更广，改性后材料可广泛应用于石油化工、军用火药、火箭推进剂和胶体炸药等高附加值领域。

多羟基纤维素的合成有较大的难度和复杂性，原因是其上引入的羟基比原始纤维素葡萄糖残基上的羟基要活泼得多，醚化反应过程变得越来越复杂，因而控制合成工艺和条件十分重要。

## 一、二羟丙基纤维素

二羟丙基纤维素（dihydroxypropyl cellulose，DHPC）是含有两个羟基的丙基醚。在早期有人提出纤维素可与 3-氯-1,2-丙二醇起反应得到醚，例如，Dreyfus 在美国专利 1502379 以及 Lilienfeld 在美国专利 1722927 中介绍了 DHPC 的制备方法，都是利用碱纤维素同 3-氯-1,2-丙二醇反应制备纤维素的羟烷基衍生物。美国专利 4096326 具体介绍了用 3-氯-1,2-丙二醇或缩水甘油和纤维素反应得到的产物，其除了碱可溶解之外还易溶于水。Klug 等人在美国专利 2572039 上也举例提及采用缩水甘油进行醚化。

从结构上看，DHPC 羟烷基支链上含两个—OH，与现有的 HEC、HPC 等相比羟基含量更高，更容易进行化学改性，如硝化、叠氮化，都可得到含氮化合物，比从纤维素直接硝化、叠氮化的含氮量要高，在军工上有应用前景。另外，DHPC

支链是两个顺式—OH 结构，可以用多价金属盐（如硼盐）、硼氧化物、硼酸进行改性，形成交联点，使 DHPC 的黏度、耐盐性、耐温性有较大幅度提高，这在石油开采、制备胶体炸药上有广泛的应用前景。

制备 DHPC 的基本反应式如下。

$$\underset{\substack{| \\ Cl}}{CH_2}\!-\!\underset{\substack{| \\ OH}}{CH}\!-\!\underset{\substack{| \\ OH}}{CH} \xrightarrow[-5\sim0\,℃]{NaOH} \underset{\substack{\diagdown\ \diagup \\ O}}{CH_2}\!-\!CH\!-\!\underset{\substack{| \\ OH}}{CH_2}$$

$$Cell(OH)_3+x\ \underset{\substack{\diagdown\ \diagup \\ O}}{CH_2}\!-\!CH\!-\!\underset{\substack{| \\ OH}}{CH_2} \xrightarrow{NaOH} Cell(OH)_{3-x}(OCH_2\!-\!\underset{\substack{| \\ OR_1}}{CH}\!-\!\underset{\substack{| \\ OR_2}}{CH_2})_x$$

$$R_1、R_2\ 为\ -\!CH_2\!-\!\underset{\substack{| \\ OH}}{CH}\!-\!\underset{\substack{| \\ OH}}{CH_2}\ 或\!-\!H$$

DHPC 的制备过程为：利用一定浓度的 NaOH 溶液，在一定的温度条件下，在有机溶剂的介质中对纤维素处理一定的时间，加入醚化剂后在一定的时间、温度下反应，然后用醋酸中和反应器中的产物并在乙醇-水溶液中洗涤，最后在丙酮-水溶液中洗涤，干燥得到纤维状的白色粉末状物质，其具有较强的亲水性，要在干燥密封容器中保存。

对二羟丙基纤维素进行硝化具有重要意义，由于二羟丙基纤维素硝酸酯（NDHPC）分子上接上了较长的甘油醚支链，它的存在起到一个内增塑的作用，提高了纤维素大分子链的柔顺性，进而提高制品的低温力学性能。NDHPC 的分子式如下。

$$R=-\!OH,\ -\!ONO_2,\ -\!O\!-\!CH_2\!-\!\underset{\substack{| \\ O\!-\!CH_2\!-\!\underset{\substack{| \\ R'}}{CH}\!-\!\underset{\substack{| \\ R'}}{CH_2}}}{CH}\!-\!CH_2 \qquad\qquad R'=-\!OH,\ -\!ONO_2$$

与原始纤维素相比，二羟丙基纤维素是一种亲水性材料，它在普通的混酸介质中（像制备弱硝化纤维素一样）难以进行硝化。由于普通的硝硫混酸组成中含有水（$HNO_3/H_2SO_4/H_2O$），在硝化时形成厚度为 $35\mu m$ 的凝胶薄层，阻止了内层材料进一步反应（见图 6-1）。

采用在惰性有机溶剂中进行合成反应，可以得到硝基分布均匀的硝化二羟丙基纤维素。为了得到含氮量高的二羟丙基纤维素硝酸酯，要采用发烟硝酸（密度不低

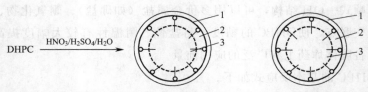

$$\text{DHPC} \xrightarrow{\text{HNO}_3/\text{H}_2\text{SO}_4/\text{H}_2\text{O}}$$

图 6-1 二羟丙基纤维素在 HNO₃/H₂SO₄/H₂O 体系中的凝胶团聚

1—硝化层；2—硝化凝胶薄层；3—被隔离区

于 1.52g/mL），硝酸在硝化体系中的含量要比理论值高 6～9 倍。二羟丙基纤维素的硝化是在室温（20～25℃）下进行的，硝化系数约 40∶1。

二羟丙基羟乙基纤维素（DHPHEC）是利用缩水甘油对 HEC 进行进一步醚化，也可以从纤维素开始同时进行二羟丙基、羟乙基化而得到。它是一种纤维素混合醚，兼顾了 HEC 和 DHPC 各自的优势，也可用硼盐等对其改性，使其耐盐性保水性有所提高。该材料可用于很多领域，如涂料、化妆品和工程塑料等。

## 二、三羟丁基纤维素

三羟丁基纤维素（trihydroxybutyl cellulose，THBC）是一种新型的多羟基纤维素醚，在我国首先由北京理工大学合成。三羟丁基纤维素是通过纤维素与双环氧丁烷反应制得的。在反应中可以形成以下产物。

① Cell—O—CH₂—CH—CH—CH₂
　　　　　　　|　　 \\O/
　　　　　　 OH

② Cell—O—CH₂—CH—CH—CH₂
　　　　　　　|　　|　　|
　　　　　　 OH  OH  OH

③ Cell—O—(CH₂—CH—CH—CH₂—O)ₙ—CH₂—CH—CH—CH₂
　　　　　　　　　 |　　|　　　　　　　 |　　|　　|
　　　　　　　　  OH  OH　　　　　　  OH  OH  OH

④ Cell—O—(CH₂—CH—CH—CH₂—O)ₙ—CH₂—CH—CH₂—O—Cell
　　　　　　　　　 |　　|　　　　　　　 |　　|
　　　　　　　　  OH  OH　　　　　　  OH  OH

⑤ Cell—O—CH₂—CH—CH—CH₂—O—Cell
　　　　　　　　　 |　　|
　　　　　　　　  OH  OH

可见，通过此途径是得到复杂的产物。

如前所述，对羟基丁烯纤维素衍生物的兴趣在于其双键结构，它可以进一步进行化学反应。从 20 世纪 60 年代开始，环氧树脂和环氧化合物就用于纺织、混合纸、纤维素或它的衍生物的改性，其中一种化合物是 1,2-环氧丁烯。尽管纤维素的 1,2-环氧丁烯的衍生物在 20 世纪 50 年代末就有研究报道，但至今还没有得到充分地研究，原因是得到高取代度羟基丁烯纤维素的问题还未解决。

在羟基丁烯纤维素中存在 C＝C 键，能够直接经过化学反应形成乙二醇基团，是制备三羟丁基纤维素的一种基本方法。

$$\text{Cell(OH)}_{\overline{3-x}}\!\!\!\!\!\overbrace{\phantom{xxx}}\!\!\!\!\!\text{(OCH}_2\!-\!\underset{\underset{\text{OH}}{|}}{\text{CH}}\!-\!\text{CH}\!=\!\text{CH}_2)_x \longrightarrow \text{Cell(OH)}_{\overline{3-x}}\!\!\!\!\!\overbrace{\phantom{xxx}}\!\!\!\!\!\text{(OCH}_2\!-\!\underset{\underset{\text{OH}}{|}}{\text{CH}}\!-\!\underset{\underset{\text{OH}}{|}}{\text{CH}}\!-\!\underset{\underset{\text{OH}}{|}}{\text{CH}}_2)_x$$

打开羟基丁烯纤维素中的双键来制备三羟丁基纤维素也可以通过以下方式。

（1）先引入卤素，再对它进行皂化处理转化为—OH。

$$\text{Cell(OH)}_{\overline{3-x}}\!\!\!\!\!\overbrace{\phantom{xxx}}\!\!\!\!\!\text{(OCH}_2\!-\!\underset{\underset{\text{OH}}{|}}{\text{CH}}\!-\!\underset{\underset{\text{Br}}{|}}{\text{CH}}\!-\!\underset{\underset{\text{Br}}{|}}{\text{CH}}_2)_x \longrightarrow \text{Cell(OH)}_{\overline{3-x}}\!\!\!\!\!\overbrace{\phantom{xxx}}\!\!\!\!\!\text{(OCH}_2\!-\!\underset{\underset{\text{OH}}{|}}{\text{CH}}\!-\!\underset{\underset{\text{OH}}{|}}{\text{CH}}\!-\!\underset{\underset{\text{OH}}{|}}{\text{CH}}_2)_x$$

（2）在过甲（乙）酸中先进行环氧化反应，然后水解。

$$\text{Cell(OH)}_{\overline{3-x}}\!\!\!\!\!\overbrace{\phantom{xxx}}\!\!\!\!\!\text{(OCH}_2\!-\!\underset{\underset{\text{OH}}{|}}{\text{CH}}\!-\!\overset{\text{O}}{\overbrace{\text{CH}\!-\!\text{CH}}}_2)_x \longrightarrow$$

$$\xrightarrow{\text{NaOH}} \text{Cell(OH)}_{\overline{3-x}}\!\!\!\!\!\overbrace{\phantom{xxx}}\!\!\!\!\!\text{(OCH}_2\!-\!\underset{\underset{\text{OH}}{|}}{\text{CH}}\!-\!\underset{\underset{\text{OH}}{|}}{\text{CH}}\!-\!\underset{\underset{\text{OH}}{|}}{\text{CH}}_2)_x$$

# 第四节  芳香基纤维素醚

## 一、苄基纤维素

苄基纤维素（benzyl cellulose 或 cellulose benzyl ether），是苄基氯与纤维素反应生成的一种纤维素醚，1917 年首次实验成功。苄基纤维素是白色粉末，相对密度 1.20；不溶于水，易溶于酮、酯、烃和氯代烃；熔融温度随分子量和取代度不同而异，在 90～155℃之间；绝缘性很好，但对光、热不稳定；悬臂梁缺口冲击强度 26.7～85.4J/m，洛氏硬度 R46～R49，热变形温度 47℃，吸水性 0.44％～0.54％。其可用作绝缘涂料、耐水和油的纸张涂料、电线包皮、薄膜和挤塑制品。

纤维素的苄基化过程，除了具有与其他纤维素醚类制备过程的许多共同点外，还具有如下一系列特性。

（1）既不能与水混合也不能与碱的水溶液混合的憎水苄基氯分子，欲渗入纤维素的内部是非常困难的。在显微镜下观察的结果显示，在苄基化过程里，亲水的纤维素纤维逐渐变为憎水性，并且水从纤维中移出而与苄基氯形成乳浊液。为了使苄基氯容易渗入纤维内部，可采用乳化剂，如蒽的磺化衍生物等。当加入乳化剂时，苄基化速度提高，同时提高所得苄基纤维素在有机溶剂中的溶解度。

（2）由于苄基氯皂化副反应所生成的二苯甲醚与苯甲醇都是高沸点的液体，使得从苄基纤维素中分离出来也是很困难的。

（3）苄基氯具有高沸点（179℃），因此苄基化过程（110～130℃）是在常压下进行。

苄基化最好分两段进行，在第一阶段里，将苄基氯作用于含 20%～25% NaOH 的碱纤维素，促使碱纤维素发生强烈溶胀，使纤维素容易醚化；在第二阶段，将碱含量提高至 40%，以提高苄基纤维素的取代度。不同取代度苄基纤维素的元素组成见表 6-2。

表 6-2　不同取代度的苄基纤维素的元素组成

| 苄基纤维素的取代度 | 元素组成/% | | 苄基纤维素的取代度 | 元素组成/% | |
| --- | --- | --- | --- | --- | --- |
| | C | H | | C | H |
| 1.0 | 61.9 | 6.35 | 2.5 | 72.9 | 6.44 |
| 1.5 | 66.7 | 6.38 | 3.0 | 75.0 | 6.48 |
| 2.0 | 70.2 | 6.40 | | | |

在所有纤维素醚类中，苄基纤维素有最大憎水性，因而具有最高的电绝缘性质，因此其适用于电器绝缘（制成清漆或薄膜）以及制备电线包皮（代替铅）。

苄基纤维素的缺点为软化点较低及热塑性较高。能得到实际用途的为 $DS = 2.25～2.5$ 的苄基纤维素制品，此种制品能溶于许多常规溶剂中，如醇与苯的混合液、醇与甲苯的混合液、二氯乙烷、醋酸乙酯、丙酮等。在水与碱中苄基纤维素不能溶解。由苄基纤维素所制成的成品抗寒性（即在低温下保持弹性）比乙基纤维素的成品低。另外，由于苄基纤维素不能与其他塑料材料相容，其软片的拉伸强度低，且光、热稳定性差，因而未能成功取代赛璐珞。

芳香取代基在近紫外区有吸收带，因此，将样品溶解在合适的无光谱活性的溶剂中后，可以用分光光度计分析测定芳香取代基的浓度。最近，有人用紫外/可见吸收光谱测定了苄基纤维素的取代度，当 $DS$ 的范围在 0～0.1 时，得到一条线性标定曲线（见图 6-2 和图 6-3）。

偶极质子惰性液体中羰基的紫外/可见吸收带在 200～800nm 之间，由于其 $n \rightarrow \Pi^*$ 跃迁，在 280～290nm 之间显示最大吸收。这个吸收带的移动可用来研究偶极质子惰性液体间以及各种作为纤维素模型的多羟基化合物间形成的氢键联合体。联合体形成和分裂的平衡常数用分光光度法测定，并用偶极质子惰性溶剂（如 $N$-甲基吗啉-$N$-氧化物或 DMAc/LiCl）和纤维素的反应机理评估实验结果。

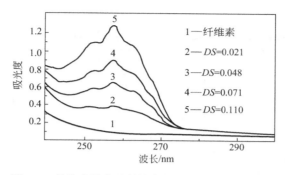

图 6-2 纤维素及苄基纤维素的紫外/可见吸收光谱

（曲线 2～5 为苄基纤维素）

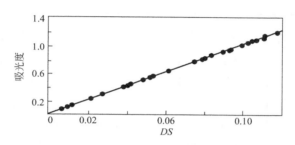

图 6-3 苄基纤维素的取代度与吸光度的关系

## 二、三苯基甲基纤维素

三苯基甲基纤维素（trityl cellulose）系在无水吡啶存在、于 $100～120℃$ 下以过量很多的醚化剂三苯基氯甲烷作用于纤维素而制得，反应方程式如下。

$$
\begin{array}{c}
\begin{matrix}
—OH_{(2)} \\
—OH_{(3)} \\
—OH_{(6)} \\
—OH_{(2)} \\
—OH_{(3)} \\
—OH_{(6)}
\end{matrix}
+ n(C_6H_5)_3CCl \longrightarrow
\begin{matrix}
—OH_{(2)} \\
—OH_{(3)} \\
—OC(C_6H_5)_3 \\
—OH_{(2)} \\
—OH_{(3)} \\
—OC(C_6H_5)_3
\end{matrix}
+ nHCl
\end{array}
$$

在制备三苯基甲基纤维素时，发生了纤维素大分子中伯醇羟基的选择性醚化。不论三苯氯甲烷作用于脂肪族醇或作用于单糖类与多糖类时，主要醚化的都是伯醇羟基。但是 Helferich 认为三苯氯甲烷仅能醚化伯醇羟基的结论，只能说是近似正确的。研究已经表明，当三苯氯甲烷作用于纤维素时，伯醇羟基的醚化是主要的但并不是唯一的，仲羟基也部分发生醚化。三苯基甲基纤维素及其转化产品的组成见

表 6-3。

**表 6-3　三苯基甲基纤维素及其转化产品的组成**（以 100 个纤维素基环计算）

| 制　品 | 羟基/个 | 三苯基甲基/个 | 氨基甲酸基（苯异氰酸酯残基）/个 | 甲苯磺酸基/个 | |
| --- | --- | --- | --- | --- | --- |
| | | | | 不被碘取代的 | 被碘取代的 |
| 纤维素 | 300 | — | — | — | — |
| 三苯基甲基纤维素 | 197 | 103 | — | — | — |
| 三苯基甲基纤维素氨基甲酸酯 | 0 | 103 | 197 | — | — |
| 纤维素氨基甲酸酯 | 103 | — | 197 | — | — |
| 纤维素甲苯磺酸氨基甲酸酯 | 8 | — | 197 | 95 | — |
| 碘代纤维素氨基甲酸酯 | 8 | — | 197 | 5 | 90 |

$DS=1$ 的三苯基甲基纤维素能溶于三氯甲烷及吡啶中，生成黏稠溶液。这种醚对于碱的作用很稳定，但是与乙烯基纤维素相同，其对酸的作用却不稳定。在酸的水溶液作用下，纤维素再生并析出三苯基甲醇 $[(C_6H_5)_3COH]$。三苯基甲基纤维素的醚化度可按析出的三苯基甲醇量测定，或者由元素分析测定。

三苯基甲基纤维素并没有得到实际应用。但是，由于在三苯氯甲烷作用下伯羟基的氢能优先被取代，而且酸处理时，三苯基甲基又能定量地除去，因此三苯基甲基纤维素被广泛应用于研究工作，以说明纤维素及其醚酯类结构的各种问题。

# 第五节　氰乙基纤维素和氰乙基醋酸纤维素

## 一、氰乙基纤维素

氰乙基纤维素（cyanoethyl cellulose，CNEC）是较早开发和研制的纤维素醚类。1938 年，法国专利首次报道了氰乙基纤维素，但直到 20 世纪 50 年代，该产品才由棉纤维素氰乙基化制备而得以商业化。后来研究人员又对其进行了大量研究。

氰乙基纤维素是碱纤维素与丙烯腈在温和的条件下反应制得，如 30℃、1%～2%NaOH。这一反应也可用 3,3-氧二丙腈制得，反应是可逆的，反应过程有系列步骤，同时伴有大量副反应。温度升高或提高碱量都会使丙烯腈聚合，腈基水解成氨基。碱纤维素与过量的丙烯腈快速反应可得 $DS=2.5$ 甚至更高的氰乙基纤维素。

非均相法制备氰乙基纤维素，是以丙烯腈与碱纤维素为原料，通过 Michael 加成反应而得，反应式如下：

$$\text{Cell}-\text{O}^-\text{Na}^+ + \text{H}_2\text{C}=\text{CH}-\text{CN} \longrightarrow \text{Cell}-\text{O}-\text{CH}_2-\overset{\overset{\displaystyle \text{Na}^+}{|}}{\text{CH}}-\text{CN}$$

$$\text{Cell}-\text{O}-\text{CH}_2-\underset{\underset{\displaystyle \text{Na}^+}{|}}{\text{CH}}-\text{CN} + \text{H}_2\text{O} \longrightarrow \text{Cell}-\text{O}-\text{CH}_2-\text{CH}_2-\text{CN}$$

CNEC 的生产过程中有大量的丙烯腈被水消耗，生成副产物 $\beta,\beta$-二丙腈醚和氰乙醇。这些副产物与产品在后处理过程中用水混合构成了工业污染水源，因为 $\beta,\beta$-二丙腈醚和氰乙醇是剧毒物质，会有一定量的氢氰酸，对人体和动物具有严重的影响和危害，所以水处理也得到人们的重视。CNEC 在强碱溶液中加热，不仅腈基水解，丙烯腈也会消除，形成低取代的羧乙基纤维素钠（CEC）。

氰乙基纤维素的应用很广泛，低 $DS$（$0.3\sim0.5$）能阻止霉菌和细菌的进攻，已经用于纺织品中。部分取代的氰乙基纤维素抗热抗酸性很好，能避免降解。氰乙基纤维素具有高的绝缘性可用于绝缘体中。氰乙基纤维素 $DS$ 在 $2.0$ 左右溶于有机溶剂，例如丙酮、丙烯腈和硝基甲烷，还溶于一定浓度的氯化锌溶液中。

高取代 CNEC 是介电常数很高的有机溶型纤维素衍生物。其残留羟基除去后（如乙酰化），介电损耗降到最小，介电性质明显增加，可用作场致发光器件中颜料组分。氰乙基纤维素这种高电介层独特的性质，应用在许多特定的场合和材料中，例如作乳化剂、非离子型表面活性剂及荧光灯的磷光体。高取代度 CNEC 具有高防水性、高绝缘性和自熄性，是大屏幕电视发射屏、新型雷达荧光屏、光学武器中的小型激光电容器等的最佳材料之一，还可在侦察雷达中用作高介电塑料、套管（介电常数 $12\sim15$，介电损耗正切值 $0.015$）等。

高取代度 CNEC 作为场致发光材料用于高炮阵地、导弹、航空航天基地等仪表的照明时，由于它是一种冷光源，红外线探测仪测不到它的存在，因此 20 世纪 70 年代起它首先应用于军事工业，现在逐步推向民用和制成无影手术照明灯、路牌、广告牌以及家庭照明等。场致发光屏在电场作用下形成了电容器发光器，而不需要用电。大量使用场致发光来代替照明灯用于工农业生产，可节约成千上万度电。

## 二、氰乙基醋酸纤维素

氰乙基醋酸纤维素（cyanoethyl acetyl cellulose，CNECA）的生产过程包括用氢氧化钠水溶液两次浸渍活化纤维素，并在负压下进行氰乙基化反应和在催化剂存在下进行乙酰化。具体的制备过程如下，将棉或木纤维素浸渍在 $14\%\sim20\%$ 的 NaOH 水溶液中，用 $2\%\sim30\%$ 的丙烯腈（按照纤维素的质量计）处理，然后用醋酸和醋酸酐在硫酸中于 $35\℃$ 下处理 $3\sim4h$，得到 CNECA 的氰乙基取代度为 $0.25\sim0.5$、乙酰基取代度为 $2.25$ 左右。

用氰乙基醋酸纤维素制备的各种膜具有高水通量、高截留率、优异的耐微生物性能和较好的化学稳定性。

# 第六节　羧乙基纤维素

羧乙基纤维素（carboxyethyl cellulose，CEC）是除羧甲基纤维素外的另一类离子型纤维素醚。CEC 的性质与 CMC 相似，但是没有工业化生产。

CEC 的制备如下。

（1）丙烯腈在酸或碱存在下作用于纤维素，生成氰乙基纤维素。

$$[C_6H_7O_2(OH)_3]_n + nCH_2\!=\!CHCN \longrightarrow [C_6H_7O_2(OH)_2OCH_2CH_2CN]_n$$

（2）将氰乙基纤维素用浓碱皂化即生成羧乙基纤维素。

$$[C_6H_7O_2(OH)_2OCH_2CH_2CN]_n + 2nH_2O \xrightarrow{\text{NaOH}}$$
$$[C_6H_7O_2(OH)_2OCH_2CH_2COONa]_n + nNH_3$$

羧乙基纤维素钠按其醚化度的不同而能溶于水或稀碱中。

# 第七节　其他纤维素醚

## 一、纤维素有机硅醚

芳基和烃基卤硅烷易与醇类的羟基反应，形成相应的醚。纤维素与烃基卤硅烷（尤指三甲基卤硅烷）在吡啶存在时，按下式形成纤维素醚。

$$[C_6H_7O_2(OH)_3]_n + 3nClSi(CH_3)_3 \longrightarrow \{C_6H_7O_2[OSi(CH_3)_3]_3\}_n + 3nHCl$$

将纤维素悬浮在少量吡啶中，于高温下用过量的三甲基氯硅烷（6mol 对应 1mol 葡萄糖单元环）处理，则生成 $DS=2.75$ 的纤维素有机硅醚（silicone cellulose）。纤维素有机硅醚不溶于一般有机溶剂中，且当水分存在时即逐渐皂化。

## 二、磺乙基纤维素

碱纤维素与 2-氯乙磺酸钠或乙烯磺酸钠反应可以制备磺乙基纤维素（sulfoethyl cellulose，SEC）。这是一种有用的离子型醚，其 $DS$ 大于 0.3 时可溶于水，而且与大量的碱金属盐高度相容，遇酸或二价、三价重金属阳离子（如 $Cu^{2+}$、$Pb^{2+}$、$Al^{3+}$）不会沉析。由此可见，SEC 与 CMC 性质相似，但更稳定。

## 三、膦酰甲基纤维素

膦酰甲基纤维素（phosphonyl methyl cellulose，PMC）是一种含磷的纤维素

醚，可通过将纤维素与氯代甲基膦酸在少量水存在下，加热到 130℃，或者在有机液中悬浮于 80～90℃反应，中和而得 PMC 的钠盐。即使 PMC 的 *DS* 低到 0.15 仍可溶于水。如果中和时加 NaOH 使 pH 到 10，膦酸一钠可转化为膦酸二钠。PMC 不耐酸和非一价阳离子，微量的钙盐或铝盐也会使它沉淀。

## 四、羟乙基膦酰甲基纤维素

羟乙基膦酰甲基纤维素（hydroxyethyl phosphonyl methyl cellulose，HEPMC）是一种有用的混合醚。它的羟乙基 *MS*＝1.6～2.5，膦酰甲基 *DS* 低于 0.15。像 HEC 一样，HEPMC 可在任何 pH 值下溶解，即使加入二价或三价阳离子也不会絮凝。但是在一定 pH 值下加入特定的阳离子会形成凝胶，如：在中性条件下加入铝离子或铁离子，在碱性条件下加入钙离子或铅离子。HEPMC 溶液 pH 大于 3 时，锌盐对其没有影响，但在 pH＝1 甚至更低的强酸性介质中会形成凝胶。HEPMC 凝胶的性质与 CMHEC 相似，但 HEPMC 适用的 pH 范围更广。

## 五、二乙氨乙基纤维素

二乙氨乙基纤维素（diethylaminoethyl cellulose，DEAEC）是碱纤维素与二乙氨乙基氯盐酸盐通过 Williamson 反应生成的。在低取代度（0.10～0.15）下，其不溶于水。DEAEC 可作为弱碱性色谱材料，用于分离提纯蛋白质、酶、细胞等；也可作为从溶液中除酸的离子交换剂，市售 DEAEC 的离子交换能力大约为 0.7mmol/g；DEAEC 还是一种强的碱离子交换剂，具有高流速和高分辨率的特点。随着生物化学领域的高速发展，制备优质价格低廉的 DEAEC，并应用于工业化过程具有重要的意义。

在合成反应中加入表氯醇交联，可防止 DEAEC 在碱性介质中溶胀。DEAEC 中的非离子叔胺基团在酸中会转换成相应的铵盐，这是一个可逆反应，在 NaOH 中烷基化会形成季铵盐。Courtanlds 公司制备 DEAEC 的过程是首先制备氨乙基纤维素，用 25%的硫酸氨乙酯和 25%的 NaOH 处理液浸渍处理木浆，然后在高温（105℃）下烘干一定时间使得氨基固定，再经过水洗涤洗去碱液，于 110℃干燥得到氨乙基纤维素；第二步是将得到的氨乙基纤维素分散在 NaOH 溶液中（4 份 NaOH 与 200 份水形成的溶液），加入适量硫酸二酯，使之成为浆状，室温下搅拌 17h，再加入过量的稀硫酸，充分混合后，经过洗涤干燥得到产物。

还有更多不同的纤维素醚已经制备出来，但是没有工业化。一些含三个不同醚基团的实验室产品具有精确的流变可控性和其他重要性质，在将来会引起人们更广泛的兴趣。

# 参 考 文 献

[1] Sarkki，et al. Immobilization of Microogranisms on Weakly Basic Anion Exchange Substance for Producing Isomaltulose：US，5939294. 1999.

[2] 周康. DEAE 纤维素醚及其制备. 纤维素醚工业，2003，11（3）：6-7.

[3] Yen，et al. Cyanoresin，Cyanoresin/Cellulose Triacetate Blends for Thin Film，Dielectric Capacitors：US，5490035. 1996.

[4] 毛润生，黄继才，伍凤莲等. 氰乙基醋酸纤维素乙酰基含量的测试. 纤维素醚工业，1997，1：16.

[5] 邵自强，杨斐霏等. 新一代纤维素基高性能黏合剂的研究和发展. 火炸药学报，2006，29（2）：55-57.

[6] 邵自强，王文俊，王飞俊等. 硝化纤维素叠氮甘油醚的制备及表征. 火炸药学报，2004，27（1）：36-39.

[7] 王飞俊，杨斐霏，王江宁等. NGEC 基改性双基推进剂性能研究. 火炸药学报，2006，29（6）：51-53.

# 第七章　纤维素及其醚产品的分析测试

本章主要介绍纤维素、羟丙基纤维素、羟乙基纤维素、甲基纤维素、羟丙基甲基纤维素、羧甲基纤维素等产品主要性能指标的分析测试，其方法参考中国药典（CHP）、美国国家药典和国家处方集（USP-NF）、美国材料与试验协会（ASTM）各种标准，使用时可根据自己需要、企业习惯、客户要求等进行选择。

## 第一节　纤维素的分析测试

纤维素的预处理：将试样置于洁净的盘内，撕松并混匀，但不允许将非纤维杂质剔除；迅速取出测水分用试样后，将其余的试样铺开，厚度约为 20～30mm，在室温下放置 3～4h，使其水分和大气湿度平衡后备用。

在称取测定 α-纤维素、灰分、硫酸不溶物、铁含量、聚合度所用试样时，同样要测定平衡后试样的水分。

### 一、α-纤维素含量

**原理**　用质量分数为 17.5% 的氢氧化钠溶液处理试样后，过滤、洗涤至中性，经干燥、称量，然后计算残余物（α-纤维素）的量。

**仪器和试剂**　瓷杯：250～500mL；抽滤瓶：1000～1500mL；量筒：50～100mL；滤杯：滤板孔径 20～40μm；水流唧筒（或真空泵）；温度计：0～50℃，分度为 1/5℃。

17.5% 氢氧化钠溶液：将固体氢氧化钠加水制成约 50% 的溶液，盛于密闭的瓶中，静置，使碳酸盐沉淀，直至溶液澄清为止。用虹吸管吸取上部澄清溶液，再用不含二氧化碳的蒸馏水配制成质量分数为17.4%～17.6%的溶液，其碳酸盐含量不超过0.3%。

**测试方法** 将盛有17.5%氢氧化钠溶液30mL的瓷杯及装有不含二氧化碳蒸馏水的瓶子，置于（20.0±0.5）℃的恒温水浴中，保温10min。称取2g平衡试样放入瓷杯，用平头玻璃棒细心搅拌后压平试样，盖上表面皿，放置30min，并间歇地加以搅拌（每次搅拌约1min），加入不含二氧化碳的蒸馏水30mL，继续搅拌约1min，使其成为均匀的糊状物。用已知质量的滤杯在减压下过滤，再用约700mL蒸馏水分数次洗涤。加约10%的冰乙酸溶液30mL浸渍试样5min，然后在减压下过滤，并用热蒸馏水洗涤至中性（用石蕊试纸检查），滤干后取下滤杯在（135±2）℃下干燥试样至恒重。

**计算** $\alpha$-纤维素的含量按式(7-1)计算：

$$X = \frac{m_1 - m_2}{m(1-w)} \times 100\% \tag{7-1}$$

式中，$X$ 为试样中 $\alpha$-纤维素的质量分数，%；$m_1$ 为 $\alpha$-纤维素及滤杯质量，g；$m_2$ 为滤杯质量，g；$m$ 为试样质量，g；$w$ 为平衡试样的水分含量，%。

每份试样平行测定两个结果，允许误差不超过0.3%，取其平均值，计算精确到0.1%。

## 二、聚合度

**原理** 将纤维素溶解在铜氨溶液中，采用乌式黏度计测出纤维素溶液的黏度。当温度确定后，纤维素溶液的黏度值仅由试样的分子量决定。

黏度和分子量的关系符合 Mark-Houwink 方程：

$$[\eta] = KM^a \tag{7-2}$$

在一定的分子量范围内，$K$ 和 $a$ 是与分子量无关的常数。只要知道 $K$ 与 $a$ 值，即可根据式(7-2)计算分子量。纤维素分子量除以重复单元的分子量即为聚合度。

$K$ 与 $a$ 的确定：由 Mark-Houwink 方程得式(7-3)。

$$\lg[\eta] = \lg K + a \lg M \tag{7-3}$$

制备若干个分子量较均一的聚合物样品，分别测定每个样品的分子量和黏度。分子量可以用任何一种绝对方法进行测定。得出各个标样的 $\lg[\eta]$ 与 $\lg M$ 作图，应得一条直线，直线的斜率是 $a$，截距是 $\lg K$。

**仪器和试剂** 棕色玻璃溶解瓶：60mL；乌氏黏度计：毛细管直径为0.80mm；玻璃恒温水浴；振荡器。

铜氨溶液：铜含量为（1.30±0.02）g/100mL，氨含量为（15.0±0.2）g/100mL，氢氧化钠含量为 0.7g/100mL，蔗糖含量为 0.2g/100mL。

铜氨溶液制备：称取 120g 碱式碳酸铜放入 5000mL 棕色瓶中，加入 1750mL 蒸馏水，再加入 3250mL 氨水，摇匀后标定。标定合格后，每 1000mL 溶液加入 7gNaOH、2g 蔗糖，摇匀后避光保存。

**试样准备** 纤维素铜氨溶液浓度的选择原则是要使该溶液的增比黏度在 0.3～1.0 范围内。按照纤维素聚合度的大小，选择溶液的浓度：聚合度在 1000 以上时，浓度为 0.75～1g/L；聚合度在 1000 以下时，浓度为 1.5g/L。用平衡试样配制纤维素铜氨溶液。

试样的质量计算：

$$m = \frac{Vc}{10 \times (100 - w)} \tag{7-4}$$

式中，$V$ 是铜氨溶液的体积，mL；$c$ 是纤维素铜氨溶液的浓度，g/L；$w$ 是平衡试样的水分含量，％；$m$ 是精制棉平衡试样的质量，g。

**测试方法** 按计算结果称取平衡试样，精确至 0.0002g，放入盛有洁净铜丝的干燥的棕色玻璃瓶中，加入 50mL 铜氨溶液，盖紧塞放在振荡器中振荡。待试样全部溶解后，置于（20±0.2）℃的玻璃恒温水浴中，与乌氏黏度计同时保温 30min。用纤维素铜氨溶液清洗乌氏黏度计，然后注入适量纤维素铜氨溶液，用秒表测定纤维素铜氨溶液液面流经黏度计两刻度线间的时间 $t_1$，平行测定两个结果，允许误差不超过 0.5s，取其平均值，同时测定空白铜氨溶液液面流经黏度计两刻度线间的时间 $t$。

**计算** 溶液的增比黏度 $\eta_{sp}$：

$$\eta_{sp} = \frac{t_1}{t} - 1 \tag{7-5}$$

式中，$t_1$、$t$ 分别是纤维素铜氨溶液及空白铜氨溶液流经黏度计两刻度线间的时间，s。

纤维素铜氨溶液的平均聚合度（$DP$）：

$$DP = \frac{\eta_{sp}}{K_0 c (1 + 0.29 \eta_{sp})} \tag{7-6}$$

式中，$DP$ 是试样的平均聚合度；$\eta_{sp}$ 是纤维素铜氨溶液的增比黏度；$c$ 是纤维素铜氨溶液的浓度，g/L；$K_0$ 是常数，$K_0 = 5 \times 10^{-4}$。

平行测定误差不超过 4％，取算术平均值。精制棉聚合度与黏度对应测定值范围见表 7-1。

第七章 纤维素及其醚产品的分析测试

表 7-1　精制棉聚合度与黏度对应测定值范围

| 品号 | 聚合度范围 | 黏度/mPa·s | 品号 | 聚合度范围 | 黏度/mPa·s |
|------|-----------|-----------|------|-----------|-----------|
| M15 | 600～800 | 10～20 | M200 | 1601～1900 | 121～300 |
| M30 | 801～1000 | 21～40 | M400 | 1901～2200 | 301～500 |
| M60 | 1001～1300 | 40～70 | M650 | 2201～2400 | 501～800 |
| M100 | 1301～1600 | 71～120 | M1000 | ＞2400 | ＞800 |

## 三、吸湿度

**原理**　将试样浸入规定温度的水中，并保持一定的时间，然后称量吸水后的试样，计算试样的吸收度。

**仪器**　专用铝筒；温度计；工业天平。

**测试方法**　称 15g 平衡试样均匀放在铝筒中，用铝板将试样准确压至筒内 50mm 刻度线，将铝筒放入盛有 (20±2)℃ 蒸馏水的容器中至液面与筒外 8mm 刻线并齐，停留 30s 后取出称重。

**计算**　吸湿度按式(7-7)计算：

$$m_s = m_2 - (m_1 + m_0) \tag{7-7}$$

式中，$m_s$ 为试样吸湿度，g；$m_2$ 为吸水后试样及铝筒质量，g；$m_1$ 为铝筒质量，g；$m_0$ 为平衡试样的质量，g。

## 四、硫酸不溶物含量

**原理**　用冷浓硫酸溶解试样后，加水稀释，过滤、洗涤、干燥、冷却、称量，计算试样的硫酸不溶物含量。

**仪器和试剂**　瓷杯：250～500mL；滤杯：滤板孔径 20～40μm；烧杯：800～1000mL；抽滤瓶：1000～1500mL；水流唧筒（或真空泵）；烘箱；平头玻璃棒：平头直径约 10mm；硫酸。

**测试方法**　称取 10g 平衡后的试样，精确至 0.01g，将干燥的瓷杯置于温度不超过 20℃ 的冷水中，注入 35～50mL 冷硫酸（于 15℃ 以下水中冷却）。然后将试样分数次加入瓷杯并迅速搅拌，使试样完全溶解。将瓷杯由冷水中取出，擦干外壁，在搅拌下将瓷杯内的物质缓慢地注入盛有 400～500mL 蒸馏水的烧杯中，瓷杯壁附着的残渣应全部洗至烧杯中，然后在烧杯中加水稀释至约 800mL，静置至残渣沉降。用已知质量的干燥滤杯在微量减压下过滤，继续用热水洗涤滤渣至中性，取下滤杯，擦干外壁，于 (135±2)℃ 下干燥 30min，移入干燥器中冷却 30～60min 后，称量直至恒量。

**计算** 硫酸不溶物的含量按式(7-8)计算：

$$X = \frac{m_1 - m_2}{m(1-w)} \times 100 \tag{7-8}$$

式中，$X$ 为样品的硫酸不溶物含量，%；$m_1$ 为滤杯和残渣质量，g；$m_2$ 为滤杯质量，g；$m$ 为试样质量，g；$w$ 为平衡试样的水分含量。

每份试样平行测定两个结果，允许误差不超过 0.05%，取其平均值，计算精确至 0.01%。

测试过程中应注意如下问题。

① 当硫酸和试样作用时，若有炭化现象或烘干后滤杯内的物质发黑时，应重新测定。

② 过滤后如发现有白块，可补加 70% 硫酸 2～3mL，搅拌到白块完全溶解，然后洗涤干燥，称重。

## 五、铁含量

**原理** 邻菲啰啉（又称邻二氮杂菲）是测定微量铁的一种较好试剂。在 pH 值为 2～9 的条件下，$Fe^{2+}$ 会与邻菲啰啉生成稳定的橙红色配合物，反应式如下。

测定前先用盐酸羟胺把 $Fe^{3+}$ 还原成 $Fe^{2+}$，其反应式如下。

$$4Fe^{3+} + 2NH_2OH \cdot HCl \longrightarrow 4Fe^{2+} + H_2O + 4H^+ + N_2O$$

然后测定溶液的吸光度并与标准曲线对照，以计算试样的铁含量。

**仪器和试剂** 分光光度计；容量瓶：50mL；量筒：5mL、25mL；滴定管：50mL；瓷坩埚：30～50mL。

1∶1 盐酸：盐酸与蒸馏水以 1∶1（体积比）混合。

乙酸-乙酸钠缓冲溶液：称取三水乙酸钠 164g，溶于水中，再加 84mL 冰乙酸，稀释至 1000mL；0.1% 的邻菲啰啉溶液；2% 的盐酸羟胺；硫酸铁铵（铁铵矾指示剂）；硫酸（$d = 1.84g/cm^3$）。

0.1g/L 铁标准溶液：称取 0.864g 硫酸铁铵，精确至 0.001g，置于 250mL 烧杯中，加入 100mL 蒸馏水、4mL 硫酸，溶解后，转入 1000mL 容量瓶中，用蒸馏水稀释至刻线，摇匀。

0.01g/L 铁标准溶液：将 0.1g/L 铁标准溶液稀释 10 倍，只供当日使用。

标准曲线的绘制：分别吸取 0.01g/L 铁标准溶液 5mL、10mL、15mL、

20mL，放入 50mL 容量瓶中，均加入 15mL 乙酸-乙酸钠缓冲溶液、5mL 2%的盐酸羟胺溶液和 5mL 0.1%邻菲啰啉溶液，用蒸馏水稀释至刻线，摇匀，放置 15min 后，以空白溶液作参比，用 1cm 比色皿在波长 510nm 处测得吸光度。以吸光度为纵坐标，铁含量为横坐标绘制标准曲线。

**测试方法**　称取 3g 平衡试样，精确至 0.01g，置于坩埚中，将试样压紧半盖着坩埚，在电炉上慢慢炭化。炭化完后，将坩埚放入 700~800℃高温炉中灼烧 30min 取出。冷却后加入 1:1 盐酸 5mL，在沸水浴上蒸干，再加 1:1 盐酸 5mL，在沙浴上加热 5min。用蒸馏水将坩埚中的物质移入 50mL 容量瓶中（蒸馏水总体积不超过 15mL），加入乙酸-乙酸钠缓冲溶液 15mL、2%盐酸羟胺溶液 5mL、0.1%邻菲啰啉溶液 5mL，用蒸馏水稀释至刻度线，静置 15min 后，以空白溶液作参比，用 1cm 比色皿在 510nm 波长处测得吸光度，由标准曲线上查出铁含量。

**计算**　试样铁含量按式(7-9)计算：

$$X = \frac{1000m_1}{m(1-w)} \tag{7-9}$$

式中，$X$ 是试样铁含量，mg/kg；$m_1$ 是由标准曲线上查得的铁含量，mg；$m$ 是平衡试样质量，g；$w$ 是平衡试样的水分含量。

每份试样平行测定两个结果，允许误差不超过 5mg/kg，取其平均值。

## 六、灰分

**原理**　将试样炭化，再在高温炉内灼烧，然后冷却、称量，计算试样的灰分含量。

**仪器**　瓷坩埚；高温炉；干燥器。

**测试方法**　称取 5g（准确至 0.01g）平衡试样，置于已在（650±50）℃恒重的冷却至室温的洁净瓷坩埚中，在电炉上缓缓加热（避免着火），直至样品完全炭化，再将瓷坩埚放入 700~800℃的高温炉中灼烧 1h，取出，在空气中放置 5min，然后移入干燥器中冷却 30~60min，称量至恒重。

**计算**　灰分按式(7-10)计算：

$$灰分 = \frac{m_2 - m_1}{m} \times 100\% \tag{7-10}$$

式中，$m_2$ 及残渣和坩埚的质量，g；$m_1$ 是空坩埚的质量，g；$m$ 是样品的质量，g。

每份试样平行测试两个结果，允许误差不超过 0.5%，取其平均值，计算精确到 0.1%。

## 七、水分

**原理**　将试样干燥后，测量其失重，计算试样的水分含量。

**仪器**　称量皿；烘箱；干燥器。

**测试方法**　用已知质量的干燥称量皿称得 3～5g 平衡前试样，精确至 0.001g，放入烘箱中，于（105±2）℃下干燥 6h［或（135±2）℃下干燥 30min］取出后将称量皿盖盖上，迅速移入干燥器内，冷却 30～60min 后称量。

**计算**　水分按式(7-11)计算：

$$水分 = \frac{m_2 - m_1}{m} \times 100\%　　　　　　　　(7-11)$$

式中，$m_2$ 指干燥前称量皿和试样质量，g；$m_1$ 是干燥后称量皿和试样质量，g；$m$ 是试样质量，g。

每份试样平行测试两个结果，允许误差不超过 0.5％，取其平均值，计算精确到 0.1％。

# 第二节　羟烷基与烷基纤维素的分析测试

## 一、羟丙基纤维素的分析测试

**1. 羟丙氧基基团含量的传统测定法**（化学滴定法）

（1）羟丙基纤维素的鉴定

A：将样品约 1g 加入预热到 60℃ 的 100mL 的水中，搅拌，形成的淤浆状物质在冷却时膨胀、分散，最后形成胶状溶液。

B：将 A 中制备的溶液 10mL 在水浴中加热并搅拌。当温度达到 45℃，溶液变浑浊或形成絮凝沉淀，冷却时，浑浊和沉淀消失。

C：将 1mL A 中制备的溶液倾倒在一玻璃板上，使其中的水分挥发，可以形成一张薄膜。

（2）羟丙氧基官能团的分析

**仪器**　羟丙氧基含量测定所用的仪器结构示意图见图 7-1（《美国药典》NF21）。长颈烧瓶（见图 7-2）或反应瓶［125mL，上有插热电偶的口、插导气管（可通水和氮气，端部为直径 10mm 的毛细管）的口］通过蒸馏头引入冷凝管。反应瓶浸入油浴中，油浴中配有电加热器，可以按要求的升温速率加热油浴，并能使油浴温度保持在 155℃。将馏分收集在一个 250mL 的锥形瓶中。从冷凝器到收集瓶的管子的管口在瓶中液体的液面以下，以保证收集到所有的乙酸。

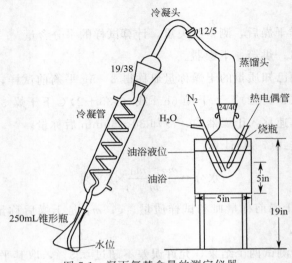

图 7-1　羟丙氧基含量的测定仪器

1in＝2.54cm

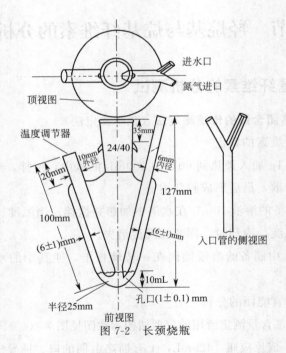

图 7-2　长颈烧瓶

　　**测试方法**　将预先在 105℃干燥 1h 并准确称重了的约 65mg 羟丙基纤维素加入反应瓶，加入 5mL 水，轻搅 5min。加入 10mL 三氧化铬溶液（质量分数为 30％），按图 7-1 和图 7-2 将仪器安装好，将反应瓶浸没在油浴中，油浴的液面应高于三氧化铬的液面。开启冷凝水，以 $70\sim75\mathrm{mL/min}$ 的速度通入氮气。使油浴温度在 30min 内升至 $155℃$，在整个测定过程中一直保持此温度（注意：初始升温速度太快将导致空白值增大）。用热电偶检测反应瓶内的温度，见图 7-1 和图 7-2。当反应物温度达到 $(102\pm1)℃$ 时，通过加水口将水加入，直到反应物温度降至 $(97\pm1)℃$，继续使反应物温度按此程序在 $97\sim102℃$ 间变化，直到收集到 100mL 的馏分。将冷凝管从蒸馏头上取下，用水冲洗之，将洗液也倒进收集瓶中。用 $0.02\mathrm{mol/L}$ 的 NaOH 溶液滴定馏分到 pH$=7.0\pm0.1$［用 pH 计（配备玻璃和甘汞电极）测定］，记下所用 NaOH 溶液的体积 $V$，然后加入 500mg $\mathrm{NaHCO_3}$ 和 10mL $2\mathrm{mol/L}$ 硫酸，等 $\mathrm{CO_2}$ 全部逸出后加入 1g KI，塞紧塞子，摇匀，放到暗处静置 5min，加淀粉指示剂，用 $0.02\mathrm{mol/L}$ $\mathrm{Na_2S_2O_3}$ 滴定游离碘至终点。记下所用 $\mathrm{Na_2S_2O_3}$ 溶液的体积 $Y$。

**计算** 将 $Y$ 乘以实验因子 $K$（与特定的仪器和所用试剂有关），得到非乙酸的酸量，则乙酸的量与 $(V-KY)$ 的 NaOH 量相当。实验因子 $K$ 按下式计算：

$$K=\frac{V_\mathrm{B}N_1}{Y_\mathrm{B}N_2}\qquad(7\text{-}12)$$

羟丙氧基的百分含量 $C$ 可按下式计算：

$$C=\frac{100(V_\mathrm{A}N_1-KY_\mathrm{A}N_2)\times0.0751}{W}\times100\%\qquad(7\text{-}13)$$

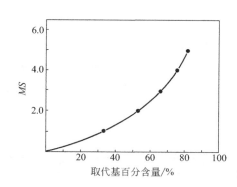

图 7-3　羟丙氧基的百分含量与摩尔取代度（$MS$）的转换关系曲线

式中，$V_\mathrm{A}$ 是供样品消耗 NaOH 滴定液（$0.02\mathrm{mol/L}$）的体积，mL；$Y_\mathrm{A}$ 是供样品消耗 $\mathrm{Na_2S_2O_3}$ 滴定液（$0.02\mathrm{mol/L}$）的体积，mL；$V_\mathrm{B}$ 是空白实验消耗 NaOH 滴定液（$0.02\mathrm{mol/L}$）的体积，mL；$Y_\mathrm{B}$ 是空白实验消耗 $\mathrm{Na_2S_2O_3}$ 滴定液（$0.02\mathrm{mol/L}$）的体积，mL；$W$ 是样品的质量，g；$N_1$ 是 NaOH 的浓度，mol/L；$N_2$ 是 $\mathrm{Na_2S_2O_3}$ 的浓度，mol/L；0.0751 指每消耗 0.5mL $0.02\mathrm{mol/L}$ NaOH 溶液相当于羟丙氧基的质量为 0.751mg。

通过图 7-3 可以将得到的羟丙氧基的百分含量转化为摩尔取代度（$MS$）。

**2. 羟丙氧基含量的气相色谱测定法**

**原理** 在己二酸催化作用下，试样与氢碘酸在密闭的反应器中加热反应，用邻二甲苯萃取生成的碘代异丙烷，将萃取液注射到气相色谱仪内进行组分的分离，用内标法进行定量，计算试样中待测组分的含量。

**仪器和试剂** 气相色谱仪：带有热导检测器和数据处理机；色谱柱：不锈钢色谱柱（3m×Φ3mm 或者按照实际情况选择柱子的内径和长度）；注射器：10μL，100μL；容量瓶：100mL；移液管：2mL，5mL；厚壁反应瓶或带塞小瓶：自制，能够承受一定的压力，5mL；金属浴恒温器：控制精度为±0.2℃，温场均匀性（水平方向）为±0.4℃，使用范围为150~180℃。

氢碘酸（分析纯，57%）经蒸馏精制；己二酸；邻二甲苯；甲苯；碘代异丙烷。

**试样准备** 内标溶液的配制：准确称取 2.5g 甲苯（精确至 0.0001g），加入到 100mL 的容量瓶中，用邻二甲苯定容稀释到刻度，混匀。计算甲苯溶液的准确浓度。

标准溶液的配制：约 5mL 的带塞小瓶（密封性好）中加入 60~70mg 己二酸，用移液管准确滴入 2.0mL 内标溶液和 2.0mL 氢碘酸于反应小瓶内，盖严后准确称量小瓶的质量。然后用微量注射器向瓶中注入 15μL 的碘代异丙烷，准确称量小瓶的质量。摇混均匀，暗处放置 30~45min 后备用。上述物质的称量均应精确至 0.0001g。

样品溶液的制备：称取 65mg 样品（105℃±2℃下干燥 2h）置于反应瓶中，加入 65mg 己二酸，用移液管吸取 2.0mL 内标液和 2.0mL 氢碘酸，滴入到反应瓶中，盖严后准确称重。上述物质的称量均应精确至 0.0001g。振荡反应瓶 30s，将反应瓶置于 150℃±2℃的金属浴恒温器中反应 20min，取出反应瓶振荡 30s，再次放入恒温器中继续反应 40min。冷却至室温，称重，要求失重不大于 10mg，否则需重新制备样品溶液。

**测试方法** 启动气相色谱仪，按表 7-2 设定测试条件。仪器稳定之后，取 2μL 标准溶液的上层液体注入气相色谱仪中，记录色谱图。重复 5 次。碘代异丙烷与甲苯峰面积之比的相对标准偏差（RSD）不得大于 5%。取 2μL 样品溶液的上层液体注入气相色谱仪中，记录色谱图，按内标法计算羟丙氧基的含量。重复 2 次。

表 7-2 推荐色谱条件

| 不锈钢色谱 | 3m×Φ3mm | 检测器 | TCD |
|---|---|---|---|
| 柱箱温度/℃ | 120~150 | 载气流速/(μL/min) | 50~100 |
| 汽化室温度/℃ | 150~200 | 进样量/μL | 1~5 |
| 检测室温度/℃ | 150~200 | 定量方法 | 内标法 |

**计算** 羟丙氧基含量按式(7-14)计算。

$$K_2 = \xi_2 \times \frac{Q_2}{A_3} \times A_4 \times \frac{W}{W_2} \tag{7-14}$$

式中，$K_2$ 是样品中羟丙氧基的含量，%；$\xi_2$ 是羟丙氧基分子量与碘代异丙烷分子量之比，$\xi_2 = 0.4412$；$Q_2$ 是标准溶液中碘代异丙烷与甲苯（2mL 内标液）质量之比的数值；$A_3$ 是标准溶液中碘代异丙烷与甲苯的峰面积之比的数值；$A_4$ 是样品溶液中碘代异丙烷与甲苯的峰面积之比的数值；$W$ 是 2mL 内标液中甲苯质量，g；$W_2$ 是样品溶液中 HPC 样品的干品质量，g。

## 二、羟乙基纤维素的分析测试

### 1. 羟乙基含量的传统测定方法（化学滴定法）

（1）羟乙氧基含量的测定

**仪器** 仪器装配如图 7-4 所示，图中的主要部件有：反应瓶（A）；冷凝阱（B）；带侧臂的吸收器（C），盛有硝酸银溶液，用来吸收碘乙烷；双螺旋管式吸收器（D），盛有溴-溴化物溶液，用来吸收乙烯；测试管（E），盛有碘化钾溶液。

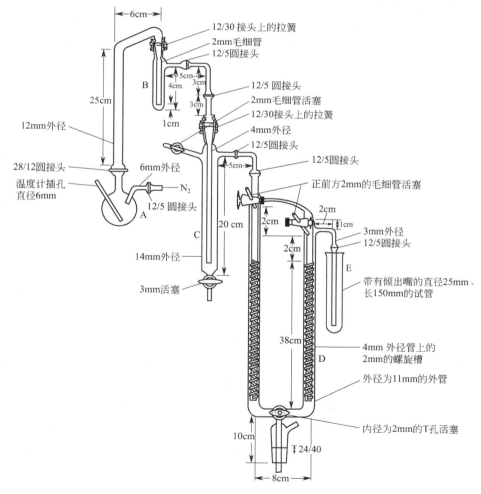

图 7-4 羟乙氧基测试装置

**试剂**　0.05mol/L 硫氰酸铵溶液；红磷；溴-溴化物溶液（0.12mol/L）：将 12mL 液体溴与 60g 溴化钠在 3600mL 的乙酸中充分混合均匀，最终的溶液浓度应为 0.12mol/L，盛装在棕色瓶中，并放在避光处；硝酸铁指示剂溶液：将 5g 水合硝酸铁 [Fe(NO₃)₃·9H₂O]溶解在 100mL 的蒸馏水中；氢碘酸（相对密度为 1.7）：57% 的氢碘酸；内部清洗气体：商业级 N₂ 或 CO₂；硝酸（相对密度为 1.42）：浓硝酸；碘化钾溶液（100g/L）：将 100g 碘化钾溶解在蒸馏水中，并稀释至 1L；硝酸银乙醇溶液（33g/L）：将 33g 硝酸银溶解在 110mL 的蒸馏水中，并用数滴浓硝酸酸化，将此水溶液用无水乙醇稀释至 1L；硫代硫酸钠溶液（0.1mol/L）：用蒸馏水配制 0.1mol/L 的溶液；淀粉指示剂溶液（10g/L）：准备淀粉的水溶液备用；硫酸（1＋16）：将 60mL 浓硫酸（$d=1.84$）加入到 940mL 水中。

**测试方法**　将样品在 105~110℃ 干燥 1h，并置于干燥器中。往冷凝阱（B）中加入约 0.1g 红磷和足量的水使毛细管头封住。准确量取 10mL 硝酸银乙醇溶液，加入到侧臂吸收器（C）中。准确量取 20mL 0.12mol/L 的溴-溴化钠溶液加入到螺旋收集器（D）中，同时把 T-孔活塞打开，以便溶液流进两侧的螺旋中。往 E 处的试管中加入 30mL 的 KI 溶液。

称量适量 HEC（精度为 0.1g）加入反应瓶（A）中，量取 10mL 的 HI 加入反应瓶。将反应瓶与其他装置相连接。调整清洗气体的流率，保持在每秒一个气泡或最好是 5cm³/min。加热反应瓶使其温度到达（127±2）℃，保持此温度 90min，使反应完全，或直到 C 中的液体清亮为止。

当反应瓶（A）中的分解反应完成后，加热硝酸银乙醇溶液至 50~60℃，不要沸腾。使反应瓶在（127±2）℃继续反应 15min。

小心地按顺序打开收集器（D）和侧臂吸收器（C）的出口。将反应瓶（A）从热源移出，保持通氮气直到瓶子完全冷却。

将 C 中物质倒入锥形瓶，用足量的水将收集器淋洗三遍，以除去残存的硝酸银溶液。将淋洗液也倒入锥形瓶。加热锥形瓶至沸腾，然后打开瓶塞，冷却至室温，以备滴定。

将测试管（E）中的 KI 溶液倒入一个 500mL 的锥形瓶中，将收集器（D）内的物质也倒入盛有 KI 溶液的锥形瓶中，用 5mL 乙酸淋洗 D 的两臂，将 D 中加满蒸馏水，然后倒入锥形瓶，重复两次。再次将 D 中加满水，并溢至 E 中，将所有淋洗液都倒入锥形瓶。静置 5min，然后往锥形瓶中加入 5mL 硫酸，立即用 0.1mol/L 的硫代硫酸钠标准溶液滴定，当碘的棕色快要消失时，加入淀粉指示剂。

将硝酸银溶液冷却至室温，加入 1mL 浓硝酸和 5mL 硝酸铁溶液，然后用 0.05mol/L 的硫氰酸铵溶液滴定，直到出现微红色。

空白实验——不加入 HEC 样品，重复整个测试过程。滴定过程所消耗的硫代硫酸铵和硫氰酸铵的量就是计算时的空白实验值。

**计算** 从侧臂吸收器（硝酸银溶液）计算亚乙基氧（以乙烯计）的含量 $C$：

$$C,\% = \frac{(B-A) \times N \times 440.5}{W(100-S)} \tag{7-15}$$

式中，$A$ 为样品消耗 0.05mol/L 硫氰酸铵溶液的体积，mL；$B$ 为空白实验消耗 0.05mol/L 硫氰酸铵溶液的体积，mL；$N$ 为硫氰酸铵溶液的浓度；$S$ 为盐分含量；$W$ 为所用样品的质量。

从螺旋收集器（溴-溴化钠溶液）计算亚乙基氧（以乙烯计）的含量 $D$：

$$D,\% = \frac{(B'-A') \times N' \times 220.3}{W(100-S)} \tag{7-16}$$

式中，$A'$ 为样品消耗硫代硫酸钠溶液的体积，mL；$B'$ 为空白实验所消耗硫代硫酸钠溶液的体积，mL；$N'$ 为硫代硫酸钠溶液的浓度；$S$ 为盐分含量；$W$ 为所用样品的质量。

HEC 中全部亚乙基氧的质量百分数 $E$：

$$E = C + D \tag{7-17}$$

摩尔取代度（$MS$）可按下式计算：

$$MS = \frac{3.681E}{100-E} \tag{7-18}$$

（2）黏度

**仪器** 黏度计：Brookfield 型；玻璃烧瓶：350cm³，外径约为 64mm，高为 152mm；机械搅拌器：转速可达 1500r/min。

**测试方法** 按下式计算配制 250g 溶液所需的试样的质量：

$$试样质量 = \frac{100A}{100-B} \tag{7-19}$$

式中，$A$ 为要用的干品的质量，g；$B$ 为称量的样品的水分百分含量。

将样品加入瓶子，倒入足量的蒸馏水至溶液质量达 250g。按下式计算所用水的量：

$$水的质量 = 250 - S$$

式中，$S$ 为试样质量。

将搅拌器伸入瓶中，在搅拌桨与瓶底间留出最小间隙，在约 1500r/min 的转速下搅拌，直到样品全部溶解。

把搅拌桨从搅拌电机上取下，让搅拌桨继续留在溶液中，转移瓶子到恒温水浴中，放置 30min。经常测量溶液温度，并搅动搅拌桨，以保证溶液温度在 30min 内达到测试温度。

将瓶子从水浴中取出，在 Brookfield 黏度计上测定溶液黏度。从表 7-3 中选择合适的转子和转速，使转子转动直到得到一个稳定的读数。

表 7-3　给定转速所需的转子

| 黏度范围/mPa·s | 转子号 | 转速/(r/min) | 量程/mPa·s | 系数 |
|---|---|---|---|---|
| 10～100 | 1 | 60 | 100 | 1 |
| 100～200 | 1 | 30 | 100 | 2 |
| 200～1000 | 2 | 30 | 100 | 10 |
| 1000～4000 | 3 | 30 | 100 | 40 |
| 4000～10000 | 4 | 30 | 100 | 200 |

**计算**　按下式计算黏度：

$$黏度＝读数×系数$$

（3）灰分（以硫酸盐计）的测定

**仪器和试剂**　瓷坩埚：50mL；马弗炉：温度范围 0～1000℃；分析天平：精确至 0.0001g；烘箱：温度范围 0～200℃，精度±2℃；浓硫酸。

**测试方法**　将样品在 105℃±2℃下干燥 2h，冷却备用。称取约 2g 样品（精确至 0.0001g），放入已灼烧至恒重的坩埚中，将坩埚放在加热板（或电炉）上，坩埚盖半开，缓缓加热使样品完全碳化（不再冒白烟），直到挥发成分全部离去。

冷却坩埚，加入 2mL 浓硫酸，使残留物润湿，缓慢加热至冒出白色烟雾，待白色烟雾消失后将坩埚（半盖坩埚盖）放入马弗炉中，设定温度为 750℃±50℃，燃烧到所有的碳化物烧尽（燃烧时间为 1h）；关掉电源，先在马弗炉中冷却后，再放入干燥器冷却至室温，然后称重。

**计算**　灰分（以硫酸盐计）按式(7-20)计算：

$$灰分 = \frac{m_2 - m_1}{m} \times 100\% \tag{7-20}$$

式中，$m_2$ 为残渣和坩埚的质量，g；$m_1$ 为空坩埚的质量，g；$m$ 为样品的质量，g。

每份试样平行测定两个结果，平行试验允许误差不超过 0.05 %，取其算术平均值。

**2. 羟乙氧基含量的气相色谱测定法**

**原理**　试样与氢碘酸在密闭的反应器中加热反应，用邻二甲苯萃取生成的碘乙烷，将萃取液注射到气相色谱仪内进行组分的分离，用内标法进行定量，计算试样中待测组分的含量。

**仪器和试剂**　气相色谱仪：带有热导检测器和数据处理机；色谱柱：不锈钢色谱柱（3m×Φ3mm 或者按照实际情况选择柱子的内径和长度）；注射器：10μL，

$100\mu L$；容量瓶：$100mL$；移液管：$2mL$，$5mL$；厚壁反应瓶或带塞小瓶：自制，能够承受一定的压力，$5mL$；金属浴恒温器：控制精度为$\pm 0.2℃$，温场均匀性（水平方向）为$\pm 0.4℃$，使用范围为$150\sim 180℃$。

氢碘酸（分析纯，57%）经蒸馏精制；邻二甲苯；甲苯；碘乙烷。

**试样准备**　内标溶液的配制：准确称取 $2.5g$ 甲苯（精确至 $0.0001g$），加入到 $100mL$ 的容量瓶中，用邻二甲苯定容稀释到刻度，混匀。计算甲苯溶液的准确浓度。

标准溶液的配制：用移液管向约 $5mL$ 的带塞小瓶（密封性好）中准确滴入 $2.0mL$ 内标溶液和 $2.0mL$ 氢碘酸，盖严后准确称量小瓶的质量。然后用微量注射器向瓶中注入 $50\mu L$ 碘乙烷，准确称量小瓶的质量。摇混均匀，暗处放置 $30\sim 45min$ 后备用。上述物质的称量均应精确至 $0.0001g$。

样品溶液的制备：称取 $65mg$ 样品（$105℃\pm 2℃$ 下干燥 $2h$）于反应瓶中，用移液管吸取 $2.0mL$ 内标液和 $2.0mL$ 氢碘酸，滴入到反应瓶中，盖严后准确称重。上述物质的称量均应精确至 $0.0001g$。振荡反应瓶 $30s$，将反应瓶置于 $150℃\pm 2℃$ 的金属浴恒温器中反应 $2h$。冷却至室温，称重，要求失重不大于 $10mg$，否则需重新制备样品溶液。

**测试方法**　启动气相色谱仪，按表 7-2 设定测试条件。仪器稳定之后，取 $2\mu L$ 标准溶液的上层液体注入气相色谱仪中，记录色谱图，重复 5 次。碘乙烷与甲苯峰面积之比的相对标准偏差（RSD）不得大于 5%。取 $2\mu L$ 样品溶液的上层液体注入气相色谱仪中，记录色谱图，按内标法计算羟丙氧基的含量，重复做 2 次。

**计算**　羟乙氧基含量按式(7-21)计算：

$$K_3 = \xi_3 \times \frac{Q_3}{A_5} \times A_6 \times \frac{W}{W_3} \tag{7-21}$$

式中，$K_3$ 指样品中羟乙氧基的含量，%；$\xi_3$ 是羟乙氧基分子量与碘乙烷分子量之比，$\xi_3 = 0.3910$；$Q_3$ 是标准溶液中碘乙烷与甲苯（$2mL$ 内标液）质量之比的数值；$A_5$ 是标准溶液中碘乙烷与甲苯的峰高之比的数值；$A_6$ 是样品溶液中碘乙烷与甲苯的峰高之比的数值；$W$ 是 $2mL$ 内标液中甲苯质量，$g$；$W_3$ 是样品溶液中 HEC 的干品质量，$g$。

# 三、甲基纤维素的分析测试

## 1. 甲基纤维素的鉴定

A：在装有 $100mL$ 水的烧杯中轻轻加入 $1g$ 样品，使样品均匀分散在水的表面上。轻击烧杯上部，使样品均匀分散开。保持烧杯静置，直到杯内物质变为透明和黏稠（约需 $5h$）。摇动烧杯使残余粉末被润湿，用搅拌棒搅拌，直到完全成为溶液。加入等体积的 1mol/L 的氢氧化钠溶液或 1mol/L 的盐酸，混合物保持稳定。

B：将 A 中制备的溶液数毫升加热，溶液变浑浊并形成片状沉淀。冷却时，浑浊和沉淀消失。

C：将数毫升混合物（A 中得到的）倾倒在玻璃板上，使其中的水分挥发，得到均匀的薄膜。

### 2. 黏度的测定

**仪器** NDJ-1 型旋转式黏度计（其转子与转速的对应关系见表 7-4）或 Brookfield 型黏度计；分析天平：精确至 0.0001g；高型烧杯：400mL；恒温槽：温控范围 0～100℃；温度计：分度为 0.1℃，量程 0～50℃；烘箱：温度范围 0～200℃，精度±2℃。

表 7-4 NDJ-1 型黏度计转子与转速对应关系

| 量程 /mPa·s 转子号 | 转速 /(r/min) 60 | 30 | 12 | 6 |
|---|---|---|---|---|
| 0 | 10 | 20 | 50 | 100 |
| 1 | 100 | 200 | 500 | 1000 |
| 2 | 500 | 1000 | 2500 | 5000 |
| 3 | 2000 | 4000 | 10000 | 20000 |
| 4 | 10000 | 20000 | 50000 | 100000 |

**测试方法** 取干燥至恒重的样品约 8g（精确至 0.0001g）加入到高型烧杯中，加 90℃左右的蒸馏水 392g，用玻璃棒充分搅拌约 10min 形成均匀体系，然后放入到 0～5℃的冰浴中冷却 40min，冷却过程中继续搅匀至产生黏度为止。补水，将试样溶液调到试样的质量分数为 2%，除去气泡。将溶液放入恒温槽中，恒温至 20℃±0.1℃，用黏度计测定其黏度。

**计算** 黏度按下式计算：

$$v = k\alpha \tag{7-22}$$

式中，$\alpha$ 为偏转角度；$k$ 为系数。

平行实验允许误差不超过 2%，取两次实验的平均值为最后结果。

### 3. 甲氧基含量的测定

（1）甲氧基含量的传统测定方法（化学滴定法）

**仪器和试剂** 蒸馏装置（见图 7-5）：由具有二氧化碳或氮气进气支管的烧瓶、具有液封的空气冷凝器和接收器组成。油浴配备有加热装置，最好是电加热装置，以使油浴可保持在 145～150℃。

溴溶液：5mL 溴溶于 145mL 乙酸钾溶液中，每天新鲜配制，在通风橱中制备

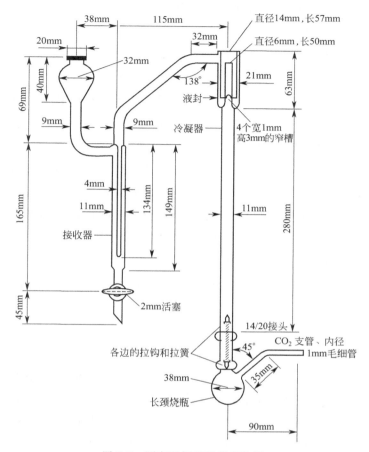

図 7-5 測定甲氧基的蒸馏装置

以排除溴蒸气。

二氧化碳：可在启普发生器中用大理石和 HCl（1∶1）作用而得，最好用装有适当针型阀的 $CO_2$ 气体钢瓶。$CO_2$ 必须通过气泡计数器和液封干燥器，然后通过由玻璃三通组成的压力调节器，三通的垂直支管插入水面下约 254mm。将一个螺旋夹安在三通水平支管与长颈烧瓶连接的薄壁橡皮管上。这种装置可调节气流，并使过量气体逸出。可以用氮气代替 $CO_2$。

甲酸（HCOOH，90%）：分析纯。

胶囊：可容纳 50～60mg 干燥试样的胶囊。

乙酸钾溶液：100g 无水乙酸钾结晶溶于含有 900mL 冰乙酸和 100mL 乙酸酐的 1L 溶液中。

碘化钾（KI）：分析纯。

乙酸钠溶液（220g/L）：220g 无水乙酸钠溶于水中并稀释成 1L。

氢碘酸（57%，密度 1.70g/cm³）：氢碘酸（HI）与水形成含 57% HI 的恒沸混合物（沸点 126～127℃）。所用试剂中的 HI 浓度不应低于 56.5%。主要受试剂中的游离碘影响的空白测定所耗 0.1mol/L 硫代硫酸钠（$Na_2S_2O_3$）溶液应不多于 0.5mL。如有必要，可加少量红磷于氢碘酸中，并在通风橱中煮沸 20～30min 以使其纯化，煮沸时往液体中通入 $CO_2$。然后在通风橱内，在玻璃防护装置的后面，用全玻璃仪器进行蒸馏，并以缓慢的 $CO_2$ 气流连续通过接收器［注意：在某些条件下，在蒸馏期间会形成有害的气体磷化氢，而磷化氢与分子碘结合会形成三碘化磷（$PI_3$），三碘化磷与空气接触可能爆炸。因此，在蒸馏结束后直至仪器冷却，需继续通入 $CO_2$，以防止空气吸入仪器中。将已经纯化的 HI 置于预先用 $CO_2$ 吹过的带塞棕色小玻璃瓶中，并用熔融的石蜡密封，放于暗处。在从瓶中取出氢碘酸时，要通 $CO_2$ 到瓶中，使 HI 与空气接触时引起的分解减至最少］。

硫代硫酸钠标准溶液：$c(Na_2S_2O_3) = 0.1mol/L$，硫代硫酸钠溶液的浓度至少应每周检查 1 次。

淀粉指示剂溶液。

硫酸（1+9）。

**测定方法** 将样品在 105℃ 干燥至少 30min。通过冷凝器将足量的蒸馏水加入蒸馏装置（见图 7-5）的液封中，使液封大约装满一半。加 8～9mL 溴溶液到接受器中。称取 50～60mg 干燥样品，准确至 0.1mg，置于胶囊中，并将胶囊投入长颈瓶中（在不影响准确度的情况下，应该尽快称量，因为甲基纤维素易吸潮）。

在长颈烧瓶中加入少量小玻璃球或陶瓷碎片，然后加 6mL 的 HI。用几滴 HI 润湿磨砂玻璃接头，长颈烧瓶立即与冷凝器连接，然后将烧瓶的支管与 $CO_2$ 气源接通，以大约每秒两个气泡的速度将 $CO_2$ 气流通入仪器中。将烧瓶浸入油浴中，保持 150℃ 加热 40min。

将 10mL 乙酸钠溶液加到 500mL 锥形瓶中，并将接受器中的物质洗入锥形瓶中，用水稀释到 125mL。在摇动下滴加 HCOOH，直到溴的棕色消失，然后多加 6 滴。通常共需 12～15 滴。大约 3min 后，加入 3g 的 KI 和 15mL 的 $H_2SO_4$（1+9），立刻用 0.1mol/L 的 $Na_2S_2O_3$ 溶液滴定到浅草绿色。加入少量淀粉溶液，继续滴定到蓝色消失。

空白实验——用与样品测试等量的试剂和相同的步骤进行空白测定（通常需要 0.1mol/L 的 $Na_2S_2O_3$ 溶液 0.1mL）。

**计算** 甲氧基含量计算：

$$甲氧基含量 = \frac{(A-B)c \times 0.00517}{D} \times 100\%$$ (7-23)

式中，$A$ 是滴定样品用去的 $Na_2S_2O_3$ 溶液的体积，mL；$B$ 是滴定空白用去的 $Na_2S_2O_3$ 溶液的体积，mL；$c$ 是 $Na_2S_2O_3$ 溶液的浓度，mol/L；$D$ 是所用样品的质量，g。

甲基纤维素的取代度（$DS$）计算：

$$DS = \frac{162M}{31 - 14M}$$ (7-24)

式中，$M$ 为甲氧基含量；31 是甲氧基（—$OCH_3$）的摩尔质量，g/mol。

（2）甲氧基含量的气相色谱测定法

**原理** 在己二酸催化作用下，将试样与氢碘酸在密闭的反应器中加热反应，生成相应的碘代烷，用邻二甲苯萃取反应生成物，将萃取液注射到气相色谱仪内进行组分的分离，用内标法进行定量，计算试样中待测组分的含量。

**仪器和试剂** 气相色谱仪：带有热导检测器和数据处理机；色谱柱：不锈钢色谱柱（3m×Φ3mm 或者按照实际情况选择柱子的内径和长度）；注射器：$10\mu L$，$100\mu L$；容量瓶：100mL；移液管：2mL，5mL；厚壁反应瓶或带塞小瓶：自制，能够承受一定的压力，5mL；金属浴恒温器：控制精度为 $\pm 0.2℃$，温场均匀性（水平方向）为 $\pm 0.4℃$，使用范围为 150～180℃。

氢碘酸（分析纯，57%）经蒸馏精制；己二酸；邻二甲苯；甲苯；碘甲烷。

**试样准备** 内标溶液的配制：准确称取 2.5g 甲苯（精确至 0.0001g），加入到 100mL 的容量瓶中，用邻二甲苯定容稀释到刻度，混匀。计算甲苯溶液的准确浓度。

标准溶液的配制：约 5mL 的带塞小瓶（密封性好）中加入 60～70mg 己二酸，用移液管准确滴入 2.0mL 内标溶液和 2.0mL 氢碘酸于反应小瓶内，盖严后准确称量小瓶的质量。然后用微量注射器向瓶中注入 $45\mu L$ 碘甲烷，准确称量小瓶的质量。摇混均匀，暗处放置 30～45min 后备用。上述物质的称量均应精确至 0.0001g。

样品溶液的制备：称取 65mg 样品（105℃±2℃下干燥 2h）置于反应瓶中，加入 65mg 己二酸，用移液管吸取 2.0mL 内标液和 2.0mL 氢碘酸，滴入到反应瓶中，盖严后准确称重。上述物质的称量均应精确至 0.0001g。振荡反应瓶 30s，将反应瓶置于 150℃±2℃的金属浴恒温器中反应 20min，取出反应瓶振荡 30s，再次放入恒温器中继续反应 40min。冷却至室温，称重，要求失重不大于 10mg，否则需重新制备样品溶液。

**测试方法** 启动气相色谱仪，依据表 7-2 设定测试条件。仪器稳定之后，取

$2\mu L$ 标准液的上层液体注入气相色谱仪中，记录色谱图，并重复 5 次。碘甲烷与甲苯的峰面积之比的相对标准偏差（RSD）不得大于 5%。取 $2\mu L$ 样品溶液的上层液体注入气相色谱仪中，记录色谱图，按内标法计算羟丙氧基的含量，重复 2 次。

**计算** 甲氧基含量按式(7-25)计算：

$$K_1 = \xi_1 \times \frac{Q_1}{A_1} \times A_2 \times \frac{W}{W_1} \tag{7-25}$$

式中，$K_1$ 指样品中甲氧基的百分含量，%；$\xi_1$ 是甲氧基分子量与碘甲烷分子量之比，$\xi_1 = 0.2183$；$Q_1$ 是标准溶液中碘甲烷与甲苯（2mL 内标液）质量之比；$A_1$ 是标准溶液中碘甲烷与甲苯的峰面积之比的数值；$A_2$ 是样品溶液中碘甲烷与甲苯的峰面积之比的数值；$W$ 是 2mL 内标液中甲苯质量，g；$W_1$ 是样品溶液中 MC 的干品质量，g。

## 四、羟丙基甲基纤维素的分析测试

### 1. 鉴别羟丙基甲基纤维素的方法

（1）取样品 1.0g，加热水（80～90℃）100mL，不断搅拌，在冰浴中冷却成黏性液体；取该液体 2mL 置试管中，沿管壁缓缓加入 0.035% 蒽酮的硫酸溶液 1mL，放置 5min，在两液接界面处显绿色环。

（2）取鉴别（1）所用的上述黏液适量，倾倒在玻璃板上，待水分蒸发后，形成一层有韧性的薄膜。

### 2. 羟丙基甲基纤维素分析所用标准溶液的配制

（1）硫代硫酸钠标准溶液（0.1mol/L，有效期：1个月）

配制：先将约 1500mL 蒸馏水煮沸，冷却待用。称取 25g 硫代硫酸钠（其分子量为 248.17，称量时尽量准确至 24.817g 左右）或 16g 无水硫代硫酸钠，溶于 200mL 上述冷却水中，并稀释至 1L，放置在棕色瓶中，将瓶放于暗处，于两周后过滤备用。

标定：称取 0.15g 已烘至恒重的基准重铬酸钾，精确至 0.0002g，置于碘量瓶中，溶于 25mL 水中，加 2g 碘化钾及 20mL 硫酸（1＋9），摇匀，于暗处放置 10min，加 150mL 水、3mL 0.5% 淀粉指示液，用 0.1mol/L 硫代硫酸钠溶液滴定，终点时溶液由蓝色变为亮绿色。不加重铬酸钾做空白实验。重复标定过程 2～3 次，取平均值。

硫代硫酸钠标准溶液的物质的量浓度 $c$(mol/L) 按下式计算：

$$c = \frac{1000m}{49.03(V_1 - V_2)} \tag{7-26}$$

式中，$m$ 是重铬酸钾的质量；$V_1$ 是消耗硫代硫酸钠的体积，mL；$V_2$ 是空白实验消耗硫代硫酸钠的体积，mL；49.03 是与 1mol 硫代硫酸钠相当的重铬酸钾的质量，g。

标定完后加少许 $Na_2CO_3$，以防微生物分解。

（2）NaOH 标准溶液（0.1mol/L，有效期：1 个月）

配制：称取分析纯 NaOH 约 4.0g 放入烧杯中，加蒸馏水 100mL 溶解，然后移入 1L 容量瓶中，加蒸馏水至刻度，放置 7～10d，待标定。

标定：称取在 120℃下已烘干的分析纯邻苯二甲酸氢钾 0.6～0.8g（精确到 0.0001g）放入 250mL 锥形瓶中，加蒸馏水 75mL 使其溶解，再加 2～3 滴 1％酚酞指示剂，用以上配制的氢氧化钠溶液滴定至微红色，30s 内不退色为终点，记下耗用氢氧化钠溶液的体积。重复标定过程 2～3 次，取平均值。同时做空白实验。

氢氧化钠溶液的浓度按下式计算：

$$c = \frac{1000m}{204.2(V_1 - V_2)} \tag{7-27}$$

式中，$c$ 是氢氧化钠溶液的浓度，mol/L；$m$ 代表邻苯二甲酸氢钾的质量，g；$V_1$ 是耗用氢氧化钠溶液的体积，mL；$V_2$ 代表空白实验消耗氢氧化钠的体积，mL；204.2 是邻苯二甲酸氢钾的摩尔质量，g/mol。

（3）稀硫酸（1+9）（有效期：1 个月）

在搅拌下仔细将 100mL 浓硫酸加入到 900mL 蒸馏水中，加入速度要慢，边加边搅拌。

（4）稀硫酸（1+16.5）（有效期：2 个月）

在搅拌下仔细将 100mL 浓硫酸加入到 1650mL 蒸馏水中，加入速度要慢，边加边搅拌。

（5）淀粉指示剂（1％，有效期：1 个月）

称取 1.0g 可溶性淀粉，加 10mL 水，搅拌下注入 100mL 沸水中，再微沸 2min，放置，取上层清液使用。

（6）淀粉指示剂（0.5％）

取已制备的 1％的淀粉指示液 5mL，用水稀释至 10mL，即得 0.5％的淀粉指示剂。

（7）30％三氧化铬溶液（有效期：1 个月）

称取 60g 三氧化铬溶解在 140mL 无有机物质的水中。

（8）醋酸钾溶液（100g/L，有效期：2 个月）

将 10g 无水醋酸钾晶粒溶解在由 90mL 冰醋酸和 10mL 醋酐混合而成的 100mL 溶液中。

（9）25％醋酸钠溶液（220g/L，有效期：2 个月）

将 220g 无水醋酸钠溶解在水中并稀释至 1000mL。

（10）盐酸（1∶1，有效期：2个月）

将浓盐酸与水按 1∶1 的体积比混合。

（11）醋酸盐缓冲溶液（pH＝3.5，有效期：2个月）

将 60mL 醋酸溶解于 500mL 水中，再加入 10mL 氢氧化铵，并稀释到 1000mL。

（12）硝酸铅准备溶液

将 159.8mg 的硝酸铅溶解于含 1mL 硝酸（密度为 1.42g/cm³）的 100mL 水中，用水稀释至 1000mL 并混匀。此溶液的制备及储存均应在无铅玻璃容器中进行。

（13）标准铅溶液（有效期：2个月）

将准确计量的 10mL 硝酸铅准备溶液用水稀释至 100mL。

（14）2％盐酸羟胺溶液（有效期：1个月）

将 2g 盐酸羟胺溶解在 98mL 水中。

（15）氨水（5mol/L）（有效期：2个月）

将 175.25g 氨水溶解在水中，并稀释至 1000mL。

（16）混合液（有效期：2个月）

将 100mL 甘油、75mL NaOH（1mol/L）溶液、25mL 水混合。

（17）硫代乙酰胺溶液（4％，有效期：2个月）

将 4g 硫代乙酰胺溶解在 96g 水中。

（18）邻菲啰啉（0.1％，有效期：1个月）

将 0.1g 邻菲啰啉溶解在 100mL 水中。

（19）酸性氯化亚锡（有效期：1个月）

将 20g 氯化亚锡溶解在 50mL 浓盐酸中。

（20）邻苯二甲酸氢钾标准缓冲溶液（pH 为 4.0，有效期：2个月）

精确称取在（115±5）℃干燥 2～3h 的邻苯二甲酸氢钾（$KHC_8H_4O_4$）10.12g，加水稀释至 1000mL。

（21）磷酸盐标准缓冲溶液（pH 为 6.8，有效期：2个月）

精确称取在（115±5）℃干燥 2～3h 的无水磷酸氢二钠 3.533g 与磷酸二氢钾 3.387g，加水溶解并稀释至 1000mL。

**3. 羟丙基甲基纤维素基团含量的传统测定法**（化学滴定法）

（1）甲氧基含量的测定

**测定原理**　甲氧基含量的测定是基于氢碘酸与含有甲氧基的试品共同加热分解，产生挥发性的碘甲烷（沸点 42.5℃）。碘甲烷与氮气一起自反应液中蒸馏出来。碘甲烷蒸气经过洗涤，除去干扰物质（HI、I₂ 和 H₂S）后，被含有 Br₂ 的醋酸钾冰醋酸溶液吸收，先生成 IBr，再氧化成碘酸，蒸馏完后，将接受器内的物质转移至碘量瓶中，加水稀释，加甲酸除去过量的 Br₂ 后，加 KI 和 $H_2SO_4$，用 $Na_2S_2O_3$ 溶液滴定 $I_2$，即可算出甲氧基的含量。反应方程式可表示为：

$$ROCH_3 + HI \longrightarrow ROH + CH_3I$$

$$CH_3I + Br_2 \longrightarrow CH_3Br + IBr$$

$$IBr + 2Br_2 + 3H_2O \longrightarrow HIO_3 + 5HBr$$

$$Br_2 + HCOOH \longrightarrow 2HBr + CO_2$$

$$HIO_3 + 5I^- + 5H^+ \longrightarrow 3I_2 + 3H_2O$$

$$I_2 + 2Na_2S_2O_3 \longrightarrow Na_2S_4O_6 + 2NaI$$

甲氧基含量的测定装置见图 7-6。

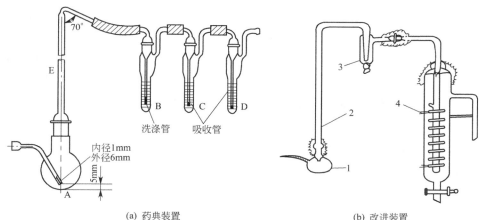

(a) 药典装置　　　　　(b) 改进装置

图 7-6　甲氧基含量的测定装置

图 7-6(a) 中，A 为连接导管的 50mL 圆底烧瓶，瓶颈垂直装有长约 25cm、内径为 9mm 的直形空气冷凝管 E，其上端弯曲成出口向下、并缩为内径 2mm 的玻璃毛细管。图 7-6(b) 为改进装置，1 为反应瓶，是 50mL 的圆底烧瓶，左侧为氮气导管；2 为垂直的冷凝管；3 为洗涤器，内装有洗涤液；4 为吸收管。此装置与药典法的最大不同之处是将药典法的两个吸收器合并为一，可减少最后吸收液的损失；另外洗涤器中洗涤液也与药典法不同，药典法中为蒸馏水，改进装置中为硫酸镉溶液和硫代硫酸钠溶液的混合液，这样可以更加容易地吸附蒸馏气中的杂质气体。

**仪器**　移液管：5mL（5 支）、10mL（1 支）；滴定管：50mL；碘量瓶：250mL；分析天平。

**试剂**　苯酚（因为是固体，所以加料之前先将其熔融）；二氧化碳或氮气；氢碘酸（45%）：分析纯；醋酸钾溶液（100g/L）；溴：分析纯；甲酸：分析纯；25% 醋酸钠溶液（220g/L）；KI：分析纯；稀硫酸（1+9）；硫代硫酸钠标准溶液（0.1mol/L）；酚酞指示剂：1%乙醇溶液；淀粉指示剂：0.5%的淀粉水溶液；稀硫酸（1+16.5）；30%的三氧化铬溶液；无有机质水：在100mL水中加入10mL稀硫酸（1+16.5），加热至沸腾，并加入0.1mL 0.02mol/L的高锰酸钾滴定液，煮沸10min，必须保持粉红色；0.02mol/L氢氧化钠滴定液：按照《中国药典》附录法标定0.1mol/L氢氧化钠滴定液，用煮沸放冷的蒸馏水准确稀释到0.02mol/L。

**测试方法**　在洗涤管中加入约10mL洗涤液，吸收管中加入新配制的吸收液31mL，安装好仪器，称取已在105℃烘至恒重的干燥样品0.05g左右（准确至0.0001g）于反应瓶中，加入5mL氢碘酸，将反应瓶迅速与回收冷凝器连接好（磨口处用氢碘酸湿润），以每秒1～2个气泡的速度通入氮气，缓慢加热使温度控制在恰使沸腾液体的蒸气上升至冷凝器的一半高度。反应时间根据样品的性质而定，在45min～3h之间。取下吸收管，小心地把吸收液移入已盛有10mL 25%醋酸钠溶液的500mL碘量瓶中洗涤使总体积达125mL左右。

在不断摇晃下逐滴缓慢加入甲酸至黄色消失，加一滴0.1%甲基红指示剂，出现红色5min不消失，再加入三滴甲酸。静置片刻，加1g碘化钾和5mL稀硫酸（1+9）。用0.1mol/L硫代硫酸钠标准溶液滴定，临近终点时加入0.5%淀粉指示剂3～4滴，继续滴定至蓝色消失。

在同样情况下，作空白实验。

**计算**　总甲氧基含量的计算如下：

$$总甲氧基含量=\frac{(V_1-V_2)c\times0.00517}{m}\times100\% \tag{7-28}$$

式中，$V_1$代表滴定样品所消耗的硫代硫酸钠标准溶液的体积，mL；$V_2$是空白实验所消耗的硫代硫酸钠标准溶液的体积，mL；$c$是硫代硫酸钠标准溶液的浓度，mol/L；$m$指干燥样品的质量，g；0.00517是每1mL 0.1mol/L硫代硫酸钠相当于0.00517g的甲氧基。

总的甲氧基含量代表总的甲氧基和作甲氧基计算的羟丙氧基值，因此总的烷氧基必须用所得的羟丙氧基含量来校正得到准确的甲氧基含量，而羟丙氧基含量应先用常数$K=0.93$（得自大量样品经用Morgan法测定的平均值）由HI与羟丙基反应生成的丙烯进行校正。因此：

校正的甲氧基含量＝总的甲氧基含量－（羟丙氧基含量×0.93×31/75）

式中，数字31和75分别是甲氧基和羟丙氧基的摩尔质量。

（2）羟丙氧基含量的测定

**测定原理**　样品中的羟丙氧基与三氧化铬反应生成醋酸，自反应液中蒸出后，用 NaOH 溶液滴定测定其含量，因为在蒸馏过程中会带出少量铬酸，其同样要消耗 NaOH 溶液，为此需进一步用碘量法测定这部分铬酸的含量，并从计算中扣除。反应方程式为：

$$3ROCH_2CH(CH_3)OH + 8CrO_3 \longrightarrow 3CH_3COOH + 3H_2O + 3CO_2 + 3ROH$$

$$CrO_3 + H_2O \longrightarrow H_2CrO_4$$

$$CH_3COOH + NaOH \longrightarrow CH_3COONa + H_2O$$

$$H_2CrO_4 + 2NaOH \longrightarrow Na_2CrO_4 + 2H_2O$$

$$2Na_2CrO_4 + 8H_2SO_4 + 6KI \longrightarrow Cr_2(SO_4)_3 + 2Na_2SO_4 + 3K_2SO_4 + 3I_2 + 8H_2O$$

$$I_2 + 2Na_2S_2O_3 \longrightarrow Na_2S_4O_6 + 2NaI$$

**仪器和试剂**　测定羟丙氧基的整套仪器；容量瓶：1L、500mL；量筒：50mL；移液管：10mL；碘量瓶：250mL；碱式滴定管：10mL；硫代硫酸钠标准溶液（0.1mol/L）；稀硫酸（1+16.5）；稀硫酸（1+9）；淀粉指示剂（0.5%）。

图 7-7 为羟丙氧基含量的测定装置。

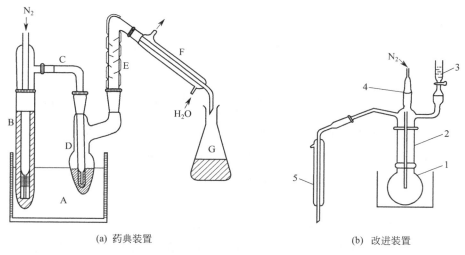

(a) 药典装置　　　　　　　　　　　　(b) 改进装置

图 7-7　羟丙氧基含量的测定装置

图 7-7(a) 中，D 为 25mL 的双颈蒸馏瓶，B 为 25mm×150mm 蒸气发生管，C 为接流管，A 为电热油浴，E 是分流柱，G 为带玻塞的锥形瓶，末端内径为 0.25～1.25mm，插入蒸馏瓶内；F 为冷凝管，与 E 相连。图 7-7(b) 的改进装置中，1 为反应器，是 50mL 的蒸馏瓶；2 为蒸馏头；3 为 50mL 的玻璃漏斗，控制无有机质水下流的速度；4 为氮气导管；5 为冷凝管。改进装置与药典法最大的不同之处在于增加了一个控制水流速度的玻璃漏斗，这样便可很容易地控制蒸馏液的

蒸出速度。

**测试方法**　取在 105℃ 干燥至恒重的样品约 0.1g（精确至 0.0002g），精确称于蒸馏瓶中，加入 30% 的三氧化铬溶液 10mL，将蒸馏瓶浸入油浴杯中，油浴液面与三氧化铬液面一致，安装好仪器，开启冷却水，通入氮气，控制氮气速度约每秒 1 个气泡。30min 内将油浴升温至 155℃ 并维持此温度至收集液达 50mL，停止蒸馏除去油浴。

用蒸馏水洗涤冷却器内壁，合并洗涤水和蒸馏液盛于 500mL 的碘量瓶中，加 2 滴 1% 酚酞指示剂，用 0.02mol/L 氢氧化钠溶液滴定至 pH 值为 6.9～7.1，记下消耗的氢氧化钠总体积数。

在碘量瓶中加入 0.5g 碳酸氢钠与 10mL 稀硫酸（1+16.5），静置至不产生二氧化碳为止，加入 1.0g 碘化钾，密塞，摇匀，于暗处放置 5min，加入 0.5% 的淀粉指示剂 1mL，用 0.02mol/L 硫代硫酸钠滴定至终点，记下消耗的硫代硫酸钠体积数。

另做空白实验，分别记下消耗的氢氧化钠滴定液与硫代硫酸钠滴定液的体积数。

**计算**　羟丙氧基的含量按式(7-29) 计算：

$$羟丙氧基含量 = \frac{(V_1 c_1 - K V_2 c_2) \times 0.0751}{m} \times 100\% \tag{7-29}$$

式中，$K$ 是空白实验的校正系数 $\frac{c_1 V_a}{c_2 V_b}$；$V_1$ 是样品消耗氢氧化钠滴定液的体积，mL；$c_1$ 是氢氧化钠标准溶液的浓度，mol/L；$V_2$ 是样品消耗硫代硫酸钠滴定液的体积，mL；$c_2$ 是硫代硫酸钠标准溶液的浓度，mol/L；$m$ 是样品质量，g；$V_a$ 是空白实验消耗氢氧化钠滴定液的体积，mL；$V_b$ 为空白实验耗用硫代硫酸钠滴定液的体积，mL。

**4. 羟丙基甲基纤维素基团含量的气相色谱测定法**

**原理**　在己二酸催化作用下，将试样与氢碘酸在密闭的反应器中加热反应，生成相应的碘代烷，用邻二甲苯萃取反应生成物，将萃取液注射到气相色谱仪内进行组分的分离，用内标法进行定量，计算试样中待测组分的含量。

**仪器和试剂**　气相色谱仪：带有热导检测器和数据处理机；色谱柱：不锈钢色谱柱（3m×Φ3mm 或者按照实际情况选择柱子的内径和长度）；注射器：10μL，100μL；容量瓶：100mL；移液管：2mL，5mL；厚壁反应瓶或带塞小瓶：自制，能够承受一定的压力，5mL；金属浴恒温器：控制精度为 ±0.2℃，温场均匀性（水平方向）为 ±0.4℃，使用范围为 150～180℃。

氢碘酸（分析纯，57%）经蒸馏精制；己二酸；邻二甲苯；甲苯；碘甲烷；碘代异丙烷。

**试样准备** 内标溶液的配制：准确称取2.5g甲苯（精确至0.0001g），加入到100mL的容量瓶中，用邻二甲苯定容稀释到刻度，混匀。计算甲苯溶液的准确浓度。

标准溶液的配制：约5mL的带塞小瓶（密封性好）中加入60～70mg己二酸，用移液管准确滴入2.0mL内标溶液和2.0mL氢碘酸于反应小瓶内，盖严后准确称量小瓶的质量。然后用微量注射器向瓶中注入45μL碘甲烷，准确称量小瓶的质量。再用微量注射器向瓶中注入15μL的碘代异丙烷，准确称量小瓶的质量。摇混均匀，暗处放置30～45min后备用。上述物质的称量均应精确至0.0001g。

样品溶液的制备：称取65mg样品（105℃±2℃下干燥2h）置于反应瓶中，加入65mg己二酸，用移液管吸取2.0mL内标液和2.0mL氢碘酸，滴入到反应瓶中，盖严后准确称重。上述物质的称量均应精确至0.0001g。振荡反应瓶30s，将反应瓶置于150℃±2℃的金属浴恒温器中反应20min，取出反应瓶振荡30s，再放入恒温器中继续反应40min。冷却至室温，称重，要求失重不大于10mg，否则需重新制备样品溶液。

**测试方法** 启动气相色谱仪，依据表7-2设定测试条件。仪器稳定之后，取2μL标准溶液的上层液体注入气相色谱仪中，记录色谱图，并重复5次。碘甲烷、碘代异丙烷与甲苯的峰面积之比的相对标准偏差（RSD）不得大于5%。取2μL样品溶液的上层液体注入气相色谱仪中，重复做2次，记录色谱图，按内标法计算甲氧基、羟丙氧基的含量。

**计算** 基团含量按式(7-30)计算：

$$K_1 = \xi_1 \times \frac{Q_1}{A_1} \times A_2 \times \frac{W}{W_4} \tag{7-30}$$

式中，$K_1$是样品中甲氧基的百分含量，%；$\xi_1$是甲氧基分子量与碘甲烷分子量之比，$\xi_1 = 0.2183$；$Q_1$是标准溶液中碘甲烷与甲苯（2mL内标液）质量之比的数值；$A_1$是标准溶液中碘甲烷与甲苯的峰面积之比的数值；$A_2$是样品溶液中碘甲烷与甲苯的峰面积之比的数值；$W$是2mL内标液中甲苯质量，g；$W_4$是样品溶液中HPMC的干品质量，g。

$$K_2 = \xi_2 \times \frac{Q_2}{A_3} \times A_4 \times \frac{W}{W_4} \tag{7-31}$$

式中，$K_2$是样品中羟丙氧基的百分含量，%；$\xi_2$是羟丙氧基分子量与碘代异丙烷分子量之比，$\xi_2 = 0.4412$；$Q_2$是标准溶液中碘代异丙烷与甲苯（2mL内标液）质量之比的数值；$A_3$是标准溶液中碘代异丙烷与甲苯的峰面积之比的数值；

$A_4$ 是样品溶液中碘代异丙烷与甲苯的峰面积之比的数值；$W$ 是 2mL 内标液中甲苯质量，g；$W_4$ 是样品溶液中 HPMC 的干品质量，g。

**5. 水分的测定**

**仪器** 分析天平（精确至 0.1mg）；称量瓶：直径 60mm，高度 30mm；烘箱。

**测试方法** 准确称取样品 2～4g（精确至 0.0001g）置干燥至恒重的称量瓶中，放入烘箱中 105℃下干燥 2h，取出放在干燥器中干燥冷却。样品干燥时，应平铺在扁形称量瓶中，厚度不可超过 5mm，如为疏松物质，厚度不可超过 10mm。放入烘箱或干燥器进行干燥时，应将瓶盖取下，置称量瓶旁，或将瓶盖半开进行干燥；取出时，须将称量瓶盖好。置烘箱内干燥的样品应在干燥后取出置干燥器中放冷至室温，然后称定质量。

**计算** 水分按下式计算：

$$水分 = \frac{m - m_1}{m} \times 100\% \tag{7-32}$$

式中，$m$ 是样品质量，g；$m_1$ 表示干燥后样品质量，g。

平行实验允许误差不超过 0.2%。

**6. pH 值测定法**

除另有规定外，水溶液的 pH 值应以玻璃电极为指示电极，用酸度计进行测定。酸度计应定期检测，使精密度和准确度符合要求。

仪器校正用的标准缓冲溶液应使用标准缓冲物质配制，配制方法如下。

① 草酸三氢钾标准缓冲溶液 精确称取在 (54±3)℃干燥 4～5h 的草酸三氢钾 [KH$_3$(C$_2$O$_4$)$_2$·2H$_2$O] 12.61g，加水使溶解并稀释至 1000mL。

② 邻苯二甲酸氢钾标准缓冲溶液 (pH4.0) 精确称取在 (115±5)℃干燥 2～3h 的邻苯二甲酸氢钾 (KHC$_8$H$_4$O$_4$) 10.12g，加水稀释至 1000mL。

③ 磷酸盐标准缓冲溶液 (pH6.8) 精确称取在 (115±5)℃干燥 2～3h 的无水磷酸氢二钠 3.533g 与磷酸二氢钾 3.387g，加水使溶解并稀释至 1000mL。

④ 磷酸盐标准缓冲溶液 (pH7.4) 精确称取在 (115±5)℃干燥 2～3h 的无水磷酸氢二钠 4.303g 与磷酸二氢钾 1.179g，加水使溶解并稀释至 1000mL。

⑤ 硼砂标准缓冲溶液 精确称取硼砂 (Na$_2$B$_4$O$_7$·10H$_2$O) 3.80g（注意避免风化），加水使溶解并稀释至 1000mL，置聚乙烯塑料瓶中，密塞，避免与空气中二氧化碳接触。

**测试方法** 测定前用标准缓冲溶液校正（定位）酸度计，在 25℃下进行测定。取样品 1.0g，加 90℃热水 100mL 溶解后，调温到 25℃，用酸度计测定。

**7. 黏度的测定**

**仪器** NDJ-1 型旋转式黏度计或 Brookfield 型黏度计；分析天平：精确至

0.0001g；高型烧杯：400mL；恒温槽：温控范围 0～100℃；温度计：分度为 0.1℃，量程 0～50℃；烘箱：温度范围 0～200℃，精度±2℃。

**测试方法** 取干燥至恒重的样品约 8g（精确至 0.0001g）加入到高型烧杯中，加 90℃左右的蒸馏水 392g，用玻璃棒充分搅拌约 10min 形成均匀体系，然后放入到 0～5℃的冰浴中冷却 40min，冷却过程中继续搅匀至产生黏度为止。补水，将试样溶液调到试样的质量分数为 2%，除去气泡。将溶液放入恒温槽中，恒温至 20℃±0.1℃，用黏度计测定其黏度。

### 8. 灰分（以硫酸盐计）的测定

**仪器和试剂** 瓷坩埚：50mL；马弗炉：温度范围 0～1000℃；分析天平：精确至 0.0001g；烘箱：温度范围 0～200℃，精度±2℃；浓硫酸。

**测试方法** 将样品在 105℃±2℃下干燥 2h，冷却备用。称取约 2g 样品（精确至 0.0001g），放入已灼烧至恒重的坩埚中，将坩埚放在加热板（或电炉）上，坩埚盖半开，缓缓加热使样品完全炭化（不再冒白烟），直到挥发成分全部离去。

冷却坩埚，加入 2mL 浓硫酸，使残留物润湿，缓慢加热至冒出白色烟雾，待白色烟雾消失后将坩埚（半盖坩埚盖）放入马弗炉中，设定温度为 750℃±50℃，燃烧到所有的碳化物烧尽（燃烧时间为 1h）；关掉电源，先在马弗炉中冷却，再放入干燥器冷却至室温，然后称重。

**计算** 灰分（以硫酸盐计）按式（7-33）计算：

$$灰分 = \frac{m_2 - m_1}{m} \times 100\%$$ （7-33）

式中，$m_2$ 代表残渣和坩埚的质量，g；$m_1$ 是空坩埚的质量，g；$m$ 为样品的质量，g。

每份试样平行测定两个结果，平行试验允许误差不超过 0.05%，取其算术平均值。

### 9. 凝胶温度的测定

**仪器** 容量瓶：250mL；纳氏比色管：100mL；温度计：分度为 0.1℃，量程 50～100℃。

**测定方法** 称取干燥样品 0.5g（准确至 0.0002g）倒入 500mL 烧杯中，加入 50mL 80～90℃热水，充分搅拌使其溶胀，然后将烧杯置于冰水浴中冷却溶解，将溶液移至 250mL 容量瓶中，用蒸馏水稀释至刻度，摇匀备用。

取上述溶液 50mL 于 100mL 比色管中，插入 50～100℃的温度计，将比色管置于 500mL 烧杯中水浴加热，缓慢升温并轻轻搅拌试样。当温度升至 40℃时，控制升温速度为每分钟上升 0.5～1.0℃，仔细观察溶液变化，当溶液出现乳白色丝状凝胶时，记下温度为凝胶温度下限，继续升温至溶液刚完全变成乳白色时，记下温度为凝胶温度上限。

**10. 重金属的测定**

**仪器** 瓷坩埚：50mL；马弗炉：温度可控制在（650±50）℃；比色管。

**测试方法** 称样品1.0g（精确至0.0001g）放于30mL敞口坩埚中，在电炉上炭化2h（做2个平行样）；加浓硫酸0.5～1mL，放在电炉上慢慢烧1～1.5h，以除去酸烟；再加浓硝酸0.5～1mL，放电炉上蒸干约50min。将坩埚放入马弗炉中，在500～600℃下灼烧2h；然后在马弗炉中稍冷却，拿出，慢慢滴加浓盐酸2mL，从该步起加空白实验（在另一坩埚中加2mL浓盐酸），在电炉上蒸干。往坩埚中加15mL水、2滴酚酞，用氨水（5mol/L，一般取1mL稀释至20mL）调节pH值，使之显中性（浅粉红色半分钟内不变色）。然后加醋酸盐缓冲溶液2mL，转移到25mL比色管中；空白坩埚中加精取的1mL标准铅溶液；取2mL由10mL混合液和2mL硫代酰胺溶液混合的溶液，加到比色管中；在比色管中加水稀释到25mL刻度线，摇匀；静置5min，在白色平面上透过看颜色，所测溶液的颜色不能深于空白实验即符合要求。

**11. 砷盐的测定**

**仪器** 瓷坩埚：30mL；马弗炉：温度可控制在（650±50）℃；定砷瓶。

**测试方法** 精确称取1g样品并加1g氢氧化钙，放于30mL坩埚中，加一点蒸馏水使湿润；取1mL标准砷溶液和1mL的$H_2SO_4$（9.5%～10.5%）混合，用无$CO_2$的水稀释至100mL，取2mL此混合溶液加入空白坩埚中。

将样品及空白坩埚放在电炉上炭化约80min，呈浅黄色；放入马弗炉中在500～600℃灰化30min，成灰白色；向坩埚中慢慢滴加5mL浓盐酸，以防反应剧烈；在样品坩埚中加23mL蒸馏水将样品转移到测砷盐的锥形瓶中，空白坩埚加21mL水；向锥形瓶中加5mL KI试液（现配：4.125g KI和无$CO_2$水加至25mL容量瓶中）和5滴酸性氯化亚锡；在室温放置10min；在放置期间，迅速将测定砷盐的仪器安装好，导气管中加60mg醋酸铅棉花（装管高度为60～80mm），再于旋塞的顶端平面上放一片溴化汞试纸（试纸大小以能覆盖孔径而不露出平面外为宜），盖上旋塞盖并旋紧；在锥形瓶中加2g锌粒，立即将照上法装妥的导气管密塞于锥形瓶上，并将其立即放入25～40℃的水浴中，反应45min。

反应完毕，取下溴化汞试纸，比较试纸的颜色，样品的颜色不能深于空白实验即符合要求。

**12. 铁盐的测定**

**仪器** 瓷坩埚：50mL；马弗炉：温度可控制在（650±50）℃；容量瓶：50mL；分光光度计。

**测试方法**　在 50mL 坩埚内加 1 : 1 盐酸放在电炉上加热大约 1h，以除去铁；精确称取 1～1.5g（精确至 0.0001g）样品，加于上述坩埚中。

将坩埚盖半盖，在电炉上炭化 1～1.5h 成灰白色。再放入马弗炉中在 500～600℃下烧 1h，拿出冷却至室温，加 1 : 1 盐酸 5mL，在电炉上蒸干（一般 15min），冷却后再加 5mL 盐酸，蒸到剩余 2～3mL，冷却，转移到 50mL 容量瓶，从此步开始加空白实验（即在空白坩埚中加 5mL 盐酸，蒸到剩余 2～3mL）。

在容量瓶中加盐酸羟胺（2%）5mL、乙酸钠 15mL（移液管）、0.1% 邻菲啰啉 5mL，稀释到刻度线，摇匀，静置 15min。取溶液装于 1cm 比色皿中，用分光光度计在 510nm 下测其吸光度；然后对照铁标准曲线，找出对应铁的量，计算含量：

$$铁盐含量 = \frac{对应铁的量 \times 1000}{样品质量}$$

多测几次，取平均值。空白实验不参与计算，只是调零用。

**13. 保水率的测定**

HPMC 对石膏的保水能力测量有滤纸法和真空法两种。

（1）滤纸法是在一定量的石膏中加入规定量的 HPMC，拌匀后加入水快速搅拌，倒入钢圈或容器中，反扣在已知质量的滤纸上，停留规定时间后测量滤纸的吸水量。

**仪器**　环模：上口外径 75mm、内径 65mm，下口外径 85mm、内径 75mm，高约 40mm；吸水纸。

**测试方法**　称好 35g 纸，整齐的放在环模下面。取样品 0.15g、石膏粉 100g、缓凝剂 0.2g 混匀置于烧杯中，加水 80mL，静置 1.5min，然后快速搅拌 1min，倒入环模中，等待 3.5min，纸即吸水。再称纸的质量，吸水前后纸的质量差值为 $A$。

不加样品、其余量不变，做空白实验，质量差值为 $B$。

**计算**　保水率按式(7-34) 计算：

$$保水率 = \left(1 - \frac{A}{B}\right) \times 100\% \tag{7-34}$$

（2）真空法与滤纸法类似，它是将含一定量 HPMC 的水泥浆加水拌匀，放在布式漏斗中，在一定负压和时间内抽滤，测量失水量。布式漏斗及保水率测定装置结构见图 7-8 与图 7-9。

测定方法按 Q/JJD 013—2000《JD 加气混凝土专用型粉刷石膏》规定方法进行，但把负压值由原来（400±5）mmHg 改为（600±5）mmHg（1mmHg = 133.322Pa），抽滤时间由 20min 改为 30min，其他要求不变。

**14. 透光率的测定**

**仪器**　721 型分光光度计；比色皿：3cm。

**测试方法** 将配制好的 2% HPMC 水溶液倒入 3cm 比色皿中，用 721 型分光光度计在波长 580nm 下测定其透光率。

两次平行实验允许误差值不超过 0.02%，取两次实验的平均值为最后结果。

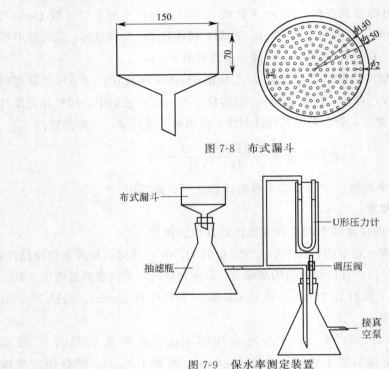

图 7-8 布式漏斗

图 7-9 保水率测定装置

# 第三节 羧甲基纤维素的分析测试

## 一、CMC 的鉴别方法

**试剂** 盐酸；碘化钾-碘水溶液：取碘 0.5g 和碘化钾 1.5g 溶于 25mL 水中；硫酸铜（$CuSO_4 \cdot 5H_2O$）溶液：20g/L。

**实验溶液的制备** 取 2g 实验室样品，置于 100mL 温热水中，搅拌均匀，继续搅拌至胶状，冷却至室温。

鉴别方法如下。

（1）取实验溶液约 30mL，加入 2～3 滴碘化钾-碘水溶液，不出现蓝色。

（2）取实验溶液约 50mL，加入 10mL 硫酸铜溶液，产生绒毛状淡蓝色沉淀。

（3）用盐酸润湿铂丝，先在无色火焰上灼烧至无色，再蘸取实验溶液少许，在无色火焰中燃烧，火焰即呈鲜黄色。

## 二、干燥减量

**仪器** 烘箱：热空气对流烘箱，能够保持干燥减量在（105±3)℃；称量瓶：内径 50mm、高 30mm 的低型称量瓶或类似容器；分析天平。

操作步骤如下。

（1）称取 3～5g 试样，精确到 0.001g，放到一个已知质量的带盖的称量瓶内。

（2）将称量瓶置于 105℃的烘箱中烘 2h，烘样时应将称量瓶盖移开。然后放入干燥器中冷却，再盖上称量瓶盖称重。

**计算** 干燥减量按式(7-35) 计算：

$$干燥减量 = \frac{m - m_1}{m} \times 100\%$$ (7-35)

式中，$m$ 是干燥前试样的质量，g；$m_1$ 为干燥后试样的质量，g。

## 三、取代度

### 1. 酸洗法

酸洗法是将水溶性的羧甲基纤维素钠转化为不溶的酸式，洗涤纯化、干燥，然后向一定质量的该样品中精确加入稍过量的氢氧化钠，再转化为钠盐。

**仪器** 气动搅拌器；布氏漏斗：直径 75mm、配有 70mm 细密耐用滤纸，也可以使用 60mm 多孔介质玻璃漏斗；干燥箱：可恒温 105℃。

**试剂** 二苯胺试剂：0.5g 二苯胺溶于 120mL 硫酸（9＋2）中，该试剂基本上应该像清水一样呈透明状，痕量硝酸盐或其他氧化剂可使其变为深蓝色；乙醇（95％）；乙醇（80％）；盐酸标准液（HCl，0.3～0.5mol/L）；无水甲醇；硝酸（相对密度 1.42）；氢氧化钠标准液（0.3～0.5mol/L）；硫酸（9＋2）：4 份（体积）硫酸与 2 份（体积）水混合。

操作步骤如下。

（1）称取约 4g 样品于 250mL 烧杯中，加 75mL 95％乙醇，用气动搅拌器搅拌混合直到获得适当的浆状液。边搅动边加入 5mL HNO₃，加完继续搅动 1～2min。加热并煮沸浆状液 5min（注意不要着火），再加热并连续搅动10～15min。

（2）向过滤器中倾析上层清液，用 50～100mL 95％的乙醇转移沉淀到过滤器中。用加热至 60℃的 80％乙醇冲洗沉淀物，直到所有的酸被去除。

（3）检查酸和盐分的滤除情况，从过滤器中取 1 滴酸式 CMC 浆状液与 1 滴二苯胺试剂在白色滴板上混合，如显蓝色表示还有硝酸盐，应该继续洗涤。如果第 1

滴二苯胺试剂不产生蓝色，应多加几滴直到过量试剂的存在也没有颜色为止。通常洗涤4～6遍就足够使硝酸盐实验呈阴性。

（4）用少量的无水甲醇冲洗沉淀物并抽真空直到乙醇被完全去除。转移沉淀物至一个玻璃或铝制带盖称量器中，在蒸汽浴中加热开盖的称量器，直到乙醇气味消除（避免乙醇在烘箱中燃烧），然后在105℃开盖干燥3h，盖上盖在干燥器中冷却至定温。

（5）按照硫酸盐灰分含量测试方法（D 1347）检测0.5g样品，其硫酸盐灰分含量应低于0.5％。如果灰分含量高于0.5％，应该用80％的乙醇重新洗涤。

（6）称取约1～1.5g（精确至0.01g）干燥的酸式CMC（依据所用酸碱的当量）于一个500mL锥形瓶中，加100mL水和25.00mL 0.3～0.5mol/L NaOH溶液，同时搅拌加热至沸，并沸腾15～30min。

（7）用0.3～0.5mol/L HCl趁热滴定过量的NaOH，用酚酞指示终点。

**计算** 取代度按下式计算：

$$A = \frac{BC - DE}{F} \tag{7-36}$$

$$DS = \frac{162A}{1000 - 58A} \tag{7-37}$$

式中，$A$ 是1mg样品消耗酸的物质的量；$B$ 为加入NaOH溶液的体积，mL；$C$ 指NaOH的摩尔浓度，mol/L；$D$ 是滴定过量的NaOH所需HCl的体积，mL；$E$ 是HCl的摩尔浓度，mol/L；$F$ 为所用的酸性CMC的质量，g；162是纤维素中的失水葡萄糖单元的摩尔质量；58代表每引入一个羧甲基则失水葡萄糖单元净增的分子质量。

**2. 非水滴定法**

本测定方法是基于非水酸碱滴定。样品经冰醋酸回流，产生的醋酸钠在二氧杂环己烷中用高氯酸标准溶液滴定，通过电位计指示终点。在这种条件下，含钠的碱性杂质也会被滴定，但氯化钠不干扰。

**仪器** pH计：配有一个标准玻璃电极和一个甘汞电极（甘汞电极经过如下处理：弃掉电极中的氯化钾水溶液，然后用甘汞电极溶液冲洗并装满电极，加一些氯化钾晶体和氯化银或氧化银到电极中）；容量为10mL的微量滴定管。

**试剂** 冰醋酸；甘汞电极溶液：在100mL甲醇中加2g氯化钾和2g氯化银或氧化银，充分摇动使其饱和，澄清后用上层清液；1,4-二氧杂环己烷（二噁烷）；高氯酸（0.1mol/L）：边搅拌边加9mL浓的高氯酸（70％）到1L二噁烷中（注意：该溶液绝不许加热或蒸发），储存在琥珀色玻璃瓶中，静置中轻微的变色可以忽视。

高氯酸的标定：将邻苯二甲酸氢钾在120℃干燥2h，称取2.5g（准确到

0.0001g），于 250mL 容量瓶中。加冰醋酸，摇动溶解，然后定容并充分混匀。吸取 10mL 于烧杯中，加 50mL 醋酸，置于磁力搅拌器上，插入 pH 电极，用滴定管加入高氯酸至临近终点。然后减慢滴加速度至每次加入 0.05mL，逐步向终点靠近，记录与电压对应的滴定剂的体积，继续滴定几毫升超过终点。绘制滴定曲线，读取曲线转折点的滴定体积，按下式计算浓度 $N$：

$$N = \frac{A \times 10 \times 1000}{B \times 204.22 \times 250}$$ (7-38)

式中，$A$ 是所用邻苯二甲酸氢钾的质量，g；$B$ 是加入的 $HClO_4$ 的体积，mL；204.22 是邻苯二甲酸氢钾的摩尔质量，g/mol；10 为加入邻苯二甲酸氢钾溶液的体积，mL；250 是用于溶解邻苯二甲酸氢钾的冰醋酸的体积，mL。

操作步骤如下。

（1）称取 0.2g 样品（准确至 0.0001g）放入 250mL 磨口锥形瓶中，加 75mL 醋酸，在加热板上缓慢回流 2h。

（2）将锥形瓶冷却，用 50mL 醋酸将溶液转移至 250mL 烧杯中。将烧杯置于磁力搅拌器上，用 0.1mol/L 的 $HClO_4$ 滴定，用电位计指示终点。

**计算**　取代度 $DS$ 按下式计算：

$$M = \frac{100AN}{G(100 - B)}$$ (7-39)

$$DS = \frac{0.162M}{1.000 - 0.080M}$$ (7-40)

式中，$M$ 为 1g 样品消耗酸的物质的量；$A$ 代表加入的 $HClO_4$ 的体积，mL；$N$ 为 $HClO_4$ 的浓度，mol/L；$G$ 是样品质量，g；$B$ 为样品水分百分含量；0.162 代表纤维素中的失水葡萄糖单元的毫摩尔质量；0.080 则为一个失水葡萄糖单元加上一个羧甲基钠基团后净增的毫摩尔质量。

**3. 灰碱法**

**原理**　样品经乙醇洗涤去除可溶性盐，干燥并经高温灼烧，残渣为氧化钠，加水溶解生成氢氧化钠，加过量硫酸标准滴定溶液，用氢氧化钠标准滴定溶液滴定过量硫酸，通过计算得到每一个无水葡萄糖单元中羧甲基基团的平均数值，即为取代度。

**试剂**　无水乙醇；90% 乙醇溶液；硫酸标准滴定溶液：$c(1/2H_2SO_4) = 0.1mol/L$；氢氧化钠标准滴定溶液：$c(NaOH) = 0.1mol/L$；甲基红指示液：1g/L。

**仪器**　玻璃砂坩埚：滤板孔径 $15 \sim 40\mu m$；蒸发皿：$20 \sim 25mL$。

**测试方法**　称取约 1.5g 实验室样品（精确至 0.0002g）置于玻璃砂坩埚中，用预先加热至 $50 \sim 70℃$ 的乙醇溶液洗涤多次（每次加满玻璃砂坩埚），直到加 1 滴铬酸钾溶液和 1 滴硝酸银溶液的滤液呈砖红色为洗涤完成，反之应继续洗涤，一般洗涤 5 次。最后一次用无水乙醇洗涤，将洗涤后的试样移入扁形称量瓶，于 (120±2)℃干燥 2h（1h 左右时将称量瓶内试样轻轻敲松）。加盖移入干燥器内，冷却至室温。称取约 1g 试样（精确至 0.2mg）置于蒸发皿中，在电炉上炭化至不冒烟，放入 300℃高温炉，升温至（700±25）℃，保温 15min。然后关闭电源，冷却至 200℃以下，移入 250mL 烧杯内，加 100mL 水和（50±0.05）mL 硫酸标准滴定溶液，将烧杯置于电炉上加热，缓缓沸腾 10min，加 2～3 滴甲基红指示液，冷却，用氢氧化钠标准滴定溶液滴定至红色恰退。

**计算**　取代度按下式计算：

$$C_b = \frac{V_1 C_1 - V_2 C_2}{m} \tag{7-41}$$

$$DS = \frac{0.162 C_b}{1 - 0.080 C_b} \tag{7-42}$$

式中，$C_b$ 是每克样品所含羧甲基的物质的量；$V_1$ 是硫酸标准滴定溶液的体积，mL；$C_1$ 为硫酸标准滴定溶液浓度的准确数值，mol/L；$V_2$ 为氢氧化钠标准滴定溶液的体积，mL；$C_2$ 是氢氧化钠标准滴定溶液浓度的准确数值，mol/L；$m$ 是试样的质量，g；0.162 指纤维素中一个葡萄糖单元的毫摩尔质量；0.080 指羧甲基钠基团的毫摩尔质量。

## 四、黏度

**仪器**　黏度计：Brookfield 型或同类型黏度计；玻璃瓶：直径约 64mm，深 152mm，顶部不收缩（上下直径一致），容量 340mL；恒温水浴；机械搅拌器：不锈钢或玻璃制，连接在一个不同负荷下能以（900±100）r/min 旋转的变速电动机上。

**测试方法**　称取经（105±2）℃干燥 2h 的 2.4g（配制质量分数为 1%的实验溶液）或 4.8g（配制质量分数为 2%的实验溶液）试样，精确至 1mg。在玻璃杯内加入 237.6mL（配制质量分数为 1%的实验溶液）或 235.2mL（配制质量分数为 2%的实验溶液）水，将搅拌器放在玻璃杯中，搅拌叶离杯底 10mm 左右，开始搅拌并慢慢加入试样，调节搅拌速度至（900±100）r/min，搅拌 2h，如试样没有彻底溶解，再延续搅拌 0.5h。移开搅拌器，将玻璃杯放入恒温水浴（25±0.2）℃下 1h，取出，手动搅拌 10s，用黏度计测黏度。按表 7-5 选择适当的转子和转速，转子旋转 1min 后读数。

表 7-5　黏度计转子、转速和系数对应表

| 黏度范围 /mPa·s | 转子号 | 转速 /(r/min) | 系数 |
|---|---|---|---|
| 10～100 | 1 | 60 | 1 |
| 100～200 | 1 | 30 | 2 |
| 200～1000 | 2 | 30 | 10 |
| 1000～4000 | 3 | 30 | 40 |
| 4000～10000 | 4 | 30 | 200 |

黏度 $\eta$ 数值以毫帕秒（mPa·s）表示：

$$\eta = 读数 \times 系数$$

式中，系数由表 7-5 中给出。

实验结果应注明实验溶液的浓度及所用转子的转子号和转速。

**酸黏比的测定** 以 0.1mol/L 乳酸代替水，重复上述黏度测试操作，测得黏度 $\eta_1$。

$$酸黏比 = \eta_1 / \eta$$

**盐黏比的测定** 以 4% 氯化钠水溶液代替水，重复上述黏度测试操作，测得黏度 $\eta_2$。

$$盐黏比 = \eta_2 / \eta$$

## 五、CMC 的纯度

当 CMC 的纯度不是重要指标的情况下，可采用本方法。如果要求纯度大于 98%，有必要分别分析杂质（氯化钠、羟乙酸钠）的含量，用差减法计算纯度可得出更可靠的结果。

**测试方法** 称取已于（105±3）℃烘干 2h 后的试样 2g（精确至 0.0001g）置于 300mL 烧杯中，加入 50mL 已预热至 60～65℃的 80%乙醇，在磁力搅拌器上维持 60～65℃搅拌 10min，将上部溶液用质量已知的玻璃砂芯过滤器过滤，用 60～65℃的 80%乙醇进一步清洗过滤器中的不溶物，至滤液无氯离子为止（用硝酸银溶液检验），缓慢抽滤，最后用 50mL 无水乙醇分两次驱除不溶物中的水分。将不溶物于（105±3）℃烘干 2h，然后置于干燥器中冷却至室温，称重。

**计算** 样品的纯度按式 7-43 计算

$$w = \frac{m_1}{m} \times 100\% \tag{7-43}$$

式中，$w$ 是样品的纯度，%；$m_1$ 为纯化后的质量，g；$m$ 为纯化前质量，g。

## 六、羟乙酸钠

本实验方法适于羟乙酸钠含量不高于 2.0%的精制级 CMC 中羟乙酸钠含量的测定。

**仪器** 分光光度计或滤色光度计；吸收池：1cm；铝箔：切成边长约 51mm 的正方形。

**试剂** 冰醋酸；丙酮；2,7-二羟基萘试剂（0.100g/L）：溶解 0.100g 2,7-二羟基萘在 1L 硫酸中，使用前让其静置直到最初的黄色消失，如果溶液颜色很深则应弃掉，用不同量的硫酸另外准备新溶液，溶液在棕色瓶中储存，可稳定大约一个月；羟乙酸标准溶液（1mg 羟乙酸/mL）：室温下，在干燥器中干燥几克羟乙酸过夜，准确称取 0.100g 干燥后的羟乙酸溶解在水中，用容量瓶定容至 100mL，每毫升该溶液中含 1mg 羟乙酸，溶液可稳定大约一个月；硫酸钠；硫酸：密度为 1.84g/cm³ 的浓硫酸。

**标准曲线的绘制**

（1）准确移取 1mL、2mL、3mL、4mL 羟乙酸标准溶液于 5 个 100mL 系列容量瓶中，其中一个容量瓶作空白。每个容量瓶加水至总体积为 5mL。再加 5mL 冰醋酸，然后用丙酮定容并混合。这些溶液分别含有 0、1mg、2mg、3mg、4mg 的羟乙酸。

（2）分别吸取①中每种溶液 2mL 于 5 个 25mL 容量瓶中。将不带瓶塞的容量瓶直立置于沸水浴中 20min 以除去丙酮，然后取出冷却。

（3）按下述方法在每个容量瓶中加 20mL 2,7-二羟基萘试剂：先加 5mL 试剂混匀，再加剩下的 15mL 试剂混匀。用一小块铝箔盖住瓶口，直立置于沸水浴中 20min，取出冷却，用硫酸定容。

（4）测定每个容量瓶中溶液在波长为 540nm 处的吸光度，以空白的溶液为对照，描绘每 100mL 溶液中羟乙酸的质量与其所对应的吸光度所给出的标准曲线。

操作步骤如下。

① 称取约 0.5g 样品（半精制级、纯度为 90%～95%，则称 0.2g），准确到 0.001g，转入 100mL 烧杯中，用 5mL 醋酸充分润湿样品，接着加 5mL 水，用玻璃棒搅拌直到溶解完全（通常需要 15min）。缓慢地加入 50mL 丙酮，边加边搅拌，再加 1g 左右硫酸钠，搅拌几分钟确保 CMC 完全沉淀。

② 用已被少量丙酮润湿的软质稀疏滤纸过滤沉淀，将滤液收集在 100mL 容量瓶中，用另外 30mL 丙酮帮助转移沉淀物和冲洗滤渣。容量瓶用丙酮定容并摇匀。

③ 在 100mL 容量瓶中制备一个含有 5mL 水和 45mL 冰醋酸的空白溶液，用丙酮定容并混匀。

④ 吸取 2mL 样品溶液和空白溶液分别放入 25mL 容量瓶中，按标准曲线绘制过程的（2）～（4）的操作。

**计算** 按下式计算羟乙酸钠的含量 $C$：

$$C = \frac{12.9B}{W(100-A)} \tag{7-44}$$

式中，$B$ 是从标准曲线上查得的羟乙酸量，mg；$W$ 为所用样品质量，g；$A$ 为样品的水分百分含量，%；12.9 是羟乙酸钠的摩尔质量与羟乙酸摩尔质量之比的 10 倍。

# 七、氯化钠

**试剂** 硝酸；过氧化氢；硝酸银标准滴定溶液：$c(AgNO_3) = 0.1mol/L$。

**仪器**　电位滴定仪：配银电极和硫酸亚汞-硫酸钾电极；微量滴定管：10mL。

**测试方法**　称取经（105±2）℃干燥 2h 的试样 2g，精确至 0.0002g，置于 250mL 烧杯中，加 50mL 水和 5mL 过氧化氢。将烧杯置于蒸汽浴中加热，间歇搅拌以获得不黏稠的溶液。如果 20min 后溶液还未完全降解，再加 5mL 过氧化氢并加热到降解完全。冷却烧杯，加 100mL 水和 10mL 硝酸，将烧杯置于电位滴定仪的磁力搅拌器上，用微量滴定管滴加硝酸银标准滴定溶液至电位终点。其他按照 GB/T 9725 的规定进行。

**计算**　氯化物含量以 $Cl^-$ 的质量分数 $w_2$ 计：

$$w_2 = \frac{(V/1000)cM}{m} \times 100\% \tag{7-45}$$

式中，$V$ 是硝酸银标准滴定溶液的体积，mL；$c$ 是硝酸银标准滴定溶液浓度的准确数值，mol/L；$m$ 是试样的质量，g；$M$ 是氯离子的摩尔质量，$M=35.5 g/mol$。

## 八、密度

**仪器**　振荡器：电磁振荡器，连接一个约 0.3m 高的与环形支架垂直的支撑杆，支撑杆上还要连接一个足以夹住容量为 100mL 的量筒的冷凝器夹具，环形支架的基座应该加重。

**测试方法**　将 50g 的 CMC 装入 100mL 量筒内并夹在冷凝器具上。开启振荡器，使量筒振动 3min。记录振动密实后的样品平面所示的体积；也可以手工操作，反复让装有样品的量筒从 25mm 的高处下落到一个坚硬的台面，直到样品的体积保持恒定。为了防止量筒破损，可在坚硬台面上盖一层 3~6mm 厚的橡皮垫，也可使用塑料量筒。

**计算**

$$D = 50/r \tag{7-46}$$

式中，$D$ 为密度，g/mL；$r$ 代表读数，mL。

## 九、砷含量测定（二乙基二硫代氨基甲酸银分光光度法）

**测定原理**　在酸性介质中，五价砷通过碘化钾、氯化亚锡及初生态的氢被还原为砷化氢（$AsH_2$），用二乙基二硫代氨基甲酸银的吡啶溶液吸收，生成红色可溶性胶态银，红色的深浅与砷含量成正比，可在波长为 540nm 处测定其吸光度。

**试剂和材料**　盐酸溶液（1+1）；抗坏血酸；无砷金属锌粒（GB 2304）；二乙基二硫代氨基甲酸银 ［Ag(DDTC)］ 吡啶溶液（5g/L）：溶解 1.25g 二乙基二硫代氨基甲酸银于吡啶中，并用同样吡啶稀释至 250mL 棕色容量瓶中，避光保存，可在两周内保持稳定；碘化钾（GB 1272）溶液（150g/L）；氯化亚锡（GB 638）盐酸溶液：溶解 40g 氯化亚锡在 25mL 水和 75mL 盐酸的混合液中；乙酸铅棉花；溶解 50g 乙酸铅 $[Pb(C_2H_3O_2)_2 \cdot 3H_2O]$ 于 250mL 水中，用此溶液将脱脂棉浸透，取出挤干储存在棕色瓶中；砷标准溶液（0.1mg/mL）；称取 0.1320g $As_2O_3$ 于烧杯中，加 5mL 20%NaOH 溶解，再加入 1mol/L $H_2SO_4$ 25mL，移入 1000mL 容量瓶中，加新煮沸的蒸馏水稀释至刻度线，摇匀；砷标准溶液（0.0025mg/mL）；吸取 2.50mL 砷标准溶液（0.1mg/mL）置于 100mL 容量瓶中，用水稀释至刻度线，摇匀。

**仪器** 定砷仪（见图 7-10）；分光光度计。

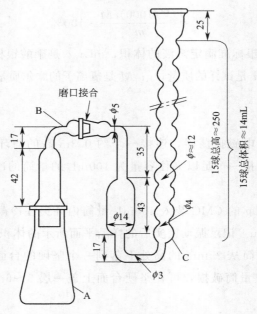

图 7-10 定砷仪（单位：mm）

A—锥形瓶；B—连接管；C—15 球吸收器

**CMC 样品溶液的制备** 称取 1.0g 试样（精确至 0.0002g）于 250mL 锥形瓶中，预先加入 10mL 硝酸，缓慢加热，慢慢加入样品，待作用缓和后稍冷，沿壁加入 5mL 硫酸，缓慢加热开始变成棕色，不断滴加硝酸至有机物分解完全，生成白色雾状 $SO_2$，冷却后向锥形瓶中加 20mL 水煮沸，除去残留硝酸，如此处理两次，冷却。将锥形瓶中溶液移入 100mL 容量瓶中，用水稀释至刻度线，摇匀。

**工作曲线的绘制** 按表 7-6 要求吸取砷标准溶液，分别置于锥形瓶中。于各瓶中加 10mL 盐酸和一定量的水，必须使体积约为 40mL，然后加入 2mL 碘化钾和 2mL 氯化亚锡溶液，放置 15min。置少量乙酸铅棉花于连接管内，以吸收硫化氢、二氧化硫等，吸取 5.0mL 二乙基二硫代氨基甲酸银吡啶溶液于 15 球吸收器内，按

图 7-10 连接仪器不漏气。称取 5g 无砷锌粒加入锥形瓶中，迅速连接好仪器，使反应进行 45min 后移去球吸收器，充分摇匀溶液所生成的紫红色胶态银。用 1cm 比色皿，在波长为 540nm 处，以空白溶液调节分光光度计使吸光度为零，测定试样溶液的吸光度。显色溶液在暗处可稳定 2h，测定在此期间进行。

**表 7-6　砷标准溶液体积与含量对照表**

| 砷标准溶液的体积/mL | As 含量/μg | 砷标准溶液的体积/mL | As 含量/μg |
|---|---|---|---|
| 0 | 0 | 6.0 | 15.0 |
| 1.0 | 2.5 | 8.0 | 20.0 |
| 3.0 | 7.5 | 10.0 | 25.0 |
| 4.0 | 10.0 | | |

以标准溶液的砷含量为横坐标，以相应的吸光度为纵坐标绘制工作曲线。

以 25.0mL 的 CMC 样品溶液代替砷标准溶液，重复上述测试过程。

**计算**　砷（As）含量 $X_1$ 以质量百分数按下式计算：

$$X_1 = \frac{m_0}{mD \times 10^6} \times 100\%\qquad(7\text{-}47)$$

式中，$m_0$ 是由工作曲线上查得的砷的质量，μg；$m$ 为试样质量，g；$D$ 是测定时所取试样体积与试样总体积之比。

## 十、铅含量的测定

**测试原理**　在柠檬酸铵、盐酸羟胺、氰化钠存在下，铅与双硫腙形成红色络合物，用三氯甲烷萃取，测量其吸光度。

如果试液中分别存在 100mg 铁、50mg 镍、15mg 钼、10mg 锰、铬、铜、2mg 钒、钛或不大于 1mg 钴，则不影响测定，但铋严重干扰测定，必须除去。

**试剂**　盐酸（1.19g/mL）；氨水（0.90g/mL）；冰乙酸溶液：无水冰乙酸与水按 1:4（体积比）混匀；柠檬酸铵溶液（10%）；盐酸羟胺溶液（10%）；氰化钠溶液（20%）；百里香酚蓝溶液（0.1%）：用 95% 乙醇配制；二苯硫卡巴腙（双硫腙）-三氯甲烷溶液（0.002%）；洗液：1000mL 溶液含有 150mL 氨水及 2g 固体氰化钠；硫酸亚铁铵；铅标准溶液（0.1mg/mL）：称取 0.160g 硝酸铅，用 10mL 硝酸溶液（1+9）溶解，移入 1000mL 容量瓶中，用水稀释至刻度线，摇匀；铅标准溶液（0.0025mg/mL）：吸取 0.1mg/mL 铅标准溶液 2.5mL 于 100mL 容量瓶中，用水稀释至刻度线，摇匀；硝酸溶液（1+9）；硝酸铅（$HG_3$-1070）。

**测试步骤**

（1）工作曲线的绘制　依次吸取 0、1.0mL、5.0mL、10.0mL、15.0mL 铅标准溶液于 150mL 锥形瓶中（或 100mL 容量瓶中），然后加入 5mL 柠檬酸铵溶液、

5mL 盐酸羟胺溶液、3 滴百里香酚蓝溶液，滴加氨水至试液变色并过量 2～3mL，加 2mL 氰化钠溶液，加热至 50～60℃冷却。将试液移入 125mL 分液漏斗中，加 50mL 水、10.0mL 双硫腙-三氯甲烷溶液，振荡 1min，分层后将有机层放入另一个 125mL 分液漏斗中，弃去水相，在有机层加 50mL 洗液振荡 1min，分层后将有机层（分液漏斗管中塞以滤纸卷先放出约 1mL 弃去）放入 1cm 比色皿，以不加铅标准溶液为参比液，于分光光度计波长 520nm 处测量其吸光度。

以铅标准溶液含量为横坐标，以与其相应的吸光度为纵坐标绘制工作曲线。

（2）样品的测定　称取 2.0000g CMC 样品于瓷坩埚中，微火炭化，再在 500℃马弗炉中灰化 1h，冷却后加入 2mL 盐酸溶解，水浴上蒸干，残留物用 10mL 乙酸溶解，用滤纸过滤到 150mL 锥形瓶中或 100mL 容量瓶中，用水稀释至刻度线，摇匀，得到 CMC 样品溶液。

吸取 CMC 样品溶液 25.0mL 于锥形瓶中，代替铅标准溶液，重复上述测试过程。

**计算**　铅含量按式（7-48）计算：

$$铅含量 = \frac{m_1 V}{m \times 1000 \times V_1} \times 100\% \tag{7-48}$$

式中，$V_1$ 是分取试液的体积，mL；$V$ 代表试液总体积，mL；$m_1$ 是从工作曲线上查得的铅量，mg；$m$ 为试样质量，g。

注意：含氰化钠的废液，在收集后应加硫酸亚铁铵使其生成亚铁氰化物后再弃去。其具体方法是：每 200mL 废液加入 25～30mL 30%的硫酸亚铁铵溶液充分搅匀，其反应是：

$$6CN^- + 2Fe^{2+} + 1/2O_2 + H_2O \Longrightarrow Fe[Fe(CN)_6] + 2OH^-$$

含铬、硅、钨较高的试样，加 5～10mL 高氯酸蒸发至橘红色时，滴加盐酸挥铬，加 5mL 盐酸（3＋2）、10mL 水溶解盐类，煮沸后过滤，用盐酸（2＋98）洗沉淀 3 次后，蒸发近干。

# 第四节　纤维素醚的仪器分析方法

## 一、气相色谱法在纤维素醚分析中的应用

气相色谱技术的发展到如今已有 50 多年的历史，是一种相当成熟且应用极为广泛的复杂混合物的分离与分析方法。

气相色谱法主要是利用物质的沸点、极性及吸附性质的差异来实现混合物的分离。由于样品中各组分的沸点、极性或吸附性能不同，每种组分都倾向于在流动相和固定相之间形成分配或吸附平衡。但由于载气是流动的，这种平衡实际上很难建

立起来。也正是由于载气的流动，使样品组分在运动中进行反复多次的分配或吸附/解吸，结果是在载气中分配浓度大的组分先流出。当组分流出色谱柱后，立即进入检测器。检测器能够将样品组分的存在与否转变为电信号，而电信号的大小与被检测组分的量或浓度成比例。当将这些信号放大并记录下来时，就得到了色谱图，而在没有组分流出时，色谱图的记录是检测器的本底信号，即色谱图的基线。

**1. 羟丙基甲基纤维素的气相色谱分析**

**取代基的测定原理**　羟丙基甲基纤维素在己二酸作催化剂、于高温密闭条件下被氢碘酸水解，其甲氧基和羟丙氧基转化成碘甲烷和碘代异丙烷，利用邻二甲苯作吸收剂。由于催化剂和吸收剂的作用，促使 HPMC 水解反应完全，然后选择甲苯作内标溶液，以碘甲烷和碘代异丙烷作标准溶液，按照内标和标准溶液的峰面积，计算出样品中甲氧基和羟丙氧基的含量。

**实验仪器及测定条件**　色谱仪器：带热导检测器和热进样口；载气：$H_2$；色谱柱：$2m \times 4mm$；柱温：$200℃$；气化室温度：$220℃$；检测器温度：$220℃$；进样量：$2\mu L$。

**溶液配制**

（1）内标溶液　在 100mL 的容量瓶中加入 10mL 邻二甲苯，然后加入准确称重的约 2.5g 甲苯，最后用邻二甲苯稀释到 100mL。

（2）标准溶液　在一个合适的带塞小瓶中，加入大约 135mg 的己二酸和 4mL 的氢碘酸，再加入 4mL 的内标溶液，用塞子塞紧密封，准确称重。然后用注射器通过塞子注入 $30\mu L$ 的碘代异丙烷，再称重，用求差法计算所加入的碘代异丙烷的质量。与此类似，加入 $90\mu L$ 的碘甲烷，再称重，计算加入的碘甲烷的质量。充分振荡，以使分层。

（3）分析溶液　精确称定已烘干的羟丙基甲基纤维素 0.065g，加入到一个 5mL 的厚壁反应容器中，加入与测试样品同样重的己二酸，再注入 2mL 内标溶液。仔细注入 2mL 氢碘酸于混合物中，迅速封闭反应瓶，并准确称重。将反应瓶摇动 30s，在 $150℃$ 下加热 20min（用加热棒或者保护性的外套），之后从热源中取出，用毛巾包裹，再次小心摇动，然后再在 $150℃$ 下加热 40min。最后将小瓶冷却大约 45min，再次称重。如果质量损失大于 10mg，此混合物作废，需重新配制溶液。

**测校正因子**　将大约 $2\mu L$ 标准溶液的上层液体注入气相色谱中，记录谱图。在上述条件下，碘甲烷、碘代异丙烷、甲苯和邻二甲苯的相对保留时间接近于 1.0、2.2、3.6 和 8.0。通过下式计算相对响应因子 $F_{mi}$：

$$F_{mi} = Q_{smi} / A_{smi} \tag{7-49}$$

式中，$Q_{smi}$ 指的是在标准溶液中碘甲烷和甲苯的质量比；$A_{smi}$ 指的是从标准溶液图谱中得到的碘甲烷和甲苯的峰面积之比。

同样的方法计算相对响应因子 $F_{ii}$：

$$F_{ii} = Q_{ii}/A_{ii} \tag{7-50}$$

式中，$Q_{ii}$ 指的是标准溶液中碘代异丙烷与甲苯的质量比；$A_{ii}$ 指的是从标准溶液图谱中得到的碘代异丙烷与甲苯的峰面积之比。

**测试与分析** 取上述分析溶液的上层液体 $2\mu L$ 注入气相色谱仪中，记录谱图。

通过下式计算羟丙基甲基纤维素中甲氧基的含量：

$$C_1 = 2 \times \frac{31}{142} \times F_{mi} \times A_{umi} \times \frac{W_t}{W_u} \tag{7-51}$$

式中，31、142 分别是甲氧基和碘甲烷的摩尔质量；$F_{mi}$ 为等质量的甲苯和碘甲烷的相对响应因子；$A_{umi}$ 是分析溶液中所得的碘甲烷与甲苯的峰面积之比；$W_t$ 代表内标溶液中甲苯的质量，g；$W_u$ 是分析所用 HPMC 的质量，g。

同样，分析样品中羟丙氧基的百分含量计算如下：

$$C_2 = 2 \times \frac{75}{170} \times F_{ii} \times A_{uii} \times \frac{W_t}{W_u} \tag{7-52}$$

式中，75、170 分别是羟丙氧基和碘代异丙烷的摩尔质量；$F_{ii}$ 为等质量的甲苯和碘代异丙烷的相对响应因子；$A_{uii}$ 是分析溶液中所得的碘代异丙烷与甲苯的峰面积之比；$W_t$ 为内标溶液中甲苯的质量，g；$W_u$ 代表分析所用 HPMC 的质量，g。

图 7-11 为分析溶液的气相色谱图和分析结果。

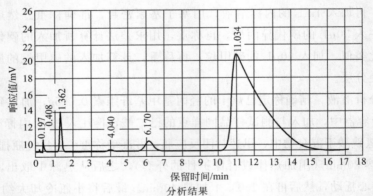

分析结果

| 峰号 | 保留时间/min | 峰高 | 峰面积 | 面积/% | 含量/% | 峰型 |
|---|---|---|---|---|---|---|
| 1 | 0.197 | 202 | 280 | 0.02138 | 0.02138 | BB |
| 2 | 0.408 | 1424 | 5448 | 0.41531 | 0.41531 | BB |
| 3 | 1.362 | 4538 | 33710 | 2.56986 | 2.56986 | BB |
| 4 | 4.040 | 196 | 5548 | 0.42297 | 0.42297 | BV |
| 5 | 6.170 | 1218 | 38092 | 2.90392 | 2.90392 | VB |
| 6 | 11.034 | 11114 | 1228679 | 93.66655 | 93.66655 | BB |
| 总计 | | 18692 | 1311758 | 100.00000 | 100.00000 | |

图 7-11 分析溶液的气相色谱图和分析结果

从图 7-11 可以看出，主要产生六个峰，根据药典分析，其中前两个小峰为空气峰，保留时间 $t=1.362\mathrm{min}$ 的峰为样品被水解后生成的碘甲烷的峰，$t=4.040\mathrm{min}$ 的峰为碘代异丙烷的峰，$t=6.170\mathrm{min}$ 的峰为甲苯的峰，$t=11.034\mathrm{min}$ 的峰为邻二甲苯的峰。根据峰的面积，结合内标溶液和标准溶液就可计算出取代基含量。

取代基含量的测定选用两个样品为代表，对比数据列在表 7-7。

表 7-7　两种方法测得的取代基含量结果

| 样品 | 次数 | 化学滴定法 | | | | 气相色谱法 | |
| | | 药典法 | | 改进法 | | | |
| | | 甲氧基含量/% | 羟丙氧基含量/% | 甲氧基含量/% | 羟丙氧基含量/% | 甲氧基含量/% | 羟丙氧基含量/% |
|---|---|---|---|---|---|---|---|
| 样品 1 | 1 | 29.04 | 7.28 | 27.93 | 8.23 | 28.95 | 8.13 |
| | 2 | 27.50 | 8.0 | 28.42 | 8.40 | 28.82 | 8.02 |
| | 3 | 28.47 | 8.50 | 28.65 | 8.56 | 28.90 | 8.12 |
| | 平均值 | 28.34<br>28.31① | 7.93<br>8.30① | 28.33<br>28.31① | 8.40<br>8.30① | 28.89<br>28.31① | 8.09<br>8.30① |
| | 均方差 | 0.41 | 0.25 | 0.11 | 0.018 | 0.0017 | 0.0025 |
| 样品 2 | 1 | 27.45 | 7.30 | 28.92 | 8.32 | 29.64 | 8.53 |
| | 2 | 26.58 | 8.62 | 29.21 | 7.86 | 29.51 | 8.88 |
| | 3 | 28.40 | 8.97 | 28.78 | 8.76 | 29.73 | 8.75 |
| | 平均值 | 27.48<br>28.12① | 8.30<br>8.60① | 28.97<br>28.12① | 8.66<br>8.60① | 29.56<br>28.12① | 8.72<br>8.60① |
| | 均方差 | 0.55 | 0.52 | 0.032 | 0.26 | 0.013 | 0.021 |

① 为样品的标示值。

从表 7-7 可见，无论是甲氧基还是羟丙氧基，通过化学滴定法得到的测定结果的数据分散性都比通过气相色谱法的分散性大，这说明化学滴定法得到的数据的重复性差，而药典法的分散性比改进法的分散性还要大。除了从测定取代基含量比较以外，在大量实验操作和数据分析基础上，从所用时间、过程操作的容易程度、结果的准确性及重复性、影响因素的多少以及成本的多少对化学滴定法和气相色谱法作了一下比较，结果见表 7-8。

表 7-8　化学滴定法与气相色谱法的比较

| 方　法 | 时间 | 过程操作 | 准确性 | 重复性 | 影响因素 | 成本 |
|---|---|---|---|---|---|---|
| 化学滴定法 | 长 | 繁琐 | 较好 | 较差 | 多 | 低 |
| 气相色谱法 | 短 | 简单 | 好 | 好 | 少 | 高 |

### 2. 乙基纤维素及羟乙基纤维素的气相色谱分析

当纤维素醚产品含有乙基或羟乙基取代基时，能够与氢碘酸反应，纤维素链上每摩尔乙基或羟乙基取代基会释放 1mol 碘化乙烷。碘化乙烷用邻二甲苯提取，通过气相色谱，运用内标准技术进行定量。

**仪器** 带热导检测器和热进样口的气相色谱；电子积分仪；柱子：不锈钢，长 1829mm，外径 3.2mm；注射器：10μL；反应瓶及盖子；恒温加热器；注射器：100μL；不锈钢盖子：用来盖加热恒温器。

**试剂与材料** 碘乙烷：纯度最低 99%；邻二甲苯；甲苯；氢碘酸：57%（相对密度为 1.69～1.70）；填充柱：10% 聚甲基硅氧烷作固定相。

标准溶液的制备如下。

(1) 内标准溶液[25mg(甲苯)/mL(邻二甲苯)] (25.00±0.01) g 甲苯加入到 1000mL 容量瓶中，用邻二甲苯稀释至 1000mL。

(2) 校准标准溶液 用移液管移取 2.0mL 的 57% 的氢碘酸到 5mL 小瓶中，用移液管移取 2.0mL 的内标溶液到小瓶中，关阀密封；称量小瓶及其内物质精确至 0.1mg，用注射器将加 50μL 碘化乙烷到小瓶中，称量碘化乙烷的加入量，摇动 30s，静置 20min。

校准电子积分仪响应因子的计算如下。

注射 1.0μL 配置的标准溶液的上层溶剂进入气相色谱，并记录色谱图。公式如下。

$$RF = \frac{AwP_1F}{0.05BP_2} \quad (7\text{-}53)$$

式中，$RF$ 是响应因子；$A$ 为内标准的峰高（甲苯）；$w$ 代表碘乙烷的质量，g；$F$ 为系数，乙氧基为 0.289（是由 45/156 得到），羟乙氧基为 0.391；0.05 是指甲苯的质量，g；$B$ 代表碘乙烷的峰高；$P_1$ 是碘乙烷的纯度；$P_2$ 是甲苯纯度。

**测试方法** 将样品在 105℃下干燥 1h，在干燥器中冷却。称量 60～80mg，样品放入一干净的已称重的 5mL 反应瓶中；如果纤维素醚不溶于邻二甲苯，加 2.0mL 内标准溶液到反应瓶中；加 2.0mL 氢碘酸到反应瓶中后，盖紧盖子，将反应瓶称量，摇动样品 30s。将反应瓶置于 (180±5)℃的加热恒温器中 2h。冷却至室温。样品分成两层，重新称重，如果质量损失大于 25mg，此混合物作废，需重新配制溶液。剧烈摇晃，然后静置 20min。积分仪中加入已知质量的甲苯和样品，取样品上层清液 1.0μL 注射入气相色谱仪。

乙氧基含量或羟乙氧基含量的计算式如下。

$$乙氧基含量或羟乙氧基含量 = \frac{0.05BP_2RF}{A \times 样品质量} \times 100\% \quad (7\text{-}54)$$

式中，$B$ 是碘化乙烷的峰高；0.05 为甲苯的质量，g；$P_2$ 代表甲苯纯度；$RF$ 是标准溶液校正的响应因子；$A$ 代表甲苯峰高。

气相色谱法测定最大的特点是方便简捷，不需准备大量的试剂，也不需要标定溶液，测定一个样仅需要十几分钟即可，提高了效率，且其结果受人为因素的影响比较小。但气相色谱法所用的费用较高，从色谱站建立到仪器维护、色谱柱选择都比化学滴定法费用要高，而且由于仪器本身存在的问题也会影响到最后的结果，例如检测器、色谱柱以及固定相的选择等，所以目前国内的厂家大部分还是选择化学滴定法测取代基含量，但是色谱法仍然不失为一种方便简捷的测定方法。

## 二、核磁共振波谱法在纤维素醚分析中的应用

高分辨液相核磁共振波谱技术（特别是 $^{13}$C-NMR 和 $^1$H-NMR），在纤维素及其衍生物的结构分析中起了决定性作用。《$^{13}$C-NMR 波谱学》一书详细地介绍了在纤维素研究中高分辨液相核磁共振波谱法的应用情况。未改性的纤维素，其 $^{13}$C-NMR 谱有六个信号，六个碳原子中的每一个原子有一个信号。其中，C(1)、C(4) 和 C(6) 的信号容易区分，C(2)、C(3) 和 C(5) 的信号比较接近，有时难以区分。

在羟基完全反应之后（ $DS=3$ ），$^{13}$C-NMR 谱仍有六个信号，但是与未改性纤维素碳原子的化学位移不同，C(2)、C(3) 和 C(6) 的化学位移大，C(1)、C(4) 和 C(5) 的化学位移小。纤维素在经过功能化后，原则上每个碳原子有两个信号。

核磁共振波谱法的最大优势是能够快速地得到纤维素葡萄糖单元中取代度的可靠信息。表 7-9 列出了一些常见纤维素衍生物的化学位移以及改性前纤维素的化学位移，比较了它们之间 $^{13}$C-NMR 信号的区别。但是，也必须注意这种技术的如下局限性。

（1）浓度在 5% 以内时，$^{13}$C-NMR 谱的灵敏度较低。测试时，需要聚合物的浓度不小于 5%，最好在 10%~20%。另外，在测定取代度时，必须考虑约 0.1 的误差。

（2）黏度大的溶液导致信号变宽，使信号之间不容易区分，尤其在 C(2)/C(3)/C(5) 区域。测试时，需要用低聚合度样品，如低聚合度的纤维素衍生物或者在保证取代基不迁移、不断裂的前提下，通过酸、酶水解或超声降解制得的适合用于核磁分析的样品。

（3）即便在溶液黏度足够降低后，用高质量的 NMR 仪测得的核磁图谱仍然难以区分 C(2)/C(3)/C(5) 位的信号，仍然难以分别测定 C(2) 和 C(3) 位局部取代度的精确值。通常，通过分析邻位 C(1) 原子的信号，可以测得 C(2) 位精确的局部取代度。

表 7-9　纤维素及纤维素衍生物的 $^{13}$C-NMR 化学位移

| 样品 | DS | $^{13}$C-NMR 的化学位移 | | | | | |
| --- | --- | --- | --- | --- | --- | --- | --- |
| | | C-1<br>C-1′ | C-2<br>C-2s | C-3<br>C-3s | C-4<br>C-4′ | C-5<br>C-5′ | C-6<br>C-6s |
| 纤维素 | — | 103.5-<br>— | 74.6-<br>— | 75.7-<br>— | 79.8 | 76.4 | 61.3 |
| 甲基纤维素 | 3.0 | 103.1 | 83.7 | 85.1 | 77.5 | 74.9 | 70.4 |

| 样品 | DS | <sup>13</sup>C-NMR 的化学位移 | | | | | |
| | | C-1 | C-2 | C-3 | C-4 | C-5 | C-6 |
| | | C-1′ | C-2s | C-3s | C-4′ | C-5′ | C-6s |
|---|---|---|---|---|---|---|---|
| 乙基纤维素 | 3.0 | — | — | — | — | — | — |
| | | 103.0 | 82.1 | 82.6 | 77.4 | 75.3 | 68.8 |
| 丙基纤维素 | 3.0 | — | — | — | — | — | — |
| | | 102.6 | 82.2 | 83.8 | 77.2 | 76.7 | 68.7 |
| 丁基纤维素 | 3.0 | — | — | — | — | — | — |
| | | 102.8 | 82.3 | 84.0 | 77.0 | 75.6 | 68.7 |
| 甲酸纤维素 | 1.1 | 104.5 | 73.5 | 76.3 | 81.8 | 74.6 | 61.9 |
| (在 Me<sub>2</sub>SO-d<sub>6</sub> 中) | | 103.7 | | | 80.7 | | 64.2 |
| 醋酸纤维素 | 2.0 | 104.4 | 73.1 | 76.5 | 81.6 | 74.7 | 61.0 |
| (在 Me<sub>2</sub>SO-d<sub>6</sub> 中) | | 101.1 | | | 80.3 | | 63.9 |
| 异氰酸纤维素 | 3.0 | 101.7 | 74.1 | 74.6 | 78.1 | 73.1 | 63.8 |
| (在丙酮-d<sub>6</sub> 中) | | | | | | | |
| 硝酸纤维素 | 2.8 | — | — | — | — | — | — |
| (在 Me<sub>2</sub>SO-d<sub>6</sub> 中) | | 99.0 | 79.2 | 77.9 | 76.3 | 70.6 | 70.6 |
| 硫酸纤维素 | 1.3 | 103.0 | 73.2 | 74.7 | 79.2 | 73.6 | 60.8 |
| (在重水中) | | 100.9 | 80.4 | 82.4 | 78.4 | | 67.1 |
| 磷酸纤维素 | 0.3 | 104.1 | 75.4 | 76.7 | 78.7 | 76.5 | 61.7 |
| (在镉乙二胺中) | | 102.7 | | | | | 63.9 |

**1. <sup>13</sup>C-NMR 测定羟丙基甲基纤维素结构及两大基团含量**

因为羟丙氧基末端有一个羟基，因此还会继续被羟丙基或甲基取代，也就是说羟丙基或甲基不仅取代在葡萄糖环上，还会取代在已取代的羟丙基上。由这两种途径接于无水葡萄糖基团上的物质的量，以摩尔取代度表示，即 MS。对羟丙基甲基纤维素来说，取代度（DS）针对的是甲基，是指位于脱水葡萄糖单元上的平均—OH 与醚化剂反应的数目。而摩尔取代度（MS）针对的羟丙基，指平均每个葡萄糖单元上的环氧丙烷的数量，即指平均多少环氧丙烷分子已与每一个脱水葡萄糖单元产生反应。结构的测定一方面要测定甲基的取代度（DS）和羟丙基的摩尔取代度（MS），另一方面要分析测定甲基和羟丙基在葡萄糖环 C(2)、C(3)、C(6) 位及羟丙基侧链上的取代。

由于纤维素衍生物的溶解性很大程度上依赖于其取代度及取代基分布，并且其化学位移对所用的溶剂非常敏感，而 HPMC 不溶于普通的有机溶剂，同时由于其高黏特性限制了一些测试手段如核磁共振方法的应用。采用先将 HPMC 乙酰化，再利用<sup>13</sup>C-NMR 分析。通过这种方法，衍生物至少在理论上仍然保持原来聚合物的形式，并且能够提供聚合物的更多结构信息。这种方法的优点如下。

（1）样品在很宽的 DS 范围内可溶于常规的 NMR 溶剂，便于与标准聚合物进行比较。

（2）乙酰基羰基碳信号对葡萄糖环上所处的位置相当敏感，因此，可直接确定取代基在葡萄糖环上 C(2)、C(3)、C(6) 位的分布。

（3）羟基基团被乙酰化后，可以消除由于氢键相互作用给谱图识别带来的复杂性。

（4）纤维素衍生物仍然保持聚合物形式，因而能够避免繁琐的水解处理。是否完全乙酰化可通过 IR 分析来得到证实。乙酰化后的 IR 谱图中 $3400cm^{-1}$ 附近羟基特征峰消失，可以认为 HPMC 中的游离羟基已经被乙酰基所取代。

**实验用样品的处理**　纤维素醚的乙酰化是通过在醋酐/吡啶的混合液中回流实现的，完全乙酰化是由 IR 谱图证实。乙酰化过程为：取 20gHPMC、100mL 吡啶和 50mL 醋酸酐放入 500mL 三口烧瓶中加热回流 3h，将产物加入 1.2L 的水中沉淀分离出来，并反复洗涤、抽滤，最后在丙酮/水的混合物中重新沉淀纯化，放入真空干燥箱中 60℃下干燥。

HPMC 样品的分子量可通过其乙酰化衍生物进行 GPC 分析得到，以聚苯乙烯为标样，其分子量范围在 $2×10^4$ 左右。

**分析测定过程**　$^{13}$C-NMR 测定采用 JEOL JNM-GX 270 型核磁共振设备，探针是直径为 5mm 或 10mm 的 C-H 双探针，所用频率为 67.8MHz，温度为 100℃，所用溶剂为氘代二甲基亚砜（DMSO-$d_6$）。化学位移 $δ$ 以溶剂 DMSO-$d_6$ 的 43.5 作为参比。在定量分析中，$^{13}$C-NMR 测定采用的脉冲间隔时间为 100s，累加次数为 2000 次，C(1) 信号区被用作校准的基本单元。

HPMC 样品的结构细节可通过研究乙酰化产物的 $^{13}$C-NMR 谱图分析得出。在所有峰中，把甲氧基中的甲基碳和乙酰基碳的峰信号作为反映 HPMC 结构的特征峰。总的甲氧基甲基碳信号峰位于 $δ=59～64$，其积分值决定了甲氧基的总含量；同样，羟丙氧基的总含量由 $δ=20$ 的羟丙氧基甲基信号峰积分值来决定。乙酰基羰基信号出现在化学位移为 172.2、172.6、172.9 及 173.4，分别对应于 C(2)、C(3)、C(6) 及羟丙基取代基端基的乙酰基碳。因为乙酰化 HPMC 的乙酰基基团的分布与初始 HPMC 的羟基基团的分布直接相关，所以每个峰信号的积分便反映了每个取代基团中羟基基团的相关量。在计算 HPMC 样品中甲基和羟丙基取代度的绝对值时须扣除羟基的量。

HPMC 生产过程的设备多种多样、工艺也不尽相同、配方也各式各样，下面以加料顺序不同得到的不同产品的 $^{13}$C-NMR 谱图为例进行分析。第一种情况：先加氯甲烷再加环氧丙烷的分步反应；第二种情况：与第一种相似的分步反应，但是添加顺序正相反；第三种情况：与两种醚化剂的混合物同时反应。因此，在第一种情况中预计会形成两种类型的取代基，即甲基和带有羟基端基的羟丙基。但是在第二及第三种情况中，还会产生另一种取代基，即以甲氧基作端基的羟丙基。反应过程见图 7-12。

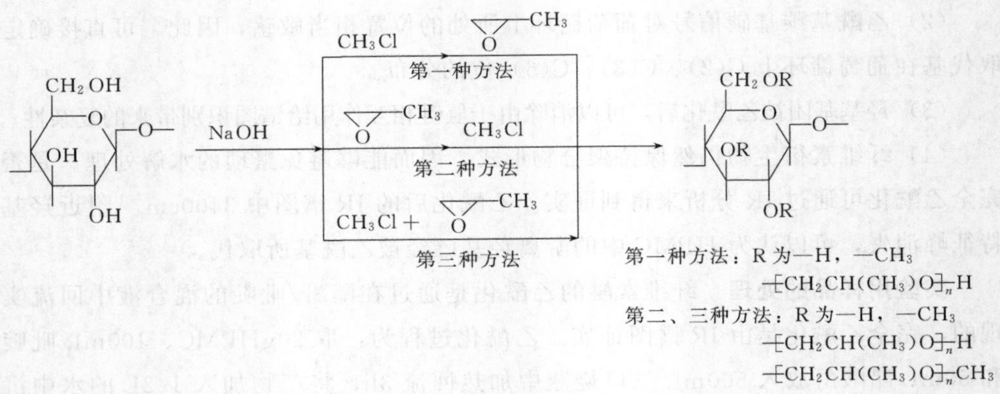

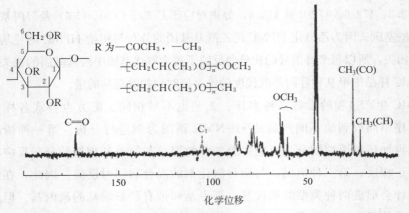

图 7-12　HPMC 的三种制备方法

经过多次实验得到了研究所需要的 HPMC 样品，它们具有相似的取代度：甲基为 $1.47 \sim 1.90$，羟丙基为 $0.25$。尽管 HPMC 样品的羟丙氧基含量在理论上是由带有不同聚合度的聚环氧丙烷基团组成的，但在此认为低羟丙氧基含量的 HPMC 样品的取代基仅是一个羟丙基基团。通过乙酰化衍生物的 $^{13}C$-NMR 谱图，可分析其结构特征。图 7-13 所示为第三种情况制得的 HPMC 的乙酰化产物的谱图。

在所有峰中，把甲氧基甲基和乙酰基的羰基碳峰信号作为反映 HPMC 结构的特征峰。所有的甲氧基甲基信号峰位于 $\delta=59 \sim 64$ 之间，它的积分值与 C(1) 信号强度比较可以确定甲氧基的总含量，其中 C(1) 信号由 C(2) 位上的取代基的类型来决定，也就是说，如果 C(2) 位是甲氧基或羟丙氧基，则 C(1) 信号位于 $\delta=105$ 附近；如果 C(2) 位是乙酰基，则 C(1) 信号位于 $\delta=102.9$。按照同样的方法，羟丙氧基的总含量由位于 $\delta=20$ 的羟丙氧基甲基的信号积分而得。

图 7-13　乙酰化羟丙基甲基纤维素在 DMSO-$d_6$ 中 100℃ 下的 $^{13}C$-NMR 谱图

（第三种加料方式得到的产品）

图 7-14 对几种 HPMC 产品的乙酰化物的甲氧基甲基的信号峰的扩展进行了比较。连接在羟丙氧基末端的甲氧基甲基的信号峰出现在 $\delta=59.4$，这样可以将其与直接连在葡萄糖环上的甲氧基甲基区别开，因为后者的四个主要信号峰位于 $\delta=61\sim64$，而这四个主要峰的区分不仅取决于它们在葡萄糖环的取代位置，而且取决于这些官能团与其他位置的取代基的相互影响。在由第一种方法制得的 HPMC 的乙酰化产物的 $^{13}$C-NMR 谱图中没有发现位于 $\delta=59.4$ 的特征峰，原因是第一种方法中甲基化作用先于环氧丙基化。通过对比特征信号的面积，对位于脱水葡萄糖单元上或羟丙氧基的末端甲氧基作了定量估算，结果列于表7-10中。

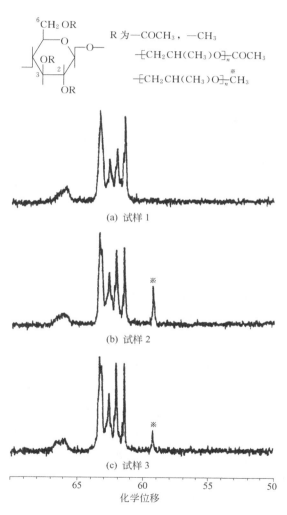

图 7-14　乙酰化 HPMC 在 100℃ 下 DMSO-$d_6$ 中 $^{13}$C-NMR 谱图的甲氧基甲基区域

表 7-10　通过不同工艺制得的 HPMC 结构参数

| 试样 | 工艺① | —CH₃ | | | —CH₂CH(CH₃)O—X | | | DS② | | | |
|---|---|---|---|---|---|---|---|---|---|---|---|
| | | glu③ | sub④ | 总计 | H | CH₃ | MS⑤ | C(2) | C(3) | C(6) | 总计 |
| 1 | 工艺 1 | 1.58 | | 1.58<br>1.47⑥ | 0.32 | | 0.31<br>0.25⑥ | 0.68<br>0.70⑦ | 0.32 | 0.64 | 1.64 |
| 2 | 工艺 2 | 1.73 | 0.13 | 1.86<br>1.90⑥ | 0.13 | 0.13 | 0.25<br>0.25⑥ | 0.82<br>0.83⑦ | 0.53 | 0.71 | 2.06 |
| 3 | 工艺 3 | 1.81 | 0.06 | 1.87<br>1.90⑥ | 0.17 | 0.06 | 0.26<br>0.25⑥ | 0.82<br>0.83⑦ | 0.57 | 0.80 | 2.19 |

① 见图 7-12。
② 甲基和羟丙基的总和。
③ 位于葡萄糖单元上。
④ 位于羟丙基的端基。
⑤ 羟丙基基团的总含量。
⑥ 化学分析结果。
⑦ 来自 C（1）信号分析。

表 7-10 中列出了 HPMC 样品的结构参数，包括位于葡萄糖单元或是羟丙氧基末端的甲基的分布，以及脱水葡萄糖单元上两种醚取代基混合物的分布。位于羟丙氧基末端的甲基与羟基基团的比在很大程度上取决于制备方法，比如第一种方法此比值为 0，而第二种方法制备的样品，此比值高达 50%。HPMC 的非水溶液黏度的显著差别很可能与此结构的不同有关。

图 7-15 比较了几个 HPMC 的乙酰化产物中乙酰基羰基碳信号峰的放大扩展图。乙酰基羰基碳信号的特征信号分裂为 4 个，位于 172.2、172.6、172.9 及 173.4，分别对应于直接连在葡萄糖单元 C(2)(172.2)、C(3)(172.6)、C(6)(173.4) 及羟丙氧基末端的乙酰基（172.9）。因为乙酰化后的 HPMC 中乙酰基的分布与乙酰化前的 HPMC 中羟基的分布直接相关，所以每个信号峰的积分也可反映出每个取代位置上羟基的量。在计算 HPMC 样品中甲基和羟丙基取代度的绝对值时须扣除羟基的量。

利用核磁共振碳谱[13]C-NMR 来研究羟丙基甲基纤维素的结构是一种有效的方法。但要想获得满意而准确的计算结果，对各方面的实验条件都有很苛刻的要求，任何一个条件不能满足，都会影响谱图中关键峰的分辨。这些实验条件包括：①溶剂种类，在本实验中 DMSO 比 $CDCl_3$ 效果更好；②实验温度，应接近 100℃；③脉冲间隔时间，应大于体积最大的官能团松弛时间的 10 倍。

**2. CMC 的[1]H-NMR 谱图分析**

**仪器和试剂**　Bruker-500 核磁共振谱仪；分析天平：精确至 0.0001g；振荡搅拌器；真空泵；厚壁反应瓶或带塞小瓶：自制，能够承受一定的压力，5mL；烧杯：100mL，量筒：100mL。

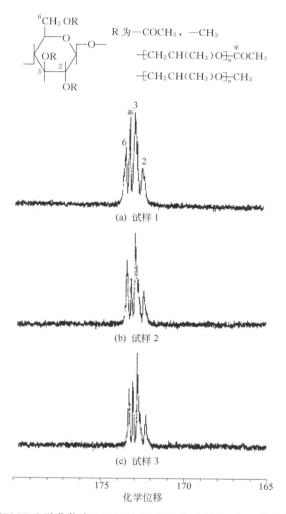

图 7-15　HPMC 乙酰化物在 100℃ 下 DMSO-$d_6$ 中 $^{13}$C-NMR 谱图的羰基区域

**测试方法**　配制 80％（体积分数）的乙醇溶液。称取 1～2gCMC 置于烧杯中，加入 50mL80％乙醇溶液，搅拌 30min，抽滤；再加入 50mL80％乙醇溶液，搅拌 30min，进行第二次洗涤，抽滤；最后用 50mL 的无水乙醇洗涤一次，抽滤。将洗涤后的样品放入烘箱内，在 80℃ 下烘干 2h 左右。取 75mg 烘干样，放在小瓶中，加入 0.5mL $D_2O$，再加入 0.5mL $D_2SO_4$ 与 $D_2O$ 的混合物（二者体积比为 1∶1），封口，在 90℃ 烘箱内放置 2h，间歇振荡，以免发生凝胶。最终形成浅黄色的均相溶液。做核磁试验，进行图谱的分析。

$^1$H-NMR 谱图可以得到 CMC 中羧甲基在葡萄糖单元（AGU）的 C(2)、C(3) 及 C(6) 位上的取代度及取代基团分布信息。首先将样品在硫酸中水解，生成取代

的葡萄糖，然后通过<sup>1</sup>H-NMR来分析。水解的过程为：称取150mg样品放入5mL玻璃瓶中，加入$D_2O$，再慢慢加入$D_2O$与$D_2SO_4$混合物，将此浆状物在90℃加热一段时间，取0.4mL加到NMR管中做测试。得到的谱图如图7-16所示。

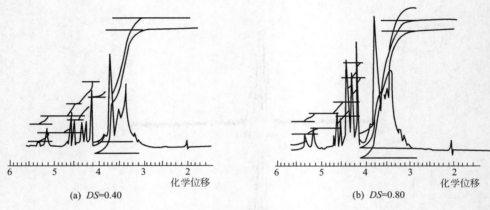

(a) *DS*=0.40

(b) *DS*=0.80

图7-16　CMC样品的<sup>1</sup>H-NMR谱图

各种取代度CMC样品的谱图外形相似。化学位移为3.0～4.0是葡萄糖单元（AGU）上的质子峰，4.0～4.5为—$CH_2COO^-$的特征峰，4.5～5.5是AGU上还原性末端C(1)上的质子共振峰。谱图中4.0～4.5之间的4个尖锐强峰从低场到高场分别代表了C(3)、C(2)α、C(2)β、C(6)羟基的羧甲基化峰。鉴别C(2)α与C(2)β峰比较困难，但是可以通过一个温度实验来鉴定。图7-17是一个高温下CMC样品的谱图。图7-17(a)中大约4.7处的双重峰是C(1)β质子，C(2)α、C(2)β羧甲基基团的2个尖锐峰出现在4.3和4.4。然而在80℃时，在这种酸性介质中α与β-异构体的相互转变速率要快得多。在此温度下，在C(2)α与C(2)β之间就形成了一个加宽的单谱线（4.35）。C(2)α与C(2)β信号之所以不同是因为后者的信号更大。C(3)和C(6)羧甲基取代信号的鉴定比较简单，因为前者根据观察来看总是比较小，且CMC中葡萄糖单元C(3)位的羟基是最不活泼的。

谱图中化学位移在4.0～4.5的部分包含着重要的信息，即羧甲基纤维素的取代情况，从这些信息可以得到取代度（*DS*）和取代基的分布情况，图7-18为*DS*=1.18的PAC的这部分的详细谱图。

图7-18中4.6～5.5之间为C(1)的两组双重峰。这两组双重峰是由于受C(2)处的质子影响而引起的。较低场的双重峰认为是α-异构体的C(1)处质子，较高场的双重峰为β-异构体的C(1)处质子。图中S和U分别代表C(2)处羟基的取代与未取代。从图中还可以明显看到，—$OCH_2COO^-$的质子在4.0～4.6的特殊区域里被检测到，从这里可以测定纤维素取代度（*DS*），已发现从葡萄糖或者水解纤维

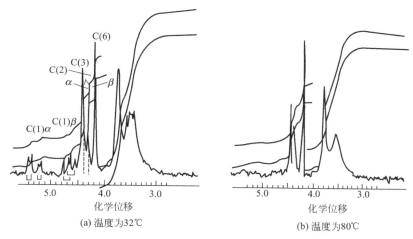

图 7-17　DS＝1.15 的 CMC 样品分别在 30℃和 80℃下的谱图

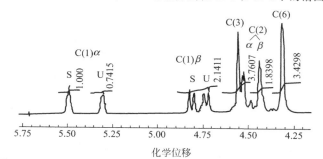

图 7-18　DS＝1.18 的 PAC 样品在 4.0～5.5 的扩展 NMR 谱图

素样品得到的相似的谱图（羧甲基化之前）并不包含这一区域。羧甲基的—CH₂—基团在这一区域产生了四个尖锐强峰，因此可以分析取代基的平均分布。同时也可以研究葡萄糖环上三个羟基的相对反应活性。谱图中 4.0～4.6 之间的 4 个尖锐强峰从低场到高场分别代表了 C(3)、C(2)α、C(2)β、C(6) 羟基的羧甲基化峰。

通过谱图测定 DS 要计算两个特殊积分 $A/B$ 的比值。其中 $A$ 为 4.0～4.6 之间的羧甲基信号积分的一半，而 $B$ 为一个葡萄糖单元一个质子的区域的积分。$B$ 值可以是位于低场的两组双重峰积分的直接加和［C(1) 残余末端的单个质子］，或者是位于高场区域的（3～4）主要 C—H 信号的总积分值的 1/6。在实际应用中，$B$ 值通常是这两种单独测定方法的平均值。

从前面对 $\delta=4.0\sim4.6$ 之间的特征峰分析可知，从低场到高场四个峰依次为 C(3)、C(2)α、C(2)β、C(6) 位置上的取代基团引起的，依次记为 A、B、C、D 峰，那么取代基在 C(3)、C(2)、C(6) 位上的分布即为这些特征峰的积分值比［C(2)α＋C(2)β：C(3)：C(6)］，但 C(3) 位上的取代基质子峰 A 与 C(2) 位的 α-异构体取代峰 B 位置十分接近，因而很难从图上直接读出它们的积分值 $J_A$ 和 $J_B$，为此需做下面的运算。

从谱图中直接读出 A+B、C 及 D 峰的积分值 $J_{A+B}$、$J_C$ 及 $J_D$，利用 $\alpha$ 和 $\beta$ 葡萄糖异构体比例为 36:64，因而 C(2) 位取代基质子峰存在 $J_B:J_C=36:64$ 的关系，可以计算出 $J_A$ 和 $J_B$，这样可用 $J_{A+B}$、$J_C$ 和 $J_D$ 来表示 C(3)、C(2)、C(6) 位上取代基的分布：

$$C(2)=DS\cdot\frac{J_C+J_B}{J_{A+B+C+D}}$$

$$C(3)=DS\cdot\frac{J_A}{J_{A+B+C+D}}$$

$$C(6)=DS\cdot\frac{J_D}{J_{A+B+C+D}}$$

积分计算结果见表 7-11。

表 7-11　CMC 的羧甲基在 C(2)、C(3)、C(6) 位上的分布

| 序号 | DS | 积分值 | | | | | 取代基分布 | | | C(2):C(3):C(6) |
|---|---|---|---|---|---|---|---|---|---|---|
| | | $J_{A+B+C+D}$ | $J_{A+B}$ | $J_C$ | $J_{B+C}$ | $J_A$ | $J_D$ | C(2) | C(3) | C(6) | |
| 1 | 0.58 | 18.1 | 6.0 | 3.7 | 5.78 | 3.92 | 8.4 | 0.185 | 0.126 | 0.269 | 1.47:1:2.14 |
| 2 | 0.65 | 25.5 | 8.2 | 5.0 | 7.81 | 5.39 | 12.3 | 0.199 | 0.137 | 0.313 | 1.45:1:2.29 |
| 3 | 0.73 | 23.5 | 8.0 | 4.5 | 7.03 | 5.47 | 11.0 | 0.218 | 0.170 | 0.342 | 1.29:1:2.01 |
| 4 | 0.86 | 27.0 | 8.5 | 5.5 | 8.59 | 5.41 | 13.0 | 0.266 | 0.192 | 0.414 | 1.39:1:2.16 |
| 5 | 0.95 | 52.0 | 18.0 | 12.0 | 18.75 | 11.25 | 22.0 | 0.325 | 0.195 | 0.419 | 1.67:1:2.15 |
| 6 | 1.00 | 39.8 | 14.1 | 9.8 | 15.31 | 8.59 | 16.0 | 0.385 | 0.216 | 0.402 | 1.78:1:1.86 |
| 7 | 1.10 | 41.7 | 14.5 | 8.5 | 13.28 | 9.82 | 18.7 | 0.350 | 0.259 | 0.492 | 1.35:1:1.90 |
| 8 | 1.28 | 68.5 | 25.5 | 15.5 | 24.22 | 16.78 | 27.5 | 0.453 | 0.314 | 0.514 | 1.44:1:1.64 |
| 9 | 1.37 | 51.0 | 20.0 | 11.0 | 17.19 | 13.81 | 20.0 | 0.462 | 0.371 | 0.537 | 1.25:1:1.45 |

通过分析可以看出，C(6) 位上羟基被羧甲基取代的可能性最大，其次是 C(2) 位上羟基，C(3) 位上羟基被取代程度最小。还可以看出，取代度在 1.0 以下试样的羧甲基分布 C(2):C(3):C(6) 近似于 1.45:1:2.15，取代度大于 1.0 后，随取代度提高，C(2)、C(3) 位上的取代基增加比例大于 C(6) 位，这是由于 C(6) 位羟基被活化程度（可及度）越大，未被活化的 C(6) 位上的羟基数目就越少，使水合 $Na^+$ 与 C(6) 位上羟基的反应速率降低，C(2)、C(3) 位羟基被活化的概率就增大，所以以取代度高的试样，其 C(2)、C(3)、C(6) 位分布均匀。由于生产工艺不同、试样处理方法不同及测试方法的差异，文献中报道的纤维素上 3 个羟基的取代分布结果各有不同。

### 3. 通过 [13]C-NMR 和 [1]H-NMR 分析 HPC 的取代基分布

[1]H-NMR 和 [13]C-NMR 采用 JEOL JNM-GX 270 型核磁共振设备，探针是直径为 5mm 或 10mm 的 C-H 双探针，所用频率分别为 270.8MHz 和 67.8MHz，温度为 100℃，所用溶剂为 $Me_2SO$-$d_6$（或在 40℃ 下的 $D_2O$ 中）。化学位移值以溶剂

Me$_2$SO 信号（$^1$H-NMR 为 2.5，$^{13}$C-NMR 为 43.5）或者以 4,4-二甲基-4-硅戊酸钠-d$_4$（$\delta=0.0$）作为参比。在定量分析时，$^{13}$C-NMR 测定采用的脉冲重复时间为 100s，累加次数为 1500～2000 次，偏转角度为 45°，谱图宽度为 20000Hz，采样点为 32K。松弛时间 $T_1$ 通过倒置-恢复方法利用 $MS$ 为 1.27 的乙酰化 HPC 来测得。

对 HPC 水解产物进行的 GLC 分析与以前描述的针对 HPMC 的分析略有不同。HPC 水解产物的 GLC 分析过程如下。将 HPC（50mg）在 2.0mL 3.0% 的 H$_2$SO$_4$ 中于 130℃ 下水解 3h。在此条件下，没有发现聚丙二醇链发生明显降解。用 BaCO$_3$ 进行中和，之后重新溶解在 3.0mL 的甲醇中，再用 0.45μm 的过滤器过滤。然后加入 100μL 的 NaBH$_4$ 溶液（将 1.5g 的 NaBH$_4$ 加入到 10mL 的 0.2mol/L 的 NaOH 中），搅拌 1h。再加入 10μL 的醋酸，将溶液加热蒸发，接着用 3.0mL 的甲醇洗涤，再蒸发。最后，加入 1.0mL 的醋酸酐和 1.0mL 的 C$_5$H$_5$N，将混合物在 120℃ 下加热 3h。取 1μL 该溶液直接加入到 Shimadzu GC-7A 气相色谱仪中进行分析，该色谱仪带有 0.2mm×10mm 的毛细管，装有交联的 5% 的苯甲基硅烷，柱温为 190～320℃，加热速率为 4℃·min$^{-1}$。

采用 $^1$H-NMR 和 $^{13}$C-NMR 方法分析 HPC 及其水解（或醇解）产物能够得到的结构信息是很有限的，原因是缺少可用于大范围 $MS$ 样品的常规 NMR 溶剂，并且对一些复杂的谱图会产生峰的重叠。目前应用乙酰化技术改进了这样的状况。

图 7-19 是 HPC 及其乙酰化衍生物的红外谱图。从 3300cm$^{-1}$ 处羟基吸收峰的消失以及 1735cm$^{-1}$ 处酯羰基吸收峰的出现可以明显看出乙酰化是定量的。由于大范围 $MS$ 的乙酰化 HPC 样品在 Me$_2$SO-d$_6$ 中都是可溶的，因此大大方便了高温 NMR 测定。

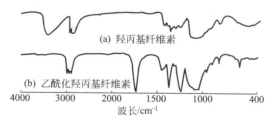

图 7-19　羟丙基纤维素和乙酰化羟丙基纤维素的红外谱图

乙酰化 HPC 的 $^1$H-NMR 和 $^{13}$C-NMR 测定在 100℃ 下 Me$_2$SO-d$_6$ 中进行，所得的谱图可与那些未处理的 HPC 在 40℃ 下 D$_2$O 中得到的谱图进行比较。图 7-20 比较了未处理和乙酰化后的 HPC 的 $^1$H-NMR 谱图，利用图 7-20(b)，参考分离的乙酰基甲基和羟丙氧基甲基质子信号能够得到 $MS$ 的更加准确的计算值。图 7-21 是 HPC 及其乙酰化衍生物的 $^{13}$C-NMR 谱图，图 7-21(a) 的信息峰是已分裂的羟丙氧基甲基信号，在以前的报道中已指出，它们分别对应着低聚环氧丙烷取代基的内部和端基单元；而图 7-21(b) 显示出了羰基基团、C(1) 的乙缩醛、乙酰基甲基和羟丙氧基甲基的碳峰，以提供更多的结构信息。

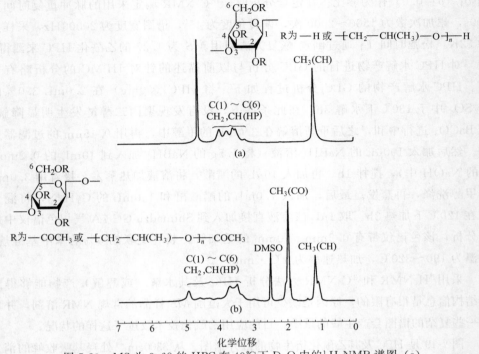

图 7-20  $MS$ 为 3.68 的 HPC 在 40℃下 $D_2O$ 中的$^1$H-NMR 谱图 （a）

$MS$ 为 2.45 的乙酰化 HPC 在 100℃下 $Me_2SO$-$d_6$ 中的$^1$H-NMR 谱图 （b）

图 7-22 是一系列乙酰化 HPC 样品的羰基区域的放大扩展图。羰基碳信号被明显分裂成四个峰，分别位于 172.2、172.6、172.9 及 173.4，其中分别对应着处于在葡萄糖环上不同位置 [C(2)（172.2）、C(3)（172.6）、C(6)（173.4）] 和处于低聚环氧丙烷末端（172.9）的乙酰基。位于葡萄糖环上 C(2)、C(3) 和 C(6) 位的羰基碳信号的松弛时间 $T_1$ 分别为 1.98s、2.24s 和 3.10s，而位于羟丙基基团末端的则明显增长，为 9.89s，这表明取代基末端基团具有更好的柔韧性。通过采用长的脉冲重复时间（100s）可以定量估算取代度。对每个峰进行积分不仅能直接计算总取代度，而且能够计算乙酰化 HPC 样品中乙酰基的分布。减去乙酰化 HPC 样品的乙酰基的分布就能够计算出低聚环氧丙烷基团的分布。

对 C(1) 的乙缩醛碳的分析，能够分别计算出 O(2) 位的取代度，其中C(1)乙缩醛碳信号与 O(2) 上的取代基类型有关，若为羟丙氧基，则处于 $\delta = 104.8$；若为乙酰基，则处于 $\delta = 102.8$。

图 7-23 是一系列乙酰化 HPC 样品的乙酰基甲基和羟丙氧基甲基区域的放大扩展图，可以看到，乙酰基甲基信号分裂为 3 个峰，位于 23.5、23.8 和 24.2，分别对应着

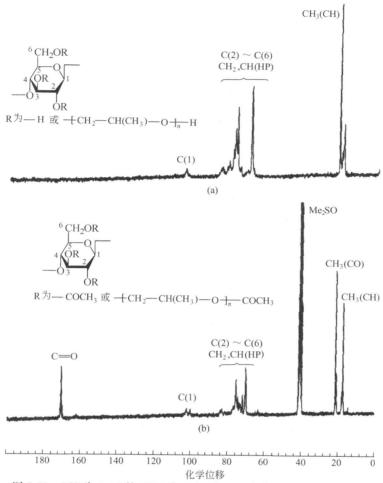

图 7-21　*MS* 为 3.68 的 HPC 在 40℃下 $D_2O$ 中的 ${}^{13}C$-NMR 谱图 （a）

*MS* 为 2.45 的乙酰化 HPC 在 100℃下 $Me_2SO$-$d_6$ 中的 ${}^{13}C$-NMR 谱图 （b）

葡萄糖环上的乙酰基（23.5 和 23.8）以及低聚环氧丙烷取代基的末端基团（24.2），前两者的 $T_1$ 值为 1.30s 和 1.13s，后者为 3.40s。对每个信号积分可以得出总取代度。

位于大约 $\delta=20$ 附近的羟丙氧基甲基信号分裂得很好，可反映出葡萄糖环上的取代位置和/或羟丙氧基单元上的对应异构体的分布。随 *MS* 值的增加，位于 $\delta=20.5$ 的信号变得清晰可见，通过与乙酰化聚丙二醇的谱图比较，标记该信号为低聚环氧丙烷取代基内部甲基基团。因此通过这两个信号的积分可以计算出低聚环氧丙烷取代基的平均聚合度。

表 7-12 列出了通过 ${}^1H$-NMR 和 ${}^{13}C$-NMR 技术得出的一系列不同 *MS* 的 HPC 样品的结构参数。总的 *DS* 值是通过乙酰基羰基或者乙酰基甲基碳分析得到的，并

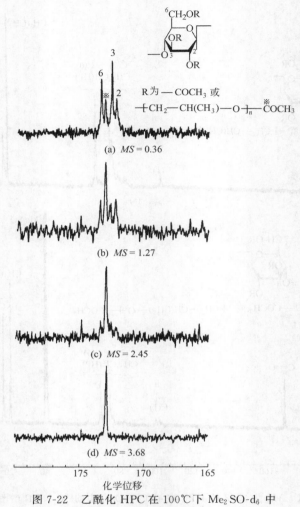

R为 —COCH₃ 或

$\left[ CH_2 - CH(CH_3) - O \right]_n$ COCH₃

(a) $MS = 0.36$

(b) $MS = 1.27$

(c) $MS = 2.45$

(d) $MS = 3.68$

化学位移

图 7-22　乙酰化 HPC 在 100℃下 Me₂SO-d₆ 中
$^{13}$C-NMR 谱图的羰基区域

且两个吻合得很好。表格中同样列出了葡萄糖环上每个位置的取代度，该数值是通过分析乙酰基羰基信号得到。在 O(2) 位的取代度同样通过分析C(1)区域来确定，并且与乙酰基碳区的分析进行比较，否则就会发现 C(1) 乙缩醛碳信号会明显变宽，尤其是在低取代度的时候，计算误差会很大。

从核磁共振技术的分析结果可知，在醚化反应的初始阶段，位于 C(2) 位的羟基基团与环氧丙烷的反应速率最快，而 C(6) 位的羟基是逐渐地被消耗，但是C(6)与C(2)位的取代度在同一水平。C(3) 羟基基团与环氧丙烷的反应速率最慢，但是，当 MS 达到 3.68 时，C(3) 上的羟基也大部分已被消耗掉。葡萄糖环上羟基的反应活性规律，即 O(2)＞O(6)＞O(3)，在这里仍然成立。但是，在定量估算葡萄糖环上羟基

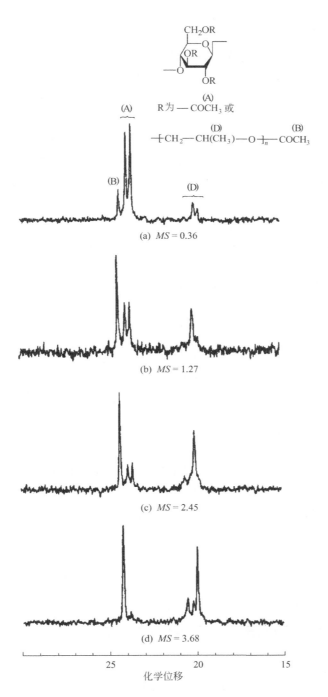

图 7-23 乙酰化 HPC 在 100℃下乙酰基甲基和羟丙氧基
甲基区域的$^{13}$C-NMR 谱图

和羟丙氧基末端羟基的反应活性时应格外小心，因为碱纤维素和环氧丙烷的反应具有非均相的特征。与纤维素的结晶区相比，无定形区的反应更容易发生，从而导致根据统计计算所估算出的取代基分布产生差异。

表 7-12 还列出了通过分析羟丙氧基甲基信号得到的低聚环氧丙烷的平均聚合度，并且与 $MS/DS$ 的比值进行了比较。两者吻合得很好，并且在反应的初始阶段保持接近一致。它们都随着 $MS$ 值的增加而增大。应当指出的是，由 GLC 测得的 $MS$ 值低于由 $^1$H-NMR 测得的值，低取代度的样品尤其是这样，它们甚至低于由 $^{13}$C-NMR 估算得到的总的 $DS$ 值，并且超出了实验误差的范围。这种异常现象可以这样来解释：即出现了不希望出现的降解以及在连续的处理过程如水解、降解和乙酰化中样品的量会损失。

**表 7-12　HPC 的取代基分布**

| 样品 | $MS$ | | 总的 $DS$ | | 各个位置取代 | | | 平均聚合度 | |
| --- | --- | --- | --- | --- | --- | --- | --- | --- | --- |
| | $^1$H | GLC | CO① | CH₃② | 2①,③ | 3① | 6① | 实验值 | 计算值④ |
| 1 | 0.36 | 0.24 | 0.49 | 0.41 | 0.40(0.18) | 0.01 | 0.08 | 1.00 | 0.88 |
| 2 | 0.90 | 0.75 | 1.00 | 0.95 | 0.41(0.31) | 0.29 | 0.26 | 1.00 | 0.90 |
| 3 | 1.27 | 1.17 | 1.26 | 1.25 | 0.57(0.43) | 0.28 | 0.42 | 1.14 | 1.00 |
| 4 | 2.37 | 2.12 | 1.95 | 1.94 | 0.77(0.59) | 0.60 | 0.60 | 1.20 | 1.22 |
| 5 | 2.37 | 2.20 | 2.12 | 1.93 | 0.73(0.65) | 0.66 | 0.73 | 1.30 | 1.12 |
| 6 | 2.45 | 2.60 | 1.85 | 1.82 | 0.64(0.66) | 0.55 | 0.64 | 1.23 | 1.32 |
| 7 | 3.68 | 3.76 | 2.86 | 2.65 | 1.00(1.00) | 0.86 | 1.00 | 1.36 | 1.29 |

① 羰基区域分析。
② 乙酰基甲基分析。
③ C(1) 信号分析（括号中数据）。
④ $MS$（$^1$H）与总 $DS$（CO）的比值计算。

以上研究结果表明，NMR 方法对 HPMC、CMC、HPC 等纤维素醚能够有效进行细微结构分析。此技术与以往利用未经处理样品的分析方法相比具有一系列优势，包括：①样品在很宽的取代度范围内可溶于常规的 NMR 溶剂，便于与标准物进行比较；②乙酰基羰基碳信号对葡萄糖环上所处的位置相当敏感，可直接确定取代基在葡萄糖环上 C(2)、C(3)、C(6) 位的分布；③羟基基团被乙酰化后，可消除氢键相互作用给谱图识别带来的复杂性；④纤维素衍生物仍然能保持聚合物形式，因而能够避免繁琐的水解处理。

## 三、纤维素及其衍生物聚合度的测定

所有的纤维素及其衍生物，即便是根据分子量分级分离出来的样品，也会因分子量和聚合度不同（也就是重复单元数目上的差异），而具有多分散性。这就意味着重均分子量（$M_w$）和数均分子量（$M_n$）的区别，$M_w > M_n$，不均一度参数 $U > 0$。举例说明如下。

聚合物 $F_1$：$M_1 = 1000$    $n_1 = 1$

聚合物 $F_2$：$M_2 = 200$    $n_2 = 5$

$$M_w = \frac{\sum n_i M_i^2}{\sum n_i M_i} \quad M_n = \frac{\sum n_i M_i}{\sum n_i}$$

$$M_w = \frac{10^6 + 5 \times 200^2}{10^3 + 5 \times 200} = 600 \quad M_n = \frac{1000 + 1000}{1 + 5} = 333$$

$$U = \frac{M_w}{M_n} - 1 = 0.8 \tag{7-55}$$

$M_n$ 和 $DP_n$ 经常用来描述纤维素的降解性能，而 $M_w$ 和 $DP_w$ 则常用于表征产品的性能。

近代聚合物物理测试中，测定平均分子量没有特定的标准。用于纤维素及其衍生物研究的两种方法中，光散射用于测定 $M_w$，离心沉降也能粗略测定 $M_w$。测定 $M_n$ 时，如果纤维素分子的分子量非常小，经典的膜渗透压法可被气相渗透法完全取代。由于溶液和溶剂的饱和蒸气压不同，溶液和溶剂间产生温差，气相渗透法就利用了这一点，但测量时需要用已知分子量的样品作为标准样。

（1）光散射

$$\frac{1}{M_n} = \lim_{\substack{c \to 0 \\ \theta \to 0}} \frac{Kc}{I_{red}} \tag{7-56}$$

散射强度：

$$I_{red} = \frac{I(\theta) R^2}{I_0 V_0} \times \frac{1}{1 + \cos^2\theta} \tag{7-57}$$

$$K = \frac{2\pi^2 n_0^2}{N_L \lambda^4} \left(\frac{dn}{dc}\right)^2 \tag{7-58}$$

式中，$\theta$ 是散射角；$R$ 为散射器和探测器间的距离；$V_0$ 代表散射体积；$n$ 是折射率；$c$ 为聚合物浓度；$N_L$ 是阿伏伽德罗常数；$\lambda$ 为光源的波长。

（2）离心沉降

$$M_w = \frac{RTs}{D(1 - \rho v)} \qquad s = \frac{\dfrac{dx}{dt}}{\omega^2 x} \tag{7-59}$$

式中，$s$ 是沉降系数；$D$ 是扩散系数；$x$ 指转轴距离；$v$ 为聚合物溶解尺寸；$\rho$ 是溶剂密度；$\omega$ 代表角速度。

（3）气相渗透法

$$\frac{1}{M_n} = \lim_{c \to 0} \frac{\overline{\Delta T}}{c} \cdot \frac{1}{K_c} \tag{7-60}$$

式中，$\overline{\Delta T}$ 为聚合物溶液和溶剂的温差；$K_c$ 是已知 $M_n$ 标准样品的标准常数。

为了实现纤维素工业化生产过程中产品质量控制，黏度法常用于测量其分子量和聚合度。黏度法的原理是依据 Staudinger-Kuhn-Mark-Houwink 规则：

$$[\eta] = K_M M_v^{\alpha} \text{ 和 } [\eta] = K_M' DP_v^{\alpha} \tag{7-61}$$

用已知分子量样品作为原始标准样。黏度法测得的是黏均 $M_v$ 和 $DP_v$，往往跟真实的 $M_w$ 和 $DP_w$ 接近，偏差不大。测出聚合物稀溶液（浓度低于 1%）在毛细管黏度计中的流出时间，并和纯溶剂的流出时间做比较，可得到特性黏度 $[\eta]$。计算公式如下。

① Schulz-Blaschke

$$\eta_{red} = [\eta] + k_{SB} [\eta] \eta_{sp} \tag{7-62}$$

② Huggin

$$\eta_{red} = [\eta] + k_H [\eta]^2 c \tag{7-63}$$

③ Martin

$$\ln(\eta_{red}) = \ln[\eta] + k_M [\eta]^2 c \tag{7-64}$$

式中，$k_{SB}$、$k_H$、$k_M$ 是各计算方法的依赖常数。

为了精确测量，可采用双外推法得到零浓度和零剪切时的比浓黏度 $\eta_{red}$。在具体测量时，需要足够长的流出时间（大于 100s），这样就可以忽略测量过程中因剪切而造成的影响。要使聚合物溶液的浓度外推到零，可以通过在自动稀释黏度计中测量一系列不同浓度的聚合物溶液或者直接通过一点法测量极稀聚合物溶液实现。

下面列出了 $[\eta]$ 的计算方法。

相对黏度：$\eta_r =$ 溶液流出时间 $(t_1)$/溶剂流出时间 $(t_0)$

增比黏度：$\eta_{sp} = \eta_r - 1 = (t_1 - t_0)/t_0$

比浓黏度：$\eta_{red} = \eta_{sp}/c$

特性黏度：

$$[\eta] = \lim_{c \to 0} \frac{\eta_{sp}}{c} \tag{7-65}$$

$$[\eta] = K_M M_v^{\alpha} = K_M' DP_v^{\alpha} \tag{7-66}$$

$$\lg M_v = \frac{\lg[\eta] - \lg K_M}{\lg \alpha} \tag{7-67}$$

$$\lg DP_v = \frac{\lg[\eta] - \lg K_M'}{\lg \alpha} \tag{7-68}$$

在纤维素及其衍生物的黏度法测量分析中，需要先使纤维素溶解在合适的溶剂中或使纤维素完全（或几乎完全）衍生化，常用硝酸盐或异氰酸盐衍生，然后溶液在相应的有机溶液后再用黏度法进行测量。

Staudinger-Kuhn-Mark-Houwink 公式中的常数 $K$ 和 $\alpha$ 表征聚合物与溶剂间的流体动力学相互作用。对于一些纤维素醚，其 $DS$ 对 $K$ 和 $\alpha$ 有较大影响。在不产生链降解的情况下脱去取代基后，再用传统的技术测定未取代纤维素样品的聚合度就可以克服这一问题。而处理非常稳定的纤维素衍生物，如羧甲基纤维素（CMC）和甲基纤维素（MC）时，则必须通过所谓的"绝对方法"（如光散射）测量 $K$ 和 $\alpha$ 对取代度的依赖性。纤维素及部分纤维素醚在不同溶剂中特性黏度与 $DP_w$ 的关系见表 7-13。

表 7-13　纤维素及部分纤维素醚在不同溶剂中的特性黏度与 $DP_w$ 关系

| 样　品 | 溶　剂 | $[\eta]$-$DP_w$ 关系 |
| --- | --- | --- |
| 纤维素 | 铜氨溶液 | $[\eta] = 1.37 \times DP_w^{0.72}$ |
| | 铜乙二胺 | $[\eta] = 1.67 \times DP_w^{0.71}$ |
| | 镉乙二胺 | $[\eta] = 1.75 \times DP_w^{0.69}$ |
| | 酒石酸铁钠 | $[\eta] = 4.85 \times DP_w^{0.61}$ |
| 甲基纤维素 | $H_2O$ | $[\eta] = 2.92 \times 10^{-2} DP_w^{0.905}$ |
| 羧甲基纤维素 | 0.1mol/L NaOH | $[\eta] = 1.8 \times 10^{-2} DP_w^{0.79}$ |
| 羟乙基纤维素 | $H_2O$ | $[\eta] = 1.1 \times 10^{-2} DP_w^{0.87}$ |
| 羟丙基纤维素 | $H_2O$ | $[\eta] = 1.17 \times 10^{-2} DP_w^{0.90}$ |
| | 乙醇 | $[\eta] = 7.2 \times 10^{-2} DP_w^{0.90}$ |

有时，在常规操作中选用特定的黏度计测量确定浓度（如 1%）下纤维素衍生物溶液的黏度，所得的黏度用来推算 $DP$。如果只比较同种化学结构的样品，并且样品的真实聚合度和样品溶液黏度没有线性关系时，这种省时的方法将会是第一选择。

## 四、纤维素醚的其他分析法

人们常用仪器分析来测定纤维素醚的取代度，但元素分析和官能团分析作为有机化学中直接分析方法，仍然有参考和借鉴价值。

改进的 Zeisel-Viebock 法可以测定甲基纤维素的取代度。样品与氢碘酸共热使醚键断裂，蒸出生成的 $CH_3I$，用碘酸盐氧化 $CH_3I$ 和用碘还原滴定法测试碘含量。如果样品足够多，且操作人员技术熟练，这种测试甲氧基的方法是非常可靠、非常迅速的。经过改进之后，这种使醚键断裂的方法也可以用于乙基纤维素和更高烷基纤维素，也可以用于羟烷基纤维素，例如羟乙基纤维素和羟丙基纤维素。此法用于测量羟烷基纤维素时，不仅是纤维素主链上的醚键断裂，而且低聚乙二醇侧链也发生断裂，从而测定了聚合物中的所有的羟烷基结构单元，而并非测定了其真实的取代度。因此，应将侧链上的羟基酯化后，测定酯含量（如在嘧啶中用邻苯二甲酸酐将侧链上的羟基酯化后测定酯含量），根据酯含量得到侧链上的羟烷基并除去。

商用羧甲基纤维素的取代度为 0.5～1，但是实验室的羧甲基纤维素的取代度则在 2 以上。将羧基和阳离子络合后，可通过各种方法测试其取代度。将高纯度的羧甲基纤维素钠盐用 $H_2SO_4$ 润湿后，得到 $Na_2SO_4$，通过 $Na_2SO_4$ 可测得钠含量，从而得到取代度。这种方法在相当大的取代度范围内可测得其可靠的取代度。

再推荐一种权威的测试方法，硝酸铀与 CMC 反应生成不溶性 CMC 铀盐，然后测定沉淀中 $U_3O_8$ 的含量。由于铀的分子量很大，这种方法的测试精度很高，在取代度小于 1.0 时可以得到可靠的测试结果，但是在测试高取代度的羧甲基纤维素样品时测得的 $DS$ 和真实的 $DS$ 会有偏离，主要是由于空间位阻所造成的离子络合的不完全（见图 7-24）。

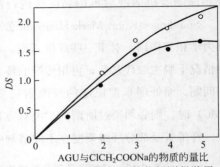

图 7-24　通过硝酸铀重量分析测得羧甲基纤维素样品的取代度和通过 HPLC 测得链降解后羧甲基纤维素样品的取代度
● ——硝酸铀重量法；○ ——HPLC 法

## 参 考 文 献

[1] Yasuyuki Tezuka，Kiyokazu Imai. Determination of Substituent Distribution in Cellulose Ethers by Means of a [13]C Nuclear Magnetic Resonance Study on their Acetylated Derivatives：O-（2-Hydroxypropyl）Cellulose. Carbohydrate Research，1990，196：1-10.

[2] Charles M Buchanan，John A Hyatt，Stephen S Kelley，et al. *α*-D-Cellooligosacchairide Acetates：Physical and Spectroscopic Characterization and Evaluation as Models for Cellulose Triacetate. Macromolecules，1990，23（16）：3747-3755.

[3] Borsa J，Reicher J，Rusznak I. Studies on the Structural Aspects of Carboxymethylcellulose of Low Degree of Substitution. Cellulose Chem Technol，1992，26：261-275.

[4] Henize TH，Rottig k，Netls I. Synthesis of 2,3-O-carboxymethyl Cellulose. Macromol Rapid Commun，1994，15（4）：295-385.

[5] Kunze J，Ebert A，Fink H P. Characterization of Cellulose and Cellulose Ethers by Means of $C^{13}$-NMR Spectroscopy. Cellulose Chemistry and Technology，2000，34（1-2）：21-34.

[6] Tezuka Yasuyuki. Structural Study on Cellulose Derivatives with Carbonyl Groups as NMR probe. Cellulose Communication，1999，6（2）：73-79.

[7] Tezuka Y. [13]C-NMR Study on Cellulose Derivatives with Carbonyl Groups as a Sensitive Probe. Cellulose Derivatives，1998，688：163-172.

[8] Tezuka Y，Imai K，Oshima M，et al. [13]C-NMR Structural Study on Methylhydropropylcellulose Obtained by Different Procedures. Polym J，1991，32：189-193.

[9] 陈兴利，王淑珍，屈玲. 羧甲基纤维素钠（CMC）中铁、砷、铅含量的测定. 纤维素醚工业，2001，9（4）：34-43.

[10] 国家药典委员会. 中华人民共和国药典. 北京：化学工业出版社，2000.

[11] 陈方平，徐季亮. CMC 标准试验方法. 纤维素醚工业，2000，8（4）：33-44.

[12] JCT 2190—2013. 建筑干混砂浆用纤维素醚 [S]. 北京：中华人民共和国工业和信息化部，2013.

[13] GB 1904—2005. 食品添加剂羧甲基纤维素钠 [S]. 北京：中国标准出版社，2005.